普通高等教育高职高专“十三五”规划教材

建筑工程常规项目质量检测实训手册

主　编　彭　红　周汝贝　刘立军
副主编　周　鹏　董晓霞
主　审　钟　凤

黄河水利出版社
·郑州·

内 容 提 要

本书是根据现行国家或行业标准而编制的，以检测项目为核心，主要介绍了建筑工程质量检测的基本知识，砂浆和混凝土用原材料、混凝土、建筑砂浆、墙体材料、建筑钢材、防水材料等相关性能检测，同时介绍了简易土工检测、混凝土抗压强度实体检测、基桩桩身完整性检测等项目的主要检测方法、操作步骤以及结果判定，并结合工程经验对有关注意事项进行了说明。

本书特别强调在建筑工程实践中的应用性，不仅可以作为高等学校土木工程、公路桥梁工程、铁路工程、房屋建筑工程、水利工程、港口工程、国防工程、建筑装饰工程等专业教师和学生的教学参考书；也可以作为工程质量检测试验、见证取样、工程设计、建设监理、材料采购、材料生产、质量监督和施工技术人员的实用技术手册。

图书在版编目(CIP)数据

建筑工程常规项目质量检测实训手册/彭红，周汝贝，刘立军主编. —郑州：黄河水利出版社，2019. 8

普通高等教育高职高专“十三五”规划教材

ISBN 978 - 7 - 5509 - 2438 - 3

Ⅰ. ①建… Ⅱ. ①彭… ②周… ③刘… Ⅲ. ①建筑工程 - 工程质量 - 质量检验 - 手册 Ⅳ. ①TU712 - 62

中国版本图书馆 CIP 数据核字(2019)第 140270 号

出 版 社：黄河水利出版社

地址：河南省郑州市顺河路黄委会综合楼 14 层　　邮政编码：450003

发行单位：黄河水利出版社

发行部电话：0371 - 66026940、66020550、66028024、66022620(传真)

E-mail：hhslcbs@126.com

承印单位：河南承创印务有限公司

开本：787 mm × 1 092 mm　1/16

印张：19.25

字数：445 千字　　印数：1—3 000

版次：2019 年 8 月第 1 版　　印次：2019 年 8 月第 1 次印刷

定价：48.00 元

前　言

目前我国正处在经济的平稳发展时期，随着社会经济和城市化的快速发展，建设规模也越来越大，工程结构形式也越来越复杂，各种各样的新材料、新工艺、新技术被广泛地运用于工程建设之中，工程质量监督人员依靠传统的"看、摸、敲、照"等落后的检查方法已不能准确地对工程实体质量做出客观的评价。各类工程结构在设计阶段的计算失误，或建造阶段的施工错误以及使用阶段存在的自然灾害都可能对其造成损伤，降低建筑的承载能力和使用寿命；同时，既有建筑物因受使用功能的改变、自然灾害、老化等因素的影响，也会产生各种风险。因此，建设工程必须加强质量检测工作，通过对新建建筑的质量控制及老旧建筑的检测鉴定，及时发现建筑物的潜在危险，避免工程事故的发生，并延长建筑结构的使用寿命。

本书共分10章，分别阐述了建筑工程质量检测的基本知识，砂浆和混凝土用原材料、混凝土、建筑砂浆、墙体材料、建筑钢材、防水材料等相关性能检测，同时介绍了简易土工检测、混凝土抗压强度实体检测、基桩桩身完整性检测等项目的主要检测方法、操作步骤以及结果判定。本书是一部具有通俗性、实用性、应用性、先进性特点的资料性技术工具书，不仅可以作为高等学校土木工程、公路桥梁工程、铁路工程、房屋建筑工程、水利工程、港口工程、国防工程、建筑装饰工程等专业教师和学生的教学参考书，也可以作为工程质量检测试验、见证取样、工程设计、建设监理、材料采购、材料生产、质量监督和施工技术人员的实用技术手册。

本书由重庆建筑工程职业学院彭红、周汝贝及重庆市建筑科学研究院刘立军担任主编；重庆雍彦节能环保科技有限公司周鹏及重庆市九龙坡区市政设施维护管理处董晓霞担任副主编；重庆建筑工程职业学院伍朝阳、阳江英、周强、王丽英、骆文进参编；由重庆建筑工程职业学院钟凤担任主审。本书编写分工如下：第1、2、3章由彭红、董晓霞、周强编写，第4、5、6章由周汝贝、伍朝阳、阳江英编写，第7、9章由刘立军、王丽英编写；第8、10章由周鹏、骆文进编写。彭红负责全书统稿工作。

本书在编写过程中参阅了大量有关专家的书籍和文献资料，谨向这些文献的作者致以诚挚的谢意。由于编者掌握的资料不足，再加上编写水平有限，书中肯定有很多不足和疏漏之处，敬请有关专家学者和广大读者给予指正并提出宝贵意见。

编　者

2019年4月

目　录

前　言
第 1 章　绪　论 …… (1)
1.1　建筑工程质量检测概述 …… (1)
1.2　建筑工程质量检测见证取样和送检制度 …… (1)
1.3　建筑工程质量检测的重要性 …… (4)
1.4　建筑工程质量检测的特点 …… (5)
1.5　建筑工程质量检测的目的 …… (6)
第 2 章　砂浆和混凝土用原材料性能检测 …… (8)
2.1　水　泥 …… (8)
2.2　骨　料 …… (25)
2.3　拌和水 …… (50)
2.4　掺合料 …… (50)
第 3 章　混凝土性能检测 …… (61)
3.1　混凝土质量控制标准 …… (61)
3.2　普通混凝土拌合物和易性检测 …… (64)
3.3　普通混凝土抗压强度检测 …… (69)
3.4　普通混凝土耐久性能检测 …… (74)
3.5　普通混凝土配合比设计 …… (81)
3.6　混凝土强度检验评定 …… (94)
第 4 章　建筑砂浆性能检测 …… (99)
4.1　概　述 …… (99)
4.2　新拌砂浆基本性能检测 …… (99)
4.3　砂浆立方体抗压强度检测 …… (105)
第 5 章　墙体材料性能检测 …… (107)
5.1　概　述 …… (107)
5.2　建筑墙体用砖材 …… (107)
5.3　建筑墙体用砌块 …… (123)
第 6 章　建筑钢材性能检测 …… (132)
6.1　概　述 …… (132)
6.2　技术指标 …… (134)
6.3　取样及加工 …… (149)
6.4　钢材的常规项目质量检测技术 …… (154)

第 7 章　防水材料性能检测 ………………………………………………… (165)
7.1　建筑沥青材料 …………………………………………………………… (165)
7.2　防水卷材 ………………………………………………………………… (174)
7.3　建筑防水涂料 …………………………………………………………… (187)
7.4　建筑密封胶 ……………………………………………………………… (196)
第 8 章　简易土工检测 ……………………………………………………… (198)
8.1　土样的取样方法 ………………………………………………………… (198)
8.2　试样的制备及饱和 ……………………………………………………… (199)
8.3　土的常规项目质量检测技术 …………………………………………… (204)
第 9 章　混凝土抗压强度实体检测 ………………………………………… (233)
9.1　回弹法 …………………………………………………………………… (233)
9.2　超声回弹综合法 ………………………………………………………… (241)
9.3　钻芯法 …………………………………………………………………… (246)
第 10 章　基桩桩身完整性检测 ……………………………………………… (252)
10.1　基本规定 ……………………………………………………………… (252)
10.2　低应变法 ……………………………………………………………… (254)
10.3　声波透射法 …………………………………………………………… (273)
10.4　钻芯法 ………………………………………………………………… (290)
参考文献 ……………………………………………………………………… (299)

第1章　绪　论

建筑工程质量检测，是指建设单位、监理单位、施工单位、建筑建材企业、检测机构等与工程检测活动相关的单位依据国家有关法律法规、标准规范、规范性文件等要求，确定建筑材料、构配件以及分部、分项工程等的质量或其他有关特性的活动，并包括检测委托、检测取样、检测操作和出具检测报告等过程。建筑工程检测是建筑活动的组成部分，是工程质量验收工作的重要内容。

1.1　建筑工程质量检测概述

建筑工程质量检测取样，是指按照有关技术标准、规范的规定，从检验(测)对象中抽取试验样品的过程；送检，是指取样后将试样从现场移交给有资格的检测机构检验的过程。取样和送检是工程质量检测的首要环节，其真实性和代表性直接影响检测数据的公正性。

见证取样送检，是指在建设单位或工程监理单位人员的见证下，由施工企业的现场取样人员对工程中涉及结构安全和重要使用功能的试块、试件与材料在现场取样，并送至具有见证取样检测资质的检测机构进行检测。

在当前市场经济的影响下，部分建设单位、监理单位管理人员对施工企业的现场取样缺少必要的监管，滋生了由于试样缺少真实性和代表性而出现样品合格但工程实体质量不合格的不良现象，使检测手段失去了对工程质量的控制作用。因此，为保证所留和所送的试样能代表工程的真实质量状况和取样的真实性，保证工程质量检测工作的科学性、公正性和准确性，以确保建筑工程质量，根据国务院《建设工程质量管理条例》和建设部《房屋建筑工程和市政基础设施工程实行见证取样和送检的规定》，很多省(区、市)制定了《建筑工程质量检测见证取样及送检暂行规定》，要求在建筑工程质量检测中实行见证取样和送检制度，即在建设单位或监理单位人员见证的情况下，由施工单位的现场试验人员进行取样，并由见证人和取样人一同或封样送至有相应资质的检测机构进行检测。提供工程质量检测试样的单位和个人应当对试样的真实性负责。

1.2　建筑工程质量检测见证取样和送检制度

为了加强工程质量监督管理，进一步规范建筑材料和结构质量检测工作，保证工程质量检测数据的真实性，更好地加强施工过程的质量检测管理工作，建立健全工程检验制度，从而能取得真实代表质量特征的有关数据，科学评价工程质量，保证试件能代表母体的质量状况和取样的真实，保证建设工程质量检测工作的科学性、公正性和准确性，从而确保工程质量，国家也颁布了相关文件和技术法规，要求加强施工过程质量检测的管理工作，建立见证取样送检制度。

如《建设工程质量管理条例》第三十一条规定："施工人员对涉及结构安全的试块、试件以及有关材料，应当在建设单位或者工程监理单位监督下现场取样，并送具有相应资质等级的质量检测单位进行检测"；建设部下发的《房屋建筑工程和市政基础设施工程实行见证取样和送检的规定》中也有明确而详细的规定；在《建筑工程施工质量验收统一标准》(GB 50300—2013)中第3.0.3条以强制性条文形式要求："涉及结构安全的试块、试件以及有关材料，应按规定进行见证取样检测，承担见证取样检测及有关结构安全检测的单位应具有相应资质"。由此可见，在进行建筑工程质量检测中，必须按照国家的有关规定进行见证取样和送检。

1.2.1 见证取样和送检的范围及数量

1.2.1.1 范围

按规定，下列试块、试件与材料必须实施见证取样和送检：

(1)用于承重结构的混凝土试块。

(2)用于承重墙体的砌筑砂浆试块。

(3)用于承重结构的钢筋及连接接头试件。

(4)用于承重墙的砖和混凝土小型砌块。

(5)用于拌制混凝土和砌筑砂浆的水泥。

(6)用于承重结构的混凝土中使用的掺加剂。

(7)地下、屋面、厕浴间使用的防水材料。

(8)石材幕墙、玻璃幕墙、铝合金窗、塑钢窗材料试验。

(9)监理工程师和建设单位认为有必要的其他试验项目。

(10)国家规定必须实行见证取样和送检的其他试块、试件与材料。

1.2.1.2 数量

涉及结构安全的试块、试件与材料，见证取样和送样的比例不得低于有关技术标准中规定应取样数量的30%。

1.2.2 见证取样和送检的程序

(1)建设单位在办理工程质量监督手续时，应当向负责该工程的质量监督和检测机构同时递交《建筑工程见证人员授权书》及有效的证明材料，以便在工程质量监督检测过程中，质量监督机构和检测机构对见证人员检查核对。每项工程见证人员不得少于2人。

(2)根据见证取样内容、部位、数量制订见证取样和送样计划。

(3)施工单位按计划在见证人员旁站见证下由取样人员在现场进行原材料取样和试块制作。

(4)见证人员对试样进行监护，并和施工单位取样人员一起将试件送至检测单位或采取有效的封样措施送样。

(5)检测单位在接受委托任务时,需由送检单位填写委托单,见证人应在检验委托单上签名。

1.2.3　见证取样和送检的步骤

1.2.3.1　取样

施工单位:材料取样和试件制作。

见证人员:①对材料取样和试件制作见证;②在试件或其包装上做标记;③填写《见证记录》。

1.2.3.2　送检

取样后将试件从现场移交给试验单位的过程。

1.2.3.3　收件

检测机构收样人员应对见证人员和取样人员资格进行核验,对检测委托单的填写内容及试样的状况进行检查,如委托单上注明封样的,还应检查试样上的标识和封志。确认无误后,在委托回执单上签认。

1.2.3.4　试验报告

试验报告应符合以下五点要求:①试验报告应电脑打印;②试验报告采用省统一用表;③试验报告签名一定要手签;④试验报告应有"有见证检验"专用章统一格式;⑤注明见证人的姓名。

1.2.3.5　报告领取

第一种情况:检验结果合格,由施工单位领取报告,办理签收登记。

第二种情况:检验结果不合格,试验单位通知见证人上报监督站。由见证人领取试验报告。

在见证取样和送检试验报告中,试验室应在报告备注栏中注明见证人,加盖有"有见证检验"专用章,不得再加盖"仅对来样负责"的印章,一旦发生试验不合格的情况,应立即通知监督该工程的建设工程质量监督机构和见证单位,有出现试验不合格而需要按有关规定重新加倍取样复试时,还需按见证取样送检程序来执行。

未注明见证人和无"有见证检验"专用章的试验报告,不得作为质量保证资料和竣工验收资料。

1.2.4　见证人员和取样人员的职责

1.2.4.1　见证人员的主要职责

(1)取样时,见证人员必须在现场进行见证。

(2)见证人员必须对试件进行监护。

(3)见证人员要和施工单位取样人员一起将试件送至检测单位。

(4)使用专用送检工具,见证人员必须亲自封存。

(5)见证人员必须在检验委托单上签字。

(6)见证人员应对试件的代表性和真实性负责。

(7)见证取样应建立工作台账,通过工作台账对见证员的工作进行日常管理,工作台账反映施工全过程的质量检测情况,也便于监督检验部门的日常检查和质量事故的处理。

1.2.4.2　取样人员的主要职责

(1)负责建筑材料的现场取样工作。

(2)负责混凝土、砂浆、保温砂浆等现场成型试件的制作、养护和保管工作。

(3)除负责见证取样和送检工作外,对工程中其他所有试件的制作和送检工作一并负责。禁止施工单位其他人员代替其取样和送检。

1.2.5　见证取样和送检的管理

各地建设主管部门是建设工程质量检测见证取样工作的主管部门。建设工程质量监督管理部门负责对见证取样工作的组织和管理。

检测机构对无见证人员、取样人员签名的检测委托单以及无有效封样且无见证人员伴送的试件一律不予办理检测委托手续;未注明见证单位和见证人员的试验报告无效,不得作为工程质量保证资料和竣工验收资料,由工程质量监督机构委托法定检测机构重新检测和处理。

1.3　建筑工程质量检测的重要性

建筑工程质量检测是建筑工程施工的重要环节,建筑工程施工企业要想提高建筑工程质量,除要进行组织措施以及施工技术方面的改善外,加强建筑工程质量检测也是其重要的手段。总体归纳起来,建筑工程质量检测在建筑工程施工中的重要作用主要体现在以下几个方面:

(1)保证工程质量。

建筑工程施工企业通过建筑工程质量检测,可以充分认识到工程质量特征值,强化对建筑工程施工质量的控制,从而获得关于建筑工程施工质量的有效控制。

(2)提供工程数据。

建筑工程施工质量都是有一定的工程数据提示以及标准的,通过建筑工程质量检测,可以获得建筑工程施工数据,为建筑工程质量的提高提供依据。

(3)做到对于器械、材料的全面检测。

材料、设备是控制建筑工程质量的重要因素,通过建筑工程质量检测可以进一步提高材料、设备质量,避免出现由于器械、材料质量问题而影响建筑工程施工的顺利开展。

国内外建设实践充分证明,建筑工程质量检测工作是做好建筑工程质量管理的重要手段和技术基础。经过20多年的实践,建筑工程质量工作已经成为各级建设行政主管部门用以加强工程质量管理、防止质量事故发生、进行质量事故处理的重要和有效措施之一。因此,做好建筑工程质量检测工作,确保检测报告真实、可靠,对于加强工程质量管理、保证工程质量关系重大。

1.4 建筑工程质量检测的特点

建筑工程本身和建设过程的特点决定了建筑产品的特点,同时也正是建筑产品的诸多特点,使得建设工程质量具有控制难、检测难、评价难和处置难等特点,而建筑工程质量这些特点正是开展工程质量检测工作的前提和基础。

1.4.1 公正性

根据《建设工程质量检测管理办法》的规定,工程质量检测机构分为见证取样检测机构和专项检测机构。专项检测机构根据检测项目又分为地基基础工程检测、主体结构工程现场检测、建筑幕墙工程检测、钢结构工程检测。

工程质量检测机构担负着涉及结构安全及重要使用功能的抽样检测,以及进入施工现场的建筑材料、构配件和设备的见证取样检测工作,社会责任重大。要保证检测数据的准确有效,必然要求工程质量检测机构坚持独立、公正的第三方地位,在承接业务、试验检测和检测报告形成的过程中,不受任何单位和个人的干预与影响,同时要求检测人员必须具有良好的职业道德,严格执行国家的法律、法规和工程建设强制性标准,爱岗敬业、遵守纪律、廉洁自律地开展检测工作,坚决不做假试验,不出具虚假报告,从根本上保证检测数据真实可信、准确有效,保证检测行为公平、公正,这也是一个工程质量检测机构的立根之本。

1.4.2 科学性

建筑工程质量检测是一项涉及面广、技术性很强的工作。实践证明,做好工程质量检测工作,除要求有一支作风正派、业务技术过硬的质量检测队伍外,依靠科学技术进步,运用先进适用的检测技术和检测仪器设备,对于保证检测工作质量和提高检测工作效率也是十分重要的。

工程质量检测实践证明,良好的检测环境、先进的检测技术、高精的仪器设备、科学的检测方法,是确保工程质量检测高水平的重要基础;严格按照有关技术标准、规范和规程开展工程质量检测工作,从技术层面上确保检测数据的准确可靠,是确保工程质量检测工作公正性的重要保证。

1.4.3 真实性

《建设工程质量检测管理办法》规定:"质量检测试样的取样应当严格执行有关工程建设标准和国家有关规定,在建设单位或者工程监理单位监督下现场取样。提供质量检测试样的单位和个人,应当对试样的真实性负责。检测机构应当对其检测数据和检测报告的真实性和准确性负责。"

根据以上规定可以看出,工程质量检测机构要对其出具的检测数据负责,对于抽样和取样的检测,要保证试件能代表母体状况和取样的真实性。所以,工程质量检测机构开展检测工作,必须严格执行见证取样送检制度、样品流转和处理制度、密码管理制度和检测试样留置制度，试件的分类、放置、标识、登记应符合国家标准规定，保证从取样到检测报告出具的各个环节均不会影响样品的真实性。

1.4.4 准确性

《关于加强工程质量检测工作的若干意见》指出："工程质量检测工作是工程质量监督管理的重要内容，也是做好工程质量工作的技术保证。各地区、各部门要结合本地区、本部门的具体情况，制订出切实可行的工程质量检测工作规划和具体措施，以确保工程质量检测工作的公正性、科学性和准确性。"

一个检测数据的最终形成，涉及众多环节和因素，无论是样品和仪器设备的完好状态、检测环境条件，还是数据的采集和处理，都会直接影响最终检测结果的准确性。因此，工程质量检测机构必须建立健全质量保证体系，制定切实可行的质量管理手册，从组织机构、仪器设备、人员素质、环境条件、工作制度等方面，不断加强内部管理和自身建设，以确保出具的每个检测数据准确可靠。

1.4.5 时效性

建筑工程质量的特点决定了工程质量预控和质量隐患、事故处理及时效性的重要性，而工程质量检测工作作为质量控制、原因分析、事故处理最直接、最有效的手段，必然也要求检测工作必须及时有效地开展。如水泥 3 d、7 d、28 d 强度试验和安定性试验，抽芯试件的检测，桩基静荷载检测等，都存在着对检测时间的要求。同时，为了及时查处质量隐患和质量事故，检测机构还必须严格执行不合格试件的报告制度，及时向建设行政主管部门或质量监督机构报告不合格试件的检测信息。

1.5 建筑工程质量检测的目的

建筑工程质量的重要性和特点是开展工程质量检测工作的基础与前提，工程质量检测工作是做好质量工作的技术保证和重要手段，因此开展工程质量检测工作有着明确的目的。

(1)为确保建筑产品的内在质量提供依据。

建筑产品是将产品所需的各种原材料、构配件等物质要素，按照预定的目标，通过施工过程将它们有机组合起来而得到的产品。建筑产品的质量，形成于产品生产的各个环节，其中工程所使用的各种原材料、构配件、成品、半成品的质量，是影响建筑产品质量的最基础性因素，只有通过质量检测，才能确定这些物质要素的内在质量并提供数据依据。

(2)为工程科学设计提供依据。

通过工程质量检测，为工程设计提供了科学量化的控制指标，保证了工程建设的安全性、适用性和科学性。如桩基静荷载检测，为设计单位直接提供了桩基础设计的依据。

(3)为加强质量安全控制提供依据。

在建设过程中，检测机构提供的各类检测信息，是参建各方进行组织施工、质量安全控制、纠正偏差、分析质量安全事故原因的重要信息和依据，将检测数据和过程控制结合起来，充分利用检测数据进行质量安全管理，是检测的根本目的。

(4)为工程质量认定和验收提供依据。

只有通过工程质量检测，才能为分项工程、分部工程、单位工程质量验收提供认定的科学依据。

(5)为质量监督机构提供最有效的监督手段。

检测机构报告和反馈的检测信息，能保证质量监督员及时掌握工程的质量情况，使动态化质量监督工作更具有针对性，更能及时有效查处质量隐患，更能公正地认定工程质量，促进质量监督工作规范、有序、高效开展。

(6)为做好工程质量工作提供了强大的威慑力。

检测数据是事中质量控制和事后质量事故处理的重要依据，而检测制度本身也是对参建各方的一种威慑和监督，达到了促进参建各方事前加强质量管理的目的。

第2章　砂浆和混凝土用原材料性能检测

建筑砂浆和混凝土是建筑工程中应用最广泛的建筑材料。国内外建筑工程实践证明，建筑砂浆和混凝土的质量如何，对于建筑工程的结构质量、使用功能、使用寿命和工程造价等方面有直接影响。配制建筑砂浆和水泥混凝土的基本材料主要有胶凝材料、骨料和水。随着对砂浆和混凝土性能要求的逐步提高，矿物掺合料和外加剂已作为第四、第五种组成材料得到了广泛的应用。本章主要介绍水泥、砂、石、水及矿物掺合料相关性能的检测。

2.1　水　泥

水硬性胶凝材料是指材料不仅能在空气中，而且能更好地在水中硬化，保持并继续发展其强度。水泥是一种典型的水硬性胶凝材料，按其用途和性能不同，可分为通用硅酸盐水泥、专用水泥和特性水泥三类；按水泥的矿物组成不同，可分为硅酸盐水泥、铝酸盐水泥、硫铝酸盐水泥、铁酸盐水泥等。本节主要介绍工程中常用的通用硅酸盐水泥。

2.1.1　概述

根据《通用硅酸盐水泥》(GB 175—2007)的规定，以硅酸盐水泥熟料和适量的石膏及规定的混合材料制成的水硬性胶凝材料，称为通用硅酸盐水泥。通用硅酸盐水泥主要包括硅酸盐水泥、普通硅酸盐水泥、矿渣硅酸盐水泥、火山灰质硅酸盐水泥、粉煤灰硅酸盐水泥和复合硅酸盐水泥。

硅酸盐水泥熟料是一种由主要含 CaO、SiO_2、Al_2O_3、Fe_2O_3 的原料按适当比例配合磨成细粉(生料)并烧至部分熔融，所得以硅酸钙为主要成分的水硬性胶凝材料物质。硅酸盐水泥熟料主要由四种矿物组成，其名称及含量见表2-1。除表中列出的主要矿物外，还有少量游离氧化钙、游离氧化镁、含碱矿物以及玻璃体等。

表2-1　硅酸盐水泥熟料主要矿物组成及其含量

矿物名称	化学组成式	简写	含量(%)
硅酸三钙	$3CaO \cdot SiO_2$	C_3S	36~60
硅酸二钙	$2CaO \cdot SiO_2$	C_2S	15~37
铝酸三钙	$3CaO \cdot Al_2O_3$	C_3A	7~15
铁铝酸四钙	$4CaO \cdot Al_2O_3 \cdot Fe_2O_3$	C_4AF	10~18

前两种称“硅酸盐矿物”，一般占总量的75%~82%。后两种称“溶剂矿物”，一般占总量的18%~25%。硅酸盐水泥熟料除上述主要成分外，尚含有少量以下成分：

(1)游离氧化钙。它是在煅烧过程中没有全部化合而残留下来呈游离态存在的氧化钙，其含量过高将造成水泥安定性不良，危害很大。

(2)游离氧化镁。当其含量高、晶粒大时,也会导致水泥安定性不良。

(3)含碱矿物以及玻璃体。含碱矿物以及玻璃体中 Na_2O、K_2O 含量高的水泥,当其遇到活性集料时,易发生碱-集料膨胀反应。

通用硅酸盐水泥各品种的组分和代号应符合表 2-2 的规定;通用硅酸盐水泥的特性基本取决于水泥的四种主要矿物熟料,其与水作用表现出来的特性见表 2-3。

表 2-2　通用硅酸盐水泥各品种的组分和代号

品种	代号	组分(质量分数)(%)				
		熟料+石膏	粒化高炉矿渣	火山灰质混合材料	粉煤灰	石灰石
硅酸盐水泥	P·Ⅰ	100	—	—	—	—
	P·Ⅱ	≥95	5	—	—	—
		≥95	—	—	—	≤5
普通硅酸盐水泥	P·O	≥80 且<95	>5 且≤20[a]			
矿渣硅酸盐水泥	P·S·A	≥50 且<80	>20 且≤50[b]	—	—	—
	P·S·B	≥30 且<50	>50 且≤70[b]	—	—	—
火山灰质硅酸盐水泥	P·P	≥60 且<80	—	>20 且≤40[c]	—	—
粉煤灰硅酸盐水泥	P·F	≥60 且<80	—	—	>20 且≤40[d]	—
复合硅酸盐水泥	P·C	≥50 且<80	>20 且≤50[e]			

注:a. 本组分材料为符合 GB 175—2007 第 5.2.3 条的活性混合材料,其中允许用不超过水泥质量 8% 且符合 GB 175—2007 第 5.2.4 条的非活性混合材料或不超过水泥质量 5% 且符合 GB 175—2007 第 5.2.5 条的窑灰代替。

b. 本组分材料为符合 GB/T 203 或 GB/T 18046 的活性混合材料,其中允许用不超过水泥质量 8% 且符合 GB 175—2007 第 5.2.3 条的活性混合材料或符合 GB 175—2007 第 5.2.4 条的非活性混合材料或符合 GB 175—2007 第 5.2.5 条的窑灰中的任一种材料代替。

c. 本组分材料为符合 GB/T 2847 的活性混合材料。

d. 本组分材料为符合 GB/T 1596 的活性混合材料。

e. 本组分材料为由两种(含)以上符合 GB 175—2007 第 5.2.3 条的活性混合材料或/和符合 GB 175—2007 第 5.2.4 条的非活性混合材料组成,其中允许用不超过水泥质量 8% 且符合 GB 175—2007 第 5.2.5 条的窑灰代替。掺矿渣时混合材料掺量不得与矿渣硅酸盐水泥重复。

表 2-3　水泥四种主要矿物熟料的特性

性质名称		熟料矿物名称			
		C_3S	C_2S	C_3A	C_4AF
凝结硬化速度		快	慢	最快	中
水化时放热量		多	少	最多	中
强度	早期	高	低	低	低
	后期	高	高	低	低
抗化学侵蚀性		中	最强	弱	强
干燥收缩		中	中	大	小

不同品种的硅酸盐水泥有不同的性能和特点，它们各自用于不同的范围。通用硅酸盐系列水泥的特性及应用见表2-4。

表2-4　通用硅酸盐系列水泥的特性及应用

品种	硅酸盐水泥	普通硅酸盐水泥	矿渣硅酸盐水泥	火山灰质硅酸盐水泥	粉煤灰硅酸盐水泥	复合硅酸盐水泥
主要特性	①凝结硬化快；②早期强度高；③水化热大；④抗冻性好；⑤干缩性小；⑥耐蚀性差；⑦耐热性差	①凝结硬化较快；②早期强度较高；③水化热较大；④抗冻性较好；⑤干缩较小；⑥耐蚀性较差；⑦耐热性较差	①凝结硬化慢；②早期低，后期强度增长较快；③水化热较低；④抗冻性差；⑤干缩性大；⑥耐蚀性较好；⑦耐热性好；⑧泌水性大	①凝结硬化慢；②早期低，后期强度增长较快；③水化热较低；④抗冻性差；⑤干缩性大；⑥耐蚀性较好；⑦耐热性较好；⑧抗渗性较好	①凝结硬化慢；②早期低，后期强度增长较快；③水化热较低；④抗冻性差；⑤干缩性较小；⑥耐蚀性较好；⑦耐热性较好	与所掺两种或两种以上混合材料的种类、掺量有关，其特性基本与矿渣水泥、火山灰水泥、粉煤灰水泥的特性相似
适用范围	一般土建工程中钢筋混凝土及预应力钢筋混凝土结构；受反复冰冻作用的结构；配制高强和早强混凝土	与硅酸盐水泥基本相同	高温和有耐热耐火要求的混凝土结构；大体积混凝土结构；蒸汽养护的构件；有抗硫酸盐要求的工程	地下、水中大体积混凝土结构和有抗渗要求的混凝土结构；蒸汽养护的构件；有抗硫酸盐侵蚀要求的工程	地上、地下及水中大体积混凝土结构；蒸汽养护的构件；抗裂性要求较高的构件；有抗硫酸盐侵蚀要求的工程	与粉煤灰水泥相似
不适用范围	大体积混凝土结构；受化学及海水侵蚀的工程	与硅酸盐水泥基本相同	早期强度要求高的工程；有抗冻、抗渗要求的混凝土工程	早期强度要求高的工程；有抗冻要求的混凝土工程；干热环境中的混凝土工程	早期强度要求高的工程；有抗冻要求的混凝土工程；有抗碳化要求的工程	与粉煤灰水泥相似

2.1.2 检测依据及技术指标

2.1.2.1 检测依据与条件

1. 检测依据

(1)《通用硅酸盐水泥》(GB 175—2007)。

(2)《水泥细度检验方法 筛析法》(GB/T 1345—2005)。

(3)《水泥比表面积测定方法 勃氏法》(GB/T 8074—2008)。

(4)《水泥标准稠度用水量、凝结时间、安定性检验方法》(GB/T 1346—2011)。

(5)《水泥胶砂流动度测定方法》(GB/T 2419—2005)。

(6)《水泥胶砂强度检验方法(ISO 法)》(GB/T 17671—1999)等。

2. 检测条件

检测室的温度为(20±2)℃,相对湿度≥50%;湿气养护箱的温度为(20±1)℃,相对湿度≥90%;试体养护池水温度应在(20±1)℃范围内。

3. 检测用水

检测水泥的用水必须是洁净的饮用水,如有争议,应以蒸馏水为准。

2.1.2.2 主要技术指标

通用硅酸盐水泥的主要技术指标包括化学指标(包括不溶物、烧失量、三氧化硫、氧化镁、氯离子)、碱含量(选择性指标)、物理指标(包括凝结时间、安定性、强度、细度)。通用硅酸盐水泥的相关技术指标见表 2-5。

表 2-5 通用硅酸盐水泥的技术指标

<table>
<tr><td rowspan="2"></td><td rowspan="2">品种</td><td rowspan="2">代号</td><td>不溶物</td><td>烧失量</td><td>三氧化硫</td><td>氧化镁</td><td>氯离子</td></tr>
<tr><td colspan="5">质量分数(%)</td></tr>
<tr><td rowspan="8">化学指标</td><td rowspan="2">硅酸盐水泥</td><td>P·Ⅰ</td><td>≤0.75</td><td>≤3.0</td><td rowspan="3">≤3.5</td><td rowspan="3">≤5.0[a]</td><td rowspan="8">≤0.06[c]</td></tr>
<tr><td>P·Ⅱ</td><td>≤1.50</td><td>≤3.5</td></tr>
<tr><td>普通硅酸盐水泥</td><td>P·O</td><td>—</td><td>≤5.0</td></tr>
<tr><td rowspan="2">矿渣硅酸盐水泥</td><td>P·S·A</td><td>—</td><td>—</td><td rowspan="2">≤4.0</td><td>≤6.0[b]</td></tr>
<tr><td>P·S·B</td><td>—</td><td>—</td><td>—</td></tr>
<tr><td>火山灰质硅酸盐水泥</td><td>P·P</td><td>—</td><td>—</td><td rowspan="3">≤3.5</td><td rowspan="3">≤6.0[b]</td></tr>
<tr><td>粉煤灰硅酸盐水泥</td><td>P·F</td><td>—</td><td>—</td></tr>
<tr><td>复合硅酸盐水泥</td><td>P·C</td><td>—</td><td>—</td></tr>
<tr><td>碱含量(选择性指标)</td><td colspan="7">水泥中碱含量按 $Na_2O+0.658K_2O$ 计算值表示。若使用活性骨料,用户要求提供低碱水泥时,水泥中的碱含量应不大于 0.60% 或由买卖双方协商确定</td></tr>
</table>

续表 2-5

物理指标	凝结时间	硅酸盐水泥初凝时间不小于 45 min，终凝时间不大于 390 min； 普通硅酸盐水泥、矿渣硅酸盐水泥、火山灰质硅酸盐水泥、粉煤灰硅酸盐水泥和复合硅酸盐水泥初凝时间不小于 45 min，终凝时间不大于 600 min					
	安定性	沸煮法合格					
	强度	品种	强度等级	抗压强度		抗折强度	
				3 d	28 d	3 d	28 d
		硅酸盐水泥	42.5	≥17.0	≥42.5	≥3.5	≥6.5
			42.5R	≥22.0		≥4.0	
			52.5	≥23.0	≥52.5	≥4.0	≥7.0
			52.5R	≥27.0		≥5.0	
			62.5	≥28.0	≥62.5	≥5.0	≥8.0
			62.5R	≥32.0		≥5.5	
		普通硅酸盐水泥	42.5	≥17.0	≥42.5	≥3.5	≥6.5
			42.5R	≥22.0		≥4.0	
			52.5	≥23.0	≥52.5	≥4.0	≥7.0
			52.5R	≥27.0		≥5.0	
		矿渣硅酸盐水泥 火山灰质硅酸盐水泥 粉煤灰硅酸盐水泥 复合硅酸盐水泥	32.5	≥10.0	≥32.5	≥2.5	≥5.5
			32.5R	≥15.0		≥3.5	
			42.5	≥15.0	≥42.5	≥3.5	≥6.5
			42.5R	≥19.0		≥4.0	
			52.5	≥21.0	≥52.5	≥4.0	≥7.0
			52.5R	≥23.0		≥4.5	
	细度（选择性指标）	硅酸盐水泥和普通硅酸盐水泥以比表面积表示，不小于 300 m^2/kg；矿渣硅酸盐水泥、火山灰质硅酸盐水泥、粉煤灰硅酸盐水泥和复合硅酸盐水泥以筛余表示，80 μm 方孔筛筛余不大于 10% 或 45 μm 方孔筛筛余不大于 30%					

注：a. 如果水泥压蒸试验合格，则水泥中氧化镁的含量（质量分数）允许放宽至 6.0%。

b. 如果水泥中氧化镁的含量（质量分数）大于 6.0%，需进行水泥压蒸安定性试验并合格。

c. 当有更低要求时，该指标由买卖双方协商确定。

2.1.3　取样要求

2.1.3.1　取样规定

依据《混凝土结构工程施工质量验收规范》（GB 50204—2015）的规定，水泥进场时按同一生产厂家、同一强度等级、同一品种、同一批号且连续进场的水泥，袋装水泥不超过

200 t 为一检验批，散装水泥不超过 500 t 为一检验批，每批抽样不少于一次。

2.1.3.2　取样数量

水泥取样按《水泥取样方法》(GB 12573—2008)的规定进行。对于建筑工程原材料进场检验，取样应具有代表性。袋装水泥取样时，应在袋装水泥料场进行取样，随机从不少于 20 个水泥袋中取等量样品，将所取得的样品充分混合均匀后，至少称取 12 kg 作为送检样品；散装水泥取样时，随机从不少于 3 个车罐中取等量水泥并混合均匀后，至少称取 12 kg 作为送检样品。

2.1.3.3　水泥复验

用于承重结构和用于使用部位有强度等级要求的混凝土用水泥，或水泥出厂时间超过 3 个月(快硬硅酸盐水泥为 1 个月)和进口水泥，在使用前必须进行复验，并提供检测报告。通常水泥复验项目只做安定性、凝结时间和胶砂强度三个项目。

2.1.3.4　检验方法

检查质量证明文件和抽样复验报告。

2.1.4　检验方法

2.1.4.1　水泥标准稠度用水量测定

根据《水泥标准稠度用水量、凝结时间、安定性检验方法》(GB/T 1346—2011)的规定，本测定方法适用于通用硅酸盐水泥以及指定采用本方法的其他品种水泥。

1. 检测目的

用水量对水泥的凝结时间和体积安定性有很大关系。为了消除试验条件的差异，必须采用标准稠度的水泥净浆来测定凝结时间和体积安定性。本试验的目的是为测定水泥的凝结时间和体积安定性做好准备。标准稠度用水量的测定有标准法和代用法两种。

2. 仪器设备

(1)标准法维卡仪：如图 2-1 所示，标准稠度测定用试杆[见图 2-1(c)]有效长度为(50 ±1)mm，是用直径为(10 ±0.05)mm 的圆柱形耐腐蚀金属制成的。与试杆、试针连接的滑动杆表面应光滑，能靠重力自由下落，不得有紧涩和晃动现象。盛装水泥净浆的试模[见图 2-1(a)]由耐腐蚀的、有足够硬度的金属制成。试模为深(40 ±0.2)mm、顶内径为(65 ±0.5)mm、底内径为(75 ±0.5)mm 的截顶圆锥体。每个试模应配备一个边长或直径约 100 mm、厚度 4 ~5 mm 的平板玻璃底板或金属底板。

(2)水泥净浆搅拌机：由搅拌锅、搅拌叶片、传动机构和控制系统组成。搅拌叶片以双轮双速转动，搅拌锅与搅拌叶片的间隙为(2 ±1)mm。搅拌程序与时间为慢速搅拌(120 ±3)s，停拌(15 ±1)s，快速搅拌(120 ±3)s。

(3)量水器或滴定管：精度 ±0.5 mL。

(4)天平：最大称量不小于 1 000 g，分度值不大于 1 g。

3. 检测步骤

1)标准法

(1)试验前准备。维卡仪的滑动杆能自由滑动；试模和玻璃底板用湿布擦拭，将试模放在底板上；调整至试杆接触玻璃板时指针对准零点；搅拌机运转正常。

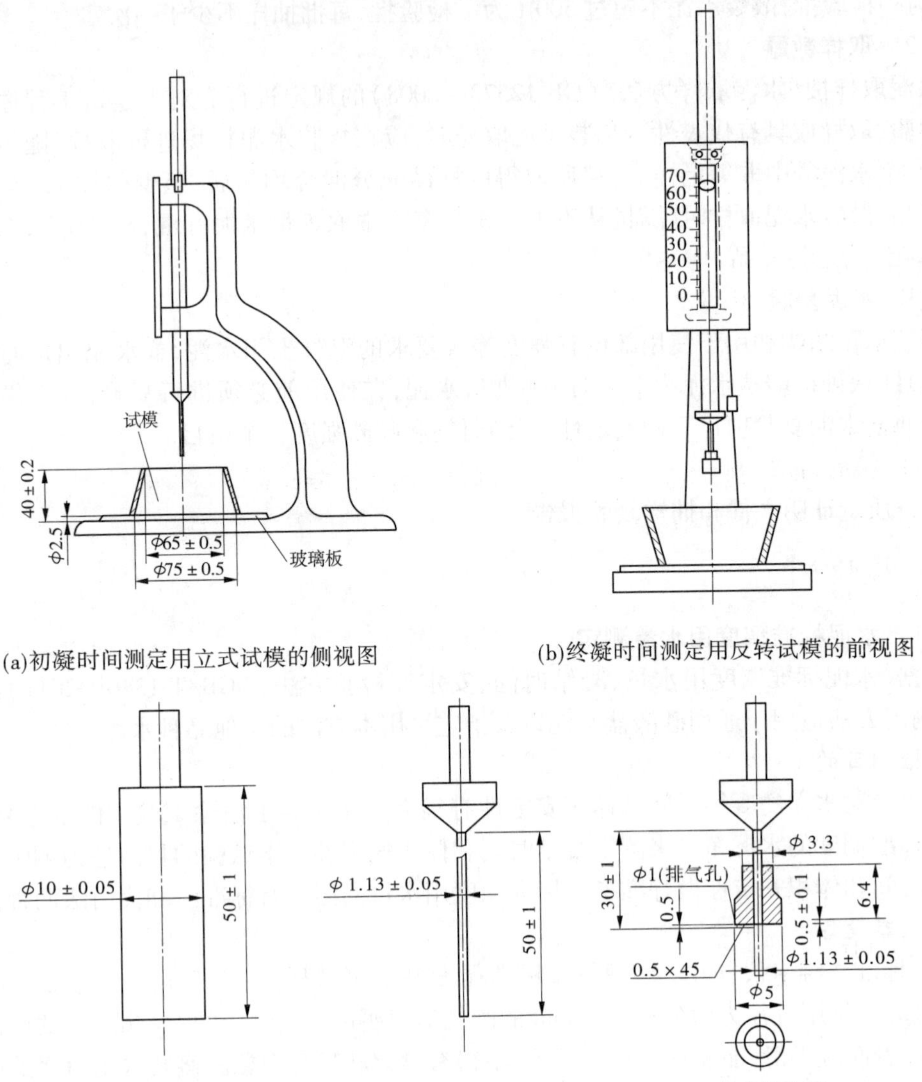

(a)初凝时间测定用立式试模的侧视图　(b)终凝时间测定用反转试模的前视图

(c)标准稠度试杆　(d)初凝用试针　(e)终凝用试针

图 2-1　测定水泥标准稠度和凝结时间用维卡仪及配件示意图　(单位:mm)

(2)试验步骤。

①水泥净浆的拌制。用水泥净浆搅拌机搅拌,搅拌锅和搅拌叶片先用湿布擦过,将拌和水倒入搅拌锅内,然后在 5~10 s 内小心将称好的 500 g 水泥加入水中,防止水和水泥溅出;拌和时,先将锅放在搅拌机锅座上,升至搅拌位置,启动搅拌机,低速搅拌 120 s,停 15 s,同时将叶片和锅壁上的水泥浆刮入锅中间,接着高速搅拌 120 s 停机。

②标准稠度用水量测定。拌和结束后,立即取适量水泥净浆一次性将其装入已置于玻璃底板上的试模中,浆体超过试模上端,用宽约 25 mm 的直边刀轻轻拍打超出试模部分的浆体 5 次,以排除浆体中的孔隙,然后在试模上表面约 1/3 处,略倾斜于试模分别向外轻轻锯掉多余净浆,再从试模边沿轻抹顶部一次,使净浆表面光滑。在锯掉多余净浆和

抹平的操作过程中，注意不要压实净浆。抹平后迅速将试模和底板移到维卡仪上，并将其中心定在试杆下，降低试杆直至与水泥净浆表面接触。拧紧螺钉 1 ~ 2 s 后，突然放松，使试杆垂直自由地沉入水泥净浆中。在试杆停止沉入或释放试杆 30 s 时记录试杆距底板之间的距离，升起试杆后，立即擦净；整个操作应在搅拌后 1.5 min 内完成。

(3)试验结果。以试杆沉入净浆并距底板(6 ± 1)mm 的水泥净浆为标准稠度净浆，其拌和水量为该水泥的标准稠度用水量(*P*)，按水泥质量的百分比计。

2)代用法

代用法测定水泥标准稠度用水量又分调整水量和不变水量两种方法。

(1)试验前准备。维卡仪的金属棒能自由滑动；调整至试锥接触锥模顶面时指针对准零点；搅拌机运转正常。

(2)试验步骤。

①水泥净浆的拌制。同试杆法。拌和水量确定：采用调整水量方法时，拌和水量按经验确定；采用不变水量方法时，拌和水量用 142.5 mL。

②标准稠度用水量测定。拌和结束后，立即将拌制好的水泥净浆装入锥模中，用宽约 25 mm 的直边刀在浆体表面轻轻插捣 5 次，再轻振 5 次，刮去多余的净浆。抹平后迅速放到试锥下面固定的位置上，将试锥降至净浆表面，拧紧螺钉 1 ~ 2 s 后突然放松，让试锥垂直自由地沉入水泥净浆中，到试杆停止下沉或释放试杆 30 s 时记录试锥下沉深度，整个操作应在搅拌后 1.5 min 内完成。

(3)试验结果。用调整水量法测定时，以试锥下沉深度(30 ± 1)mm 时的净浆为标准稠度净浆，其拌和水量为该水泥的标准稠度用水量 *P*(%)，按水泥质量的百分比计。如下沉深度超出范围，需另称试样，调整水量，重新试验，直至达到(30 ± 1)mm。

用不变水量方法测定时，根据测得的试锥下沉深度 *S*(mm)，按下式(或仪器上对应标尺)计算得到标准稠度用水量：

$$P = 33.4 - 0.185S \tag{2-1}$$

当试锥下沉深度小于 13 mm 时，应改用调整水量法测定。

2.1.4.2　水泥凝结时间测定

根据《水泥标准稠度用水量、凝结时间、安定性检验方法》(GB/T 1346—2011)中的规定，本测定方法适用于通用硅酸盐水泥以及指定采用本方法的其他品种水泥。

1. 检测目的

测定水泥的凝结时间，并确定它能否满足施工要求。

2. 仪器设备

(1)凝结时间测定仪(维卡仪)：凝结时间测定用试针[见图 2-1(d)、(e)]由钢制成，其初凝针有效长度为(50 ± 1)mm，终凝针有效长度为(30 ± 1)mm，直径为(1.13 ± 0.05)mm，滑动部分的总质量为(300 ± 1)g。与试针连接的滑动杆表面应光滑，能靠重力自由下降，不得有紧涩和晃动现象。

(2)水泥净浆搅拌机：与测定标准稠度时所用相同。

(3)养护箱：采用标准养护箱。

3. 检测步骤

(1)测定前准备。调整凝结时间测定仪的试针接触玻璃板时指针对准零点。

(2)称取水泥试样500 g,以标准稠度用水量拌制标准稠度净浆,一次装满试模,振动数次刮平,立即放入湿气养护箱中。记录水泥全部加入水中的时间作为凝结时间的起始时间。

(3)初凝时间测定。试件在湿气养护箱养护至加水后30 min进行第1次测定。测定时,从湿气养护箱中取出试模放在试针下,降低试针与水泥净浆面接触,拧紧螺钉1~2 s后突然放松,使试针垂直自由地沉入水泥净浆。观察试针停止下沉或释放试针30 s时的指针读数。临近初凝时每隔5 min(或更短时间)测定一次,当试针下沉至距底板(4±1)mm时,水泥即达到初凝状态。由水泥全部加入水中至初凝状态的时间为水泥的初凝时间,用"min"表示。

(4)终凝时间测定。为了准确观测试针沉入时的状况,在终凝针上安装了环形附件[见图2-1(e)]。初凝时间测定后,立即将试模同浆体以平移的方式从玻璃板取下,翻转180°,直径大端向上、小端向下放在玻璃板上,再放入湿气养护箱中继续养护。临近终凝时,每隔15 min(或更短时间)测定1次,当试针沉入试体0.5 mm时,即环形附件开始不能在试体上留下痕迹时,为水泥达到终凝状态。由水泥全部加入水中至终凝状态的时间为水泥的终凝时间,用"min"表示。

(5)测定注意事项。在最初测定操作时应轻轻扶持金属柱,使其徐徐下降,以防试针撞弯,但结果以自由下落为准。在整个测试过程中,试针沉入位置要距离试模内壁10 mm。临近初凝时,每隔5 min(或更短时间)测定1次;临近终凝时,每隔15 min(或更短时间)测定1次。到达初凝时应立即重复测1次,当两次结论相同时才能确定达到初凝状态,达到终凝时,需要在试体另外两个不同点测试,确认结论相同才能确定达到终凝状态。每次测定时不能让试针落入原针孔,每次测试完毕须将试针擦净并将试模放回湿气养护箱内,整个过程要防止试模受振。

4. 检测结果

由开始加水至初凝、终凝状态的时间分别为该水泥的初凝时间和终凝时间,用"min"表示。

2.1.4.3 水泥体积安定性测定

根据《水泥标准稠度用水量、凝结时间、安定性检验方法》(GB/T 1346—2011)中的规定,本测定方法适用于通用硅酸盐水泥以及指定采用本方法的其他品种水泥。水泥体积安定性的测定方法有标准法(雷氏法)和代用法(试饼法)两种,有争议时以标准法(雷氏法)为准。雷氏法是测定水泥标准稠度净浆在雷氏夹中煮沸后试针的相对位移来表征其体积膨胀的程度;试饼法是观察水泥标准稠度净浆试饼煮沸后的外形变化情况来表征其体积安定性。

1. 检测目的

检验水泥浆在硬化时体积变化的均匀性,以决定水泥是否可以使用。

2. 仪器设备

(1)沸煮箱:有效容积为410 mm×240 mm×310 mm,内设箅板和加热器,能在(30±

5)min 内将箱内水由室温升至沸腾,并可保持沸腾状态 3 h 而不需加水。

(2)雷氏夹:由铜质材料制成,如图 2-2 所示。

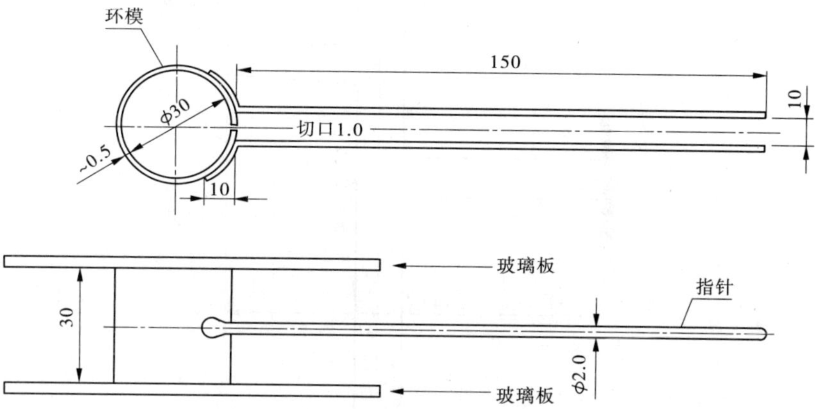

图 2-2　雷氏夹　(单位:mm)

雷氏法必须符合如下要求:当一根指针的根部先悬挂在一根金属丝或尼龙丝上,另一根指针的根部再挂上 300 g 的砝码时,两根指针针尖距离增加应在(17.5 ±2.5)mm 范围内,即 $2X = (17.5 \pm 2.5)$mm(见图 2-3)。当去掉砝码后,针尖的距离应恢复到初始状态。

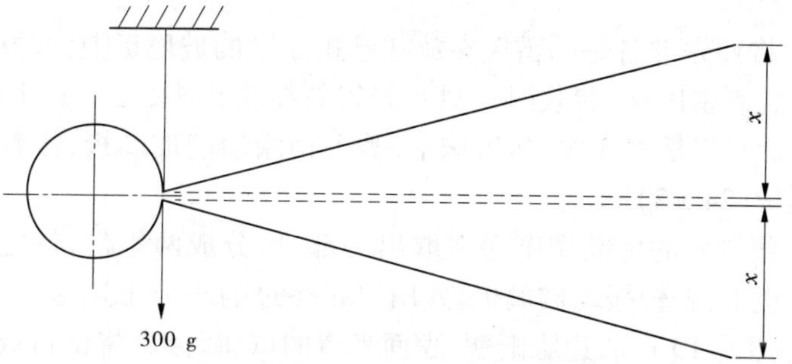

图 2-3　雷氏夹受力示意图

(3)雷氏夹膨胀测定仪:标尺最小刻度为 0.5 mm,如图 2-4 所示。

(4)水泥净浆搅拌机、标准养护箱、天平、量水器。

3. 检测步骤

1)测定前准备

(1)雷氏法:每个试样成型两个试件,每个雷氏夹需配备两个边长或直径约 80 mm、厚度 4 ~5 mm 的玻璃板,凡与水泥净浆接触的玻璃板和雷氏夹内表面都要涂上一层油。

(2)试饼法:每个试样需准备两块边长约 100 mm 的玻璃板,凡与水泥净浆接触的玻璃板都要涂上一层油。

2)水泥标准稠度净浆的制备

以标准稠度用水量拌制水泥净浆。

3)试件的制备

试件的制备有两种方法:雷氏法和试饼法。

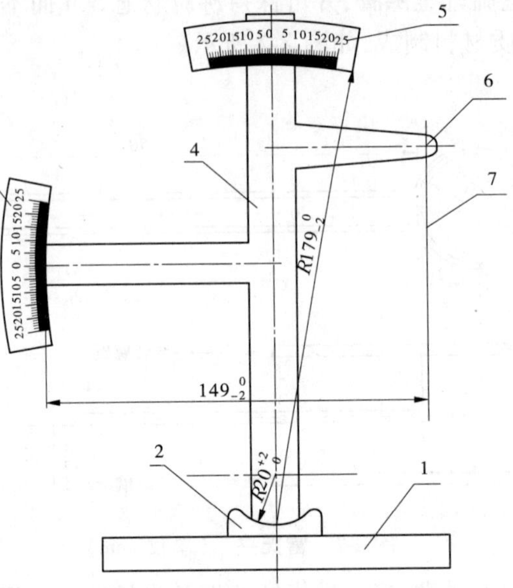

1—底座;2—模子座;3—测弹性标尺;4—立柱;

5—测膨胀值标尺;6—悬臂;7—悬丝

图 2-4 雷氏夹膨胀测定仪 (单位:mm)

(1)雷氏法:将预先准备好的雷氏夹放在已稍涂油的玻璃板上,并立即将已制好的标准稠度净浆一次装满雷氏夹,装浆时一只手轻轻扶持雷氏夹,另一只手用宽约 25 mm 的直边刀在浆体表面轻轻插捣 3 次,然后抹平,盖上稍涂油的玻璃板,接着立即将试件移至湿气养护箱内养护(24 ±2)h。

(2)试饼法:将制好的标准稠度净浆取出一部分,分成两等份,使之呈球状。放在预先准备好的玻璃板上,轻轻振动玻璃板,并用湿布擦过的小刀由边缘向中央抹,做成直径 70 ~80 mm、中心厚约 10 mm、边缘渐薄、表面光滑的试饼,接着将试饼放入湿气养护箱内养护(24 ±2)h。

4)沸煮

脱下玻璃板,取下试件。

(1)雷氏法:先测量试件指针尖端间的距离(A),精确到 0.5 mm,接着将试件放入沸煮箱水中的试件架上,指针朝上,试件之间不交叉,然后在(30 ±5)min 内加热至沸,并恒沸 3 h ±5 min。

(2)试饼法:先检查试饼是否完整,在试饼无缺陷的情况下,将试饼放在沸煮箱的水中箅板上,然后在(30 ±5)min 内加热至沸,并恒沸 3 h ±5 min。

沸煮结束后,立即放掉沸煮箱中的热水,打开箱盖,待箱体冷却至室温,取出试件进行判别。

4. 结果评定

(1)雷氏法:测量雷氏夹指针尖端距离(C),精确至 0.5 mm,当两个试件煮后增加距离($C-A$)的平均值不大于 5.0 mm 时,即认为该水泥安定性合格;当两个试件的($C-A$)

值相差超过 4.0 mm 时，应用同一样品立即重做一次试验。再如此，则认为该水泥为安定性不合格。

(2) 试饼法：目测试饼未发现裂缝，用钢直尺检查也没有弯曲（使钢直尺和试饼底部紧靠，以两者间不透光为不弯曲）的试饼为安定性合格，反之为不合格。当两个试饼判别结果有矛盾时，该水泥的安定性也为不合格。

评定：安定性不合格的水泥属于不合格品，严禁用于工程中。

2.1.4.4　水泥胶砂强度检测(ISO)

根据《水泥胶砂强度检验方法(ISO 法)》(GB/T 17671—1999)的规定，本标准适用于硅酸盐水泥、普通硅酸盐水泥、矿渣硅酸盐水泥、粉煤灰硅酸盐水泥、复合硅酸盐水泥、石灰石硅酸盐水泥的抗折与抗压强度的检验。其他水泥采用本标准时，必须研究本标准规定的适用性。

1. 检测目的

测定水泥各标准龄期的强度，从而确定或检验水泥的强度等级。

2. 主要仪器设备

(1) 行星式水泥胶砂搅拌机：属国际标准通用型，工作时搅拌机叶片既绕自身轴线自转又沿搅拌锅周边公转，运动轨迹似行星轨迹，如图 2-5 所示。

(2) 试模：为可拆卸的三联模，由隔板、端板、底座等组成。模槽内腔尺寸为 40 mm × 40 mm × 160 mm。三边应互相垂直，如图 2-6 所示。

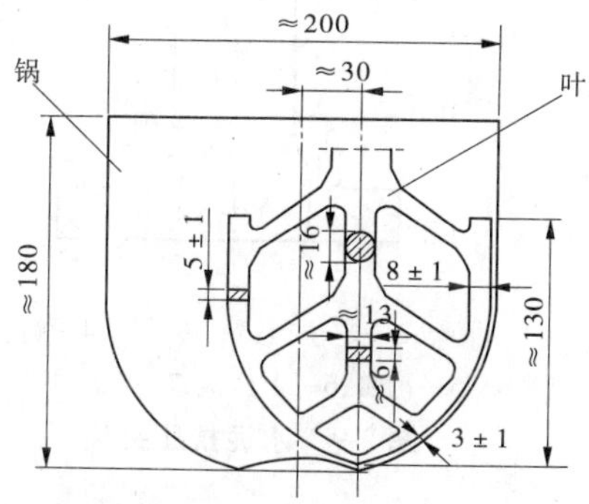

图 2-5　搅拌机　(单位:mm)

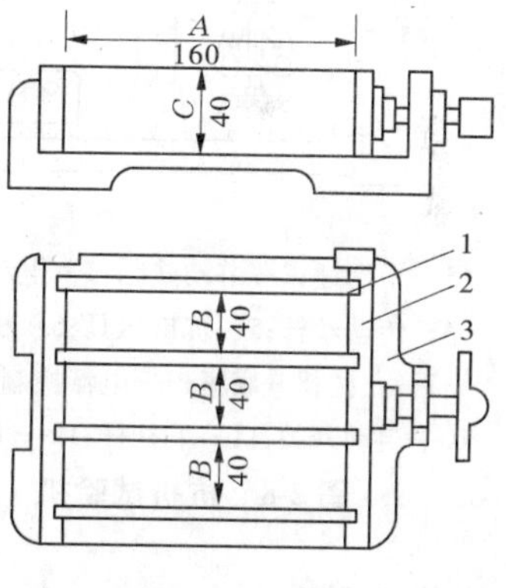

1—隔板;2—端板;3—底座

图 2-6　三联可拆卸试模　(单位:mm)

(3) 水泥胶砂试体成型振实台：由可以跳动的台盘和使其跳动的凸轮等组成。振实台的振幅为(15 ±0.3) mm，振动频率为 60 次/(60 ±2) s，如图 2-7 所示。

(4) 下料模套。

(5) 抗折试验机（见图 2-8）。一般采用杠杆比值为 1:50 的电动抗折试验机。抗折夹具的加荷与支撑圆柱直径应为(10 ±0.1) mm，允许磨损后尺寸为(10 ±0.2) mm，2 个支撑圆柱中心间距为(100 ±0.2) mm。

(6) 抗压试验机。在较大的 4/5 量程范围内使用时，记录的荷载应有 ±1% 精度，并

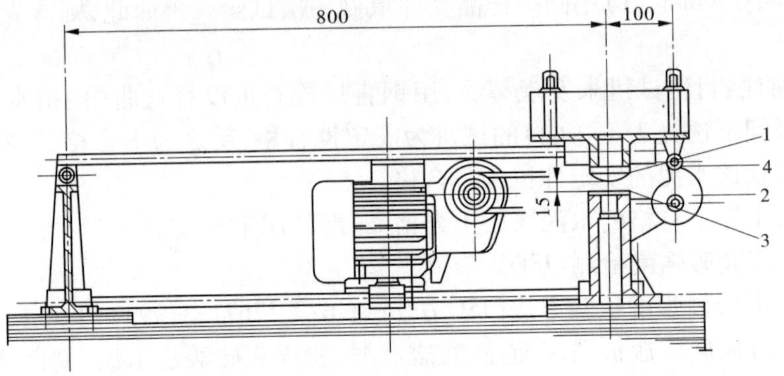

1—突头;2—凸轮;3—止动器;4—随动轮

图 2-7　振实台（单位:mm）

具有按(2 400 ±200)N/s 速率的加荷能力。其中抗压夹具见图 2-9。

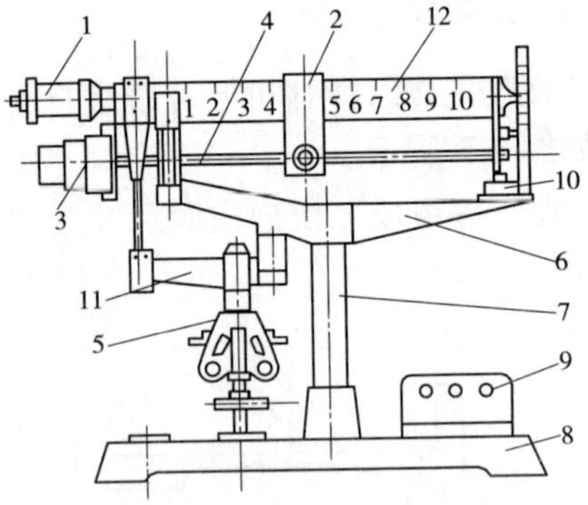

1—平衡锤;2—游动砝码;3—电动机;
4—传动丝杆;5—抗折压具;6—机架;
7—立柱;8—底座;9—电器控制箱;
10—启动开关;11—下杠杆;12—上杠杆

图 2-8　抗折试验机

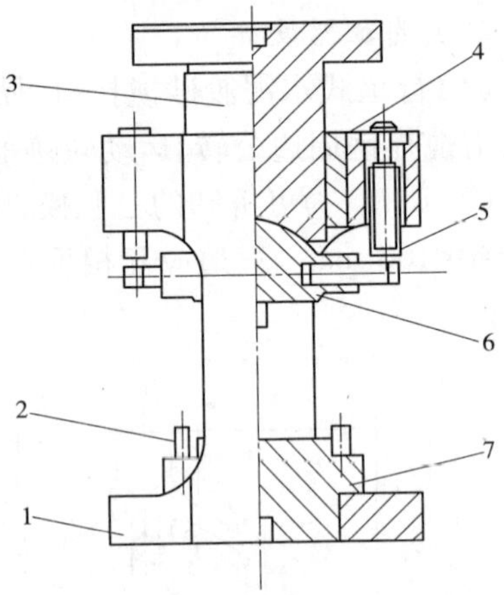

1—框架;2—定位销;3—传压柱;4—衬套;
5—吊簧;6—上压板;7—下压板

图 2-9　水泥抗压夹具

3. 试件成型

(1)先将试模擦净,四周模板与底座的接触面上应涂黄油,防止漏浆,内壁均匀刷一薄层机油。

(2)ISO 标准砂应符合《水泥胶砂强度检验方法》(GB/T 17671—1999)规定的质量要求。水泥与标准砂的质量比为 1∶3,水灰比为 0.5。每成型 3 个试件需要称量水泥(450 ± 2)g,标准砂(1 350 ±5)g,拌和用水量(225 ±1)g。

(3)每锅胶砂用搅拌机进行机械搅拌。先使搅拌机处于待工作状态,然后按以下程序进行操作:先把水加入锅里,再加入水泥,把锅放在固定架上,上升至固定位置;然后立即开动机器,低速搅拌 30 s 后,在第 2 个 30 s 开始的同时,均匀地将砂子加入;把机器转至高速再拌 30 s,停拌 90 s,在第 1 个 15 s 内用一胶皮刮具将叶片和锅壁上的胶砂刮入锅中间;在高速下继续搅拌 60 s。各个搅拌阶段,时间误差应在 ±1 s 以内。

(4)在搅拌砂的同时,将试模和模套固定在振实台上。用料勺直接从搅拌锅里将胶砂分两层装入试模,装第一层时,每个槽里约放300 g胶砂,用大播料器垂直架在模套顶部,沿每个模槽来回一次将料层播平,接着振实60次。再装第二层胶砂,用小播料器播平,再振实60次。移开模套,从振实台上取下试模,用一金属直尺以近似90°的角度架在试模模顶的一端,然后沿试模长度方向以横向锯割动作慢慢向另一端移动,一次将超过试模部分的胶砂刮去,并用同一直尺在近乎水平的情况下将试体表面抹平。

(5)在试模上做标记或加字条标明试件编号和试件相对于振实台的位置。

(6)试件成型时实验室的温度应保持在(20±2)℃,相对湿度不低于50%。

4. 试件养护

(1)将做好标记的试模放入雾室或湿箱的水平架子上养护,湿空气[温度保持在(20±1)℃,相对湿度不低于90%]应能与试模各边接触。一直养护到规定的脱模时间(对于24 h龄期的,应在成型试验前20 min内脱模;对于24 h以上龄期的,应在成型后20~24 h脱模),然后取出脱模。脱模前用防水墨汁或颜色笔对试体进行编号和其他标记,2个龄期以上的试体,在编号时应将同一试模中的3条试体分在2个以上龄期内。

(2)将做好标记的试件立即水平或竖直放在(20±1)℃的水中养护,水平放置时平面应朝上。养护期间试件之间间隔或试件上表面的水深不得小于5 mm。

5. 试件强度测定

不同龄期的试件强度试验必须在下列时间内进行:24 h±15 min,48 h±30 min,72 h±45 min,7 d±2 h,28 d±8 h。试件从水中取出后,在强度试验前应用湿布覆盖。

1)抗折强度检测

将试件一个侧面放在试验机支撑圆柱上,试件长轴垂直于支撑圆柱(见图2-10),通过加荷,圆柱以(50±10)N/s的速率均匀地将荷载垂直地加在棱柱体相对侧面上,直至折断。保持2个半截棱柱体处于潮湿状态直至抗压试验。

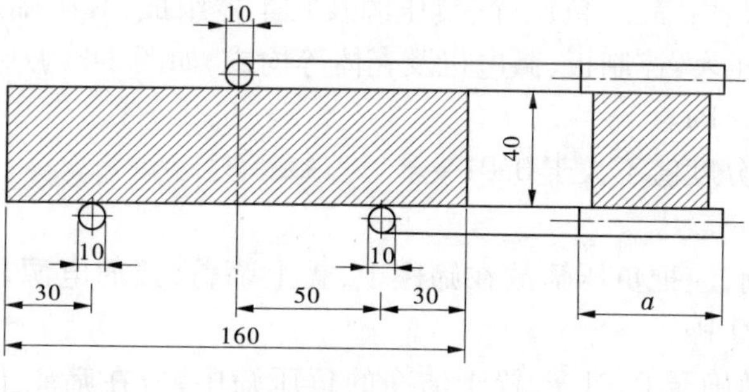

图2-10　抗折强度测定加荷图　(单位:mm)

抗折强度 R_f 以MPa为单位,按下式计算(精确至0.1 MPa):

$$R_f = 1.5F_fL/b^3 \tag{2-2}$$

式中　F_f——破坏荷载,N;

L——支撑圆柱中心距,mm;

b——棱柱体正方形截面的边长,mm。

以三个试件测定值的算术平均值作为抗折强度的测定结果。当三个强度值中有超出

平均值 ±10% 时,应剔除后再取平均值作为抗折强度试验结果。

2) 抗压强度检测

抗折强度试验后的 2 个断块应立即进行抗压试验。抗压强度试验必须用抗压夹具,在整个加荷过程中以(2 400 ±200)N/s 的速率均匀地加荷直至试件破坏。

抗压强度 R_c 以 MPa 为单位,按下式计算(精确至 0.1 MPa):

$$R_c = F_c / A \tag{2-3}$$

式中　F_c ——破坏时的最大荷载,N;

A ——受压面积,40 mm ×40 mm。

以一组三个棱柱体上得到的 6 个抗压强度测定值的算术平均值作为测定结果。如 6 个测定值中有 1 个超出 6 个平均值的 ±10%,就应剔除这个测定值,而以剩下 5 个的平均值为结果。如果 5 个测定值中再有超过它们平均值 ±10% 的,则此组结果作废。

2.1.4.5　水泥细度检测

水泥细度检测的目的是检查水泥粗细程度。水泥细度是水泥的重要技术指标,对水泥强度影响较大,并对水泥的体积安定性、泌水性、能耗和产量也有影响。根据《水泥细度检验方法 筛析法》(GB/T 1345—2005)的规定,细度检验方法有负压筛析法、水筛法和手工筛析法 3 种,当负压筛析法、水筛法和手工筛析法测定的结果有争议时,以负压筛析法为准。

试验前所用试验筛应保持清洁,负压筛和手工筛应保持干燥。试验时,80 μm 筛析试验称取试样 25 g,45 μm 筛析试验称取试样 10 g。

1. 负压筛析法

1) 主要仪器设备

(1) 负压筛:由圆形筛框和筛网组成,筛框有效直径 142 mm,高 25 mm,方孔边长 80 μm 或 45 μm。负压筛应附有透明筛盖,筛盖与筛上口应有良好的密封性。

(2) 负压筛析仪:由筛座、负压筛、负压源及收尘器组成,其中筛座由转速为(30 ±2) r/min 的喷气嘴、负压表、控制板、微电机及壳体等构成,如图 2-11 所示。负压筛析仪可调范围为 4 000 ~6 000 Pa。

(3) 天平:最小分度值不大于 0.01 g。

2) 检测步骤

(1) 筛析试验前,应把负压筛放在筛座上,盖上筛盖,接通电源,检查控制系统,调节负压至 4 000 ~6 000 Pa。

(2) 称取试样精确至 0.01 g,置于洁净的负压筛中,放在筛座上,盖上筛盖,接通电源,开动筛析仪连续筛析 2 min,在此期间如有试样附着在筛盖上,轻敲筛盖使试样落下。筛毕,用天平称量全部筛余物。

3) 结果计算

水泥试样筛余百分数按下式计算,结果计算至 0.1%:

$$F = \frac{R_t}{W} \times 100\% \tag{2-4}$$

式中　F ——水泥试样的筛余百分数(%);

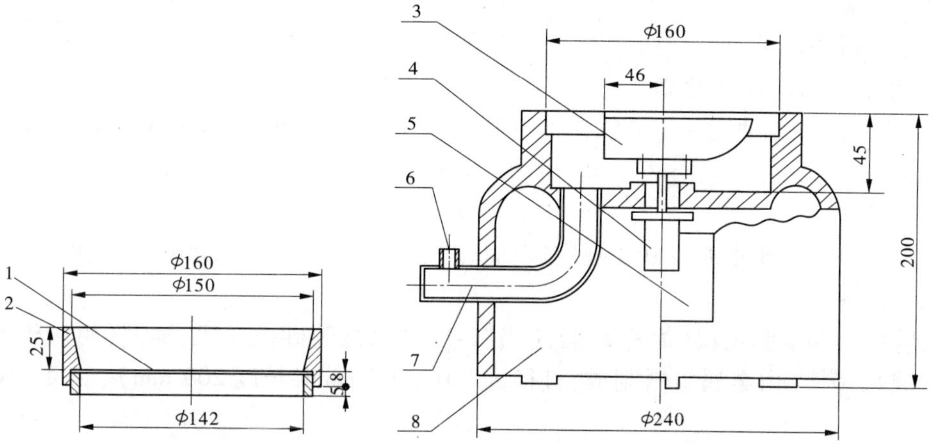

(a)负压筛　　(b)负压筛析仪筛座示意图

1—筛网；2—筛框；3—喷气嘴；4—微电机；5—控制板开口；
6—负压表接口；7—负压源及收尘器接口；8—壳体

图 2-11　负压筛和负压筛析仪筛座示意图　（单位：mm）

R_t ———水泥筛余物的质量，g；

W ———水泥试样的质量，g。

2. 水筛法

1）主要仪器设备

标准筛、筛支座、喷头、天平、烘箱等。

2）检测步骤

（1）筛析试验前，应检查水中无泥沙，调整好水压及水筛架的位置，使其能正常运转，并控制喷头底面和筛网之间的距离为 35～75 mm。

（2）称取水泥试样精确至 0.01 g，置于洁净的水筛中，立即用淡水冲洗至大部分细粉通过后，放在水筛架上，用水压为（0.05 ±0.02）MPa 的喷头连续冲洗 3 min。筛毕，用少量水把筛余物冲至蒸发皿中，等水泥颗粒全部沉淀后，小心倒出清水，烘干并用天平称量全部筛余物。

3）结果计算

同负压筛析法。

3. 手工筛法

1）主要仪器设备

方孔标准筛（铜布筛），方孔边长 80 μm 或 45 μm，天平等。

2）检测步骤

称取水泥试样精确至 0.01 g，倒入手工筛中。手持筛往复摇动并轻轻拍打，往复摇动和拍打过程应保持近于水平。拍打速度每分钟约 120 次，每 40 次向同一方向转动 60°，使试样均匀分布在筛网上，直至每分钟通过的试样量不超过 0.03 g。称量全部筛余物。

3）结果计算

同负压筛析法。

2.1.4.6　水泥胶砂流动度检测

根据《水泥胶砂流动度测定方法》（GB/T 2419—2005）的规定，本检验方法适用于通用硅酸盐水泥。

1. 检测目的

通过测量一定配比水泥胶砂在规定振动状态下的扩展范围来衡量其流动性。

2. 仪器设备

水泥胶砂流动度测定仪（简称跳桌，见图 2-12）、水泥胶砂搅拌机、试模（由截锥圆模和模套组成）、捣棒（由金属材料制成，直径为（20 ± 0.5）mm，长度 200 mm）、卡尺、小刀、天平等。

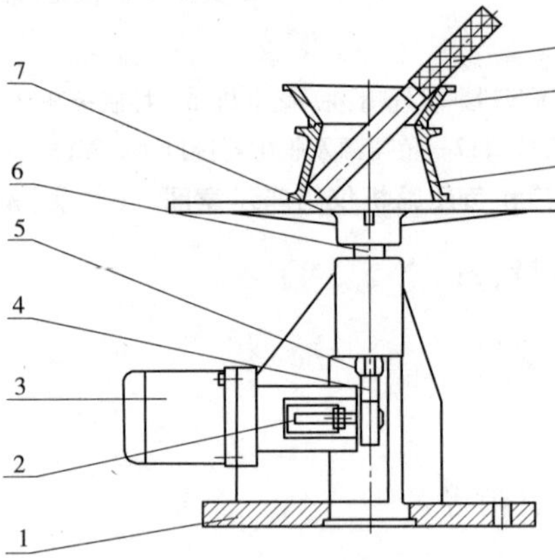

1—机架；2—接近开关；3—电机；4—凸轮；5—滑轮；6—推杆；
7—圆盘桌面；8—捣棒；9—模套；10—截锥圆模

图 2-12　跳桌结构示意图

3. 检测步骤

（1）如跳桌在 24 h 内未被使用，先空跳一个周期 25 次。

（2）胶砂制备按 GB/T 17671 的有关规定进行。在制备胶砂的同时，用潮湿棉布擦拭跳桌台面、试模内壁、捣棒以及与胶砂接触的用具，将试模放在跳桌台面中央并用潮湿棉布覆盖。

（3）将拌好的胶砂分两层迅速装入试模，第一层装至截锥圆模高度约 2/3 处，用小刀在相互垂直两个方向各划 5 次，用捣棒由边缘至中心均匀捣压 15 次（见图 2-13）；随后，装第二层胶砂，装至高出截锥圆模约 20 mm，用小刀在相互垂直两个方向各划 5 次，再用捣棒由边缘至中心均匀捣压 10 次（见图 2-14），捣压后胶砂应略高于试模。

捣压深度：第一层捣至胶砂高度的 1/2，第二层捣实不超过已捣实底层表面。装胶砂和捣压时，用手扶稳试模，不要使其移动。

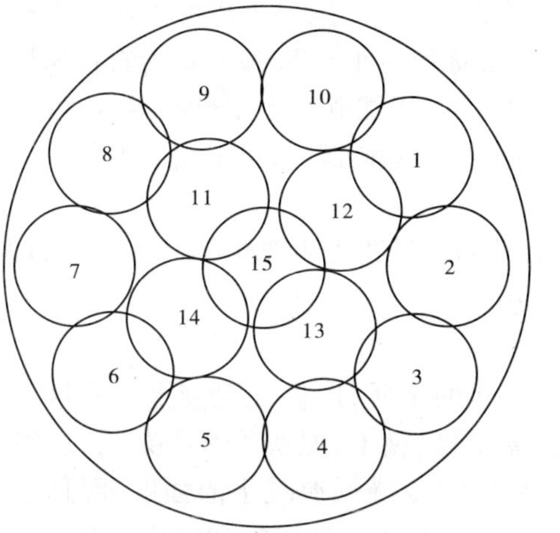

图 2-13　第一层捣压位置示意图

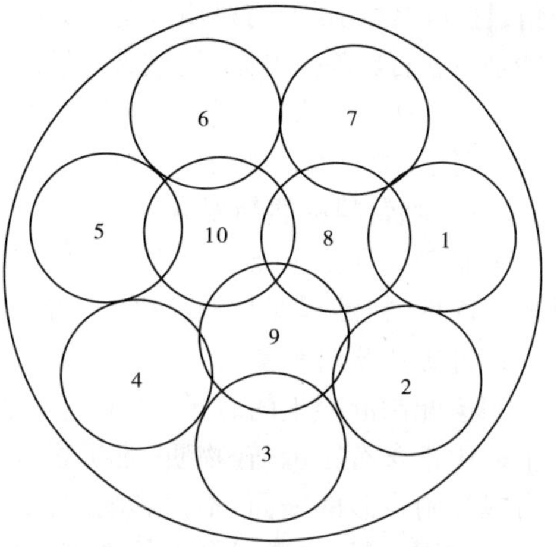

图 2-14　第二层捣压位置示意图

(4)刮平及提模套。捣压完毕,取下模套,将小刀倾斜,从中间向边缘分两次以近水平的角度抹去高出截锥圆模的胶砂,并擦去落在桌面上的胶砂。将截锥圆模垂直向上轻轻提起。

(5)立刻开动跳桌,以每秒钟一次的频率,在(25 ±1)s 内完成 25 次跳动。

(6)流动度试验,从胶砂加水开始到测量扩散直径结束,应在 6 min 内完成。

4. 结果计算与评定

跳动完毕后,用卡尺测量胶砂底面互相垂直的两个方向直径,计算出平均值(取整数),单位为 mm。该平均值即为该用水量的水泥胶砂流动度。

2.2　骨　料

骨料也称为集料,是在混凝土中起骨架和支撑作用,抑制水泥硬化收缩的粒状松散材料。骨料按粒径可分为细骨料和粗骨料。根据《普通混凝土用砂、石质量及检验方法标准》(JGJ 52—2006)的相关规定,混凝土用骨料,按其粒径大小不同分为细骨料和粗骨料,其中公称粒径小于 5.00 mm 的岩石颗粒称为细骨料,公称粒径大于 5.00 mm 的岩石颗粒称为粗骨料。粗、细骨料的总体积占混凝土体积的 70%~80%,因此骨料的性能对所配制的混凝土性能有很大影响。为保证混凝土的质量,对骨料技术性能的要求主要有:有害杂质含量少;具有良好的颗粒形状,适宜的颗粒级配和细度;表面粗糙,与水泥黏结牢固;性能稳定,坚固耐久等。

2.2.1　细骨料(砂子)

普通混凝土用砂的类型主要有天然砂、人工砂和混合砂。

天然砂是由自然条件作用而形成的,公称粒径小于 5.00 mm 的岩石颗粒。按其产源不同,可分为河砂、海砂、山砂。其中,河砂和海砂由于长期受水流的冲刷作用,颗粒表面比较圆滑、洁净,且产源较广,但海砂中常含有贝壳碎片及可溶性盐类等有害杂质,山砂颗粒多具棱角,且砂中含泥量及有机质等有害杂质较多。建筑工程中一般多采用河砂作细骨料。人工砂是由岩石经除土开采、机械破碎、筛分而成的,公称粒径小于5.00 mm的岩石颗粒。混合砂是由天然砂与人工砂按一定比例组合而成的砂。把天然砂和人工砂相混合,可充分利用地方资源,降低人工砂的生产成本。一般在当地缺乏天然砂源时,可采用人工砂。

2.2.1.1 **细骨料的质量要求**

配制普通混凝土要选用质量良好的砂子,对砂的质量要求主要包括有害杂质的含量、砂的坚固性、粗细程度与颗粒级配、砂的碱活性等。

1.有害杂质的含量

用于配制混凝土的砂子,要求其清洁、不含过多的杂质,以保证混凝土的质量。但实际上砂中常含有云母、轻物质、有机物、硫化物、氯化物、黏土、泥块等有害杂质,这些杂质混合或黏附在砂的表面,不仅影响水泥与砂的黏结,严重降低混凝土的强度,而且会增加混凝土的用水量,加大混凝土的收缩,降低混凝土的耐久性。硫酸盐和硫化物对水泥有腐蚀作用,氯化物会加剧钢筋混凝土中钢筋的锈蚀。因此,对砂中的有害杂质含量,应当进行严格控制。根据《普通混凝土用砂、石质量及检验方法标准》(JGJ 52—2006)的规定,有害杂质的含量应符合表2-6的规定。

表2-6 砂中的有害杂质含量

项目	质量指标
云母含量(按质量计,%)	≤2.0
轻物质含量(按质量计,%)	≤1.0
硫化物及硫酸盐含量 (折算成SO_3按质量计,%)	≤1.0
有机物含量(用比色法试验)	颜色不应深于标准色。当颜色深于标准色时,应按水泥胶砂强度试验方法进行强度对比试验,抗压强度比不应低于0.95

2.砂的坚固性

砂的坚固性是指砂在自然风化和其他外界物理、化学因素作用下,抵抗破裂的能力。按《普通混凝土用砂、石质量及检验方法标准》(JGJ 52—2006)的规定,采用硫酸钠溶液检验,试样经5次循环后,其质量损失应符合表2-7的规定。人工砂的总压碎值指标应小于30%。

表2-7 砂的坚固性指标

混凝土所处的环境条件及其性能要求	5次循环后的质量损失(%)
在严寒及寒冷地区室外使用并经常处于潮湿或干湿交替状态下的混凝土; 对于有抗疲劳、耐磨、抗冲击要求的混凝土; 有腐蚀介质作用或经常处于水位变化区的地下结构混凝土	≤8
其他条件下使用的混凝土	≤10

3. 粗细程度与颗粒级配

砂的粗细程度是指不同粒径的砂粒混合在一起后的平均粒径的大小，通常分为粗砂、中砂、细砂等几种。在砂用量相同的条件下，细砂的总表面积较大，粗砂的总表面积较小。在混凝土中，砂子表面需用水泥浆包裹，以赋予流动性和黏结强度，砂子的总表面积越大，则需包裹砂粒表面的水泥浆就越多。因此，一般用粗砂配制混凝土比用细砂所需的水泥量要省。

砂的颗粒级配，是指不同粒径砂颗粒的分布情况。在混凝土中，砂粒之间的空隙由水泥浆所填充，为节约水泥和提高混凝土强度，就应尽量减小砂粒之间的空隙。从表示骨料颗粒级配的图 2-15 可以看出，一种粒径的砂粒堆积在一起，会产生很大的空隙率[见图 2-15(a)]；当用两种粒径的砂搭配起来，空隙率就减小了[见图 2-15(b)]；而用三种粒径的砂搭配，空隙率就更小了[见图 2-15(c)]。因此，要想减小砂粒间的空隙，就必须将大小不同的颗粒合理搭配。

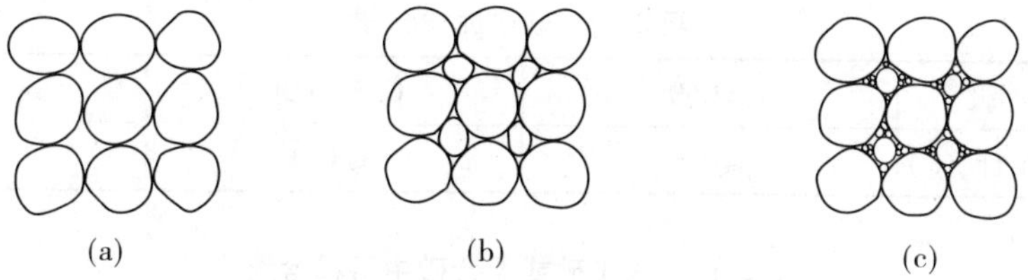

图 2-15　骨料的颗粒级配

配制普通混凝土所用的砂，当其颗粒较粗、级配良好时，砂的空隙率和总表面积均较小，这样不仅可以节约水泥，降低工程造价，而且可以提高混凝土的强度和耐久性。因此，严格控制砂的粗细程度和颗粒级配具有重大的技术经济意义(见表 2-8)。

表 2-8　建设用砂的颗粒级配(JGJ 52—2006)

公称直径	级配区		
	Ⅰ区	Ⅱ区	Ⅲ区
	累计筛余百分率(%)		
5.00 mm	10 ~ 0	10 ~ 0	10 ~ 0
2.50 mm	35 ~ 5	25 ~ 0	15 ~ 0
1.25 mm	65 ~ 35	50 ~ 10	25 ~ 0
630 μm	85 ~ 71	70 ~ 41	40 ~ 16
315 μm	95 ~ 80	92 ~ 70	85 ~ 55
160 μm	100 ~ 90	100 ~ 90	100 ~ 90

注：砂的实际颗粒级配与表中所列数字相比，除公称粒径为 5.00 mm 和 630 μm 的累计筛余外，其余公称粒径的累计筛余可稍超出分界线，但总超出量不应大于 5%。

4. 含泥量、泥块含量和石粉含量

含泥量，是指天然砂中公称粒径小于 80 μm 的颗粒含量；石粉含量，是指人工砂中公称粒径小于 80 μm 的颗粒含量；泥块含量，则指砂中公称粒径大于 1.25 mm，经水浸洗、手捏后小于 630 μm 的颗粒含量。

人工砂在生产过程中，会产生一定量的石粉，这是人工砂与天然砂最明显的区别之一。它的粒径虽小于 80 μm，但与天然砂中的泥成分不同，粒径分布不同，在使用中所起的作用也不同。天然砂中泥附在砂粒表面妨碍水泥与砂的黏结，增大混凝土用水量，降低混凝土的强度和耐久性，增大干缩。所以，它对混凝土是有害的，必须严格控制其含量。

根据《普通混凝土用砂、石质量及检验方法标准》(JGJ 52—2006)的规定，砂的含泥量、泥块及石粉含量应分别符合表 2-9 ~ 表 2-11 的规定。

表 2-9　天然砂的含泥量

混凝土强度等级	≥C60	C55 ~ C30	≤C25
含泥量(按质量计，%)	≤2.0	≤3.0	≤5.0

表 2-10　砂中泥块含量

混凝土强度等级	≥C60	C55 ~ C30	≤C25
泥块含量(按质量计，%)	≤0.5	≤1.0	≤2.0

表 2-11　人工砂或混合砂中石粉含量

混凝土强度等级		≥C60	C55 ~ C30	≤C25
石粉含量(%)	MB < 1.4(合格)	≤5.0	≤7.0	≤10.0
	MB≥1.4(不合格)	≤2.0	≤3.0	≤5.0

5. 表观密度、松散堆积密度、空隙率

根据《建设用砂》(GB/T 14684—2011)的规定，砂的表观密度不小于 2 500 kg/m^3，松散堆积密度不小于 1 400 kg/m^3，空隙率不大于 44%。

6. 碱集料反应

碱集料反应是指水泥、外加剂等混凝土组成物及环境中的碱与集料中碱活性矿物在潮湿环境下缓慢发生并导致混凝土开裂破坏的膨胀反应。所以，砂应根据需要进行碱集料反应试验。经碱集料反应试验后，试件应无裂缝、酥裂、胶体外溢等现象，在规定的试验龄期膨胀率应小于 0.10%。

2.2.1.2　细骨料的取样

1. 取样方法

1) 分批方法

按同分类、同规格、同适用等级及日产量每 600 t 为一批，不足 600 t 也为一批；日产量超过 2 000 t，按 1 000 t 为一批，不足 1 000 t 也为一批。

2) 抽取试样

(1) 从料堆上取样时，取样部位应均匀分布。先将取样部位表层铲除，然后由各部位抽取大致相等的砂 8 份，组成一组样品。

(2)从皮带运输机上取样时，应用接料器在皮带运输机机尾的出料处定时抽取大致相等的砂 4 份，组成一组样品。

(3)从火车、汽车、货船上取样时，应从不同部位和深度抽取大致相等的砂 8 份，组成一组样品。

除筛分析外，当其余检验项目存在不合格项时，应加倍进行复验。当复验仍有一项不满足标准要求时，应按不合格品处理。

注：如经观察，认为各节车皮间(汽车、货船间)所载的砂质量相差甚为悬殊，应对质量有怀疑的每节列车(汽车、货船)分别取样和验收。

2. 取样数量

单项取样的最少取样数量应符合表 2-12 的规定。当需要做多项检验时，可在确保样品经一项试验后不致影响其他试验结果的前提下，用同组样品进行多项不同的试验。

表 2-12　混凝土用砂各项试验最小取样数量

试验项目	最少取样数量(kg)	试验项目	最少取样数量(kg)
筛分析	4.4	泥块含量	20.0
表观密度	2.6	有机物含量	2.0
吸水率	4.0	云母含量	0.6
含水率	1.0	针片状含量	—
紧密密度和堆积密度	5.0	硫化物及硫酸盐含量	0.05
含泥量	4.4	轻物质含量	3.2

3. 样品的缩分

(1)砂的样品缩分方法可选择下列两种方法之一：

①用分料器缩分(见图 2-16)。将样品在潮湿状态下拌和均匀，然后将其通过分料器，留下两个接料斗中的一份，并将另一份再次通过分料器，重复上述过程，直至把样品缩分到试验所需量。

②人工四分法缩分。将样品置于平板上，在潮湿状态下拌和均匀，并堆成厚度约为 20 mm 的“圆饼”。然后沿互相垂直的两条直径把“圆饼”分成大致相等的 4 份，取其对角的两份重新拌匀，再堆成“圆饼”状。重复上述过程，直至样品缩分后的材料量略多于进行试验所需的量。

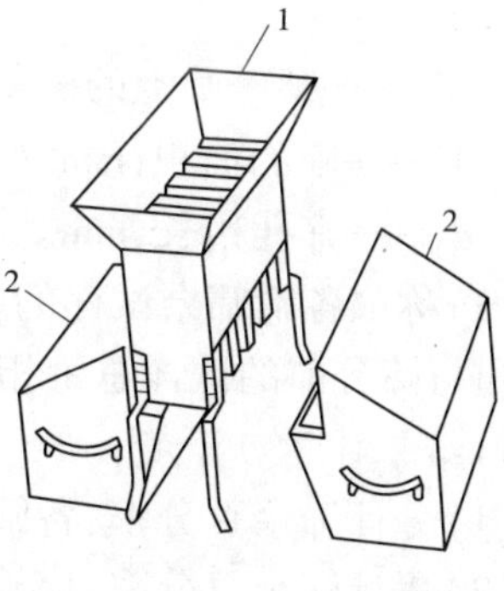

1—分料漏斗；2—接料斗

图 2-16　分料器

(2)砂的含水率、堆积密度、紧密密度检验所用的试样，可不经缩分，在拌匀后直接进行试验。

2.2.1.3　细骨料的检测

1. 检测项目

根据《普通混凝土用砂、石质量及检验方法标准》(JGJ 52—2006)的规定，天然砂必须检测项目有筛分析、含泥量、泥块含量,人工砂必须检测项目有筛分析、石粉含量(含亚甲蓝试验)、泥块含量、压碎指标。如果检测不合格,应重新取样;对不合格项进行加倍复检。如果仍不能满足标准要求,应按不合格品处理。

2. 砂的筛分析检测

1)检测目的

通过砂的筛分析,评定砂的颗粒级配和粗细程度,为混凝土配合比设计提供依据。

2)主要仪器设备

试验筛(公称直径分别为 10.0 mm、5.00 mm、2.5 mm、1.25 mm、0.630 mm、0.315 mm、0.160 mm 的方孔筛各一只,并附有筛的底盘和筛盖各一只)、天平(称量 1 000 g,感量 1 g)、摇筛机、烘箱、浅盘和硬、软毛刷等。

3)检测步骤

将四分法缩取的 4.4 kg 试样,先通过公称直径 10.0 mm 的方孔筛,并计算筛余。称取经缩分后样品不少于 550 g 两份,分别装入两个浅盘,在(105 ±5)℃的温度下烘干至恒重,冷却至室温备用。

(1)准确称取烘干试样 500 g(特细砂可称 250 g),精确至 1 g,置于按筛孔大小顺序排列(大孔在上、小孔在下)的套筛的最上一只公称直径为 5.00 mm 的筛上。将套筛装入摇筛机内固紧,筛分 10 min,然后取出套筛,按筛孔由大到小的顺序,在清洁的浅盘上逐一进行手筛,直至每分钟的筛出量不超过试量总量的 0.1%。通过的颗粒并入下一只筛子,并和下一只筛子中的试样一起进行手筛。按这样的顺序依次进行,直至所有的筛子全部筛完。

(2)试样在各只筛上的筛余量均不得超过按下式计算得出的剩留量,否则应将该筛的筛余试样分成两份或数份,再次进行筛分,并以其筛余量之和作为该筛的筛余量。

$$m_r = \frac{A\sqrt{d}}{300} \tag{2-5}$$

式中 m_r ——某一筛上的剩留量,g;

A ——筛的面积,mm^2;

d ——筛孔边长,mm。

(3)称取各筛筛余试样的质量(精确至 1 g),所有各筛的分计筛余量和底盘中的剩余量之和与筛分前的试样总量相比,相差不得超过 1%。

4)结果计算与评定

(1)分计筛余百分率:各筛上的筛余量除以试样总量的百分率,精确至0.1%。

(2)累计筛余百分率:该筛的分计筛余百分率与大于该筛的各筛分计筛余百分率之和,精确至 1.0%。

(3)根据各筛两次试验累计筛余的平均值,评定该试样的颗粒级配分布情况,精确至 1%。

(4)砂的细度模数 μ_f 按下式计算,精确至 0.01:

$$\mu_f = \frac{\beta_2 + \beta_3 + \beta_4 + \beta_5 + \beta_6 - 5\beta_1}{100 - \beta_1} \tag{2-6}$$

式中　μ_f——砂的细度模数；

$\beta_1, \beta_2, \beta_3, \beta_4, \beta_5, \beta_6$——公称直径 5.00 mm、2.5 mm、1.25 mm、630 μm、315 μm 及 160 μm 的方孔筛上的累计筛余。

砂的细度模数以两次检测结果的算术平均值作为测定值，精确至 0.1。当两次检测所得的细度模数之差大于 0.20 时，应重新取样进行检测。

(5)根据各号筛的累计筛余百分率，查表 2-8 评定该试样的颗粒级配。

3. 砂的含泥量检测（标准法）

1)检测目的

评定砂中的含泥量是否符合现行规范的相关要求，能否用于指定工程中。

2)主要仪器设备

天平（称量 1 000 g，感量 1 g）、烘箱[温度控制范围为(105 ± 5)℃]、试验筛（筛孔公称直径为 80 μm 及 1.25 mm 的方孔筛各一个）、洗砂用的容器及烘干用的浅盘等。

3)检测步骤

(1)按规定方法取样，最少取样数量为 4.4 kg，并缩分至 1 100 g，置于温度为(105 ± 5)℃的烘箱中烘干至恒重，冷却至室温后，称取各为 400 g(m_0)的试样两份备用。

(2)取烘干的试样一份置于容器中，并注入饮用水，使水面高出砂面约 150 mm，充分拌匀后，浸泡 2 h，然后用手在水中淘洗试样，使尘屑、淤泥和黏土与砂粒分离，并使之悬浮或溶于水中。缓缓地将浑浊液倒入公称直径为 1.25 mm、80 μm 的方孔套筛（1.25 mm 筛放置于上面）上，滤去粒径小于 80 μm 的颗粒。试验前筛子的两面应先用水湿润，在整个试验过程中应避免砂粒丢失。

(3)再次加水于容器中，重复上述过程，直到洗出的水清澈。

(4)用水淋洗剩留在筛上的细粒，并将 80 μm 筛放在水中（使水面略高出筛中砂粒的上表面）来回摇动，以充分洗除粒径小于 80 μm 的颗粒。然后将两只筛上剩留的颗粒和容器中已经洗净的试样一并装入浅盘，置于温度为(105 ± 5)℃的烘箱中烘干至恒重。取出来冷却至室温后，称样的质量(m_1)。

4)数据处理与结果评定

砂中含泥量应按下式计算，精确至 0.1%：

$$\omega'_c = \frac{m_0 - m_1}{m_0} \times 100\% \tag{2-7}$$

式中　ω'_c——砂中含泥量（%）；

m_0——试验前的烘干试样质量，g；

m_1——试验后的烘干试样质量，g。

砂的含泥量以两个试样检测结果的算术平均值作为测定值。两次结果之差大于 0.5% 时，应重新取样进行检测。根据计算结果查表 2-9 进行评定。

4. 砂中泥块含量检测

1)检测目的

评定砂中泥块含量是否符合现行规范的相关要求，能否用于指定工程中。

2）主要仪器设备

天平（称量 1 000 g，感量 1 g；称量 5 000 g，感量 5 g）、烘箱［温度控制范围为（105 ± 5）℃］、试验筛（筛孔公称直径为 630 μm 及 1.25 mm 的方孔筛各一只）、洗砂用的容器及烘干用浅盘等。

3）检测步骤

（1）按规定方法取样，最少取样数量为 20.0 kg，并缩分至 5 000 g，置于温度为（105 ± 5）℃的烘箱中烘干至恒重，冷却至室温。然后，用公称直径 1.25 mm 的方孔筛筛分，取筛上的砂不少于 400 g，分为两份备用。特细砂按实际筛分量。

（2）称取试样约 200 g（ m_1 ）置于容器中，并注入饮用水，使水面高出砂面 150 mm。充分拌匀后，浸泡 24 h，然后用手在水中碾碎泥块，再把试样放在公称直径 630 μm 的方孔筛上，用水淘洗，直至洗出的水清澈。

（3）保留下来的试样应小心地从筛里取出，装入平浅盘后，置于温度为（105 ± 5）℃烘箱中烘干至恒重，冷却后称重（ m_2 ）。

4）数据处理与结果评定

砂中泥块含量应按下式计算，精确至 0.1%：

$$\omega_{c,L} = \frac{m_1 - m_2}{m_1} \times 100\% \tag{2-8}$$

式中 $\omega_{c,L}$ ——泥块含量（%）；

m_1 ——试验前的干燥试样质量，g；

m_2 ——试验后的干燥试样质量，g。

砂中泥块含量以两个试样检测结果的算术平均值作为测定值。两次结果之差大于 0.5% 时，应重新取样进行检测。根据计算结果查表 2-10 进行评定。

5. 砂的表观密度检测（标准法）

1）检测目的

评定砂的质量，计算砂的空隙率，为混凝土配合比的设计提供依据。

2）主要仪器设备

天平（称量 1 000 g，感量 1 g）、容量瓶（500 mL）、干燥器、烘箱、浅盘、温度计、铝制料勺等。

3）检测步骤

将缩分后不少于 650 g 的试样装入浅盘，在温度为（105 ± 5）℃的烘箱中烘干至恒重，并在干燥器内冷却至室温。

（1）称取烘干试样 300 g（ m_0 ），装入盛有半瓶冷开水的容量瓶中。

（2）摇转容量瓶，使试样在水中充分搅动以排除气泡，塞紧瓶塞，静置 24 h；然后打开瓶塞，用滴管加水使水面与瓶颈刻度线平齐，再塞紧瓶塞，擦干容量瓶外壁水分，称其质量 m_1（g），精确至 1 g。

（3）倒出容量瓶中的水和试样，将瓶的内外壁洗净，再注入与上项水温相差不超过 2 ℃（并在 15 ~25 ℃范围内）的冷开水至瓶颈刻度线。塞紧瓶塞，擦干容量瓶外壁水分，称其质量 m_2（g），精确至 1 g。

4)数据处理

按下式计算表观密度 ρ ,精确至 10 kg/m³:

$$\rho = \left(\frac{m_0}{m_0 + m_2 - m_1} - \alpha_t\right) \times 1\ 000 \tag{2-9}$$

式中 ρ ——表观密度,kg/m³;

m_0 ——试样的烘干质量,g;

m_1 ——试样、水及容量瓶总质量,g;

m_2 ——水及容量瓶总质量,g;

α_t ——水温对砂的表观密度影响的修正系数,见表 2-13。

表 2-13 不同水温对砂的表观密度影响的修正系数

水温(℃)	15	16	17	18	19	20
α_t	0.002	0.003	0.003	0.004	0.004	0.005
水温(℃)	21	22	23	24	25	—
α_t	0.005	0.006	0.006	0.007	0.008	—

砂的表观密度以两次检测结果的算术平均值作为测定值。当两次结果之差大于 20 kg/m³时,应重新取样进行检测。

6. 砂的堆积密度和紧密密度检测

1)检测目的

测定砂子的堆积密度和紧密密度,为计算砂的空隙率和混凝土配合比设计提供依据。

2)主要仪器设备

(1)秤:称量 5 kg,感量 5 g。

(2)容量筒:金属制圆柱形筒,容积为 1 L,内径 108 mm,净高 109 mm,筒壁厚 2 mm,筒底厚 5 mm。

(3)漏斗(见图 2-17)或铝制料勺。

(4)烘箱:温度控制范围为(105 ±5)℃。

(5)直尺、浅盘等。

3)检测步骤

先用公称直径 5.00 mm 的筛子过筛,然后取经缩分后的样品不少于 3 L,装入浅盘,在温度为(105 ±5)℃的烘箱中烘干至恒重,取出并冷却至室温,分成大致相等的两份备用。

(1)堆积密度。

①称取容量筒的质量 m_1(kg)。

②取试样一份,用料勺或漏斗将试样徐徐装入容量筒内,漏斗出料口或料勺距容量筒筒口不应超过 5 cm,直至试样装满并超出容量筒筒口。

③用直尺将多余的试样沿筒口中心线向两个相反方向刮平,称其质量 m_2 (kg)。

(2)紧密密度。

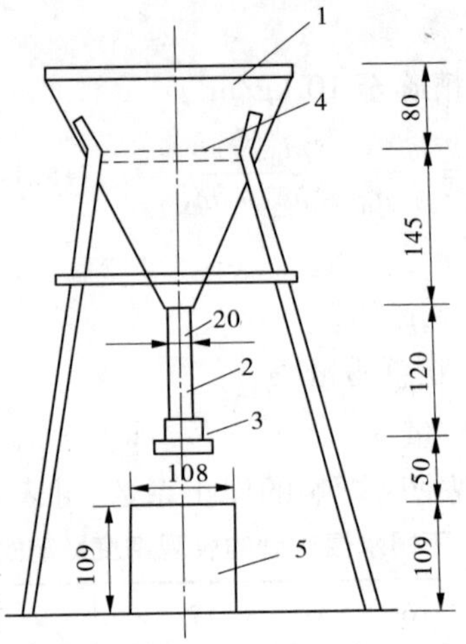

1—漏斗;2—Φ20 mm 管子;3—活动门;4—筛;5—金属量筒

图 2-17　标准漏斗　(单位:mm)

①称容量筒的质量 m_1(kg)。

②取试样一份,分两层装入容量筒。装完第一层后,在筒底垫放一根直径为 10 mm 的钢筋,将筒按住,左右交替颠击地面各 25 下,然后装入第二层;第二层装满后用同样方法颠实(但筒底所垫钢筋的方向应与第一层放置方向垂直),二层装完并颠实后,加料直至试样超出容量筒筒口。

③用直尺将多余的试样沿筒口中心线向两个相反方向刮平,称其质量 m_2 (kg)。

4)数据处理

(1)按下式计算砂的堆积密度 ρ_L 及紧密密度 ρ_c,精确至 10 kg/m³:

$$\rho_L(\rho_c) = \frac{m_2 - m_1}{V} \times 1\ 000 \tag{2-10}$$

式中　ρ_L (ρ_c)——堆积密度(紧密密度),kg/m³;

m_1 ——容量筒的质量,kg;

m_2 ——容量筒和砂总质量,kg;

V ——容量筒容积,L。

以两次检测结果的算术平均值作为测定值。

(2)按下式计算空隙率,精确至 1%:

$$\nu_L = (1 - \frac{\rho_L}{\rho}) \times 100\% \tag{2-11}$$

$$\nu_c = (1 - \frac{\rho_c}{\rho}) \times 100\% \tag{2-12}$$

式中　ν_L ——堆积密度的空隙率(%);

ν_c ——紧密密度的空隙率(%);

ρ_L ——砂的堆积密度,kg/m³;

ρ ——砂的表观密度,kg/m³;

ρ_c——砂的紧密密度，kg/m^3。

(3)容量筒容积的校正方法。

以温度为(20±2)℃的饮用水装满容量筒，用玻璃板沿筒口滑移，使其紧贴水面。擦干筒外壁水分，然后称其质量。用下式计算筒的容积：

$$V = m'_2 - m'_1 \tag{2-13}$$

式中　V——容量筒容积，L；

m'_1——容量筒和玻璃板质量，kg；

m'_2——容量筒、玻璃板和水的总质量，kg。

7. 砂的含水率检测(标准法)

1)检测目的

测定砂的含水率，为计算混凝土施工配合比提供依据。

2)主要仪器设备

烘箱，天平(称量 2 000 g，感量 2 g)，容器(如浅盘)等。

3)检测步骤

(1)由密封的样品中取各重 500 g 的试样两份，分别放入已知质量的干燥容器(m_1)中称重，记下每盘试样与容器的总质量 m_2。

(2)将容器放入温度为(105±5)℃的烘箱中烘干至恒重，称量烘干后的试样与容器的总质量 m_3。

4)数据处理

含水率按下式计算，精确至 0.1%：

$$w_{wc} = \frac{m_2 - m_3}{m_3 - m_1} \times 100\% \tag{2-14}$$

式中　w_{wc}——砂的含水率(%)；

m_1——容器质量，g；

m_2——未烘干的试样与容器的总质量，g；

m_3——烘干后的试样与容器的总质量，g。

砂的含水率以两次检测结果的算术平均值作为测定值。

2.2.2　粗骨料(石子)

根据《普通混凝土用砂、石质量及检验方法标准》(JGJ 52—2006)的相关规定，普通混凝土常用的粗骨料分碎石和卵石两类。其中，碎石是由天然岩石或卵石经破碎、筛分而得的，公称粒径大于 5.00 mm 的岩石颗粒；卵石是由自然条件作用形成的，公称粒径大于 5.00 mm 的岩石颗粒。

2.2.2.1　粗骨料的质量要求

1. 最大粒径

粗骨料公称粒级的上限称为该粒级的最大公称粒径(D_{max})。骨料的粒径越大，其表面积相应减小，因而包裹其表面所需的水泥浆量减少，可节约水泥；而且在一定和易性和水泥用量条件下，能减少用水量而提高强度。但对于用普通混凝土配合比设计方法配制结构混凝土，尤其是高强混凝土时，当粗骨料的最大粒径超过40 mm后，由于减少用水量获得的强度提高，被较少的黏结面积及大粒径骨料造成不均匀性的不利影响所抵消，因而并没有什么好处。

根据《混凝土质量控制标准》(GB 50164—2011)的规定，粗骨料的最大公称粒径不得大于构件截面最小尺寸的1/4，且不得大于钢筋最小净间距的3/4；对于混凝土实心板，石子的最大公称粒径不宜大于板厚的1/3，且不得大于40 mm；对于大体积混凝土，粗骨料最大公称粒径则不宜小于31.5 mm。

2. 颗粒级配

粗骨料与细骨料一样，也要求有良好的颗粒级配，以减小空隙率，增强密实性，从而可以节约水泥，保证混凝土的和易性及强度。特别是配制高强度混凝土，粗骨料级配特别重要。

根据《普通混凝土用砂、石质量及检验方法标准》(JGJ 52—2006)的规定，粗骨料的级配也是通过筛分析试验来确定的，其方孔标准筛孔径分别为2.36 mm、4.75 mm、9.50 mm、16.0 mm、19.0 mm、26.5 mm、31.5 mm、37.5 mm、53.0 mm、63.0 mm、75.0 mm及90.0 mm共12个筛子。分计筛余百分率及累计筛余百分率的计算与砂相同。卵石和碎石的级配范围要求一致，均应符合表2-14的规定。

表2-14　碎石或卵石的颗粒级配范围

级配情况	公称粒级(mm)	累计筛余，按质量(%) 方孔筛筛孔边长尺寸(mm)											
		2.36	4.75	9.5	16.0	19.0	26.5	31.5	37.5	53.0	63.0	75.0	90.0
连续粒级	5~10	95~100	80~100	0~15	0	—	—	—	—	—	—	—	—
	5~16	95~100	85~100	30~60	0~10	0	—	—	—	—	—	—	—
	5~20	95~100	90~100	40~80	—	0~10	0	—	—	—	—	—	—
	5~25	95~100	—	30~70	—	0~5	0	—	—	—	—	—	—
	5~31.5	95~100	90~100	70~90	—	15~45	—	0~5	0	—	—	—	—
	5~40	—	95~100	70~90	—	30~65	—	—	0~5	0	—	—	—
单粒级	10~20	—	95~100	85~100	—	0~15	0	—	—	—	—	—	—
	16~31.5	—	95~100	—	85~100	—	—	0~10	0	—	—	—	—
	20~40	—	—	95~100	—	80~100	—	—	0~10	0	—	—	—
	31.5~63	—	—	—	95~100	—	—	75~100	45~75	—	0~10	0	—
	40~80	—	—	—	—	95~100	—	—	70~100	—	30~60	0~10	0

粗骨料的级配有连续级配和间断级配两种。连续级配，是按颗粒尺寸由小到大连续分级，每级骨料都占有一定比例，如天然卵石。连续级配颗粒级差小，颗粒上、下限粒径之比接近2，配制的混凝土拌合物和易性好，不易发生离析，目前应用较广泛。间断级配，是人为剔除某些中间粒级颗粒，大颗粒的空隙直接由比它小得多的颗粒去填充，颗粒级差大，颗粒上、下限粒径之比接近6，空隙率的降低比连续级配快得多，可最大限度地发挥骨料的骨架作用，减小水泥用量。但混凝土拌合物易产生离析现象，增加施工困难，工程应

用较少。

单粒级宜用于组合成具有所要求级配的连续粒级，也可与连续粒级配合使用，以改善骨料级配或配成较大粒度的连续粒级。工程中不宜采用单一的单粒级粗骨料配制混凝土。

3. 含泥量和泥块含量

卵石、碎石的含泥量是指公称粒径小于 80 μm 的颗粒含量；泥块含量是指公称粒径大于 5.00 mm 经水洗、手捏后小于 2.50 mm 的颗粒含量。根据《普通混凝土用砂、石质量及检验方法标准》(JGJ 52—2006)的规定，卵石、碎石的含泥量和泥块含量应符合表 2-15、表 2-16 的规定。

表 2-15　碎石或卵石中含泥量

混凝土强度等级	≥C60	C55 ~ C30	≤C25
含泥量(按质量计,%)	≤0.5	≤1.0	≤2.0

表 2-16　碎石或卵石中泥块含量

混凝土强度等级	≥C60	C55 ~ C30	≤C25
泥块含量(按质量计,%)	≤0.2	≤0.5	≤0.7

4. 有害物质

根据《普通混凝土用砂、石质量及检验方法标准》(JGJ 52—2006)的规定，碎石或卵石中的硫化物和硫酸盐含量以及卵石中有机物等有害物质含量，应符合表 2-17 的规定。

表 2-17　碎石或卵石中的有害物质含量

项目	质量要求
硫化物及硫酸盐含量(折算成 SO_3，按质量计,%)	≤1.0
卵石中有机物含量(用比色法试验)	颜色应不深于标准色。当颜色深于标准色时，应配制成混凝土进行强度对比试验，抗压强度比应不低于 0.95

5. 针、片状颗粒含量

为提高混凝土强度和减小骨料间的空隙，粗骨料比较理想的颗粒形状应是三维长度相等或相近的立方体或球形颗粒，而三维长度相差较大的针、片状颗粒粒形较差。在粗骨料中，针、片状颗粒不仅本身受力时容易折断，影响混凝土的强度，而且会增大骨料的空隙率，使混凝土拌合物的和易性变差。卵石、碎石颗粒的长度大于该颗粒所属相应粒级平均粒径 2.4 倍的为针状颗粒；厚度小于平均粒径 0.4 倍的为片状颗粒。平均粒径指该粒级上、下限粒径的平均值。

针、片状颗粒含量按标准规定的针状规准仪及片状规准仪来逐粒测定，凡颗粒长度大于针状规准仪上相应间距者为针状颗粒；颗粒厚度小于片状规准仪上相应孔宽者，为片状颗粒。根据《普通混凝土用砂、石质量及检验方法标准》(JGJ 52—2006)中的规定，卵石和碎石的针、片状颗粒含量应符合表 2-18 的规定。

表 2-18　针、片状颗粒含量

混凝土强度等级	≥C60	C55～C30	≤C25
针、片状颗粒含量(按质量计,%)	≤8	≤15	≤25

6. 坚固性

坚固性是碎石、卵石在自然风化和其他外界物理、化学因素作用下抵抗破裂的能力。骨料由于干湿循环或冻融交替等作用引起体积变化会导致混凝土破坏。具有某种特征孔结构的岩石会表现出不良的体积稳定性。曾经发现，由某些页岩、砂岩等配制的混凝土，较易遭受冰冻以及骨料内盐类结晶所导致的破坏。骨料越密实、强度越高、吸水率越小时，其坚固性越好；而结构越疏松，矿物成分越复杂、构造越不均匀，其坚固性越差。

根据《普通混凝土用砂、石质量及检验方法标准》(JGJ 52—2006)的规定，碎石或卵石的坚固性应用硫酸钠溶液法检验，试样经 5 次循环后，其质量损失应符合表 2-19 的规定。

表 2-19　碎石或卵石的坚固性指标

混凝土所处的环境条件及其性能要求	5 次循环后的质量损失(%)
在严寒及寒冷地区室外使用，并经常处于潮湿或干湿交替状态下的混凝土；有腐蚀介质作用或经常处于水位变化区的地下结构或有抗疲劳、耐磨、抗冲击等要求的混凝土	≤8
在其他条件下使用的混凝土	≤12

7. 强度

用于混凝土中的粗骨料要求质地致密，具有足够的强度。这是因为粗骨料在混凝土中的重要作用是减少因荷载、干缩或其他原因引起的混凝土变形，使混凝土具有较好的体积稳定性。强度高的粗骨料构成的骨架可提高混凝土的强度和弹性模量。

岩石抗压强度检验，是将石子制成 50 mm×50 mm×50 mm 的立方体试件或ϕ 50 mm×50 mm 的圆柱体试件，在水饱和状态下，测定其极限抗压强度值。根据标准规定，岩石抗压强度：火成岩应不小于 80 MPa，变质岩应不小于 60 MPa，水成岩应不小于 30 MPa。注：仲裁检验时，以ϕ 50 mm×50 mm 圆柱体试件的抗压强度为准。

压碎指标检验，是称取 3 000 g 经风干处理的粒径为 9.5～19.0 mm 的石子颗粒，将其分两层装入标准圆模内，放在压力试验机上均匀加荷至 200 kN，卸荷后，倒出试样，用孔径为 2.36 mm 的筛筛除被压碎的颗粒，称出留在筛上的试样质量。按下式计算压碎指标 Q_e，精确至 0.1%：

$$Q_e = \frac{G_1 - G_2}{G_1} \times 100\% \tag{2-15}$$

式中　Q_e ——压碎指标(%);

G_1 ——试样的质量,g;

G_2 ——压碎试验后筛余的试样质量,g。

碎石的强度可用岩石的抗压强度和压碎值指标表示。岩石的抗压强度应比所配制的混凝土强度至少高20%。当混凝土强度等级大于或等于C60时,应进行岩石抗压强度检验。岩石强度首先应由生产单位提供,工程中可采用压碎值指标进行质量控制。根据《普通混凝土用砂、石质量及检验方法标准》(JGJ 52—2006)中的规定,碎石的压碎值指标应符合表2-20的规定。

表 2-20　碎石的压碎值指标

岩石品种	混凝土强度等级	碎石压碎值指标(%)
沉积岩	C60 ~ C40	≤10
	≤C35	≤16
变质岩或深成的火成岩	C60 ~ C40	≤12
	≤C35	≤20
喷出的火成岩	C60 ~ C40	≤13
	≤C35	≤30

卵石的强度可用压碎值指标表示。其压碎值指标应符合表2-21的规定。

表 2-21　卵石的压碎值指标

混凝土强度等级	C60 ~ C40	≤C35
压碎值指标(%)	≤12	≤16

8. 表观密度、连续级配松散堆积空隙率

根据《建设用卵石、碎石》(GB/T 14685—2011)的规定,粗骨料的表观密度应不小于2 600 kg/m^3,Ⅰ类、Ⅱ类和Ⅲ类粗骨料的连续级配松散堆积空隙率分别应不大于43%、45%和47%。

9. 碱集料反应

根据《建设用卵石、碎石》(GB/T 14685—2011)的规定,为保证工程质量,粗骨料应进行碱集料反应检测,要求试验后的试件无裂缝、酥裂、胶体外溢等现象,在规定的试验龄期膨胀率应小于0.10%。

2.2.2.2　粗骨料的取样

1. 取样方法

1) 分批方法

按同品种、同规格、同适用等级及日产量每600 t为一批,不足600 t也为一批;日产量超过2 000 t,按1 000 t为一批,不足1 000 t也为一批;日产量超过5 000 t,按2 000 t为一批,不足 2 000 t 也为一批。

2)抽取试样

(1)从料堆上取样时,取样部位应均匀分布。先将取样部位表层铲除,然后由各部位抽取大致相等的石子 16 份,组成一组样品。

(2)从皮带运输机上取样时,应用接料器在皮带运输机机尾的出料处定时抽取大致相等的石子 8 份,组成一组样品。

(3)从火车、汽车、货船上取样时,应从不同部位和深度抽取大致相等的石子 16 份,组成一组样品。

除筛分析外,当其余检验项目存在不合格项时,应加倍进行复验。当复验仍有一项不满足标准要求时,应按不合格品处理。

注:如经观察,认为各节车皮间(汽车、货船间)所载的卵石、碎石质量相差甚为悬殊,应对质量有怀疑的每节列车(汽车、货船)分别取样和验收。

2. 取样数量

每一单项检验项目所需碎石或卵石的最小取样质量如表 2-22 所示。

表 2-22 每一单项检验项目所需碎石或卵石的最小取样质量 (单位:kg)

试验项目	最大公称粒径(mm)							
	10.0	16.0	20.0	25.0	31.5	40.0	63.0	80.0
筛分析	8	15	16	20	25	32	50	64
表观密度	8	8	8	8	12	16	24	24
吸水率	8	8	16	16	16	24	24	32
含水率	2	2	2	2	3	3	4	6
堆积密度、紧密密度	40	40	40	40	80	80	120	120
含泥量	8	8	24	24	40	40	80	80
泥块含量	8	8	24	24	40	40	80	80
针片状含量	1.2	4	8	12	20	40	—	—
硫化物及硫酸盐含量	1.0							

注:有机物含量、坚固性、压碎值指标及碱集料反应检验,应按试验要求的粒级及质量取样。

3. 样品缩分

碎石或卵石缩分时,应将样品置于平板上,在自然状态下拌匀,并堆成锥体,然后沿互相垂直的两条直径把锥体分成大致相等的四份,取其对角的两份重新拌匀,再堆成锥体,重复上述过程,直至把样品缩分至试验所必需的量。其中,碎石或卵石的含水率、堆积密度、紧密密度检验所用的试样,可不经缩分,拌匀后直接进行试验。

2.2.2.3　粗骨料的检测

1. 碎石或卵石的筛分析检测

1）检测依据及目的

根据《普通混凝土用砂、石质量及检验方法标准》（JGJ 52—2006）的规定，测定碎石或卵石的颗粒级配，为混凝土配合比设计提供依据。

2）主要仪器设备

试验筛（筛孔公称直径为 2.50 mm、5.00 mm、10.0 mm、16.0 mm、20.0 mm、25.0 mm、31.5 mm、40.0 mm、50.0 mm、63.0 mm、80.0 mm、100.0 mm 的方孔筛以及筛的底盘和盖各一只），天平（称量 5 kg，感量 5 g），秤（称量 20 kg，感量 20 g），烘箱，浅盘等。

3）检测步骤

（1）检测前，应将试样缩分至表 2-23 所规定的试样最少质量，并烘干或风干后备用。

表 2-23　筛分析所需试样的最少质量

公称粒径（mm）	10.0	16.0	20.0	25.0	31.5	40.0	63.0	80.0
试样最少质量（kg）	2.0	3.2	4.0	5.0	6.3	8.0	12.6	16.0

（2）按表 2-23 的规定称取试样。

（3）将试样按筛孔大小过筛，当筛上的筛余层厚度大于试样的最大粒径值时，应将该筛上的筛余试样分成两份，再次进行筛分，直至各筛每分钟的通过量不超过试样总量的 0.1%。

（4）称取各筛筛余的质量，精确至试样总质量的 0.1%。各筛的分计筛余量和筛底剩余量的总和与筛分前测定的试样总量相比，其相差不得超过 1%，否则须重新试验。

4）结果计量与评定

（1）计算分计筛余百分率（各筛上筛余量除以试样百分率），计算精确至 0.1%。

（2）计算累计筛余百分率（该筛的分计筛余与筛孔大于该筛的分计筛余百分率之总和），精确至 1%。

（3）根据各筛的累计筛余百分率，与表 2-14 对照检查，评定该试样的颗粒级配。

2. 碎石或卵石的表观密度测定

根据《普通混凝土用砂、石质量及检验方法标准》（JGJ 52—2006）的规定，石子表观密度的测定方法有标准法和简易法两种。

1）标准法

（1）检测目的。

测定石子的表观密度，为进行混凝土配合比设计提供依据。

（2）主要仪器设备。

液体天平（称量 5 kg，感量 5 g，其型号及尺寸应能允许在臂上悬挂盛试样的吊篮，并在水中称重，见图 2-18），吊篮（直径和高均为 150 mm，由孔径 1 ~ 2 mm 的筛网或钻有孔径为 2 ~ 3 mm 孔洞的耐锈蚀金属板制成），盛水容器（有溢流孔），烘箱[温度控制范围为（105 ± 5）℃]，试样筛（筛孔公称直径为 5.00 mm 的方孔筛一只），温度计（0 ~ 100 ℃），带盖容器，浅盘，刷子，毛巾等。

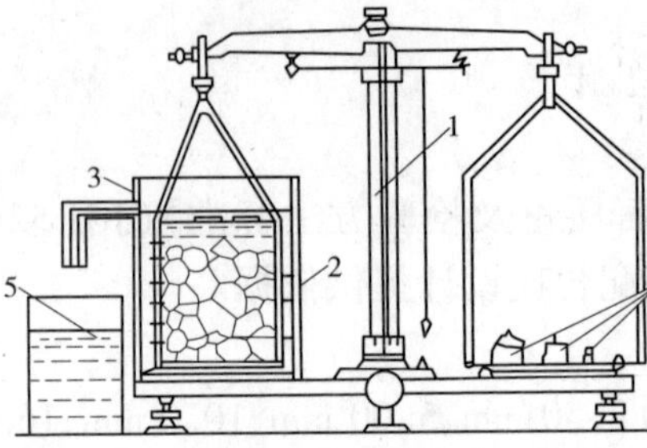

1—5 kg 天平;2—吊篮;3—带有溢流孔的金属容器;4—砝码;5—容器

图 2-18　液体天平

(3)检测步骤。

①检测前,将样品筛除公称粒径 5.00 mm 以下的颗粒,并缩分至略大于 2 倍于表 2-24所规定的最少质量,冲洗干净后分成两份备用。

表 2-24　表观密度试验所需的试样最少质量

最大公称粒径(mm)	10.0	16.0	20.0	25.0	31.5	40.0	63.0	80.0
试样最少质量(kg)	2.0	2.0	2.0	2.0	3.0	4.0	6.0	6.0

②按表 2-24 的规定称取试样。

③取试样一份装入吊篮,并浸入盛水的容器中,水面至少高出试样 50 mm。

④浸水 24 h 后,移放到称量用的盛水容器中,并用上下升降吊篮的方法排除汽泡(试样不得露出水面)。吊篮每升降一次约为 1 s,升降高度为 30 ~ 50 mm。

⑤测定水温(此时吊篮应全浸在水中),用天平称取吊篮及试样在水中的质量(m_2)。称量时盛水容器中水面的高度由容器的溢流孔控制。

⑥提起吊篮,将试样置于浅盘中,放入(105 ± 5)℃的烘箱中烘干至恒重;取出来放在带盖的容器中冷却至室温后,称量(m_0)。

⑦称取吊篮在同样温度的水中质量(m_1),称量时盛水容器的水面高度仍应由溢流口控制。

(4)结果计量与评定。

表观密度 ρ 应按下式计算,精确至 10 kg/m³:

$$\rho = \left(\frac{m_0}{m_0 + m_1 - m_2} - \alpha_t\right) \times 1\,000 \tag{2-16}$$

式中　ρ ——表观密度,kg/m³;

m_0 ——试样的烘干质量,g;

m_1 ——吊篮在水中的质量,g;

m_2 ——吊篮及试样在水中的质量,g;

α_t ——水温对表观密度影响的修正系数,见表 2-25。

表 2-25　不同水温下碎石或卵石的表观密度影响的修正系数

水温(℃)	15	16	17	18	19	20	21	22	23	24	25
α_t	0.002	0.003	0.003	0.004	0.004	0.005	0.005	0.006	0.006	0.007	0.008

以两次试验结果的算术平均值作为测定值。当两次结果之差大于 20 kg/m³ 时,应重新取样进行试验。对颗粒材质不均匀的试样,两次试验结果之差大于 20 kg/m³ 时,可取 4 次测定结果的算术平均值作为测定值。

根据《建设用卵石、碎石》(GB/T 14685—2011)的规定,粗骨料的表观密度应不小于 2 600 kg/m³。

2)简易法

本方法适用于测定最大公称粒径不超过 40 mm 的碎石或卵石的表观密度。

(1)检测目的。

测定石子的表观密度,为混凝土配合比设计提供依据。

(2)主要仪器设备。

烘箱[温度控制范围为(105 ±5)℃],秤(称量 20 kg,感量 20 g),广口瓶(容量 1 000 mL,磨口,并带玻璃片),试验筛(筛孔公称直径为 5.00 mm 的方孔筛一只),毛巾,刷子等。

(3)检测步骤。

①检测前,将样品筛除公称粒径 5.00 mm 以下的颗粒,并缩分至略大于 2 倍于表 2-24所规定的最少质量,冲洗干净后分成两份备用。

②按表 2-24 的规定称取试样。

③将试样浸水饱和,然后装入广口瓶中。装试样时,广口瓶应倾斜放置,注入饮用水,用玻璃片覆盖瓶口,以上下左右摇晃的方法排除气泡。

④气泡排尽后,向瓶中添加饮用水直至水面凸出瓶口边缘。然后用玻璃片沿瓶口迅速滑行,使其紧贴瓶口水面。擦干瓶外水分后,称取试样、水、瓶和玻璃片总质量(m_1)。

⑤将瓶中的试样倒入浅盘中,放在(105 ±5)℃的烘箱中烘干至恒重;取出,放在带盖的容器中冷却至室温后,称取质量(m_0)。

⑥将瓶洗净,重新注入饮用水,用玻璃片紧贴瓶口水面,擦干瓶外水分后,称取质量(m_2)。

(4)结果计量与评定。

表观密度应按下式计算,精确至 10 kg/m³:

$$\rho = \left(\frac{m_0}{m_0 + m_2 - m_1} - \alpha_t\right) \times 1\,000 \tag{2-17}$$

式中 ρ ——表观密度,kg/m³;

m_0 ——烘干后试样质量,g;

m_1 ——试样、水、瓶和玻璃片的总质量,g;

m_2 ——水、瓶和玻璃片的总质量,g;

α_t ——水温对表观密度影响的修正系数,见表 2-25。

以两次试验结果的算数平均值作为测定值。当两次结果之差大于 20 kg/m^{3}时，应重新取样进行试验。对颗粒材质不均匀的试样，当两次试验结果之差大于 20 kg/m^{3}时，可取 4 次测定结果的平均值作为测定值。

根据《建设用卵石、碎石》（GB/T 14685—2011）的规定，粗骨料的表观密度应不小于 2 600 kg/m^3。

3. 碎石或卵石的含水率测定

1）检测依据及目的

根据《普通混凝土用砂、石质量及检验方法标准》（JGJ 52—2006）的规定，测定碎石或卵石的含水率，为换算混凝土施工配合比提供依据。

2）主要仪器设备

烘箱，秤（称量 20 kg，感量 20 g），容器（如浅盘等）。

3）检测步骤

（1）按表 2-22 的要求称取试样，分成两份备用。

（2）将试样置于干净的容器中，称取试样和容器的总质量（m_1），并在（105 ± 5）℃的烘箱中烘干至恒重。

（3）取出试样，冷却后称取试样与容器的总质量（m_2），并称取容器的质量（m_3）。

4）结果计量与评定

按下式计算含水率，精确至 0.1%：

$$w_{wc} = \frac{m_1 - m_2}{m_2 - m_3} \times 100\% \tag{2-18}$$

式中　w_{wc} ——石子含水率（%）；

m_1 ——烘干前试样与容器总质量，g；

m_2 ——烘干后试样与容器总质量，g；

m_3 ——容器质量，g。

取两次试验结果的算术平均值为测定值。

4. 碎石或卵石的堆积密度和紧密密度测定

1）检测依据及目的

根据《普通混凝土用砂、石质量及检验方法标准》（JGJ 52—2006）的规定，测定石子的堆积密度、紧密密度及空隙率，作为混凝土配合比设计和一般使用的依据。

2）主要仪器设备

秤（称量 100 kg，感量 100 g），容量筒（金属制，见表 2-26），平头铁锹，烘箱等。

表 2-26　容量筒的规格要求

碎石或卵石的最大公称粒径（mm）	容量筒容积（L）	容量筒规格（mm）		筒壁厚度（mm）
		内径	净高	
10.0,16.0,20.0,25.0	10	208	294	2
31.5,40.0	20	294	294	3
63.0,80.0	30	360	294	4

注：测定紧密密度时，对最大公称粒径为 31.5 mm、40.0 mm 的骨料，可采用 10 L 的容量筒；对最大公称粒径为 63.0

mm、80.0 mm 的骨料，可采用 20 L 容量筒。

3）检测步骤

按表 2-22 的规定称取试样，放入浅盘，在（105 ±5）℃的烘箱中烘干，也可摊在清洁的地面上风干，拌匀后分成两份备用。

（1）堆积密度。

取试样一份，置于平整干净的地板（或铁板）上，用平头铁锹铲起试样，使石子自由落入容量筒内。此时，从铁锹的齐口至容量筒上口的距离应保持在 50 mm 左右。装满容量筒，除去凸出筒口表面的颗粒，并以合适的颗粒填入凹陷部分，使表面稍凸起部分和凹陷部分的体积大致相等，称取试样和容量筒总质量（m_2）。

（2）紧密密度。

取试样一份，分三层装入容量筒。装完一层后，在筒底垫放一根直径为 25 mm 的钢筋，将筒按住并左右交替颠击地面各 25 下，然后装入第二层。第二层装满后，用同样方法颠实（但筒底所垫钢筋的方向应与第一层放置方向垂直），然后装入第三层，如法颠实。待三层试样装填完毕后，加料直到试样超出容量筒筒口，用钢筋沿筒口边缘滚转，刮下高出筒口的颗粒，用合适的颗粒填平凹处，使表面稍凸起部分和凹陷部分的体积大致相等。称取试样和容量筒总质量（m_2）。

4）结果计量与评定

堆积密度（ρ_L）或紧密密度（ρ_c）按下式计算，精确至 10 kg/m³：

$$\rho_L(\rho_c) = \frac{m_2 - m_1}{V} \times 1000 \tag{2-19}$$

式中　ρ_L ——堆积密度，kg/m³；

ρ_c ——紧密密度，kg/m³；

m_1 ——容量筒的质量，kg；

m_2 ——容量筒和试样总质量，kg；

V ——容量筒的体积，L。

以两次试验结果的算术平均值作为测定值。

空隙率（ν_L，ν_c）按下式计算，精确至 1%：

$$\nu_L = \left(1 - \frac{\rho_L}{\rho}\right) \times 100\% \tag{2-20}$$

$$\nu_c = \left(1 - \frac{\rho_c}{\rho}\right) \times 100\% \tag{2-21}$$

式中　ν_L、ν_c ——空隙率（%）；

ρ_L ——碎石或卵石的堆积密度，kg/m³；

ρ_c ——碎石或卵石的紧密密度，kg/m³；

ρ ——碎石或卵石的表观密度，kg/m³。

根据《建设用卵石、碎石》（GB/T 14685—2011）的规定，Ⅰ类、Ⅱ类和Ⅲ类粗骨料的连续级配松散堆积空隙率分别应不大于 43%、45% 和 47%。

5. 碎石或卵石中含泥量检测

1) 检测依据及目的

根据《普通混凝土用砂、石质量及检验方法标准》(JGJ 52—2006)的规定,评定粗骨料的含泥量是否达到技术要求,能否用于指定工程中。

2) 主要仪器设备

秤(称量 20 kg,感量 20 g),烘箱[温度控制范围为(105 ±5)℃],试验筛(筛孔公称直径 1.25 mm 及 80 μm 的方孔筛各一只),容器(容积约 10 L 的磁盘或金属盒),浅盘等。

3) 检测步骤

(1) 将试样缩分至表 2-27 所规定的量(注意防止细粉丢失),并置于温度为(105 ±5)℃的烘箱内烘干至恒重,冷却至室温后分成两份备用。

表 2-27　含泥量试验所需的试样最少质量

最大公称粒径(mm)	10.0	16.0	20.2	25.0	31.5	40.0	63.0	80.0
试样量不少于(kg)	2	2	6	6	10	10	20	20

(2) 称取试样一份(m_0)装入容器中摊平,并注入饮用水,使水面高出石子表面 150 mm。浸泡 2 h 后,用手在水中淘洗颗粒,使尘屑、淤泥和黏土与较粗颗粒分离,并使之悬浮或溶解于水。缓缓地将浑浊液倒入公称直径 1.25 mm 及 80 μm 的方孔套筛(1.25 mm 筛放置上面)上,滤去粒径小于 80 μm 的颗粒。试验前筛子的两面应先用水湿润。在整个过程中应注意避免粒径大于 80 μm 的颗粒丢失。

(3) 再次加入容器中,重复上述过程,直至洗出的水清澈。

(4) 用水冲洗剩留在筛子上的细粒,并将公称直径为 80 μm 的方孔筛放在水中(使水面略高出筛内颗粒)来回摇动,以充分洗除粒径小于 80 μm 的颗粒。然后将两只筛上剩留的颗粒和筒中已洗净的试样一并装入浅盘,置于温度为(105 ±5)℃的烘箱中烘干至恒重。取出冷却至室温后,称取试样的质量(m_1)。

4) 结果计量与评定

碎石或卵石中含泥量应按下式计算,精确至 0.1%:

$$\omega_c = \frac{m_0 - m_1}{m_0} \times 100\% \tag{2-22}$$

式中　ω_c ——含泥量(%);

m_0 ——检测前烘干试样的质量,g;

m_1 ——检测后烘干试样的质量,g。

以两个试样检测结果的算术平均值作为测定值。当两次结果之差大于 0.2% 时,应重新取样进行试验。根据计算结果查表 2-15 进行评定。

6. 碎石或卵石中泥块含量检测

1) 检测依据及目的

根据《普通混凝土用砂、石质量及检验方法标准》(JGJ 52—2006)的规定,评定粗骨料的泥块含量是否达到技术要求,能否用于指定工程中。

2）主要仪器设备

秤（称量20 kg，感量20 g），试验筛（筛孔公称直径为2.50 mm及5.00 mm的方孔筛各一只），烘箱[温度控制范围为(105±5)℃]，水筒，浅盘等。

3）检测步骤

（1）将样品缩分至略大于表2-27所示的量，缩分时应防止所含黏土块被压碎。缩分后的试样在(105±5)℃的烘箱内烘干至恒重，冷却至室温后分成两份备用。

（2）筛去公称粒径5.00 mm以下颗粒，称取质量（m_1）。

（3）将试样在容器中摊平，加入饮用水使水面高出试样表面，24 h后把水放出，用手碾压泥块，然后把试样放在公称直径为2.50 mm的方孔筛上摇动淘洗，直至洗出的水清澈。

（4）将筛上的试样小心地从筛里取出，置于温度为(105±5)℃的烘箱中烘干至恒重。取出冷却至室温后，称取试样的质量（m_2）。

4）结果计量与评定

泥块含量应按下式计算，精确至0.1%：

$$\omega_{c,L} = \frac{m_1 - m_2}{m_1} \times 100\% \tag{2-23}$$

式中　$\omega_{c,L}$——泥块含量（%）；

m_1——检测前烘干试样的质量，g；

m_2——检测后烘干试样的质量，g。

以两个试样检测结果的算术平均值作为测定值。根据计算结果查表2-16进行评定。

7. 碎石或卵石中针状和片状颗粒的总含量检测

1）检测依据及目的

根据《普通混凝土用砂、石质量及检验方法标准》（JGJ 52—2006）的规定，检测碎石或卵石中针片状颗粒的总含量，评定其质量。

2）主要仪器设备

针状规准仪[见图2-19(a)]和片状规准仪[见图2-19(b)]或游标卡尺，天平（称量2 kg，感量2 g），秤（称量20 kg，感量20 g），试验筛（筛孔公称直径为5.00 mm、10.0 mm、20.0 mm、25.0 mm、31.5 mm、40.0 mm、63.0 mm和80.0 mm的方孔筛各一只，根据需要选用），卡尺等。

3）检测步骤

（1）将样品在室内风干至表面干燥，并缩分至表2-28规定的量，称量（m_0），然后筛分成表2-29所规定的粒级备用。

表2-28　针状和片状颗粒的总含量试验所需的试样最少质量

最大公称粒径(mm)	10.0	16.0	20.0	25.0	31.5	≥40.0
试样最少质量(kg)	0.3	1	2	3	5	10

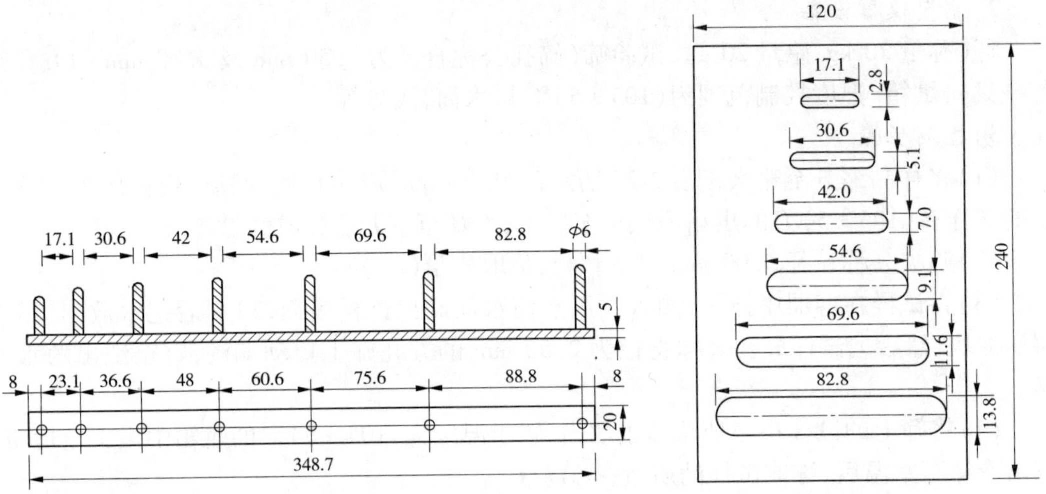

(a)针状规准仪　　(b)片状规准仪

图 2-19　针状规准仪和片状规准仪　（单位：mm）

表 2-29　针状和片状颗粒的总含量试验的粒级划分及其相应的规准仪孔宽或间距

公称粒级(mm)	5.00 ~ 10.0	10.0 ~ 16.0	16.0 ~ 20.0	20.0 ~ 25.0	25.0 ~ 31.5	31.5 ~ 40.0
片状规准仪上相对应的孔宽(mm)	2.8	5.1	7.0	9.1	11.6	13.8
针状规准仪上相对应的间距(mm)	17.1	30.6	42.0	54.6	69.6	82.8

(2)按表 2-29 所规定的粒级用规准仪逐粒对试样进行鉴定，凡颗粒长度大于针状规准仪上相对应的间距的，为针状颗粒；厚度小于片状规准仪上的相应孔宽的，为片状颗粒。

(3)公称粒径大于 40 mm 的可用卡尺鉴定其针片状颗粒，卡尺卡口的设定宽度应符合表 2-30 的规定。

表 2-30　公称粒径大于 40 mm 用卡尺卡口的设定宽度　（单位：mm）

公称粒径	40.0 ~ 63.0	63.0 ~ 80.0
片状颗粒的卡口宽度	18.1	27.6
针片颗粒的卡口宽度	108.6	165.6

(4)称取由各粒级挑出的针状颗粒和片状颗粒的总质量(m_1)。

4)结果计量与评定

碎石或卵石中针状颗粒和片状颗粒的总含量应按下式计算，精确至 1%：

$$\omega_P = \frac{m_1}{m_0} \times 100\% \tag{2-24}$$

式中　ω_P ——针状和片状颗粒的总含量(%)；

m_1 ——试样中所含针状颗粒和片状颗粒的总含量,g;

m_0 ——试样总质量,g。

根据计算结果查表 2-18 进行评定。

8. 碎石或卵石的压碎值指标检测

1)检测依据及目的

根据《普通混凝土用砂、石质量及检验方法标准》(JGJ 52—2006)的规定,测定碎石或卵石抵抗压碎的能力,推测其强度。

2)主要仪器设备

压力试验机(荷载 300 kN),压碎值指标测定仪,秤(称量 5 kg,感量 5 g),试验筛(筛孔公称直径为 10.0 mm 和 20.0 mm 的方孔筛各一只)等。

3)试样制备

(1)标准试样一律采用公称粒级为 10.0 ~ 20.0 mm 的颗粒,并在风干状态下进行试验。

(2)多种岩石组成的碎石,当其公称粒径大于 20.0 mm 颗粒的岩石矿物成分与 10.0 ~ 20.0 mm粒级有显著差异时,应将大于 20.0 mm 的颗粒经人工破碎后,筛取 10.0 ~ 20.0 mm 标准粒级另外进行压碎指标试验。

(3)缩分后的样品先筛除试样中公称粒径 10.0 mm 以下及 20.0 mm 以上的颗粒,再用针状和片状规准仪剔除针状和片状颗粒,然后称取每份 3 kg 的试样 3 份备用。

4)检测步骤

(1)置圆筒于底盘上,取试样一份,分二层装入圆筒。每装完一层试样后,在底盘下面垫放一直径为 10 mm 的圆钢筋,将筒按住,左右交替颠击地面各 25 下。第二层颠实后,试样表面距盘底的高度应控制为 100 mm 左右。

(2)整平筒内试样表面,把加压头装好(注意应使加压头保持平正),放到试验机上在 160 ~ 300 s 内均匀加荷到 200 kN,稳定 5 s,然后卸荷,取出测定筒。倒出筒中的试样并称其质量(m_0),用直径 2.50 mm 的方孔筛筛除被压碎的细粒,称量剩留在筛上的试样质量(m_1)。

5)结果计量与评定

碎石或卵石的压碎值指标,应按下式计算(精确至 0.1%):

$$\delta_a = \frac{m_0 - m_1}{m_0} \times 100\% \tag{2-25}$$

式中　δ_a ——压碎值指标(%)；

m_0 ——试样的质量,g;

m_1 ——压碎试验后筛余的试样质量,g。

根据计算结果查表 2-20、表 2-21 进行评定。

2.3 拌和水

水是配制砂浆、混凝土的重要组成材料之一，水质的好坏不仅影响砂浆、混凝土的凝结和硬化，而且影响其强度和耐久性，以及混凝土中钢筋的锈蚀情况。在《混凝土用水标准》(JGJ 63—2006)中规定：对混凝土用水的质量要求，应不影响混凝土的凝结和硬化，无损于混凝土强度发展及耐久性，不加快钢筋锈蚀，不引起预应力钢筋脆断，不污染混凝土表面。混凝土用水的质量应符合表2-31中的要求。

表2-31 混凝土用水中的物质含量限制值

项目	预应力混凝土	钢筋混凝土	素混凝土
pH	≥5.0	≥4.5	≥4.5
不溶物(mg/L)	≤2 000	≤2 000	≤5 000
可溶物(mg/L)	≤2 000	≤5 000	≤10 000
氯化物(按 Cl^- 计)(mg/L)	≤500	≤1 000	≤3 500
硫酸盐(按 SO_4^{2-} 计)(mg/L)	≤600	≤2 000	≤2 700
碱含量(mg/L)	≤1 500	≤1 500	≤1 500

注：碱含量按 $Na_2O+0.658K_2O$ 计算值来表示。采用非碱活性骨料时，可不检验碱含量。

混凝土用水是混凝土拌和用水和混凝土养护用水的总称，包括饮用水、地表水、地下水、再生水、混凝土企业设备洗刷水和海水等。拌制及养护混凝土，宜采用饮用水。地表水和地下水常溶有较多的有机质和矿物盐类，必须按标准规定检验合格后方可使用。海水中含有较多硫酸盐和氯盐，影响混凝土的耐久性和加速混凝土中钢筋的锈蚀，因此对于钢筋混凝土和预应力混凝土结构，不得采用海水拌制；对有饰面要求的混凝土，也不得采用海水拌制，以免因表面产生盐析而影响装饰效果。混凝土企业设备洗刷水不宜用于预应力混凝土、装饰混凝土、加气混凝土和暴露于腐蚀环境的混凝土；不得用于使用碱活性或潜在碱活性骨料的混凝土。砂浆拌和用水与混凝土用水的质量要求相同。

2.4 掺合料

20世纪70年代，人们对混凝土的改性技术提出了越来越高的要求，随着人们对新拌混凝土性能、混凝土硬化过程中体积稳定性的要求、硬化混凝土一系列物理力学性能的要求以及混凝土耐久性要求的提高；同时随着人们对材料性能设计的认识不断深入，对地球环保意识的提高，走可持续发展的道路已是从事材料科学研究的工程技术人员的一项重要的任务。近30年来，混凝土掺合料技术的发展同样迅速。从最初的粉煤灰材料，逐步向粒化高炉矿渣粉、沸石粉、硅灰、石灰石粉以及上述各种粉状材料的复合掺合料，各种工业废料和锂渣粉等方向发展。

混凝土掺合料是为了改善混凝土性能，节约混凝土的水泥用量，调节混凝土强度等级，降低混凝土工程造价，在混凝土拌和时掺入天然的或人工的能改善混凝土性能的粉状矿物质。掺合料可分为活性掺合料和非活性掺合料。活性矿物掺合料本身不硬化或者硬化速度很慢，但能与水泥水化生成的氧化钙起反应，生成具有胶凝能力的水化产物，如粉煤灰、粒化高炉矿渣、沸石粉、硅灰等；非活性矿物掺合料基本不与水泥组分起反应，如石灰石、磨细石英砂等材料。常用的混凝土掺合料有粉煤灰、粒化高炉矿渣粉、硅灰、钢渣粉、磷渣粉和沸石粉等，尤其是粉煤灰、超细粒化高炉矿渣、硅灰等应用效果良好。

活性掺合料在掺有减水剂的情况下，能增加新拌混凝土的流动性、黏聚性、保水性，改善混凝土的可泵性，并能提高硬化混凝土的强度和耐久性。工程实践证明，混凝土采用"双掺"技术，即在掺入掺合料的同时再掺入减水剂，以此配制的普通、高强、高性能混凝土，可节约大量的水泥，不仅提高混凝土的工作性、强度和耐久性，而且可显著降低大体积混凝土水化热，完全能满足不同工程的施工技术要求。

2.4.1　粉煤灰

粉煤灰是电厂煤粉炉烟道气体中收集的粉末，是使用最广泛的混凝土矿物掺合料。粉煤灰颗粒多为球状玻璃体，也有一些是中空的球体，颗粒大小通常在 20 μm 以下，见图 2-20。我国《用于水泥和混凝土中的粉煤灰》(GB 1596—2005)规定，按粉煤灰的煤种划分为 F 类和 C 类。F 类粉煤灰也称为低钙灰，是煅烧无烟煤或烟煤收集的粉煤灰，其氧化钙含量低(一般小于 10%)，呈灰色或深灰色，一般具有火山灰活性；C 类粉煤灰也称为高钙灰，是煅烧褐煤或次烟煤收集的粉煤灰，其氧化钙含量高(一般大于 10%)，呈褐黄色，具有一定的水硬性。我国的低钙粉煤灰来源广泛，产量和使用量最大。

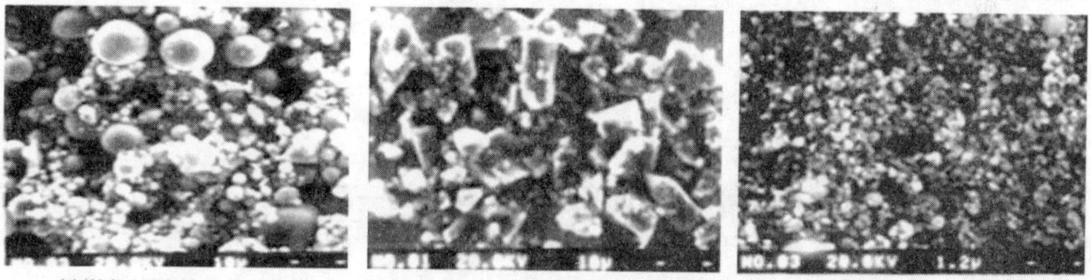

(a) 粉煤灰颗粒放大 2 000 倍　(b) 粒化高炉矿渣粉颗粒放大 2 000 倍　(c) 硅灰颗粒放大 16 000 倍

图 2-20　粉煤灰、粒化高炉矿渣粉、硅灰的扫描电镜(SEM)照片

在混凝土中掺入较好品质的粉煤灰，可显著改善混凝土拌合物的和易性，增加流动性和黏聚性；通过火山灰效应还能降低水化热，或者使混凝土在和易性不变条件下减少用水量，起到减水的效果，提高混凝土的密实度，促进强度的发展，并增强耐久性。

2.4.1.1　粉煤灰的技术要求

根据《用于水泥和混凝土中的粉煤灰》(GB/T 1596—2005)的规定，用于建筑工程中粉煤灰的技术要求应符合表 2-32 中的要求，同时放射性应合格。

表 2-32　拌制混凝土和砂浆用粉煤灰技术要求

项目		技术要求		
		Ⅰ级	Ⅱ级	Ⅲ级
细度(45 μm 方孔筛筛余)(%)	F 类粉煤灰	≤12.0	≤25.0	≤45.0
	C 类粉煤灰			
需水量比(%)	F 类粉煤灰	≤95	≤105	≤115
	C 类粉煤灰			
烧失量(%)	F 类粉煤灰	≤5.0	≤8.0	≤15.0
	C 类粉煤灰			
含水率(%)	F 类粉煤灰	≤1.0		
	C 类粉煤灰			
三氧化硫(%)	F 类粉煤灰	≤3.0		
	C 类粉煤灰			
游离氧化钙(%)	F 类粉煤灰	≤1.0		
	C 类粉煤灰	≤4.0		
安定性(雷氏夹沸煮后增加距离)(mm)	C 类粉煤灰	≤5.0		

2.4.1.2　粉煤灰的检测规则

1. 编号与取样

1)编号

以连续供应的200 t相同等级、相同种类的粉煤灰为一编号。不足200 t按一个编号，粉煤灰质量按干灰(含水率小于1%)的质量计算。

2)取样

每一个编号为一取样单位，当散装粉煤灰运输工具的容量超过该厂规定出厂编号吨数时，允许该编号的数量超过取样规定的吨数。取样方法按《水泥取样方法》(GB 12753—2008)进行。取样应有代表性，可连续取样，也可从10个不同部位取等量样品，总质量至少3 kg。拌制混凝土和砂浆用粉煤灰，必要时买方可对粉煤灰进行随机抽样检验，以确保混凝土和砂浆的质量。

2. 判定规则

拌制混凝土和砂浆用粉煤灰，检验结果符合表2-32中的技术要求时为等级品。如果其中任何一项不符合要求，允许在同一编号中重新加倍取样进行全部项目的复检，以复检结果判定，复检不合格的可降级处理。凡低于表2-32最低级别要求的为不合格品。

3. 检测标准

拌制混凝土和砂浆用粉煤灰，其检测中采用的标准主要有《用于水泥和混凝土中的粉煤灰》(GB/T 1596—2005)、《粉煤灰混凝土应用技术规范》(GB/T 146—2014)、《水泥胶砂流动度测定方法》(GB/T 2419—2005)、《水泥胶砂强度检验方法(ISO 法)》(GB/T 17671—1999)、《水泥化学分析方法》(GB/T 176—2008)等。

2.4.1.3　**粉煤灰的检测方法**

1. 粉煤灰细度检测

1)检测目的

检测粉煤灰的细度,为判定粉煤灰等级提供依据。

2)主要仪器设备

负压筛析仪(主要由 45 μm 方孔筛、筛座、真空源和收尘器等组成,其中 45 μm 方孔筛内径为 50 mm,高度为 25 mm),天平(量程不小于 50 g,最小分度值不大于 0.01 g)。

3)检测步骤

(1)将测试用的粉煤灰样品置于温度 105 ~ 110 ℃烘箱内烘干至恒重,取出放在干燥器中冷却至室温。

(2)称取试样约 10 g,精确至 0.01 g,倒入 45 μm 方孔筛筛网上,将筛子置于筛座上,盖上筛盖。

(3)接通电源,将定时开关设定为 3 min,开始筛析试验。

(4)开始工作后,观察负压表,使负压稳定在 4 000 ~ 6 000 Pa。如果负压小于 4 000 Pa,则应停机。清理收尘器中的积灰后再进行筛析。

(5)在筛析过程中,可用轻质木棒或硬橡胶棒轻轻敲打筛盖,以防止吸附。

(6)经过 3 min 后筛析自动停止,停机后观察筛余物,如出现颗粒成球、粘筛或有细颗粒沉积在筛框边缘,用毛刷将细颗粒轻轻刷开,将定时开关固定在手动位置,再筛析 1 ~ 3 min 直至筛分彻底。将筛网内的筛余物收集并称重,精确至 0.01 g。

4)数据处理与结果评定

可按下式计算粉煤灰的细度:

$$F = G_1/G \times 100\% \tag{2-26}$$

式中　F——45 μm 方孔筛筛余(%);

G_1——筛余物的质量,g;

G——称取试样的质量,g。

将粉煤灰的细度计算结果与表 2-32 进行对照检查,以此来评定粉煤灰的等级。

2. 粉煤灰需水量比检测

1)检测目的

检测粉煤灰的需水量比,为判定粉煤灰等级提供依据。

2)主要仪器设备

天平(量程不小于 1 000 g,最小分度值不大于 1 g),行星式水泥胶砂搅拌机,流动度跳桌试模,量水器,抹刀,卡尺,捣棒等。

3)检测步骤

(1)根据《用于水泥和混凝土中的粉煤灰》(GB/T 1596—2005)中的规定,检测粉煤灰需水量比所用的胶砂配比见表 2-33。

表 2-33 检测所用的胶砂配比

胶砂种类	水泥(g)	粉煤灰(g)	标准砂(g)	加水量(mL)
对比胶砂	250	—	750	125
检测胶砂	175	75	750	按流动度达到 130～140 mm 调整

(2)检测胶砂按《水泥胶砂强度检验方法(ISO 法)》(GB/T 17671—1999)的规定进行搅拌。

(3)搅拌完成后的检测胶砂按《水泥胶砂流动度测定方法》(GB/T 2419—2005)测定流动度。当流动度达到 130～140 mm 时,记录此时的加水量;当流动度小于 130 mm 或大于 140 mm 时,重新调整加水量,直至流动度达到 130～140 mm。

4)数据处理与结果评定

可按下式计算粉煤灰的需水量比:

$$X = L_1/125 \times 100\% \tag{2-27}$$

式中 X——粉煤灰的需水量比(%);

L_1——检测胶砂流动度达到 130～140 mm 时的加水量,mL;

125——对比胶砂的加水量,mL。

将粉煤灰的需水量比计算结果与表 2-32 进行对照检查,以此来评定粉煤灰的等级。

3. 粉煤灰强度活性指数检测

1)检测目的

检测粉煤灰的强度活性指数,为判定粉煤灰是否满足作为水泥活性混合材料的技术要求。

2)主要仪器设备

天平,行星式水泥胶砂搅拌机,振实台,抗压强度试验机等。

3)检测步骤

(1)根据《用于水泥和混凝土中的粉煤灰》(GB/T 1596—2005)的规定,检测粉煤灰的活性指数所用的胶砂配比见表 2-34。

表 2-34 检测所用的胶砂配比

胶砂种类	水泥(g)	粉煤灰(g)	标准砂(g)	加水量(mL)
对比胶砂	450	—	1 350	225
检测胶砂	315	135	1 350	225

(2)将对比胶砂和检测胶砂分别按《水泥胶砂强度检验方法(ISO 法)》(GB/T 17671—1999)规定进行搅拌、试体成型和养护。

(3)试件养护至 28 d,按《水泥胶砂强度检验方法(ISO 法)》(GB/T 17671—1999)的规定,分别测定对比胶砂和检测胶砂的抗压强度。

4）数据处理与结果评定

可按下式计算粉煤灰的活性指数，精确至1%：

$$H_{28} = R/R_0 \times 100\% \tag{2-28}$$

式中　H_{28}——粉煤灰的活性指数（%）；

R——检测胶砂28 d的抗压强度，MPa；

R_0——对比胶砂28 d的抗压强度，MPa。

根据现行国家标准《用于水泥和混凝土中的粉煤灰》（GB/T 1596—2005）中对水泥活性混合材料用粉煤灰技术要求的规定，F类和C类粉煤灰强度活性指数要求不小于70%。

4.粉煤灰烧失量检测

1）检测目的

检测粉煤灰的烧失量，为判定粉煤灰等级提供依据。

2）主要仪器设备

天平（不低于四级，精确至0.000 1 g），瓷坩埚（带盖），马弗炉等。

3）检测步骤

称取约1 g试样（m_1），精确至0.000 1 g，放入已灼烧至恒重的瓷坩埚中，将盖斜置于坩埚上，放在马弗炉内，从低温开始逐渐升高温度，在800～950 ℃下灼烧15～20 min，取出坩埚置于干燥器中，冷却至室温，称量。反复进行灼烧，直至恒重（m_2）。

4）数据处理与结果评定

可按下式计算粉煤灰的烧失量：

$$X_{LOI} = (m_1 - m_2)/m_1 \times 100\% \tag{2-29}$$

式中　X_{LOI}——粉煤灰的烧失量（%）；

m_1——粉煤灰试样的质量，g；

m_2——灼烧后粉煤灰试样的质量，g。

将粉煤灰的烧失量计算结果与表2-32进行对照检查，以此来评定粉煤灰的等级。

2.4.2　矿渣粉

根据国家现行标准《用于水泥和混凝土中的粒化高炉矿渣粉》（GB/T 18046—2008）中的规定，粒化高炉矿渣粉（简称矿渣粉）是以高炉矿渣为主要原料，掺加少量石膏磨制成的一定细度的粉体，见图2-20（b）。

粒化高炉矿渣粉作为混凝土矿物掺合料，不仅能取代部分水泥，取得较好的经济效益，而且能显著改善和提高混凝土的综合性能，如改善和易性、降低水化热、提高抗腐蚀能力、提高后期强度等。粒化高炉矿渣粉可用于配制高强、高性能混凝土，也可用于普通混凝土、大体积混凝土，以及各类地下和水下混凝土工程。

2.4.2.1　矿渣粉的技术要求

根据《用于水泥和混凝土中的粒化高炉矿渣粉》（GB/T 18046—2008）的规定，粒化高炉矿渣粉按活性指数划分为S105、S95和S75三个等级，见表2-35。

表 2-35　粒化高炉矿渣粉的技术指标

项目		级别		
		S105	S95	S75
密度(g/cm^3)		≥2.8		
比表面积(m^2/kg)		≥500	≥400	≥300
活性指数(%)	7 d	≥95	≥75	≥55
	28 d	≥105	≥95	≥75
流动度比(%)		≥95		
含水率(质量分数)(%)		≤1.0		
三氧化硫(质量分数)(%)		≤4.0		
氯离子(质量分数)(%)		≥0.06		
烧失量(质量分数)(%)		≤3.0		
玻璃体含量(质量分数)(%)		≥85		
放射性		合格		

2.4.2.2　矿渣粉的检测方法

1. 烧失量的检测(基准法)

矿渣粉烧失量的检测应按照《水泥化学分析方法》(GB/T 176—2008)的规定进行。

(1)称取 m_0 =1 g 试样于已灼烧至恒重的瓷坩埚中,盖上盖子,放在马弗炉内从低温开始逐渐升高至(950±25)℃,灼烧 15~20 min,取出坩埚置于干燥器中,冷却至室温,称量。反复进行灼烧,直至恒重 m_1。

(2)数据处理与结果评定。

矿渣粉的烧失量可按下式进行计算:

$$X = (m_0 - m_1)/m_0 \times 100\% \tag{2-30}$$

式中　X——矿渣粉的烧失量(%);

m_0——矿渣粉试样的质量,g;

m_1——灼烧后矿渣粉试样的质量,g。

将矿渣粉的烧失量计算结果与表 2-35 进行对照检查,以此来评定矿渣粉的级别。

2. 三氧化硫的检测——硫酸钡重量法(基准法)

矿渣粉三氧化硫的测定应按照《水泥化学分析方法》(GB/T 176—2008)的相关规定进行。

(1)称取 M=0.5 g 试样,精确至 0.000 1 g,置于 200 mL 烧杯中,加入约 40 mL 水,搅拌使试样完全分散,在搅拌下加入 10 mL 盐酸,用平头玻璃棒压碎块状物,加热煮沸并保持微沸(5±0.5)min。

(2)用中速滤纸过滤,用热水洗涤 10~12 次,将滤液及洗涤液收集于 400 mL 烧杯中,加水稀释至约 250 mL,玻璃棒底部压一小片定量滤纸,盖上表面皿,加热煮沸,在微沸下从杯口缓慢逐滴加入 10 mL 热的 $BaCl_2$ 溶液(10%),继续微沸 3 min 以上,使沉淀良好地形成,然后在常温下静置 12 ~ 24 h 或温热处静置至少 4 h(仲裁分析应在常温下静置 12 ~ 24 h),此时溶液体积应保持在约 200 mL。用慢速定量滤纸过滤,以温水洗涤,直至检验无氯离子。

(3)将沉淀及滤纸一并移入已灼烧至恒重的瓷坩埚中,灰化完全后,在 800 ~ 950 ℃ 的高温炉内灼烧 30 min,取出坩埚,置于干燥器中冷却至室温,称量。反复灼烧,直至恒重 M_{SO_3}。

(4)数据处理与结果评定。

矿渣粉中三氧化硫的质量分数可按下式进行计算:

$$\omega_{SO_3} = (M_{SO_3} \times 0.343/M) \times 100\% \tag{2-31}$$

式中　ω_{SO_3}——矿渣粉中三氧化硫的质量分数(%);

M_{SO_3}——试样灼烧后沉淀的质量,g;

M——试样的质量,g;

0.343——硫酸钡对三氧化硫的换算系数。

将矿渣粉中三氧化硫的计算结果与表 2-35 进行对照检查,以此来评定矿渣粉的级别。

3. 氯离子的检测

矿渣粉氯离子的检测应按照《水泥原料中氯离子的化学分析方法》(JC/T 420—2006)中的规定进行。首先按规定准备好试验溶液、试样、试验仪器与设备等,然后按以下步骤进行氯离子的测定:

(1)向 50 mL 锥形瓶中加入约 3 mL 水及 5 滴硝酸,放在冷凝管下端用以承接蒸馏液,冷凝管下端的硅胶管插于锥形瓶的溶液中。

(2)称取约 0.3 g 试样,精确至 0.000 1 g,置于已烘干的石英蒸馏管中,勿使试样黏附于管壁。

(3)向蒸馏管中加入 5 滴过氧化氢溶液,摇动后加入 5 mL 磷酸,套上磨口塞,摇动待试样分解产生的二氧化碳气体大部分逸出后,将固定架套在石英蒸馏管上,并将其置于温度为 250 ~ 260 ℃的测氯蒸馏装置(见图 2-21)炉膛内,迅速用硅橡胶管连接好蒸馏管的进出口部分(先连出气管,后连进气管),盖上炉盖。

(4)开动气泵,调节气流速度为 100 ~ 200 mL/min,蒸馏 10 ~ 15 min 后关闭气泵,拆下连接管,取下蒸馏管放于试管架内。

(5)用乙醇吹洗冷凝管及其下端于锥形瓶内(乙醇用量约为 15 mL)。由冷凝管下部取出承接蒸馏液的锥形瓶,向其中加入 1 ~ 2 滴溴酚蓝指示剂,用氢氧化钠溶液调至溶液呈蓝色,然后用硝酸调至溶液刚好变黄,再过量滴 1 滴,加入 10 滴二苯偶氮碳酰肼指示剂,用硝酸汞标准滴定溶液滴定至樱桃红色出现。

(6)氯离子含量为 0.2% ~1% 时,蒸馏时间应为 15 ~ 20 min;用硝酸汞标准滴定溶液 [$C(Hg(NO_3)_2) = 0.005$ mol/L]进行滴定。

(7)进行试样分析时,应同时进行空白试验,并对测定结果加以校正。

(8)氯离子含量的计算。氯离子的含量可按下式进行计算,测试结果以质量百分数

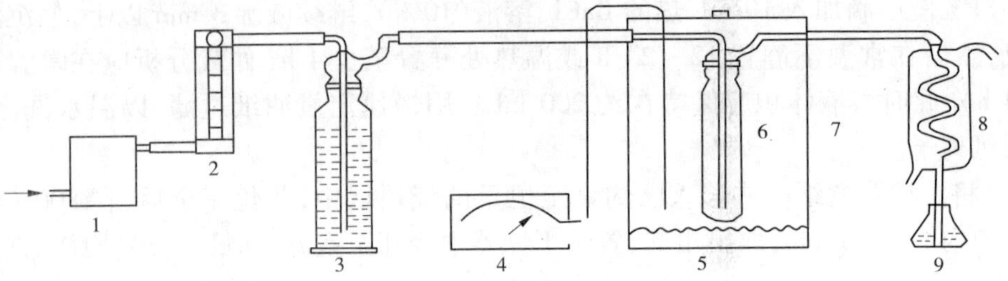

1—吹气泵；2—转子流量计；3—洗气瓶，内装硝酸银溶液；4—温控仪；5—电炉；
6—石英蒸馏管；7—炉膛保温罩；8—蛇形冷凝管；9—50 mL 锥形瓶

图 2-21　测氯蒸馏装置

计，氯离子的测试结果精确至小数点后三位：

$$X_{Cl^-} = \frac{T_{Cl^-}(V_6 - V_5)}{m \times 1\ 000} \times 100\% \tag{2-32}$$

式中　X_{Cl^-}——氯离子的质量分数（%）；

T_{Cl^-}——每毫升硝酸汞标准滴定溶液相当于氯离子的毫克数，mg/mL；

V_6——滴定时消耗硝酸汞标准滴定溶液的体积，mL；

V_5——空白试验消耗硝酸汞标准滴定溶液的体积，mL；

m——试样的质量，g。

2.4.3　硅灰

根据国家现行标准《砂浆和混凝土用硅灰》（GB/T 27690—2011）的规定，硅灰是指在冶炼硅铁合金或工业硅时，通过烟道排出的硅蒸汽氧化后，经收尘器收集得到的以无定型 SiO_2 为主要成分的粉体材料。硅灰的颗粒是微细的玻璃球体，其粒径为 0.1 ~ 1 μm，仅为水泥颗粒粒径的 1/100，见图 2-20（c）。硅灰具有很高的活性（活性指数可达 110%），其掺量一般为水泥用量的 5% ~ 10%。由于硅灰的比表面积很高，需水量比约为 134%，需配合使用高效减水剂以保证混凝土拌合物的和易性。

硅灰作为矿物掺合料部分取代水泥，能显著改善混凝土拌合物的黏聚性和保水性，增大硬化后混凝土的密实度，提高混凝土抗渗、抗冻和抗侵蚀能力。尤其是混凝土掺入硅灰后，能大幅度提高其早期和后期强度。目前，常利用硅灰配制 C100 以上的超高强混凝土。

2.4.3.1　硅灰的技术要求

根据《砂浆和混凝土用硅灰》（GB/T 27690—2011）的规定，硅灰的技术要求见表 2-36。

2.4.3.2　硅灰的测定方法

1. SiO_2 含量测定

在准备好试验用的标准试剂后，硅灰的 SiO_2 含量测定应按照《高强高性能混凝土用矿物外加剂》（GB/T 18736—2002）附录 A 进行。

（1）将硅灰试样在 105 ~ 110 ℃的烘箱中烘干。

表 2-36　硅灰的技术指标

项目	指标	项目	指标
固含量(液料)	按生产控制值的 ±2%	需水量比	≤125%
总碱量	≤1.5%	比表面积(BEI 法)	≥15 m^2/g
SiO_2 含量	≥85.0%	活性指数(7 d 快速法)	≥105%
氯含量	≤0.1%	放射性	I_{ra}≤1.0 和 I_r≤1.0
含水率(粉体)	≤3.0%	抑制碱骨料反应性	14 d 膨胀率降低值≥35%
烧失量	≤4.0%	抗氯离子渗透性	28 d 电通量之比≤40%

注:1. 硅灰浆折算为固体含量按此表进行检验。

2. 抑制碱骨料反应性和抗氯离子渗透性为选择性试验项目,由供需双方协商确定。

(2)称取 0.5 g 试样于预先放入 3 ~4 g 无水碳酸钠的铂坩埚内,搅拌均匀,送入预热至 800 ℃的高温炉中,升温至 1 000 ℃熔融 30 min(空白置于近炉门处,到温度后可先取出),坩埚取出后立即倾斜放置,进行冷却。将坩埚置于 250 mL 烧杯中,加入 60 mL 冷的盐酸(1 +2∶1份体积的浓盐酸与 2 份体积的水混合),待熔块脱离坩埚后,用水洗净坩埚,并用橡皮擦棒擦净,置于水浴上蒸发至湿盐状。在蒸发过程中,要经常搅拌溶液,使盐类呈粉末状而不呈晶体析出,然后取下、冷却,加入 6 ~8 mL 的 1% 动物胶溶液,空白加入 5 mL,充分搅匀,放置 5 min 以上,用水冲洗杯壁,加入 20 mL 热水,搅拌使盐类溶解。待沉淀沉降后趁热过滤,烧杯中沉淀全部转移入漏斗中,用 2% 温热盐酸洗涤至无铁离子,再用清水冲洗两次。

(3)将沉淀连同滤纸放在铂坩埚内,低温灰化,在 1 000 ℃灼烧 30 ~50 min,在干燥器中冷却,称取质量,再灼烧 20 ~30 min,直至恒重。然后沉淀用水润湿,加入 4 滴硫酸(1 +1)和 5 mL 氢氟酸蒸发至冒三氧化硫白烟,最后在小电驴上使白烟散尽。坩埚及残渣在 950 ℃下灼烧 20 min 后称重。用差减法计算硅灰的 SiO_2 含量。

2. 固含量的测定

硅灰中固含量测定应按照《砂浆和混凝土用硅灰》(GB/T 27690—2011)附录 A 进行,其具体的测定步骤如下:

(1)将洁净带盖称量瓶放入烘箱内,于(105 ±5)℃烘箱中烘 30 min,取出置于干燥器中,冷却 30 min 后进行称量,重复上述过程直至恒重,其质量为 m_0。

(2)将 5.000 ~10.000 g 硅灰浆放入已恒重的称量瓶内,盖上盖称出硅灰浆及称量瓶的总质量 m_1。

(3)将盛有硅灰浆的称量瓶放入烘箱内,开启瓶盖,升温至(105 ±5)℃烘干,盖上盖置于干燥器中,冷却 30 min 后进行称量,重复上述过程直至恒重,其质量为 m_2。

(4)硅灰浆固含量计算。硅灰浆的固含量可按下式进行计算:

$$X_m = (m_2 - m_0)/(m_1 - m_0) \times 100\% \tag{2-33}$$

式中　X_m ——硅灰浆固含量(%);

m_0 ——称量瓶质量,g;

m_1 ——称量瓶质量加硅灰浆的质量，g；

m_2 ——称量瓶质量加烘干后硅灰浆的质量，g。

3. 需水量比的测定

硅灰的需水量比测定应按照《高强高性能混凝土用矿物外加剂》（GB/T 18736—2002）附录 C 进行，其具体的测定步骤如下：

（1）按照表 2-37 中的配比要求，称取水泥、硅灰、砂和水，进行水泥胶砂的配制。把水加入搅拌锅里，再加入预先混合均匀的水泥和硅灰，把搅拌锅放置在固定架上，上升至固定位置，然后按《水泥胶砂强度检验方法（ISO）法》（GB/T 17671—1999）中 6.3 进行搅拌，开动机器后，低速搅拌 30 s 后，在第二个 30 s 开始的同时均匀地将砂子加入。当各级砂子分装时，从最粗粒级开始，依次将所需的每级砂量加完。将机器转至高速再搅拌 30 s。停拌 90 s，在第一个 15 s 内用一个胶皮刮具将叶片和锅壁上的胶砂刮入锅中间。在高速下继续搅拌 60 s。各个搅拌阶段，时间误差应控制在 1 s 内。

表 2-37　胶砂配比　（单位：g）

材料名称	基准胶砂	受检胶砂			
		磨细矿渣	磨细粉煤灰	磨细天然沸石	硅灰
水泥	450 ±2	225 ±1	315 ±1	405 ±1	405 ±1
矿物外加剂	—	225 ±1	135 ±1	45 ±1	45 ±1
ISO 砂	1 350 ±5	1 350 ±5	1 350 ±5	1 350 ±5	1 350 ±5
水	受检胶砂流动度达到基准胶砂流动度值 ±5 mm				

注：表中数值为一次搅拌量。

（2）按照《水泥胶砂流动度测定方法》（GB/T 2419—2005）中规定的方法，测定水泥胶砂流动度。

（3）需水量比的计算。根据表 2-37 中列出的配比，硅灰的需水量比可按下式进行计算：

$$R_w = W_t/225 \times 100\% \quad (2\text{-}34)$$

式中 R_w ——受检胶砂的需水量比（%）；

W_t ——受检胶砂的用水量，g；

225——基准胶砂的用水量，g。

第 3 章　混凝土性能检测

混凝土是建筑工程中应用最广、用量最大的一种基本建筑材料。混凝土不仅具有原材料资源丰富、能耗较低、成本低廉、工艺简单、施工方便等特点，而且具有适应性强、强度较高、耐久性好等优点，可满足各种工程结构和构筑物不同功能的需要，是建设工程中不可缺少的重要工程材料。混凝土广泛应用于工业与民用建筑工程、水利工程、交通工程、地下工程、港口工程和国防工程等，是世界上用量最大的人工建筑材料。

随着市场经济的不断发展，城市化进程的加快，建筑工程项目不断地被扩建，人们已经开始越来越关注工程质量问题，因为这不仅涉及个人的生命财产安全，也对社会稳定有着一定的影响。混凝土作为构建建筑工程主体的主要材料，它的质量好坏关系着整个工程的质量，因此必须加强对混凝土质量的检测。

3.1　混凝土质量控制标准

根据《混凝土质量控制标准》(GB 50164—2011)中的规定，用于建筑工程的普通混凝土配制的原材料质量，应当分别符合下列要求。

3.1.1　水泥质量控制标准

(1)水泥品种与强度等级的选用应根据设计、施工要求以及工程环境确定。一般建筑结构及预制构件的普通混凝土，宜采用通用硅酸盐水泥；高强混凝土和抗冻要求的混凝土，宜采用硅酸盐水泥或普通硅酸盐水泥；有预防混凝土碱 - 骨料反应要求的混凝土工程宜选用碱含量低于 0.6% 的水泥；大体积混凝土宜采用中、低热硅酸盐水泥或低热矿渣硅酸盐水泥。水泥应符合《通用硅酸盐水泥》(GB 175—2007)和《中热硅酸盐水泥、低热硅酸盐水泥、低热矿渣硅酸盐水泥》(GB 200—2003)的有关规定。

(2)水泥质量主要控制项目:凝结时间、安定性、胶砂强度、氧化镁和氯离子含量。碱含量低于 0.6% 的水泥主要控制项目还应包括碱含量。中低热硅酸盐水泥和低热矿渣硅酸盐水泥的主要控制项目还应包括水化热。

(3)水泥的应用应符合下列规定:①宜采用旋窑或新型干法窑生产的水泥；②应注明水泥中的混合材品种和掺加量；③用于生产混凝土的水泥温度不宜高于 60 ℃。

3.1.2　粗骨料质量控制标准

(1)粗骨料应符合《普通混凝土用砂、石质量及检验方法标准》(JGJ 52—2006)的有关规定。

(2)粗骨料质量主要控制项目应包括颗粒级配、针片状颗粒含量、含泥量、泥块含量、压碎值指标和坚固性，用于高强度混凝土的粗骨料主要控制项目还应包括岩石抗压强度。

(3)粗骨料在应用方面应符合下列规定:

①混凝土粗骨料宜采用连续级配。

②对于混凝土结构粗骨料最大粒径的规定：最大公称粒径不得大于构件截面最小尺寸的1/4，且不大于钢筋最小净间距的3/4；混凝土实心板，粗骨料的最大公称粒径不宜大于板厚的1/3，且不得大于40 mm；大体积混凝土粗骨料最大公称粒径不宜小于31.5 mm。

③对有抗渗、抗冻、抗腐蚀、耐磨或其他特殊要求的混凝土粗骨料中的含泥量和泥块含量分别不应大于1.0%和0.5%；坚固性检验的质量损失不应大于8%。

④对于高强混凝土，粗骨料的岩石强度应至少比混凝土设计强度高30%；最大粒径不宜大于25 mm，针片状颗粒含量不宜大于5%且不应大于8%；含泥量和泥块含量分别不应大于0.5%和0.2%。

⑤对粗骨料或用于制作粗骨料的岩石，应进行碱活性检验，包括碱－硅酸盐反应活性检验和碱－碳酸盐反应活性检验；对于有预防混凝土碱－骨料反应要求的混凝土工程，不宜采用有碱活性的粗骨料。

3.1.3 细骨料质量控制标准

(1)细骨料应符合《普通混凝土用砂、石质量及检验方法标准》(JGJ 52—2006)的有关规定；混凝土用海砂应符合《海砂混凝土应用技术规范》(JGJ 206—2010)的有关规定。

(2)细骨料质量主要控制项目包括颗粒级配、细度模数、含泥量、泥块含量、坚固性、氯离子含量和有害物质含量；海砂主要控制项目除包括上述要求外，还应包括贝壳含量；人工砂主要控制项目除包括上述指标外尚应包括石粉含量和压碎值指标，人工砂主要控制项目可不包含氯离子含量和有害物质含量。

(3)细骨料的应用应符合下列规定：

①泵送混凝土宜采用中砂，且300 μm筛孔的颗粒通过量不宜少于15%。

②对于有抗渗、抗冻或其他有特殊要求的混凝土，砂中的含泥量和泥块含量分别不应大于3.0%和1.0%，坚固性检验的质量损失不应大于8%。

③对于高强混凝土，砂的细度模数宜控制在2.6～3.0范围之内，含泥量和泥块含量分别不应大于2.0%和0.5%。

④钢筋混凝土和预应力混凝土用砂的氯离子含量分别不应大于0.06%和0.02%。

⑤混凝土用海砂应经过净化处理。

⑥混凝土用海砂氯离子含量不应大于0.03%，贝壳含量应符合表3-1中的规定，海砂不得用于预应力混凝土。

表3-1 混凝土用海砂贝壳含量

混凝土强度等级	≥C60	≥C40	C35～C30	C25～C15
贝壳含量(按质量计,%)	≤3	≤5	≤8	≤10

⑦人工砂中石粉含量应符合表3-2的规定。

表 3-2 人工砂中的石粉含量

混凝土强度等级		≥C60	C55～C30	≤C25
石粉含量(%)	MB＜1.4	≤5.0	≤7.0	≤10.0
	MB≥1.4	≤2.0	≤3.0	≤5.0

⑧不宜单独采用特细砂作为细骨料配制混凝土。

⑨河砂和海砂应进行碱－硅酸反应活性试验；人工砂应进行碱－硅酸反应活性检验和碱－碳酸盐反应活性检验；对于有预防混凝土碱－骨料反应要求的工程，不宜采用有碱活性的细骨料。

3.1.4 矿物掺合料质量控制标准

(1)用于混凝土中的矿物掺合料包括粉煤灰、粒化高炉矿渣粉、硅灰、沸石粉、钢渣粉、磷渣粉；可采用两种或两种以上的矿物掺合料按照一定比例混合使用。粉煤灰应符合《用于水泥和混凝土中的粉煤灰》(GB/T 1596—2005)的有关规定，粒化高炉矿渣应符合《用于水泥和混凝土中的粒化高炉矿渣》(GB/T 18046—2008)的有关规定，钢渣粉应符合《用于水泥和混凝土中的钢渣粉》(GB/T 20491—2006)的有关规定，其他矿物掺合料应符合现行国家标准的规定并满足混凝土性能要求，矿物掺合料的放射性应符合《建筑材料放射性核素限量》(GB 6566—2010)的有关规定。

(2)矿物掺合料的主要控制项目应符合表 3-3 的规定。

表 3-3 矿物掺合料的主要控制项目

种类	主要控制项目
粉煤灰	细度、需水量比、烧失量、三氧化硫含量、放射性(其中 C 类粉煤灰的主要控制项目还应包括游离氧化钙含量、安定性)
粒化高炉矿渣粉	比表面积、活性指数、流动度比、放射性
钢渣粉	比表面积、活性指数、流动度比、游离氧化钙含量、三氧化硫含量、氧化镁含量、安定性、放射性
磷渣粉	细度、活性指数、流动度比、五氧化二磷含量、安定性、放射性
硅灰	比表面积、二氧化硅含量、放射性

(3)矿物掺合料的应用还应符合下列规定：

①掺用矿物掺合料的混凝土，宜采用硅酸盐水泥、普通硅酸盐水泥。

②在混凝土中掺用矿物掺合料时，矿物掺合料的种类和掺量应经试验确定。

③矿物掺合料宜与高效减水剂同时使用。

④高强混凝土或有抗渗、抗冻、抗腐蚀、耐磨等其他要求的混凝土，不宜掺用低于Ⅱ级的粉煤灰。

⑤高强混凝土、有耐腐蚀要求的混凝土，当需采用硅灰时，不宜采用二氧化硅含量小

于90%的硅灰。

3.1.5 外加剂质量控制标准

(1)外加剂应符合《混凝土外加剂》(GB 8076—2008)、《混凝土防冻剂》(JC 475—2004)、《混凝土膨胀剂》(GB 23439—2009)等的有关规定。

(2)外加剂质量主要控制项目应包括掺加外加剂混凝土性能和外加剂匀质性两方面。混凝土性能方面的主要控制项目应包括减水率、凝结时间差和抗压强度比,外加剂匀质性方面的主要控制项目应包括 pH 值、氯离子含量、碱含量。引气剂和引气减水剂主要控制项目还应包括含气量,防冻剂主要控制项目还应包括含气量和50次冻融强度损失率比,膨胀剂主要控制项目还应包括凝结时间、限制膨胀率和抗压强度。

(3)外加剂的应用除应符合《混凝土外加剂应用技术规范》(GB 50119—2013)的有关规定外,还应符合下列规定:

①外加剂应与水泥具有良好的适应性,其种类和掺量应经试验确定。

②高强混凝土宜采用高效能减水剂,有抗冻要求的混凝土宜采用引气剂或引气减水剂,大体积混凝土宜采用缓凝剂或缓凝减水剂,混凝土冬期施工可采用防冻剂。

③外加剂中氯离子含量和碱含量应满足混凝土设计要求。

④配制混凝土的外加剂,宜采用液态外加剂。

3.1.6 混凝土用水质量控制标准

(1)混凝土用水应符合《混凝土用水标准》(JGJ 63—2006)的有关规定。

(2)混凝土用水主要控制项目:pH、不溶物含量、可溶物含量、硫酸根离子含量、氯离子含量、水泥凝结时间差、水泥胶砂强度比。当混凝土骨料为碱活性时主要控制项目还应包括碱含量。

(3)混凝土用水的应用应符合下列规定:

①未经处理的海水严禁用于钢筋混凝土和预应力混凝土。

②当骨料具有碱活性时,混凝土用水不得采用混凝土企业生产设备洗刷水。

3.2 普通混凝土拌合物和易性检测

混凝土的各组成材料按一定比例配合、搅拌而成的尚未凝固的材料,称为混凝土拌合物,又称新拌混凝土。混凝土拌合物必须具备良好的和易性,才能便于施工和获得均匀而密实的混凝土,从而保证混凝土的强度和耐久性。

3.2.1 混凝土和易性的概念

和易性,是指混凝土拌合物在施工过程中能否保持其成分均匀,不发生离析、泌水现象的性能。和易性是一项综合技术性能,包括流动性、黏聚性和保水性三个方面的含义。

流动性,是指混凝土拌合物在自重或施工机械振捣的作用下,能产生流动,并均匀密实地充满模板的性能。

黏聚性，是指混凝土拌合物内部各组分间具有一定的黏聚力，在运输和浇筑过程中不致产生分层离析现象的性能。

保水性，是指混凝土拌合物具有保持内部水分不流失，不致产生严重泌水现象的性能。

混凝土拌合物的流动性、黏聚性、保水性，三者之间互相关联又互相矛盾。如黏聚性好，则保水性往往也好，但流动性可能较差；当增大流动性时，黏聚性和保水性往往变差。因此，所谓拌合物的和易性良好，就是要使这三个方面的性能，在某种具体的工作条件下得到统一，达到均为良好的状况。

3.2.2　普通混凝土和易性的检测及评定

混凝土拌合物的和易性内涵比较复杂，目前尚未有通过一个技术指标来全面反映混凝土拌合物和易性的方法。根据我国现行标准《普通混凝土拌合物性能试验方法》（GB/T 50080—2016）规定，用坍落度和维勃稠度来测定混凝土拌合物的流动性，并辅以直观经验观察评定黏聚性和保水性，以评定和易性。

3.2.2.1　取样与试样的制备

（1）同一组混凝土拌合物的取样，应在同一盘混凝土或同一车混凝土中取样。取样量应多于试验所需量的 1.5 倍，且不宜小于 20 L。

（2）混凝土拌合物的取样应具有代表性，宜采用多次采样的方法。宜在同一盘混凝土或同一车混凝土中的 1/4 处、1/2 处和 3/4 处分别取样，并搅拌均匀；第一次取样和最后一次取样的时间间隔不宜超过 15 min。

（3）宜在取样后 5 min 内开始各项性能试验。

（4）试验室制备混凝土拌合物的搅拌应符合下列规定：

①混凝土拌合物应采用搅拌机搅拌，搅拌前应将搅拌机冲洗干净，并预拌少量同种混凝土拌合物或水胶比相同的砂浆，搅拌机内壁挂浆后将剩余料卸出。

②称好的粗骨料、胶凝材料、细骨料和水应依次加入搅拌机，难溶和不溶的粉状外加剂宜与胶凝材料同时加入搅拌机，液体和可溶外加剂宜与拌和水同时加入搅拌机。

③混凝土拌合物宜搅拌 2 min 以上，直至搅拌均匀。

④混凝土拌合物依次搅拌量不宜少于搅拌机公称容量的 1/4，不应大于搅拌机公称容量，且不应少于 20 L。

（5）试验室搅拌混凝土时，材料用量应以质量计。骨料的称量精度应为 ±0.5%，水泥、掺合料、水、外加剂的称量精度均应为 ±0.2%。

3.2.2.2　坍落度检测方法

1. 适用范围

根据《普通混凝土拌合物性能试验方法标准》（GB/T 50080—2016）的规定，本方法适用于骨料最大公称粒径不大于 40 mm，坍落度不小于 10 mm 的混凝土拌合物坍落度的测定。

2. 主要仪器设备

（1）标准坍落度筒：坍落度筒（见图 3-1）为金属制截头圆锥形，上下截面必须平行并与锥体轴心垂直，筒外两侧焊把手两只，靠近下端两侧焊脚踏板，圆锥筒内表面必须十分光滑，圆锥筒尺寸为：底部直径(200 ± 2) mm，顶部直径(100 ± 2) mm，高度(300 ± 2) mm，筒壁厚度不小于1.5 mm。

(2)捣棒：直径为(16 ± 0.2) mm，长度(600 ± 5) mm，端部应呈圆形。

(3)钢尺：应配备2把钢尺，量程不小于300 mm，分度值不大于1 mm。

(4)底板：应采用平面尺寸不小于1 500 mm × 1 500 mm、厚度不小于3 mm的钢板，其最大挠度不应大于3 mm。

(5)其他用具：小铁铲、装料漏斗、拌板、镘刀和取样小铲等。

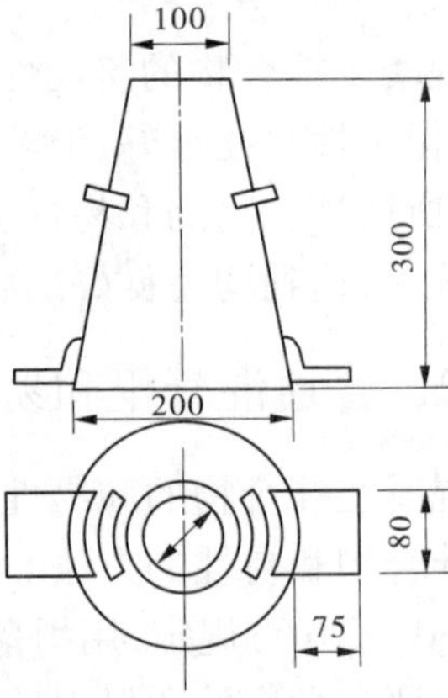

图3-1　坍落度筒　（单位：mm）

3. 检测步骤

(1)坍落度筒内壁和底板应润湿无明水；底板应放置在坚实水平面上，并把坍落度筒放在底板中心，然后用脚踩住两边的脚踏板，坍落度筒在装料时应保持在固定的位置。

(2)混凝土拌合物试样应分三层均匀地装入坍落度筒内，每装一层混凝土拌合物，应用捣棒由边缘到中心按螺旋形均匀插捣25次，捣实后每层混凝土拌合物试样高度约为筒高的1/3。

(3)插捣底层时，捣棒应贯穿整个深度，插捣第二层和顶层时，捣棒应插透本层至下一层的表面。

(4)顶层混凝土拌合物装料应高出筒口，插捣过程中，混凝土拌合物低于筒口时，应随时添加。

(5)顶层插捣完后，取下装料漏斗，应将多余混凝土拌合物刮去，并沿筒口抹平。

(6)清除筒边底板上的混凝土后，应垂直平稳地提起坍落度筒，并轻放于试样旁边；当试样不再继续坍落或坍落时间达30 s时，用钢尺测量出筒高与坍落后混凝土试体最高点之间的高度差，作为该混凝土拌合物的坍落度值(见图3-2)。

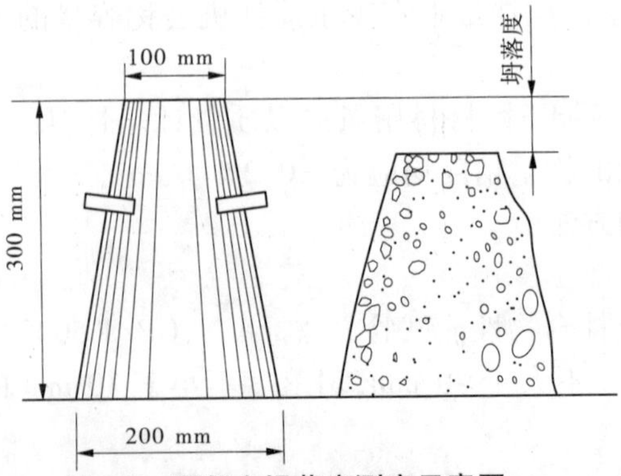

图3-2　混凝土坍落度测定示意图

4. 注意事项

(1)坍落度筒的提离过程宜控制在 3 ~ 7 s;从开始装料到提坍落度筒的整个过程应连续进行,并应在 150 s 内完成。

(2)将坍落度筒提起后混凝土发生一边崩坍或剪坏现象时,应重新取样另行测定;第二次试验仍出现一边崩坍或剪坏现象,应予记录说明。

(3)混凝土拌合物坍落度值测量应精确至 1 mm,结果应修约至 5 mm。

(4)观察坍落后的混凝土试体的黏聚性及保水性。黏聚性的检查方法是用捣棒在已坍落的混凝土锥体侧面轻轻敲打,此时如果锥体逐渐下沉,则表示黏聚性良好,如果锥体倒塌、部分崩裂或出现离析现象,则表示黏聚性不好。保水性以混凝土拌合物稀浆析出的程度来评定,坍落度筒提起后如有较多的稀浆从底部析出,锥体部分的混凝土也因失浆而骨料外露,则表明此混凝土拌合物的保水性能不好;如坍落度筒提起后无稀浆或仅有少量稀浆自底部析出,则表示此混凝土拌合物保水性良好。

(5)《混凝土质量控制标准》(GB 50164—2011)规定,根据坍落度大小,将混凝土拌合物分为五级,见表 3-4。

表 3-4　混凝土拌合物的坍落度等级划分

等级	坍落度(mm)
S1	10 ~ 40
S2	50 ~ 90
S3	100 ~ 150
S4	160 ~ 210
S5	≥220

3.2.2.3　维勃稠度检测方法

1. 适用范围

根据《普通混凝土拌合物性能试验方法标准》(GB/T 50080—2016)的规定,本方法适用于骨料最大公称粒径不大于 40 mm,维勃稠度在 5 ~ 30 s 的混凝土拌合物维勃稠度测定。

2. 主要仪器设备

(1)维勃稠度仪(见图 3-3),由以下部分组成:

①振动台:台面长 380 mm,宽 260 mm,支撑在四个减振器上,台面底部安有频率为(50 ± 3) Hz的振动器,装有空容器时台面的振幅度为(0.5 ±0.1) mm。

②容器:由钢板制成,内径为(240 ± 5) mm,高为(200 ± 2) mm,筒壁厚 3 mm,筒底厚为 7.5 mm。

③坍落度筒:其内部尺寸,底部直径为(200 ± 2) mm,顶部直径(100 ± 2) mm,高度为(300 ± 2) mm。

④旋转架:旋转架与测杆及喂料斗相连。测杆下部安装有透明且水平的圆盘,并用测杆螺丝把测杆固定在套管中。旋转架安装在支柱上,通过十字凹槽来固定方向,并用定位

螺丝来固定其位置。就位后测杆或喂料斗的轴线均应与容器的轴线重合。透明圆盘直径为(230 ±2)mm,厚度为(10 ±2)mm。荷重块直接固定在圆盘上。由测杆、圆盘及荷重块组成的滑动部分质量应为(2 750 ±50)g。

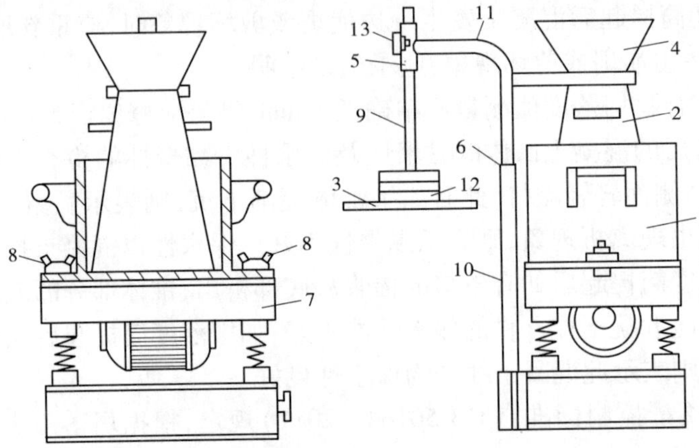

1—容器;2—坍落度筒;3—透明圆盘;4—漏斗;5—套筒;6—定位器;7—振动台;
8—固定螺丝;9—滑杆;10—支柱;11—旋转架;12—荷重;13—测杆螺钉

图 3-3　维勃稠度仪构造示意图

(2)秒表。

(3)其他与坍落度试验的仪器相同。

3. 检测步骤

(1)维勃稠度仪应放置在坚实水平面上,容器、坍落度筒内壁及其他用具应润湿无明水。

(2)喂料斗应提到坍落度筒上方扣紧,校正容器位置,使其中心与喂料中心重合,然后拧紧固定螺丝。

(3)混凝土拌合物试样应分三层均匀地装入坍落度筒内,捣实后每层高度应约为筒高的1/3。每装一层,应用捣棒在筒内由边缘到中心按螺旋形均匀插捣25次;插捣底层时,捣棒应贯穿整个深度,插捣第二层和顶层时,捣棒应插透本层至下一层的表面;顶层混凝土装料应高出筒口,插捣过程中,混凝土低于筒口时,应随时添加。

(4)顶层插捣完应将喂料斗转离,沿坍落度筒口刮平顶面,垂直地提起坍落度筒,不应使混凝土拌合物试样产生横向的扭动。

(5)将透明圆盘转到混凝土圆台体顶面,放松测杆螺钉,应使透明圆盘转至混凝土锥体上部,并下降至与混凝土顶面接触。

(6)拧紧定位螺钉,开启振动台,同时用秒表计时,当振动到透明圆盘的整个底面与水泥浆接触时应停止计时,并关闭振动台。

4. 注意事项

(1)秒表记录的时间应作为混凝土拌合物的维勃稠度值,精确至1 s。

(2)《混凝土质量控制标准》(GB 50164—2011)规定,根据维勃稠度值大小,将混凝土拌合物分为五级,见表3-5。

表 3-5　混凝土拌合物的维勃稠度等级划分

级别	维勃稠度(s)
V0	≥31
V1	30 ~ 21
V2	20 ~ 11
V3	10 ~ 6
V4	5 ~ 3

3.3　普通混凝土抗压强度检测

强度是混凝土最重要的力学性质,因为混凝土主要用作承受荷载或抵抗各种作用力的结构材料。混凝土强度包括抗拉强度、抗压强度、抗弯强度、抗剪强度和与钢筋的黏结强度等。其中,混凝土的抗压强度最大,抗拉强度最小,因此在结构工程中混凝土主要用于承受压力。

混凝土的抗压强度与各种强度及其他性能之间有一定的相关性,因此混凝土的抗压强度是结构设计的主要参数,也是评定和控制混凝土质量的重要指标。

3.3.1　混凝土的抗压强度与强度等级

3.3.1.1　混凝土的立方体抗压强度

混凝土的抗压强度,是指其标准试件在压力作用下直到破坏时单位面积所能承受的最大应力。我国以立方体抗压强度为混凝土强度的特征值。

根据《普通混凝土力学性能试验方法》(GB/T 50081—2002)制作 150 mm × 150 mm × 150 mm 的标准立方体试件,在标准条件[温度(20 ± 2)℃,相对湿度 95% 以上]下,或在温度为(20 ± 2)℃的不流动的 $Ca(OH)_2$ 饱和溶液中养护至 28 d 龄期,以标准方法测试、计算得到的抗压强度值称为混凝土立方体抗压强度,以 f_{cu} 表示。

当混凝土强度等级 < C60 时,测定抗压强度的试件也可根据工程中所用粗骨料的最大公称粒径选用非标准尺寸的试件,但应将所得抗压强度乘以尺寸换算系数(见表 3-6),以折算为标准试件的抗压强度。试件尺寸越大,折算系数也越大。这是因为试件尺寸越大,内部孔隙、缺陷等出现的概率也大,有效受力面积减小及应力集中引起所测强度值偏低。当混凝土强度等级 > C60 时,宜采用标准试件,若使用非标准试件时,其尺寸换算系数应经试验确定。

表 3-6　混凝土试件不同尺寸的强度换算系数(GB/T 50081—2002)

骨料最大公称粒径(mm)	试件尺寸(mm × mm × mm)	换算系数
≤31.5	100 × 100 × 100	0.95
≤40.0	150 × 150 × 150	1
≤63.0	200 × 200 × 200	1.05

3.3.1.2　强度等级

混凝土的强度等级是按混凝土立方体抗压强度标准值来划分的，混凝土立方体抗压强度标准值是指按标准方法制作养护的边长为150 mm的立方体试件，在28 d龄期，用标准试验方法测得的具有95%强度保证率的立方体抗压强度。按照《混凝土结构设计规范》(GB 50010—2010)的规定，普通混凝土划分为14个等级，即C15、C20、C25、C30、C35、C40、C45、C50、C55、C60、C65、C70、C75、C80。例如，强度等级为C30的混凝土是指30 MPa$\leq f_{cu}<$35 MPa。

3.3.1.3　混凝土的轴心抗压强度

确定混凝土强度等级采用立方体试件，但实际工程中钢筋混凝土受压构件形式极少是立方体的，大部分是棱柱体形或圆柱体形(例如柱子、桁架的腹杆等)，所以采用棱柱体试件抗压强度比立方体试件抗压强度能更好地反映混凝土的实际受压情况。由棱柱体试件测得的抗压强度称为棱柱体抗压强度，又称轴心抗压强度(f_{cp})。

根据《普通混凝土力学性能试验方法》(GB/T 50081—2002)的规定，轴心抗压强度采用150 mm×150 mm×300 mm的棱柱体作为标准试件，边长为100 mm×100 mm×300 mm和200 mm×200 mm×400 mm的棱柱体为非标准试件。当标准立方体抗压强度在10～55 MPa范围内时，两者之间的换算关系近似为：$f_{cp}=(0.7\sim 0.8)f_{cu}$。

3.3.2　混凝土的取样规则

混凝土强度检测试件应在混凝土浇筑地点随机取样，并遵循以下留置原则。

3.3.2.1　标准养护试件取样与留置原则

(1)每拌制100盘且不超过100 m^3的同一配合比的混凝土，取样不得少于一次。

(2)每工作班拌制的同一配合比的混凝土不足100 m^3时，取样不得少于一次。

(3)当一次连续浇筑的同一配合比混凝土超过1 000 m^3时，每200 m^3取样不得少于一次。

(4)对于房屋建筑工程，每一楼层、同一配合比的混凝土，取样不得少于一次。

(5)每次取样应至少留置一组(一组为3个立方体试件)标准养护试件。

(6)每3个试件应在同一盘或同一车的混凝土中取样制作。

3.3.2.2　同条件养护试件取样与留置原则

(1)结构实体同条件试件(混凝土结构验收的重要依据)，其所对应的结构构件或结构部位，应由监理(建设)、施工等各方共同选定。

根据既体现结构重要部位，又适度控制实体检验数量的原则，重要部位选定建议如下：竖向构件中的墙、柱、核心筒，水平构件中的跨度8 m的梁、跨度5 m的单向板、跨度6 m的双向板、预应力混凝土梁、跨度2 m的悬挑梁板，若有的工程不满足上述条件，则应按规范规定“同一强度等级的同条件养护试件，其留置的数量应根据混凝土工程量和重要性确定，不宜少于10组，且不应少于3组”。

按《混凝土强度检验评定标准》(GB/T 50107—2010)的有关规定，同一强度等级的同条件养护试件的留置数量不少于10组，以构成按统计方法评定混凝土强度的基本条件。留置数量不少于3组，是为了按非统计方法评定混凝土强度时，要求有足够的代表性。

(2)拆模同条件试件(判定混凝土是否达到设计要求或规范要求的强度),则每一施工流水段至少留置一组同条件试件。

(3)达到受冻临界强度同条件试件(控制冬季施工竖向结构模板拆除),则每一施工流水段至少留置一组同条件试件。

(4)掺加防冻剂混凝土同条件试件(检查掺加防冻剂混凝土的质量),则每一楼层、同一配合比的混凝土至少留置一组同条件试件。

(5)构件吊装混凝土同条件试件(检查混凝土强度是否满足吊装的要求),应当根据吊装部署酌情留置同条件试件。

(6)预应力混凝土同条件试件(判定能否达到预应力张拉或放张的条件),应当根据预应力张拉部署酌情留置同条件试件。

3.3.3　混凝土试件的制作和养护

3.3.3.1　试件的制作

1. 相关规定

(1)成型前,应检查试模尺寸并符合《普通混凝土力学性能试验方法》(GB/T 50081—2002)的有关规定;试模内表面应涂一薄层矿物油或其他不与混凝土发生反应的脱模剂。

(2)在试验室拌制混凝土时,其材料用量应以质量计,称量的精度:水泥、掺合料、水和外加剂为 ±0.5%,骨料为 ±1%。

(3)取样或试验室拌制的混凝土应在拌制后尽快成型,一般不宜超过 15 min。

(4)根据混凝土拌合物的稠度确定混凝土成型方法,坍落度不大于 70 mm 的混凝土宜用振动振实;坍落度大于 70 mm 的宜用捣棒人工捣实;检验现浇混凝土或预制构件的混凝土,试件成型方法宜与实际采用的方法相同。

2. 制作步骤

(1)取样或拌制好的混凝土拌合物应至少用铁锹再来回拌和三次。

(2)根据混凝土拌合物的稠度,选择成型方法成型。

用振动台振实制作试件应按下述方法进行:

①将混凝土拌合物一次装入试模,装料时应用抹刀沿各试模壁插捣,并使混凝土拌合物高出试模口。

②试模应附着或固定在振动台上,振动时试模不得有任何跳动,振动应持续到表面出浆为止;不得过振。

用人工插捣制作试件应按下述方法进行:

①混凝土拌合物应分两层装入模内,每层的装料厚度大致相等。

②插捣应按螺旋方向从边缘向中心均匀进行。在插捣底层混凝土时,捣棒应达到试模底部;插捣上层时,捣棒应贯穿上层后插入下层 20 ~ 30 mm;插捣时捣棒应保持垂直,不得倾斜。然后应用抹刀沿试模内壁插拔数次。

③每层插捣次数按在 10 000 mm^2 截面面积内不得少于 12 次。

④插捣后应用橡皮锤轻轻敲击试模四周,直至插捣棒留下的空洞消失。

用插入式振捣棒振实制作试件应按下述方法进行：

①将混凝土拌合物一次装入试模，装料时应用抹刀沿各试模内壁插捣，并使混凝土拌合物高出试模口。

②宜用直径为25 mm的插入式振捣棒，插入试模振捣时，振捣棒距试模底板10～20 mm且不得触及试模底板，振动应持续到表面出浆为止，且应避免过振，以防止混凝土离析；一般振捣时间为20 s。振捣棒拔出时要缓慢，拔出后不得留有孔洞。

(3)刮除试模上口多余的混凝土，待混凝土临近初凝时，用抹刀抹平。

3.3.3.2　试件的养护

(1)试件成型后应立即用不透水的薄膜覆盖表面。

(2)采用标准养护的试件，应在温度为(20±5)℃的环境中静置一昼夜至二昼夜，然后编号、拆模。拆模后应立即放入温度为(20±2)℃、相对湿度为95%以上的标准养护室中养护，或在温度为(20±2)℃的不流动的$Ca(OH)_2$饱和溶液中养护。标准养护室内的试件应放在支架上，彼此间隔10～20 mm，试件表面应保持潮湿，并不得被水直接冲淋。

(3)同条件养护试件的拆模时间可与实际构件的拆模时间相同，拆模后，试件仍需保持同条件养护。

(4)标准养护龄期为28 d(从搅拌加水开始计时)。

3.3.4　混凝土抗压强度检测

普通混凝土抗压强度试验依据《普通混凝土力学性能试验方法标准》(GB/T 50081—2002)的相关规定进行。

3.3.4.1　检测目的

测定混凝土的立方体抗压强度，作为评定混凝土质量的主要依据。

3.3.4.2　主要仪器设备

(1)压力试验机：压力试验机除应符合《液压式万能试验机》(GB/T 3159—2008)及《试验机通用技术要求》(GB/T 2611—2007)中技术要求外，其测量精度为±1%，试件破坏荷载应大于压力机全量程的20%且小于压力机全量程的80%。应具有加荷速度指示装置或加荷速度控制装置，并应能均匀连续地加荷。

(2)振动台：应符合《混凝土试验用振动台》(JG/T 245—2009)相关技术要求的规定。

(3)试模：应符合《混凝土试模》(JG 237—2008)相关技术要求的规定。

(4)捣棒、小铁铲、金属直尺、镘刀等。

3.3.4.3　检测步骤

(1)试件从养护地点取出后应及时进行试验，将试件表面与上下承压板面擦干净。

(2)将试件安放在试验机的下压板或垫板上，试件的承压面应与成型时的顶面垂直。试件的中心应与试验机下压板中心对准，开动试验机，当上压板与试件或钢垫板接近时，调整球座，使接触均衡。

(3)在试验过程中应连续均匀地加荷，混凝土强度等级<C30时，加荷速度取0.3～0.5 MPa/s；混凝土强度等级≥C30且<C60时，取0.5～0.8 MPa/s；混凝土强度等级≥C60时，取0.8～1.0 MPa/s。

(4)当试件接近破坏开始急剧变形时,应停止调整试验机油门,直至破坏。然后记录破坏荷载。

3.3.4.4　结果计算与评定

(1)混凝土立方体抗压强度应按下式计算,精确至0.1 MPa:

$$f_{cu} = \frac{F}{A} \tag{3-1}$$

式中　f_{cu} ——混凝土立方体试件抗压强度,MPa;

F ——试件破坏荷载,N;

A ——试件承压面积,mm^2。

(2)强度值的确定应符合下列规定:

①三个试件测值的算术平均值作为该组试件的强度值(精确至0.1 MPa)。

②三个测值中的最大值或最小值如有一个与中间值的差值超过中间值的15%,则把最大值及最小值一并舍除,取中间值作为该组试件的抗压强度值。

③如最大值和最小值与中间值的差均超过中间值的15%,则该组试件的试验结果无效。

(3)混凝土强度等级<C60时,用非标准试件测得的强度值均应乘以尺寸换算系数,其值对200 mm×200 mm×200 mm试件为1.05,对100 mm×100 mm×100 mm试件为0.95。当混凝土强度等级≥C60时,宜采用标准试件;使用非标准试件时,尺寸换算系数应由试验确定。

3.3.5　混凝土轴心抗压强度检测

普通混凝土轴心抗压强度试验,依据《普通混凝土力学性能试验方法标准》(GB/T 50081—2002)的相关规定进行。

3.3.5.1　检测目的

测定棱柱体混凝土试件的轴心抗压强度,作为评定混凝土质量的主要依据。

3.3.5.2　主要仪器设备

(1)压力试验机:压力试验机除应符合《液压式万能试验机》(GB/T 3159—2008)及《试验机通用技术要求》(GB/T 2611—2007)的技术要求外,其测量精度为±1%,试件破坏荷载应大于压力机全量程的20%且小于压力机全量程的80%。应具有加荷速度指示装置或加荷速度控制装置,并应能均匀连续地加荷。

(2)振动台:应符合《混凝土试验用振动台》(JG/T 245—2009)相关技术要求的规定。

(3)试模:应符合《混凝土试模》(JG 237—2008)相关技术要求的规定。

(4)捣棒、小铁铲、金属直尺、镘刀等。

3.3.5.3　检测步骤

(1)试件从养护地点取出后应及时进行试验,用干毛巾将试件表面与上下承压板面擦干净。

(2)将试件直立放置在试验机的下压板或钢垫板上,并使试件轴心与下压板中心对准。

(3)开动试验机,当上压板与试件或钢垫板接近时,调整球座,使接触均衡。

(4)应连续均匀地加荷,不得有冲击。所用加荷速度应符合混凝土立方体抗压强度试验的相关要求。

(5)试件接近破坏而开始急剧变形时,应停止调整试验机油门,直至破坏。然后记录破坏荷载。

3.3.5.4 **结果计算与评定**

(1)混凝土试件轴心抗压强度应按下式计算,精确至0.1 MPa:

$$f_{cp} = \frac{F}{A} \tag{3-2}$$

式中 f_{cp}——混凝土轴心抗压强度,MPa;

F——试件破坏荷载,N;

A——试件承压面积,mm^2。

(2)混凝土轴心抗压强度值的确定应符合混凝土立方体抗压强度值确定的相关规定。

(3)混凝土强度等级<C60时,用非标准试件测得的强度值均应乘以尺寸换算系数,其值对200 mm×200 mm×400 mm试件为1.05,对100 mm×100 mm×300 mm试件为0.95。当混凝土强度等级≥C60时,宜采用标准试件;使用非标准试件时,尺寸换算系数应由试验确定。

3.4 普通混凝土耐久性能检测

混凝土除应具有设计要求的强度,以保证其能安全地承受设计荷载外,还应根据其周围的自然环境以及使用条件,具有经久耐用的性能。例如,受水压作用的混凝土,要求具有抗渗性;与水接触并遭受冰冻作用的混凝土,要求具有抗冻性;处于侵蚀性环境中的混凝土,要求具有相应的抗侵蚀性等。因此,把混凝土抵抗环境介质作用并长期保持其良好的使用性能和外观完整性,从而维持混凝土结构的安全、正常使用的能力,称为耐久性。

混凝土的耐久性,主要包括抗渗、抗冻、抗侵蚀、抗碳化、抗碱-骨料反应及混凝土中的钢筋耐锈蚀等性能。

3.4.1 试件的制作和养护

(1)试件的制作和养护应符合《普通混凝土力学性能试验方法标准》(GB/T 50081—2002)的有关规定。

(2)在制作混凝土耐久性能试验用试件时,不应采用憎水性脱模剂。

(3)在制作混凝土耐久性能试验用试件时,宜同时制作与相应耐久性能试验龄期对应的混凝土立方体抗压强度用试件。

(4)制作混凝土耐久性能试验用试件时,所采用的振动台和搅拌机应分别符合《混凝土试验用振动台》(JG/T 245—2009)和《混凝土试验用搅拌机》(JG 244—2009)的有关规定。

3.4.2 混凝土的抗渗性检测

混凝土的抗渗性，是指混凝土抵抗有压介质（水、油、溶液等）渗透作用的能力。它是决定混凝土耐久性最基本的因素，若混凝土的抗渗性低，不仅周围水等液体易渗入内部，而且当遇有负温或环境水中含有侵蚀性介质时，混凝土就易遭受冰冻或侵蚀作用而破坏，对钢筋混凝土还将引起其内部钢筋锈蚀，并导致混凝土保护层开裂与剥落。因此，对地下建筑、水坝、港工、海工等工程，必须要求混凝土具有一定的抗渗性。

混凝土的抗渗性用抗渗等级来表示。抗渗等级是以 28 d 龄期的标准试件，按标准试验方法进行试验时所能承受的最大水压力来确定。《混凝土质量控制标准》（GB 50164—2011）规定：根据混凝土试件在抗渗试验时所能承受的最大水压力，将混凝土的抗渗等级划分为 P4、P6、P8、P10、P12、>P12 等六个等级，表示混凝土能抵抗 0.4 MPa、0.6 MPa、0.8 MPa、1.0 MPa、1.2 MPa 的水压力而不渗透。

混凝土抗水渗透试验依据《普通混凝土长期性能和耐久性能试验方法标准》（GB/T 50082—2009）的相关规定进行，主要检测方法有渗水高度法和逐级加压法。

3.4.2.1 渗水高度法

1. 检测目的

通过测定硬化混凝土在恒定水压力下的平均渗水高度，评定混凝土抗水渗透性能。

2. 主要仪器设备

（1）混凝土抗渗仪：应符合《混凝土抗渗仪》（JG/T 249—2009）的有关规定，并应能使水压按规定的制度稳定地作用在试件上。抗渗仪施加水压力范围应为 0.1 ~ 2.0 MPa。

（2）试模：应采用上口内部直径为 175 mm、下口内部直径为 185 mm 和高度为 150 mm 的圆台体。

（3）密封材料：宜用石蜡加松香或水泥加黄油等材料，也可采用橡胶套等其他有效密封材料。

（4）梯形板：应采用尺寸为 200 mm × 200 mm 的透明材料制成，并应画有 10 条等间距、垂直于梯形底线的直线。

（5）钢尺：分度值应为 1 mm。

（6）钟表：分度值应为 1 min。

（7）辅助设备：应包括螺旋加压器、烘箱、电炉、浅盘、铁锅和钢丝刷等。

（8）安装试件的加压设备：可为螺旋加压或其他加压形式，其压力应能保证将试件压入试件套内。

3. 检测步骤

（1）先按规定方法进行试件的制作和养护。抗水渗透试验应以 6 个试件为一组。

（2）试件拆模后，应用钢丝刷刷去两端面的水泥浆膜，并应立即将试件送入标准养护室进行养护。

（3）抗水渗透试验的龄期宜为 28 d。应在到达试验龄期的前一天，从养护室取出试件，并擦拭干净。待试件表面晾干后，应进行试件密封。

①当用石蜡密封时，应在试件侧面裹涂一层熔化的内加少量松香的石蜡。然后应用

螺旋加压器将试件压入经过烘箱或电炉预热过的试模中，使试件与试模底平齐，并应在试模变冷后解除压力。试模的预热温度，应以石蜡接触试模即缓慢熔化，但不流淌为准。

②用水泥加黄油密封时，其质量比应为(2.5～3)∶1。应用三角刀将密封材料均匀地刮涂在试件侧面上，厚度应为1～2 mm。应套上试模并将试件压入，应使试件与试模底齐平。

③试件密封也可以采用其他更可靠的密封方式。

(4)试件准备好之后，启动抗渗仪，并开通6个试位下的阀门，使水从6个孔中渗出，水应充满试位坑，在关闭6个试位下的阀门后，应将密封好的试件安装在抗渗仪上。

(5)试件安装好以后，应立即开通6个试位下的阀门，使水压在24 h内恒定控制在(1.2±0.05)MPa，且加压过程不应大于5 min，应以达到稳定压力的时间作为试验记录起始时间(精确至1 min)。在稳压过程中随时观察试件端面的渗水情况，当有某一个试件端面出现渗水时，应停止该试件的试验并应记录时间，并以试件的高度作为该试件的渗水高度。对于试件端面未出现渗水的情况，应在试验24 h后停止试验，并及时取出试件。在试验过程中，当发现水从试件周边渗出时，应重新按《普通混凝土长期性能和耐久性能试验方法标准》(GB/T 50082—2009)的相关规定进行密封。

(6)将从抗渗仪上取出来的试件放在压力机上，并应在试件上下两端面中心处沿直径方向各放一根直径为6 mm的钢垫条，并应确保它们在同一竖直平面内。然后开动压力机，将试件沿纵断面劈裂为两半。试件劈开后，应用防水笔描出水痕。

(7)应将梯形板放在试件劈裂面上，并用钢尺沿水痕等间距量测10个测点的渗水高度值，读数应精确至1 mm。当读数时，若遇到某测点被骨料阻挡，可以靠近骨料两端的渗水高度的算术平均值来作为该测点的渗水高度。

4. 结果计算

(1)每个试件渗水高度应按下式进行计算：

$$\overline{h_i} = \frac{1}{10}\sum_{j=1}^{10} h_j \tag{3-3}$$

式中　h_j——第i个试件第j个测点处的渗水高度，mm；

$\overline{h_i}$——第i个试件的平均渗水高度，mm，应以10个测点渗水高度的平均值作为该试件渗水高度的测定值。

(2)一组试件的平均渗水高度应按下式进行计算：

$$\overline{h} = \frac{1}{6}\sum_{i=1}^{6} \overline{h_i} \tag{3-4}$$

式中　$\overline{h}$——一组6个试件的平均渗水高度，mm，应以一组6个试件渗水高度的算术平均值作为该组试件渗水高度的测定值。

3.4.2.2　逐级加压法

1. 检测目的

通过逐级施加水压力来测定以抗渗等级来表示的混凝土抗水渗透性能。

2. 主要仪器设备

(1)混凝土抗渗仪：应符合《混凝土抗渗仪》(JG/T 249—2009)的有关规定，并应能使水压按规定的制度稳定地作用在试件上。抗渗仪施加水压力范围应为 0.1 ~ 2.0 MPa。

(2) 试模：应采用上口内部直径为 175 mm、下口内部直径为 185 mm 和高度为 150 mm 的圆台体。

(3) 密封材料：宜用石蜡加松香或水泥加黄油等材料，也可采用橡胶套等其他有效密封材料。

(4) 钟表：分度值应为 1 min。

(5) 辅助设备：应包括螺旋加压器、烘箱、电炉、浅盘、铁锅和钢丝刷等。

(6) 安装试件的加压设备：可为螺旋加压或其他加压形式，其压力应能保证将试件压入试件套内。

3. 检测步骤

(1) 首先应按《普通混凝土长期性能和耐久性能试验方法标准》(GB/T 50082—2009)的相关规定进行试件的密封和安装。

(2) 试验时，水压应从 0.1 MPa 开始，以后应每隔 8 h 增加 0.1 MPa 水压，并应随时观察试件端面渗水情况。当 6 个试件中有 3 个试件表面出现渗水时，或加至规定压力(设计抗渗等级)在 8 h 内 6 个试件中表面渗水试件少于 3 个时，可停止试验，并记下此时的水压力。

在试验过程中，当发现水从试件周边渗出时，应按《普通混凝土长期性能和耐久性能试验方法标准》(GB/T 50082—2009)中的规定重新进行密封。

4. 结果计算

混凝土的抗渗等级应以每组 6 个试件中有 4 个试件未出现渗水时的最大水压力乘以 10 来确定。混凝土的抗渗等级应按下式计算：

$$P = 10H - 1 \tag{3-5}$$

式中　P——混凝土抗渗等级；

H——6 个试件中有 3 个试件渗水时的水压力，MPa。

3.4.3　混凝土的抗冻性检测

混凝土的抗冻性，是指混凝土在饱水状态下，能经受多次冻融循环作用而不破坏，同时其强度也不严重降低的性能。在寒冷地区，特别是接触水又受冻的环境下的混凝土，要求具有较高的抗冻性。

混凝土的抗冻性(快冻法)用抗冻等级来表示。抗冻等级是以标准养护 28 d 龄期的混凝土立方体试件，在浸水饱和的状态下，按照规定方法进行冻融循环试验，最后以抗压强度损失率不超过 25%、质量损失率不超过 5% 时，混凝土所能承受的最大冻融循环次数来表示。

《混凝土耐久性检验评定标准》(JGJ/T 193—2009)中规定，根据混凝土能承受的最大冻融循环次数，将混凝土的抗冻性能等级划分如表 3-7 所示。

表 3-7 混凝土抗冻性能等级划分

抗冻等级(快冻法)		抗冻标号(慢冻法)
F50	F250	D50
F100	F300	D100
F150	F350	D150
F200	F400	D200
>F400		>D200

混凝土的抗冻性能检测,依据《普通混凝土长期性能和耐久性能试验方法标准》(GB/T 50082—2009)的相关规定进行。

3.4.4 混凝土的碳化检测

混凝土的碳化,是指混凝土内水泥石中的 $Ca(OH)_2$ 与空气中的 CO_2 在一定湿度条件下发生化学反应,生成 $CaCO_3$ 和 H_2O 的过程,也称中性化。混凝土的碳化,是二氧化碳由表及里逐渐向混凝土内部扩散的过程。

碳化对混凝土性能既有有利的影响,也有不利的影响。总而言之,混凝土的碳化是弊多利少。其不利影响,一是由于中性化,混凝土中的钢筋因失去碱性保护而锈蚀,并引起混凝土顺筋开裂;二是碳化收缩会引起微细裂纹,使混凝土强度降低。其有利影响主要体现在,碳化时生成的碳酸钙填充在水泥石的孔隙中,使混凝土的密实度和抗压强度提高,对防止有害杂质的侵入有一定的缓冲作用。

在实际工程中,为减小碳化作用对钢筋混凝土结构的不利影响,可采取以下措施:①在可能的情况下,应尽量降低混凝土的水灰比,采用减水剂,以达到提高混凝土密实度;②根据环境和使用条件,合理选用水泥品种;③对于钢筋混凝土构件,必须保证有足够的混凝土保护层,以防钢筋锈蚀;④在混凝土表面涂刷保护层,防止 CO_2 侵入等。

《混凝土耐久性检验评定标准》(JGJ/T 193—2009)中,根据碳化深度值,将混凝土抗碳化性能分为 5 个等级,如表 3-8 所示。

表 3-8 混凝土抗碳化等级划分

抗碳化性能	等级	T-Ⅰ	T-Ⅱ	T-Ⅲ	T-Ⅳ	T-Ⅴ
	碳化深度 d(mm)	$d \geq 30$	$20 \leq d < 30$	$10 \leq d < 20$	$0.1 \leq d < 10$	$d < 0.1$

混凝土的抗碳化性能检测,依据《普通混凝土长期性能和耐久性能试验方法标准》(GB/T 50082—2009)的相关规定进行。

3.4.4.1 检测目的

测定在一定浓度的二氧化碳气体介质中混凝土试件的碳化程度,评定混凝土的抗碳化性能。

3.4.4.2　试件及处理

(1)宜采用棱柱体混凝土试件,应以 3 块为一组。棱柱体的长宽比不宜小于 3。

(2)无棱柱体试件时,也可用立方体试件,其数量应相应增加。

(3)试件宜在 28 d 龄期进行碳化试验,掺有掺合料的混凝土可以根据其特性决定碳化前的养护龄期。碳化试验的试件宜采用标准养护,试件应在试验前 2 天从标准养护室取出。然后应在 60 ℃下烘 48 h。

(4)经烘干处理后的试件,除应留下一个或相对的两个侧面外,其余表面应采用加热的石蜡予以密封。然后应在暴露侧面上沿长度方向用铅笔以 10 mm 间距画出平行线,作为预定碳化深度的测量点。

3.4.4.3　主要仪器设备

(1)碳化箱:应符合《混凝土碳化试验箱》(JG/T 247—2009)的规定,并应采用带有密封盖的密闭容器,容器的容积应至少为预定进行试验的试体体积的 2 倍。碳化箱内应有架空试件的支架、二氧化碳引入口、分析取样用的气体导出口、箱内气体对流循环装置、为保持箱内恒温恒湿所需的设施以及温湿度监测装置。宜在碳化箱上设玻璃观察口对箱内的温度进行读数。

(2)气体分析仪:应能分析箱内二氧化碳浓度,并应精确至 ±1%。

(3)二氧化碳供气装置:应包括气瓶、压力表和流量计。

3.4.4.4　检测步骤

(1)首先应将经过处理的试件放入碳化箱内的支架上。各试件之间的间距不应小于 50 mm。

(2)试件放入碳化箱后,应将碳化箱密封。密封可采用机械办法或油封,但不得采用水封。应开动箱内气体对流装置,徐徐充入二氧化碳,并测定箱内的二氧化碳浓度。应逐步调节二氧化碳的流量,使箱内的二氧化碳浓度保持在(20 ±3)%。在整个试验期间应采取去湿措施,使箱内的相对湿度控制在(70 ±5)%,温度应控制在(20 ±2)℃的范围内。

(3)碳化试验开始后应每隔一定时期对箱内的二氧化碳浓度、温度及湿度做一次测定。宜在前 2 天每隔 2 h 测定一次,以后每隔 4 h 测定一次。试验中应根据所测得的二氧化碳浓度、温度及湿度随时调节这些参数,去湿用的硅胶应经常更换。也可采用其他更有效的去湿方法。

(4)应在碳化到了 3 d、7 d、14 d 和 28 d 时,分别取出试件,破型测定碳化深度。棱柱体试件应通过在压力试验机上的劈裂法或者用干锯法从一端开始破型。每次切除的厚度应为试件宽度的一半,切后应用石蜡将破型后试件的切断面封好,再放入箱内继续碳化,直到下一个试验期。当采用立方体试件时,应在试件中部劈开,立方体试件应只做一次检验,劈开测试碳化深度后不得再重复使用。

(5)随后应将切除所得的试件部分刷去断面上残存的粉末,然后应喷上(或滴上)浓度为 1% 的酚酞酒精溶液(酒精溶液含 20% 的蒸馏水)。约经 30 s 后,应按原先标划的每 10 mm 一个测量点用钢板尺测出各点碳化深度。当测点处的碳化分界线上刚好嵌有粗骨料颗粒,可取该颗粒两侧处碳化深度的算术平均值作为该点的深度值。碳化深度测量应精确至 0.5 mm。

3.4.4.5 **结果计算**

(1)混凝土在各试验龄期时的平均碳化深度应按下式计算：

$$\overline{d_t} = \frac{1}{n}\sum_{i=1}^{n} d_i \tag{3-6}$$

式中 $\overline{d_t}$ ——试件碳化 t(d)后的平均碳化深度,mm,精确至0.1 mm;

d_i ——各测点的碳化深度,mm;

n ——测点总数。

(2)每组应以在二氧化碳浓度为(20 ±3)%、温度为(20 ±2)℃、湿度为(70 ±5)%的条件下3个试件碳化28 d的碳化深度算术平均值作为该组混凝土试件碳化测定值。

(3)碳化结果处理时宜绘制碳化时间与碳化深度的关系曲线。

3.4.5 混凝土的抗侵蚀性检测

混凝土抗侵蚀性是指混凝土抵抗外界侵蚀性介质破坏作用的能力。当混凝土所处环境中含有侵蚀性介质时,混凝土便会遭受不同程度的侵蚀,此时混凝土必须具有一定的抗侵蚀性能。对混凝土的侵蚀,通常有软水侵蚀、硫酸盐侵蚀、镁盐侵蚀、碳酸侵蚀、一般酸侵蚀与强碱侵蚀等。随着混凝土在地下工程、海岸与海洋工程等恶劣环境中的大量应用,对混凝土的抗侵蚀性提出了更高的要求。

混凝土的抗侵蚀性与所用水泥品种、混凝土的密实度和孔隙特征等有关。密实和孔隙封闭的混凝土,环境水不易侵入,抗侵蚀性较强。提高混凝土抗侵蚀性的主要措施是:根据工程所处环境合理选择水泥品种,尽量降低混凝土的水灰比,掺加适量的活性掺合料,提高混凝土的密实度,改善混凝土的孔隙结构,掺加合适的外加剂等。

混凝土的抗侵蚀性能检测依据《普通混凝土长期性能和耐久性能试验方法标准》(GB/T 50082—2009)的相关规定进行。

3.4.6 混凝土的碱-骨料反应

碱-骨料反应是指水泥中的碱(Na_2O、K_2O)与骨料中的活性二氧化硅发生化学反应,在骨料表面生成复杂的碱-硅酸凝胶,吸水后会产生较大的体积膨胀(体积可增加3倍以上),从而导致混凝土产生膨胀开裂而破坏的现象。

混凝土发生碱-骨料反应必须具备以下三个条件:

(1)水泥中碱含量高。水泥中碱含量按($Na_2O + 0.658K_2O$)计算大于0.6%。

(2)砂、石骨料中含有活性SiO_2成分。

(3)有水存在。在无水情况下,混凝土不可能发生碱-骨料反应。

在实际工程中,为抑制碱-骨料反应的危害,可采取以下预防措施:①尽量采用非活性骨料;②当确认为碱活性骨料又非用不可时,则严格控制混凝土中碱含量,如采用碱含量小于0.6%的水泥,降低水泥用量,选用含碱量低的外加剂;③在水泥中掺入火山灰质混合材料(如粉煤灰、硅灰和矿渣等);④防止水分侵入,设法使混凝土处于干燥状态。

混凝土的碱-骨料反应检测依据《普通混凝土长期性能和耐久性能试验方法标准》(GB/T 50082—2009)的相关规定进行。

3.5　普通混凝土配合比设计

普通混凝土的配合比设计，依据《普通混凝土配合比设计规程》(JGJ 55—2011)的相关规定进行。

3.5.1　基本规定

(1)混凝土配合比设计应满足混凝土配制强度及其他力学性能、拌合物性能、长期性能和耐久性能的设计要求。混凝土拌合物性能、力学性能、长期性能和耐久性能的试验方法应分别符合现行国家标准《普通混凝土拌合物性能试验方法标准》(GB/T 50080)、《普通混凝土力学性能试验方法标准》(GB/T 50081)和《普通混凝土长期性能和耐久性能试验方法标准》(GB/T 50082)等的规定。

(2)混凝土配合比设计应采用工程实际使用的原材料；配合比设计所采用的细骨料含水率应小于0.5%，粗骨料含水率应小于0.2%。

(3)混凝土的最大水胶比应符合现行国家标准《混凝土结构设计规范》(GB 50010)的规定。

(4)除配制 C15 及其以下强度等级的混凝土外，混凝土的最小胶凝材料用量应符合表 3-9 的规定。

表 3-9　混凝土的最小胶凝材料用量

最大水胶比	最小胶凝材料用量(kg/m³)		
	素混凝土	钢筋混凝土	预应力混凝土
0.60	250	280	300
0.55	280	300	300
0.50	320		
≤0.45	330		

(5)矿物掺合料在混凝土中的掺量应通过试验确定。采用硅酸盐水泥或普通硅酸盐水泥时，钢筋混凝土中矿物掺合料最大掺量宜符合表 3-10 的规定，预应力混凝土中矿物掺合料最大掺量宜符合表 3-11 的规定。对于基础大体积混凝土，粉煤灰、粒化高炉矿渣和复合掺合料最大掺量可增加5%。采用掺量大于 30% 的 C 类粉煤灰的混凝土应以实际使用的水泥和粉煤灰掺量进行安定性检验。

表 3-10　钢筋混凝土中矿物掺合料最大掺量

矿物掺合料种类	水胶比	最大掺量(%)	
		采用硅酸盐水泥时	采用普通硅酸盐水泥时
粉煤灰	≤0.40	45	35
	>0.40	40	30
粒化高炉矿渣	≤0.40	65	55
	>0.40	55	45
钢渣粉	—	30	20
磷渣粉	—	30	20
硅灰	—	10	10
复合掺合料	≤0.40	65	55
	>0.40	55	45

注:1. 采用其他通用硅酸盐水泥时,宜将水泥混合材料掺量20%以上的混合材料计入矿物掺合料。
2. 复合掺合料各组分的掺量不宜超过单掺时的最大掺量。
3. 在混合使用两种或两种以上矿物掺合料时,矿物掺合料总掺量应符合表中复合掺合料的规定。

表 3-11　预应力混凝土中矿物掺合料最大掺量

矿物掺合料种类	水胶比	最大掺量(%)	
		采用硅酸盐水泥时	采用普通硅酸盐水泥时
粉煤灰	≤0.40	35	30
	>0.40	25	20
粒化高炉矿渣	≤0.40	55	45
	>0.40	45	35
钢渣粉	—	20	10
磷渣粉	—	20	10
硅灰	—	10	10
复合掺合料	≤0.40	55	45
	>0.40	45	35

注:1. 采用其他通用硅酸盐水泥时,宜将水泥混合材料掺量20%以上的混合材料计入矿物掺合料。
2. 复合掺合料各组分的掺量不宜超过单掺时的最大掺量。
3. 在混合使用两种或两种以上矿物掺合料时,矿物掺合料总掺量应符合表中复合掺合料的规定。

(6)混凝土拌合物中水溶性氯离子最大含量应符合表3-12的规定,其测试方法应符合《水运工程混凝土试验规程》(JTJ 270—1998)混凝土拌合物中氯离子含量的快速测定方法的有关规定。

表 3-12　混凝土拌合物中水溶性氯离子最大含量

环境条件	水溶性氯离子最大含量（%，水泥用量的质量百分比）		
	钢筋混凝土	预应力混凝土	素混凝土
干燥环境	0.30	0.06	1.00
潮湿但不含氯离子的环境	0.20		
潮湿且含氯离子的环境、盐渍土环境	0.10		
除冰盐等侵蚀性物质的腐蚀环境	0.06		

（7）长期处于潮湿或水位变动的寒冷和严寒环境以及盐冻环境的混凝土应掺用引气剂。引气剂掺量应根据混凝土含气量要求经试验确定，混凝土最小含气量应符合表 3-13 的规定，最大不宜超过 7.0%。

表 3-13　混凝土最小含气量

粗骨料最大公称粒径（mm）	混凝土最小含气量（%）	
	潮湿或水位变动的寒冷和严寒环境	盐冻环境
40.0	4.5	5.0
25.0	5.0	5.5
20.0	5.5	6.0

注：含气量为气体占混凝土体积的百分比。

（8）对于有预防混凝土碱－骨料反应设计要求的工程，宜掺用适量粉煤灰或其他矿物掺合料，混凝土中最大碱含量不应大于 3.0 kg/m^3；对于矿物掺合料碱含量，粉煤灰含量可取实测量的 1/6，粒化高炉矿渣粉碱含量可取实测值的 1/2。

3.5.2　混凝土配制强度及其标准差的确定

3.5.2.1　混凝土配制强度的确定

（1）当混凝土的设计强度等级小于 C60 时，配制强度应按下式确定：

$$f_{cu,0} \geq f_{cu,k} + 1.645\sigma \tag{3-7}$$

式中　$f_{cu,0}$ ——混凝土配制强度，MPa；

$f_{cu,k}$ ——混凝土立方体抗压强度标准值，这里取混凝土的设计强度等级值，MPa；

σ ——混凝土强度标准差，MPa。

（2）当混凝土的设计强度等级不小于 C60 时，配制强度应按下式确定：

$$f_{cu,0} \geq 1.15 f_{cu,k} \tag{3-8}$$

3.5.2.2　混凝土强度标准差的确定

（1）当具有近 1～3 个月的同一品种、同一强度等级混凝土的强度资料，且试件组数不小于 30 时，其混凝土强度标准差 σ 应按下式计算：

$$\sigma = \sqrt{\frac{\sum_{i=1}^{n} f_{cu,i}^{2} - nm_{f_{cu}}^{2}}{n-1}} \tag{3-9}$$

式中 σ ——混凝土强度标准差，MPa；

$f_{cu,i}$ ——第 i 组的试件强度，MPa；

$m_{f_{cu}}$ —— n 组试件的强度平均值，MPa；

n ——试件组数。

对于强度等级不大于 C30 的混凝土，当混凝土强度标准差计算值不小于 3.0 MPa 时，应按式(3-9)计算结果取值；当混凝土强度标准差计算值小于 3.0 MPa 时，应取 3.0 MPa。

对于强度等级大于 C30 且小于 C60 的混凝土，当混凝土强度标准差计算值不小于 4.0 MPa 时，应按式(3-9)计算结果取值；当混凝土强度标准差计算值小于 4.0 MPa 时，应取 4.0 MPa。

(2)当没有近期的同一品种、同一强度等级混凝土强度资料时，其强度标准差 σ 可按表 3-14 取值。

表 3-14 标准差 σ 值

混凝土强度标准值	≤C20	C25 ~ C45	C50 ~ C55
σ(MPa)	4.0	5.0	6.0

3.5.3 混凝土配合比计算

3.5.3.1 水胶比

(1)当混凝土强度等级小于 C60 时，混凝土水胶比宜按下式计算：

$$W/B = \frac{\alpha_a f_b}{f_{cu,0} + \alpha_a \alpha_b f_b} \tag{3-10}$$

式中 W/B ——混凝土水胶比；

α_a、α_b ——回归系数，回归系数可按表 3-15 选用；

f_b ——胶凝材料 28 d 胶砂抗压强度，MPa，可实测，且试验方法应按现行国家标准《水泥胶砂强度检验方法(ISO 法)》(GB/T 17671)执行，也可按式(3-11)确定。

(2)回归系数(α_a、α_b)宜按下列规定确定：

①根据工程所用原材料，通过试验建立的水胶比与混凝土强度关系式来确定。

②当不具备上述试验统计资料时，可按表 3-15 选用。

表 3-15 回归系数(α_a、α_b)取值

粗骨料品种	碎石	卵石
α_a	0.53	0.49
α_b	0.20	0.13

(3)当胶凝材料 28 d 胶砂抗压强度(f_b)无实测值时,可按下式计算:

$$f_b = \gamma_f \gamma_s f_{ce} \tag{3-11}$$

式中　γ_f、γ_s——粉煤灰影响系数和粒化高炉矿渣粉影响系数,按表 3-16 选用;

f_{ce}——水泥 28 d 胶砂抗压强度,MPa,可实测,也可按式(3-12)确定。

表 3-16　粉煤灰影响系数(γ_f)和粒化高炉矿渣粉影响系数(γ_s)

掺量(%)	粉煤灰影响系数 γ_f	粒化高炉矿渣粉影响系数 γ_s
0	1.00	1.00
10	0.85~0.95	1.00
20	0.75~0.85	0.95~1.00
30	0.65~0.75	0.90~1.00
40	0.55~0.65	0.80~0.90
50	—	0.70~0.85

注:1. 采用Ⅰ级、Ⅱ级粉煤灰宜取上限值。

2. 采用 S75 级粒化高炉矿渣粉宜取下限值,采用 S95 级粒化高炉矿渣粉宜取上限值,采用 S105 级粒化高炉矿渣粉可取上限值加 0.05。

3. 当超出表中的掺量时,粉煤灰和粒化高炉矿渣粉影响系数应经试验测定。

(4)当水泥 28 d 胶砂抗压强度(f_{ce})无实测值时,可按下式计算:

$$f_{ce} = \gamma_c f_{ce,g} \tag{3-12}$$

式中　γ_c——水泥强度等级值的富余系数(可按实际统计资料确定),当缺乏实际统计资料时,可按表 3-17 选用;

$f_{ce,g}$——水泥强度等级值,MPa。

表 3-17　水泥强度等级值的富余系数(γ_c)

水泥强度等级值	32.5	42.5	52.5
富余系数 γ_c	1.12	1.16	1.10

3.5.3.2　用水量和外加剂用量

(1)每立方米干硬性和塑性混凝土用水量的确定。

①混凝土水胶比在 0.40~0.80 范围时,其用水量可按表 3-18、表 3-19 选取。

②混凝土水胶比小于 0.40 时,可通过试验确定。

表 3-18　干硬性混凝土的用水量　(单位:kg/m³)

拌合物稠度		卵石最大公称粒径(mm)			碎石最大公称粒径(mm)		
项目	指标	10.0	20.0	40.0	16.0	20.0	40.0
维勃稠度(s)	16~20	175	160	145	180	170	155
	11~15	180	165	150	185	175	160
	5~10	185	170	155	190	180	165

表 3-19　塑性混凝土的用水量　（单位：kg/m^3）

拌合物稠度		卵石最大公称粒径(mm)				碎石最大公称粒径(mm)			
项目	指标	10.0	20.0	31.5	40.0	16.0	20.0	31.5	40.0
坍落度(mm)	10~30	190	170	160	150	200	185	175	165
	35~50	200	180	170	160	210	195	185	175
	55~70	210	190	180	170	220	205	195	185
	75~90	215	195	185	175	230	215	205	195

注：1. 本表用水量系采用中砂时的取值，采用细砂时，每立方米混凝土用水量可增加 5~10 kg；采用粗砂时，可减少 5~10 kg；

2. 掺用矿物掺合料和外加剂时，用水量应相应调整。

（2）掺外加剂时，每立方米流动性或大流动性混凝土的用水量（m_{w0}）可按下式计算：

$$m_{w0} = m'_{w0}(1 - \beta) \tag{3-13}$$

式中　m_{w0}——计算配合比每立方米混凝土的用水量，kg/m^3；

m'_{w0}——未掺外加剂时推定的满足实际坍落度要求的每立方米混凝土用水量，kg/m^3，以表 3-19 中 90 mm 坍落度的用水量为基础，按每增大 20 mm 坍落度相应增加 5 kg/m^3 用水量来计算，当坍落度增大到 180 mm 以上时，随坍落度相应增加的用水量可减少；

β——外加剂的减水率（%），应经混凝土试验确定。

（3）每立方米混凝土中外加剂用量（m_{a0}）应按下式计算：

$$m_{a0} = m_{b0}\beta_a \tag{3-14}$$

式中　m_{a0}——计算配合比每立方米混凝土中外加剂用量，kg/m^3；

m_{b0}——计算配合比每立方米混凝土中胶凝材料用量，kg/m^3，可按式（3-15）进行计算；

β_a——外加剂掺量（%），应经混凝土试验确定。

3.5.3.3　胶凝材料、矿物掺合料和水泥用量

（1）每立方米混凝土的胶凝材料用量（m_{b0}）应按式（3-15）计算，并应进行试拌调整，在拌合物性能满足的情况下，取经济合理的胶凝材料用量。

$$m_{b0} = \frac{m_{w0}}{W/B} \tag{3-15}$$

式中　m_{b0}——计算配合比每立方米混凝土中胶凝材料用量，kg/m^3；

m_{w0}——计算配合比每立方米混凝土的用水量，kg/m^3；

W/B——混凝土水胶比。

根据《普通混凝土配合比设计规程》（JGJ 55—2011）的规定，为保证混凝土的耐久性，计算得出的胶凝材料用量还要满足有关规定的最小胶凝材料用量的要求，如算得的胶凝材料用量少于规定的最小胶凝材料用量，则应取规定的最小胶凝材料用量，见表 3-9。

（2）每立方米混凝土的矿物掺合料用量（m_{f0}）应按下式计算：

$$m_{f0} = m_{b0}\beta_f \tag{3-16}$$

式中　m_{f0} ——计算配合比每立方米混凝土中矿物掺合料用量，kg/m³；

β_f ——矿物掺合料掺量(%)，可结合表 3-10 和表 3-11 确定。

(3)每立方米混凝土的水泥用量(m_{c0})应按下式计算：

$$m_{c0} = m_{b0} - m_{f0} \tag{3-17}$$

式中　m_{c0} ——计算配合比每立方米混凝土中水泥用量，kg/m³。

3.5.3.4　砂率

(1)砂率应根据骨料的技术指标、混凝土拌合物性能和施工要求，参考既有历史资料确定。

(2)当缺乏砂率的历史资料时，混凝土砂率的确定应符合下列规定：

①坍落度小于 10 mm 的混凝土，其砂率应经试验确定。

②坍落度为 10~60 mm 的混凝土，其砂率可根据粗骨料品种、最大公称粒径及水胶比按表 3-20 选取。

③坍落度大于 60 mm 的混凝土，其砂率可经试验确定，也可在表 3-20 的基础上，按坍落度每增大 20 mm、砂率增大 1%的幅度予以调整。

表 3-20　混凝土的砂率　　(%)

水胶比	卵石最大公称粒径(mm)			碎石最大公称粒径(mm)		
	10.0	20.0	40.0	16.0	20.0	40.0
0.40	26~32	25~31	24~30	30~35	29~34	27~32
0.50	30~35	29~34	28~33	33~38	32~37	30~35
0.60	33~38	32~37	31~36	36~41	35~40	33~38
0.70	36~41	35~40	34~39	39~44	38~43	36~41

注：1.本表数值系中砂的选用砂率，对细砂或粗砂，可相应地减小或增大砂率。
2.采用人工砂配制混凝土时，砂率可适当增大。
3.只用一个单粒级粗骨料配制混凝土时，砂率应适当增大。

3.5.3.5　粗细骨料用量

(1)当采用质量法计算混凝土配合比时，粗、细骨料用量应按式(3-18)计算；砂率应按式(3-19)计算。

$$m_{c0} + m_{f0} + m_{g0} + m_{s0} + m_{w0} = m_{cp} \tag{3-18}$$

$$\beta = \frac{m_{s0}}{m_{s0} + m_{g0}} \times 100\% \tag{3-19}$$

式中　m_{c0}——计算配合比每立方米混凝土的水泥用量，kg/m³；

m_{f0}——计算配合比每立方米混凝土的矿物掺合料用量，kg/m³；

m_{g0}——计算配合比每立方米混凝土的粗骨料用量，kg/m³；

m_{s0}——计算配合比每立方米混凝土的细骨料用量，kg/m³；

m_{w0}——计算配合比每立方米混凝土的用水量，kg/m³；

m_{cp}——每立方米混凝土拌合物的假定质量，kg/m³，其值可取 2 350~2 450 kg/m³；

β——砂率(%)。

(2)当采用体积法计算混凝土配合比时,粗、细骨料用量应按式(3-20)计算;砂率应按式(3-21)计算。

$$\frac{m_{c0}}{\rho_c}+\frac{m_{f0}}{\rho_f}+\frac{m_{g0}}{\rho_g}+\frac{m_{s0}}{\rho_s}+\frac{m_{w0}}{\rho_w}+0.01\alpha=1 \tag{3-20}$$

$$\beta=\frac{m_{s0}}{m_{s0}+m_{g0}}\times 100\% \tag{3-21}$$

式中　ρ_c——水泥密度,kg/m^3,可按现行国家标准《水泥密度测定方法》(GB/T 208)测定,也可取 2 900~3 100 kg/m^3;

ρ_f——矿物掺合料密度,kg/m^3,可按现行国家标准《水泥密度测定方法》(GB/T 208)测定;

ρ_g——粗骨料的表观密度,kg/m^3,应按现行行业标准《普通混凝土用砂、石质量及检验方法标准》(JGJ 52)测定;

ρ_s——细骨料的表观密度,kg/m^3,应按现行行业标准《普通混凝土用砂、石质量及检验方法标准》(JGJ 52)测定;

ρ_w——水的密度,kg/m^3,可取 1 000 kg/m^3;

α——混凝土的含气量百分数,在不使用引气剂或引气型外加剂时,α 可取 1。

【例 3-1】　某框架结构工程现浇钢筋混凝土梁,混凝土设计强度等级为 C30,施工要求混凝土坍落度为 30~50 mm,根据施工单位历史资料统计,混凝土强度标准差 $\sigma=5$ MPa。所用原材料情况如下:

水泥:42.5 级普通硅酸盐水泥,水泥密度为 $\rho_c=3.10$ g/cm^3,水泥强度等级标准值的富余系数为 1.16。

砂:中砂,级配合格,砂子松散堆积密度 $\rho'_{s0}=1\ 500$ kg/m^3。

石:5~30 mm 碎石,级配合格,石子松散堆积密度 $\rho_{g0}=1\ 400$ kg/m^3,空隙率为 45%。

试计算混凝土初步配合比(按干燥材料计算)。

解:

(1)计算配制强度($f_{cu,0}$)。

因混凝土的设计强度小于 C60 时,配制强度应按下式确定:

$$f_{cu,0}=f_{cu,k}+1.645\sigma=30+1.645\times 5=38.2(\text{MPa})$$

(2)计算水胶比(W/B)。

因混凝土强度等级小于 C60 时,混凝土水胶比应按下式计算:

$$W/B=\frac{\alpha_a f_b}{f_{cu,0}+\alpha_a\alpha_b f_b}$$

其中 $\alpha_a=0.53$,$\alpha_b=0.20$,$f_b=\gamma_f\gamma_s f_{ce}=1\times1\times1.16\times42.5=49.3$。

将 $f_b=49.3$ 代入公式,得

$$W/B=0.60$$

(3)每立方米混凝土用水量(m_{w0})的确定。

根据表 3-19,对于最大粒径为 30 mm 的碎石混凝土,当所需坍落度为 30~50 mm 时,

1 m^3混凝土的用水量可选用 185 kg。

(4)每立方米混凝土胶凝材料用量(m_{b0})的确定。

根据已选定的混凝土用水量 m_{w0}和水胶比(W/B)可求出胶凝材料用量:

$$m_{b0} = \frac{m_{w0}}{W/B} = \frac{185}{0.6} = 308(\text{kg/m}^3)$$

查表 3-9,满足耐久性要求的最小胶凝材料用量为 280 kg/m^3,故应取 m_{b0} = 308 kg/m^3。

(5)砂率(β_s)的确定。

查表 3-20,对于采用最大粒径为 30 mm 的碎石配制的混凝土,当水胶比为 0.60 时,其砂率值可选取 33%~40%,现取 β_s = 39%。

(6)粗骨料(m_{g0})和细骨料(m_{s0})用量的确定。

采用质量法计算,根据式(3-18),取 m_{cp} = 2 400 kg/m^3,则

$$308 + 185 + m_{s0} + m_{g0} = 2\ 400$$

$$\frac{m_{s0}}{m_{s0} + m_{g0}} = 0.39$$

解得

$$m_{s0} = 744\ \text{kg/m}^3, m_{g0} = 1\ 163\ \text{kg/m}^3$$

则初步计算配合比为:

$$m_{b0} : m_{s0} : m_{g0} : m_{w0} = 308 : 744 : 1\ 163 : 185 = 1 : 2.42 : 3.78 : 0.60$$

3.5.4　混凝土配合比的试配、调整与确定

3.5.4.1　试配

(1)混凝土试配应采用强制式搅拌机进行搅拌,并应符合现行行业标准《混凝土试验用搅拌机》(JG 244)的有关规定,搅拌方法宜与施工采用的方法相同。

(2)试验室成型条件,应符合现行行业标准《普通混凝土拌合物性能试验方法标准》(GB/T 50080)的有关规定。

(3)每盘混凝土试配的最小搅拌量应符合表 3-21 的规定,并不应小于搅拌机公称容量的 1/4 且不应大于搅拌机公称容量。

表 3-21　混凝土试配的最小搅拌量

粗骨料最大公称粒径(mm)	拌合物数量(L)
≤31.5	20
40.0	25

(4)在计算配合比的基础上应进行试拌。计算水胶比宜保持不变,并应通过调整配合比其他参数使混凝土拌合物性能符合设计和施工要求,然后修正计算配合比,提出试拌配合比。

(5)在试拌配合比的基础上应进行混凝土强度试验,并应符合下列规定;

①应采用三个不同的配合比，其中一个应为上述(4)中确定的试拌配合比，另外两个配合比的水胶比宜较试拌配合比分别增加和减少0.05，用水量应与试拌配合比相同，砂率可分别增加和减少1%。

②进行混凝土强度试验时，拌合物性能应符合设计和施工要求。

③进行混凝土强度试验时，每个配合比应至少制作一组试件，并应标准养护到28 d或设计规定龄期时试压。

3.5.4.2　配合比的调整与确定

(1)配合比调整应符合下列规定：

①根据采用三个不同的配合比进行混凝土强度试验的结果，宜绘制强度和胶水比的线性关系图或插值法确定略大于配制强度对应的胶水比。

②在试拌配合比的基础上，用水量和外加剂用量应根据确定的水胶比进行调整。

③胶凝材料用量应以用水量乘以确定的胶水比计算得出。

④粗骨料和细骨料用量应根据用水量和胶凝材料用量进行调整。

(2)混凝土拌合物表观密度和配合比校正系数的计算应符合下列规定：

①配合比调整后的混凝土拌合物的表观密度应按下式计算：

$$\rho_{c,c} = m_c + m_f + m_g + m_s + m_w \tag{3-22}$$

式中　$\rho_{c,c}$——混凝土拌合物的表观密度计算值，kg/m³；

m_c——每立方米混凝土的水泥用量，kg/m³；

m_f——每立方米混凝土的矿物掺合料用量，kg/m³；

m_g——每立方米混凝土的粗骨料用量，kg/m³；

m_s——每立方米混凝土的细骨料用量，kg/m³；

m_w——每立方米混凝土的用水量，kg/m³。

②混凝土配合比校正系数应按下式计算：

$$\delta = \frac{\rho_{c,t}}{\rho_{c,c}} \tag{3-23}$$

式中　δ——混凝土配合比校正系数；

$\rho_{c,t}$——混凝土拌合物的表观密度实测值，kg/m³。

(3)当混凝土拌合物表观密度实测值与计算值之差的绝对值不超过计算值的2%时，按上述方法调整得到的配合比可维持不变；当二者之差超过2%时，应将配合比中每项材料用量均乘以校正系数(δ)。

(4)配合比调整后，应测定拌合物水溶性氯离子含量，试验结果应符合表3-12的规定。

(5)对耐久性有设计要求的混凝土应进行相关耐久性试验验证。

(6)生产单位可根据常用材料设计出常用的混凝土配合比备用，并应在启用过程中予以验证或调整。遇到下列情况之一时，应重新进行配合比设计：①对混凝土性能有特殊要求时；②水泥、外加剂或矿物掺合料等原材料品种、质量有显著变化时。

3.5.5　有特殊要求的混凝土

3.5.5.1　抗渗混凝土

(1)抗渗混凝土的原材料应符合下列规定:

①水泥宜采用普通硅酸盐水泥。

②粗骨料宜采用连续级配,其最大公称粒径不宜大于 40.0 mm,含泥量不得大于 1.0%,泥块含量不得大于 0.5%。

③细骨料宜采用中砂,含泥量不得大于 3.0%,泥块含量不得大于 1.0%。

④抗渗混凝土宜掺用外加剂和矿物掺合料,粉煤灰等级应为Ⅰ级或Ⅱ级。

(2)抗渗混凝土配合比应符合下列规定:

①最大水胶比应符合表 3-22 的规定。

②每立方米混凝土中的胶凝材料用量不宜小于 320 kg。

③砂率宜为 35%~45%。

表 3-22　抗渗混凝土最大水胶比

设计抗渗等级	最大水胶比	
	C20~C30	C30 以上
P6	0.60	0.55
P8~P12	0.55	0.50
>P12	0.50	0.45

(3)配合比设计中混凝土抗渗技术要求应符合下列规定:

①配制抗渗混凝土要求的抗渗水压值应比设计值提高 0.2 MPa。

②抗渗试验结果应满足下式要求:

$$P_t \geqslant \frac{P}{10} + 0.2 \tag{3-24}$$

式中　P_t——6 个试件中不少于 4 个未出现渗水时的最大水压值,MPa;

P——设计要求的抗渗等级值。

(4)掺用引气剂或引气型外加剂的抗渗混凝土,应进行含气量试验,含气量宜控制在 3.0%~5.0%。

3.5.5.2　抗冻混凝土

(1)抗冻混凝土的原材料应符合下列规定:

①水泥应采用硅酸盐水泥或普通硅酸盐水泥。

②粗骨料宜选用连续级配,其含泥量不得大于 1.0%,泥块含量不得大于 0.5%。

③细骨料含泥量不得大于 3.0%,泥块含量不得大于 1.0%。

④粗、细骨料均应进行坚固性试验,并应符合现行行业标准《普通混凝土用砂、石质量及检验方法标准》(JGJ 52)的规定。

⑤抗冻等级不小于 F100 的抗冻混凝土宜掺用引气剂。

⑥在钢筋混凝土和预应力混凝土中不得掺用含有氯盐的防冻剂，在预应力混凝土中不得掺用含有亚硝酸盐或碳酸盐的防冻剂。

(2)抗冻混凝土配合比应符合下列规定：

①最大水胶比和最小胶凝材料用量应符合表 3-23 的规定。

②复合矿物掺合料掺量宜符合表 3-24 的固定；其他矿物掺合料掺量宜符合表 3-10 的规定。

③掺用引气剂的混凝土最小含气量应符合表 3-13 的规定。

表 3-23　最大水胶比和最小胶凝材料用量

设计抗冻等级	最大水胶比		最小胶凝材料用量（kg/m^3）
	无引气剂时	掺引气剂时	
F50	0.55	0.60	300
F100	0.50	0.55	320
不低于 F150	—	0.50	350

表 3-24　复合矿物掺合料最大掺量

水胶比	最大掺量(%)	
	采用硅酸盐水泥时	采用普通硅酸盐水泥时
≤0.40	60	50
>0.40	50	40

注：1.采用其他通用硅酸盐水泥时，可将水泥混合材料掺量 20%以上的混合材料计入矿物掺合料；

2.复合矿物掺合料中各矿物掺合料组分的掺量不宜超过表 3-10 中单掺时的限量。

3.5.5.3　高强混凝土

(1)高强混凝土的原材料应符合下列规定：

①水泥应选用硅酸盐水泥或普通硅酸盐水泥。

②粗骨料宜采用连续级配，其最大公称粒径不宜大于 25.0 mm，针片状颗粒含量不宜大于 5.0%，含泥量不应大于 0.5%，泥块含量不应大于 0.2%。

③细骨料的细度模数宜为 2.6~3.0，含泥量不应大于 2.0%，泥块含量不应大于 0.5%。

④宜采用减水率不小于 25%的高性能减水剂。

⑤宜复合掺用粒化高炉矿渣粉、粉煤灰和硅灰等矿物掺合料，粉煤灰等级不应低于Ⅱ级；对强度等级不低于 C80 的高强混凝土宜掺用硅灰。

(2)高强混凝土配合比应经试验确定，在缺乏试验依据的情况下，配合比设计宜符合下列规定：

①水胶比、胶凝材料用量和砂率可按表 3-25 选取，并应经试配确定。

②外加剂和矿物掺合料的品种、掺量，应通过试配确定；矿物掺合料掺量宜为 25%~40%；硅灰掺量不宜大于 10%。

③水泥用量不宜大于 500 kg/m^3。

表 3-25　水胶比、胶凝材料用量和砂率

强度等级	水胶比	胶凝材料用量（kg/m³）	砂率（%）
≥C60,<C80	0.28~0.34	480~560	35~42
≥C80,<C100	0.26~0.28	520~580	
C100	0.24~0.26	550~600	

（3）在试配过程中，应采用三个不同的配合比进行混凝土强度试验，其中一个可为依据表 3-25 计算后调整拌合物的试拌配合比，另外两个配合比的水胶比，宜较试拌配合比分别增加和减少 0.02。

（4）高强混凝土设计配合比确定后，尚应采用该配合比进行不少于三盘混凝土的重复试验，每盘混凝土应至少成型一组试件，每组混凝土的抗压强度不应低于配制强度。

（5）高强混凝土抗压强度测定宜采用标准尺寸试件，使用非标准尺寸试件时，尺寸折算系数应经试验确定。

3.5.5.4　泵送混凝土

（1）泵送混凝土所采用的原材料应符合下列规定：

①水泥宜选用硅酸盐水泥、普通硅酸盐水泥、矿渣硅酸盐水泥和粉煤灰硅酸盐水泥。

②粗骨料宜采用连续级配，其针片状颗粒含量不宜大于 10%；粗骨料的最大公称粒径与输送管径之比宜符合表 3-26 的规定。

表 3-26　粗骨料的最大公称粒径与输送管径之比

粗骨料品种	泵送高度（m）	粗骨料的最大公称粒径与输送管径之比
碎石	<50	≤1∶3.0
	50~100	≤1∶4.0
	>100	≤1∶5.0
卵石	<50	≤1∶2.5
	50~100	≤1∶3.0
	>100	≤1∶4.0

③细骨料宜采用中砂，其通过公称直径为 315 μm 筛孔的颗粒含量不宜少于 15%。

④泵送混凝土应掺用泵送剂或减水剂，并宜掺用矿物掺合料。

（2）泵送混凝土配合比应符合下列规定：

①胶凝材料用量不宜小于 300 kg/m³。

②砂率宜为 35%~45%。

（3）泵送混凝土试配时应考虑坍落度经时损失。

3.5.5.5　大体积混凝土

（1）大体积混凝土所用的原材料应符合下列规定：

①水泥宜采用中、低热硅酸盐水泥或低热矿渣硅酸盐水泥，水泥的 3 d 和 7 d 水化热应符合现行国家标准《中热硅酸盐水泥 低热硅酸盐水泥 低热矿渣硅酸盐水泥》(GB 200)规定。当采用硅酸盐水泥或普通硅酸盐水泥时，应掺加矿物掺合料，胶凝材料的 3 d 和 7 d 水化热分别不宜大于 240 kJ/kg 和 270 kJ/kg。水化热试验方法应按现行国家标准《水泥水化热测定方法》(GB/T 12959)执行。

②粗骨料宜为连续级配，最大公称粒径不宜小于 31.5 mm，含泥量不应大于 1.0%。

③细骨料宜采用中砂，含泥量不应大于 3.0%。

④宜掺用矿物掺合料和缓凝型减水剂。

(2)当采用混凝土 60 d 或 90 d 龄期的设计强度时，宜采用标准尺寸试件进行抗压强度试验。

(3)大体积混凝土配合比应符合下列规定：

①水胶比不宜大于 0.55，用水量不宜大于 175 kg/m^3。

②在保证混凝土性能要求的前提下，宜提高每立方米混凝土中的粗骨料用量；砂率宜为 38%~42%。

③在保证混凝土性能要求的前提下，应减少胶凝材料中的水泥用量，提高矿物掺合料掺量，矿物掺合料掺量应符合表 3-10 和表 3-11 的规定。

(4)在配合比试配和调整时，控制混凝土绝热温升不宜大于 50 ℃。

(5)大体积混凝土配合比应满足施工对混凝土凝结时间的要求。

3.6　混凝土强度检验评定

在我国的土建工程中，混凝土施工占有很大的比例。在施工中掌握影响混凝土质量的主要因素，切实控制施工质量，进而促进我国混凝土施工技术等方面的发展。随着我国基础建设的迅速发展，混凝土在现代工程建设中已经占据了非常重要的地位。混凝土质量的好坏，对结构物的安全和结构物的造价有很大影响，因此在施工中必须对混凝土的施工质量有足够的重视，混凝土强度的检验及评定在工程施工中就起到了控制混凝土质量的作用。

为保证混凝土强度符合工程质量的要求，需采用规范统一的强度检验评定方法。混凝土的强度应分批进行检验评定，一个检验批的混凝土应由强度等级相同、试验龄期相同、生产工艺条件和配合比基本相同的混凝土组成。《混凝土强度检验评定标准》(GB/T 50107—2010)规定，混凝土强度评定分为统计方法及非统计方法。对大批量、连续生产混凝土的强度按统计方法评定，对小批量或零星生产混凝土的强度按非统计方法评定。

3.6.1　混凝土的取样与试验

3.6.1.1　混凝土的取样

(1)混凝土的取样，宜根据《混凝土强度检验评定标准》(GB/T 50107—2010)规定的检验评定方法要求制订检验批的划分方案和相应的取样计划。

(2)混凝土强度试样应在混凝土的浇筑地点随机抽取。

(3)试件的取样频率和数量应符合下列规定:

①每 100 盘,但不超过 100 m^3的同配合比混凝土,取样次数不应少于一次。

②每一工作班拌制的同配合比混凝土,不足 100 盘和 100 m^3时其取样次数不应少于一次。

③当一次连续浇筑的同配合比混凝土超过 1 000 m^3时,每 200 m^3取样不应少于一次。

④对房屋建筑,每一楼层、同一配合比的混凝土,取样不应少于一次。

(4)每批混凝土试样应制作的试件总组数,除满足《混凝土强度检验评定标准》(GB/T 50107—2010)的混凝土强度评定所必需的组数外,还应留置为检验结构或构件施工阶段混凝土强度所必需的试件。

3.6.1.2　混凝土试件的制作与养护

(1)每次取样应至少制作一组标准养护试件。

(2)每组 3 个试件应由同一盘或同一车的混凝土中取样制作。

(3)检验评定混凝土强度用的混凝土试件,其成型方法及标准养护条件应符合《普通混凝土力学性能试验方法标准》(GB/T 50081—2002)的有关规定。

(4)采用蒸汽养护的构件,其试件应先随构件同条件养护,然后应置入标准养护条件下继续养护,两段养护时间的总和应为设计规定龄期。

3.6.1.3　混凝土试件的试验

(1)混凝土试件的立方体抗压强度试验应根据《普通混凝土力学性能试验方法标准》(GB/T 50081—2002)的规定执行。每组混凝土试件强度代表值的确定,应符合下列规定:

①取 3 个试件强度的算术平均值作为每组试件的强度代表值。

②当一组试件中强度的最大值或最小值与中间值之差超过中间值的 15%时,取中间值作为该组试件的强度代表值。

③当一组试件中强度的最大值和最小值与中间值之差均超过中间值的 15%时,该组试件的强度不应作为评定的依据。

注:对掺矿物掺合料的混凝土进行强度评定时,可根据设计规定,采用大于 28 d 龄期的混凝土强度。

(2)当采用非标准尺寸试件时,应将其抗压强度乘以尺寸折算系数,折算成边长为 150 mm 的标准尺寸试件抗压强度。尺寸折算系数按下列规定采用:

①当混凝土强度等级低于 C60 时,对边长为 100 mm 的立方体试件取 0.95,对边长为 200 mm 的立方体试件取 1.05。

②当混凝土强度等级不低于 C60 时,宜采用标准尺寸试件;使用非标准尺寸试件时,尺寸折算系数应由试验确定,其试件数量不应少于 30 对组。

3.6.2　混凝土强度的检验评定

3.6.2.1　统计方法评定

由于混凝土生产条件不同,混凝土强度的稳定性也不同。统计方法评定又分为标准差已知和标准差未知两种情形。

1.标准差已知

当连续生产的混凝土,生产条件在较长时间内保持一致,且同一品种、同一强度等级混凝土的强度变异性保持稳定时,由连续 3 组试件组成一个检验批,其强度应同时满足下列要求:

$$m_{f_{cu}} \geqslant f_{cu,k} + 0.7\sigma_0 \tag{3-25}$$

$$f_{cu,min} \geqslant f_{cu,k} - 0.7\sigma_0 \tag{3-26}$$

检验批混凝土立方体抗压强度的标准差 σ_0,应根据前一检验期内同一品种混凝土试件的强度数据,按下式计算:

$$\sigma_0 = \sqrt{\frac{\sum_{i=1}^{n} f_{cu,i}^2 - nm_{f_{cu}}^2}{n-1}} \tag{3-27}$$

当混凝土强度等级不高于 C20 时,其强度的最小值尚应满足下式要求:

$$f_{cu,min} \geqslant 0.85 f_{cu,k} \tag{3-28}$$

当混凝土强度等级高于 C20 时,其强度的最小值尚应满足下列要求:

$$f_{cu,min} \geqslant 0.90 f_{cu,k} \tag{3-29}$$

式中 $m_{f_{cu}}$——同一检验批混凝土立方体抗压强度的平均值,N/mm²,精确至 0.1 N/mm²;

$f_{cu,k}$——混凝土立方体抗压强度标准值,N/mm²,精确至 0.1 N/mm²;

σ_0——检验批混凝土立方体抗压强度的标准差,N/mm²,精确至 0.01 N/mm²,当计算值小于 2.5 N/mm²时,应取 2.5 N/mm²;

$f_{cu,i}$——前一个检验期内同一品种、同一强度等级的第 i 组混凝土试件的立方体抗压强度代表值,N/mm²,精确至 0.1 N/mm²;该检验期不应少于 60 d,也不得大于 90 d;

n——前一检验期内的样本容量,在该期间内样本容量不应少于 45;

$f_{cu,min}$——同一检验批混凝土立方体抗压强度的最小值,N/mm²,精确至 0.1 N/mm²。

2.标准差未知

当生产连续性较差,无法维持基本相同的生产条件,或生产周期较短,无法积累强度数据以计算可靠的标准差时,检验评定只能直接根据每一检验批抽样的样本强度数据确定。为提高可靠性,一个检验批应不少于 10 组试件,其强度应同时满足下列要求:

$$m_{f_{cu}} \geqslant f_{cu,k} + \lambda_1 S_{f_{cu}} \tag{3-30}$$

$$f_{cu,min} \geqslant \lambda_2 f_{cu,k} \tag{3-31}$$

同一检验批混凝土立方体抗压强度的标准差应按下式计算:

$$S_{f_{cu}} = \sqrt{\frac{\sum_{i=1}^{n} f_{cu,i}^2 - nm_{f_{cu}}^2}{n-1}} \tag{3-32}$$

式中 $S_{f_{cu}}$——同一检验批混凝土立方体抗压强度的标准差,N/mm²,精确至 0.01 N/mm²,当检验批混凝土强度标准差 $S_{f_{cu}}$ 计算值小于 2.5 N/mm²时,应取 2.5

N/mm^2；

λ_1,λ_2——合格评定系数，按表 3-27 取用；

n——本检验批内的样本容量。

表 3-27　混凝土强度的合格评定系数

试件组数	10~14	15~19	≥20
λ_1	1.15	1.05	0.95
λ_2	0.90	0.85	

3.6.2.2　非统计方法评定

对某些小批量零星混凝土的生产，当评定样本试件组数不足 10 组且不少于 3 组时，可采用非统计方法评定混凝土强度，其强度应同时满足下列要求：

$$m_{f_{cu}} \geqslant \lambda_3 \cdot f_{cu,k} \tag{3-33}$$

$$f_{cu,min} \geqslant \lambda_4 \cdot f_{cu,k} \tag{3-34}$$

式中　λ_3,λ_4——合格评定系数，应按表 3-28 取用。

表 3-28　混凝土强度的非统计法合格评定系数

混凝土强度等级	<C60	≥C60
λ_3	1.15	1.10
λ_4	0.95	

3.6.2.3　混凝土强度的合格性评定

（1）混凝土强度的检验评定应分批进行，当检验结果能满足以上规定时，则该批混凝土强度应评定为合格，否则为不合格。

（2）对不合格批混凝土制成的结构或构件应进行鉴定，可采用从结构或构件中钻取试件或采用非破损检验方法，对混凝土强度进行检测，作为混凝土强度处理的依据。

【例 3-2】　某 6 层砖混结构住宅楼主体部分混凝土设计强度等级为 C20，检验批 12 组试件的强度测定值分别列于表 3-29 中。试对该工程主体部分的混凝土进行强度评定。

表 3-29　混凝土试件强度测定值　（单位：MPa）

1 层	2 层	3 层	4 层	5 层	6 层
19.6	20.5	23.4	24.0	23.0	24.0
23.5	25.3	25.1	27.0	28.0	23.5

解：该检验批混凝土试件为 12 组，采用标准差未知方案的统计方法评定。

检验批混凝土抗压强度平均值：

$$m_{f_{cu}} = \frac{1}{12}\sum_{i=1}^{12} f_{cu,i} = \frac{286.9}{12} = 23.9(\text{MPa})$$

检验批混凝土抗压强度标准差：

$$S_{f_{cu}} = \sqrt{\frac{\sum f_{cu,i}^{2} - 12\ m_{f_{cu}}^{2}}{12 - 1}} = \sqrt{\frac{6\ 920.8 - 12 \times 23.9^{2}}{11}} = 2.45(\text{MPa})$$

查表 3-27,可得相应的强度合格评定系数 $\lambda_1 = 1.15$,$\lambda_2 = 0.90$。

$$m_{f_{cu}} = 23.9\ \text{MPa} \geqslant f_{cu,k} + \lambda_1 S_{f_{cu}} = 20 + 1.15 \times 2.45 = 22.8(\text{MPa})$$

$$f_{cu,min} = 19.6\ \text{MPa} > \lambda_2 f_{cu,k} = 0.90 \times 20 = 18.0(\text{MPa})$$

结论:该工程主体部分的混凝土强度合格。

第 4 章　建筑砂浆性能检测

建筑砂浆是建筑工程中不可缺少、用量较大的建筑材料。它是由胶凝材料、细骨料、水和外加剂按一定比例配制而成的，有时也掺入适量的掺合料，所以建筑砂浆也称为细骨料混凝土。

建筑砂浆与混凝土的差别仅限于不含粗骨料。因此，有关混凝土性质的规律，如和易性、强度和耐久性等基本理论与要求，原则上也适应于砂浆。但砂浆为薄层铺筑或粉刷，基底材料各自不同，并且在房屋建筑中大多是涂铺在多孔而吸水的基底上，由于这些应用上的特点，故对砂浆性质的要求及影响因素又与混凝土不尽相同。此外，施工工艺和施工条件的差异，对砂浆也提出了与混凝土不尽相同的技术要求。因此，合理选择和使用砂浆，对保证工程质量、降低工程造价具有重要意义。

4.1　概　述

建筑砂浆是将砌筑块体材料(砖、石、砌块)黏结为整体的砂浆，是由无机胶凝材料、细骨料和水，有时也掺入某些掺合料组成的。建筑砂浆常用于砌筑砌体(如砖、石、砌块)结构，建筑物内外表面(如墙面、地面、顶棚)的抹面，大型墙板、砖石墙的勾缝，以及装饰材料的黏结等。砂浆通常按以下两种方法分类：

(1)按用途分类，可分为砌筑砂浆、抹面砂浆、特种砂浆。抹面砂浆包括普通抹面砂浆、装饰抹面砂浆、特种砂浆，特种砂浆包括防水砂浆、耐酸砂浆、绝热砂浆、吸声砂浆等。

(2)按胶凝材料用途分类，可分为水泥砂浆、石灰砂浆、混合砂浆。其中混合砂浆又可分为水泥石灰砂浆、水泥黏土砂浆、石灰黏土砂浆、石灰粉煤灰砂浆等。

4.2　新拌砂浆基本性能检测

4.2.1　和易性的概念

新拌砂浆的和易性是指新拌制的砂浆拌合物的工作性，即在施工中易于操作而且能保证工程质量的性质。和易性良好的砂浆，容易在粗糙的砖石砌筑面上铺设成均匀的薄层，并且能与底面紧密黏合，保证灰缝既饱满又密实，在较长的时间内有利于施工操作。

新拌砂浆的和易性包括流动性和保水性两个方面。

4.2.1.1　流动性

流动性指砂浆在自重或外力作用下能产生流动的性能。流动性采用砂浆稠度测定仪测定，以沉入度(mm)表示。沉入度大的砂浆流动性好。

砌筑砂浆的稠度可参照表 4-1 使用。

表 4-1 砌筑砂浆的稠度

砌体种类	砂浆稠度(mm)
烧结普通砖砌体 蒸压粉煤灰砖砌体	70~90
混凝土实心砖、混凝土多孔砖砌体 普通混凝土小型空心砌块 蒸压灰砂砖砌体	50~70
烧结多孔砖、空心砖砌体 轻骨料小型空心砌块砌体 蒸压加气混凝土砌块砌体	60~80
石砌体	30~50

注:1.采用薄灰砌筑法砌筑蒸压加气混凝土砌块砌体时,加气混凝土黏结砂浆的加水量按照其产品说明书控制。
2.当砌筑其他块体时,其砌筑砂浆的稠度可根据块体吸水特性及气候条件确定。

4.2.1.2 保水性

搅拌好的砂浆在运输、停放和使用过程中,阻止水分与固体料之间、细浆体与骨料之间相互分离,保持水分的能力为砂浆的保水性。加入适量的微沫剂或塑化剂,能明显改善砂浆的保水性和流动性。

砂浆的保水性用砂浆分层度仪测定,以分层度(mm)表示。分层度过大,表示砂浆易产生分层离析,不利于施工及水泥硬化。砌筑砂浆分层度不应大于 30 mm。分层度过小,容易发生干缩裂缝,故通常砂浆分层度不宜小于 10 mm。

4.2.2 和易性的检测及评定

4.2.2.1 取样

(1)建筑砂浆试验用料应从同一盘砂浆或同一车砂浆中取样。取样量不应少于试验所需量的 4 倍。

(2)当施工过程中进行砂浆试验时,砂浆取样方法应按相应的施工验收规范执行,并宜在现场搅拌点或预拌砂浆卸料点的至少 3 个不同部位及时取样。对于现场取得的试样,试验前应人工搅拌均匀。

(3)从取样完毕到开始进行各项性能试验,不宜超过 15 min。

4.2.2.2 试样的制备

(1)在试验室制备砂浆试样时,所用材料应提前 24 h 运入室内。拌和时,试验室的温度应保持在(20±5)℃。当需要模拟施工条件下所用的砂浆时,所用原材料的温度宜与施工现场保持一致。

(2)试验所用原材料应与现场使用材料一致。砂应通过 4.75 mm 筛。

(3)试验室拌制砂浆时,材料用量应以质量计。水泥、外加剂、掺合料等的称量精度应为±0.5%,细骨料的称量精度应为±1%。

(4)在试验室搅拌砂浆时,应采用机械搅拌,搅拌机应符合现行行业标准《试验用砂浆搅拌机》(JG/T 3033)的规定,搅拌的用量宜为搅拌机容量的 30%~70%,搅拌时间不应少于 120 s。掺有掺合料和外加剂的砂浆,其搅拌时间不应少于 180 s。

4.2.2.3　新拌砂浆稠度检测方法

1.仪器与设备

(1)砂浆稠度仪:由试锥、容器和支座三部分组成(见图 4-1)。试锥由钢材或铜材制成,试锥高度为 145 mm,锥底直径为 75 mm,试锥连同滑杆的质量为(300±2)g;盛砂浆容器由钢板制成,筒高为 180 mm,锥底内径为 150 mm;支座分底座、支架及刻度显示三部分,由铸铁、钢及其他金属制成。

(2)铜制捣棒:直径为 10 mm,长为 350 mm,端部磨圆。

(3)秒表等。

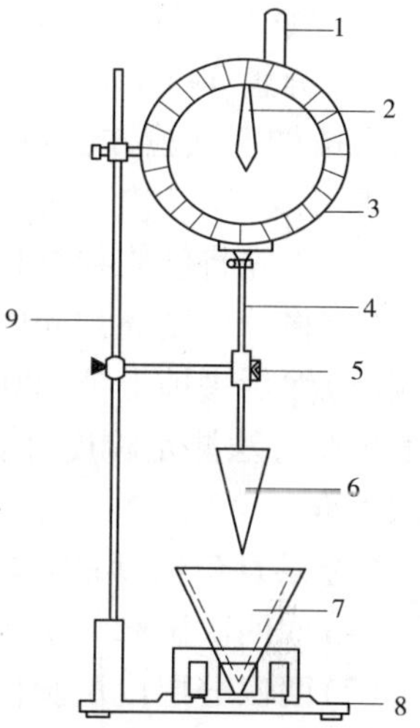

1—齿条测杆;2—摆针;3—刻度盘;4—滑杆;5—制动螺丝;6—试锥;7—盛装容器;8—底座;9—支架

图 4-1　砂浆稠度测定仪

2.检测步骤

(1)用少量润滑油轻擦滑杆,再将滑杆上多余的油用吸油纸擦净,使滑杆能自由滑动。

(2)用湿布擦净盛浆容器和试锥表面,将砂浆拌合物一次装入容器,使砂浆表面低于容器口 10 mm 左右,用捣棒自容器中心向边缘插捣 25 次,然后轻轻地将容器摇动或敲击 5~6 下,使砂浆表面平整,随后将容器置于稠度测定仪的底座上。

(3)拧松制动螺丝,向下移动滑杆。当试锥尖端与砂浆表面刚接触时,拧紧制动螺丝,使齿条测杆下端刚刚接触到滑杆上端,读出刻度盘上的读数(精确至 1 mm)。

(4)拧松制动螺丝,同时计时,待 10 s 立即固定螺丝,将齿条测杆下端接触滑杆上端,从刻度盘上读出下沉深度(精确至 1 mm),二次读数的差即为砂浆的稠度值。

(5)盛装容器内的砂浆,只允许测定一次稠度,重复测定时,应重新取样测定。

3.检测结果

(1)取两次试验结果的算术平均值,计算值精确至 1 mm。

(2)两次试验值之差如大于 10 mm,则重新取样测定。

4.2.2.4　新拌砂浆分层度检测方法

1.范围

用于测定砂浆拌合物在运输及停放时内部组分的稳定性。

2.所用仪器:砂浆分层度测定仪

(1)砂浆分层度筒(见图 4-2):内径为 150 mm,上节高度为 200 mm、下节带底净高为 100 mm,用金属板制成,上、下连接处需加宽到 3~5 mm,并设有橡胶垫圈。

(2)振动台:振幅(0.5±0.05)mm,频率(50±3)Hz。

(3)稠度仪、木锤等。

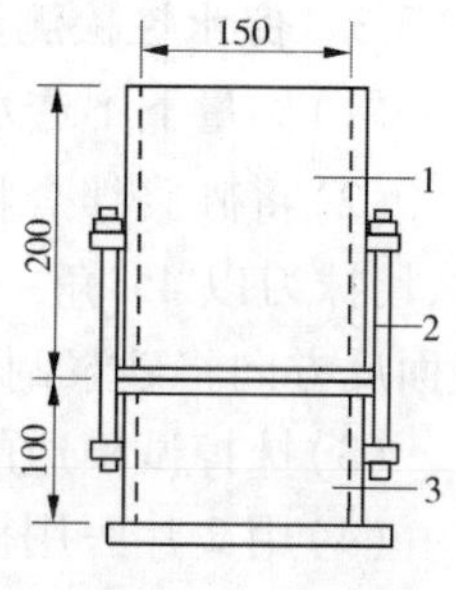

1—无底圆筒;2—连接螺栓;3—有底圆

图 4-2　砂浆分层度测定仪

3.分层度检测步骤

(1)首先将砂浆拌合物按稠度试验方法测定稠度。

(2)将砂浆拌合物一次装入分层度筒内,待装满后,用木锤在容器周围距离大致相等的四个不同地方轻轻敲击 1~2 下,如砂浆沉落到低于筒口,则应随时添加砂浆,然后刮去多余的砂浆并用抹刀抹平。

(3)静置 30 min 后,去掉上节 200 mm 砂浆,剩余 100 mm 砂浆倒出放在搅拌锅内拌 2 min,再按稠度试验方法测定稠度。前后测得的稠度之差即为该砂浆的分层度值。

也可以采用"快速法"测定分层度,其步骤如下:

(1)首先将砂浆拌合物按稠度试验方法测定稠度。

(2)将分层度筒预先固定在振动台上,砂浆一次装入分层度筒内,振动 20 s。

(3)然后去掉上节 200 mm 砂浆,剩余 100 mm 砂浆倒出放在拌和锅内拌 2 min,再按稠度试验方法测定稠度,前后测得的稠度之差即为该砂浆的分层度值。但如有争议,以标准法为准。

4.分层度检测结果处理

(1)取两次试验结果的算术平均值作为该砂浆的分层度值。

(2)两次分层度试验值之差如大于 10 mm,应重做试验。

4.2.3 砂浆保水性测试方法(滤纸法)

4.2.3.1 范围

用于测定砂浆保水性,以判定砂浆拌合物在运输及停放时内部组分的稳定性。

4.2.3.2 检测仪器

(1)金属或硬塑料圆环试模内径 100 mm、内部高度 25 mm。

(2)可密封的取样容器,应清洁、干燥。

(3)2 kg 的重物。

(4)医用棉纱:尺寸为 110 mm×110 mm,宜选用纱线稀疏,厚度较薄的棉纱。

(5)超白滤纸:符合《化学分析滤纸》(GB/T 1914—2017)中速定性滤纸。直径110 mm,200 g/m^2。

(6)2 片金属或玻璃的方形或圆形不透水片,边长或直径大于 110 mm。

(7)天平:量程 200 g,感量 0.1 g;量程 2 000 g,感量 1g。

(8)烘箱。

4.2.3.3 保水性检测步骤

(1)称量下不透水片与干燥试模质量 m_1 和 8 片中速定性滤纸质量 m_2。

(2)将砂浆拌合物一次性填入试模,并用抹刀插捣数次,当填充砂浆略高于试模边缘时,用抹刀以 45°角一次性将试模表面多余的砂浆刮去,然后用抹刀以较平的角度在试模表面反方向将砂浆刮平。

(3)抹掉试模边的砂浆,称量试模、下不透水片与砂浆总质量 m_3。

(4)用 2 片医用棉纱覆盖在砂浆表面,再在棉纱表面放上 8 片滤纸,用不透水片盖在滤纸表面,以 2 kg 的重物把不透水片压着。

(5)静止 2 min 后移走重物及不透水片,取出滤纸(不包括棉纱),迅速称量滤纸质量 m_4。

(6)从砂浆的配比及加水量计算砂浆的含水率,若无法计算,可按规定测定砂浆的含水率。

4.2.3.4　**砂浆保水性**

砂浆保水性应按下式计算：

$$W = \left[1 - \frac{m_4 - m_2}{\alpha \times (m_3 - m_1)}\right] \times 100\% \tag{4-1}$$

式中　W——保水性(%)；

m_1——下不透水片与干燥试模质量,g；

m_2——8 片滤纸吸水前的质量,g；

m_3——试模、下不透水片与砂浆总质量,g；

m_4——8 片滤纸吸水后的质量,g；

α——砂浆含水率(%)。

取两次试验结果的平均值作为结果,如两个测定值中有 1 个超出平均值的 5%,则此组试验结果无效。

4.2.4　砂浆凝结时间检测

4.2.4.1　**范围**

用于采用贯入阻力法确定砂浆拌合物的凝结时间。

4.2.4.2　**所用仪器**

(1)砂浆凝结时间测定仪(见图 4-3)：由试针、容器、压力表和支座四部分组成,并应符合下列规定：

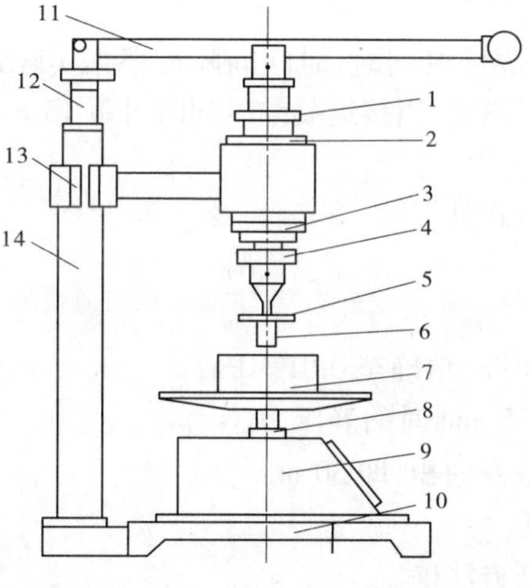

1—调节套；2、3、8—调节螺母；4—夹头；5—垫片；6—试针；7—试模；9—压力表座；10—底座；11—操作杆；12—调节杆；13—立架；14—立柱

图 4-3　砂浆凝结时间测定仪示意图

①试针：不锈钢制成,截面面积为 30 mm^2。

②盛浆容器：由钢制成,内径 140 mm,高 75 mm。

③压力表：称量精度为 0.5 N。

④支座：应分底座、支架及操作杆三部分，由铸铁或钢制成。

(2)时钟等。

4.2.4.3　检测步骤

(1)将制备好的砂浆拌合物装入盛浆容器内，砂浆应低于容器上口 10 mm，轻轻敲击容器，并予以抹平，盖上盖子，放在(20±2)℃的试验条件下保存。

(2)砂浆表面的泌水不得清除，将容器放到压力表座上，然后通过下列步骤来调节测定仪：

①调节螺母 3，使贯入试针与砂浆表面接触。

②拧开调节螺母 2，再调节螺母 1，以确定压入砂浆内部的深度为 25 mm 后再拧紧螺母 2。

③旋动调节螺母 8，使压力表指针调到零位。

(3)测定贯入阻力值，用截面面积为 30 mm^2 的贯入试针与砂浆表面接触，在 10 s 内缓慢而均匀地垂直压入砂浆内部 25 mm 深，每次贯入时记录仪表读数 N_p，贯入杆离开容器边缘或已贯入部位应至少 12 mm。

(4)在(20±2)℃的试验条件下，实际贯入阻力值应在成型后 2 h 开始测定，并应每隔 30 min 测定一次，当贯入阻力值达到 0.3 MPa 时，应改为每 15 min 测定一次，直至贯入阻力值达到 0.7 MPa。

4.2.4.4　在施工现场测定凝结时间

在施工现场测定凝结时间的要求应符合下列规定：

(1)当在施工现场测定砂浆的凝结时间时，砂浆的稠度、养护和测定的温度应与现场相同。

(2)在测定湿拌砂浆的凝结时间时，时间间隔可根据实际情况定为受检砂浆预测凝结时间的 1/4、1/2、3/4 等来测定，当接近凝结时间时可每 15 min 测定一次。

4.2.4.5　砂浆贯入阻力值

砂浆贯入阻力值应按下式计算：

$$f_P = \frac{N_P}{A_P} \tag{4-2}$$

式中　f_P——贯入阻力值，MPa，精确至 0.01 MPa；

N_P——贯入深度至 25 mm 时的静压力，N；

A_P——贯入试针的截面面积，即 30 mm^2。

4.2.4.6　砂浆确定凝结时间

砂浆凝结时间可按下列方法确定：

(1)凝结时间确定可采用图示法或内插法，有争议时应以图示法为准。从加水搅拌开始计时，分别记录时间和相应的贯入阻力值，根据试验所得各阶段的贯入阻力与时间的关系绘图，由图求出贯入阻力值达到 0.5 MPa 的所需时间 t_s(min)，此时的 t_s 值即为砂浆的凝结时间测定值。

(2)测定砂浆凝结时间时，应在同盘内取两个试样，以两个试验结果的算术平均值作为该砂浆的凝结时间值，两次试验结果的误差不应大于 30 min，否则应重新测定。

4.3　砂浆立方体抗压强度检测

砂浆硬化后与砖石黏结,传递和承受各种外力,使砌体具有整体性和耐久性。因此,砂浆应具有一定的抗压强度、黏结强度等力学性能。砂浆与砖石的黏结强度受多种因素影响,如砂浆强度、砖石表面粗糙及洁净程度、砖石润湿程度、灰缝填筑饱满程度等。耐久性主要取决于砂浆水胶比。试验结果证明,黏结强度、耐久性均与抗压强度有一定的关系,抗压强度高,黏结强度和耐久性也高。而抗压强度试验简单准确,故工程中常以测定的抗压强度作为砂浆的主要技术指标。

砂浆抗压强度与强度等级:根据《建筑砂浆基本性能试验方法标准》(JGJ/T 70—2009)的规定,砂浆的抗压强度是以 3 个边长为 70.7 mm 的立方体试件,经标准养护[温度为(20±1)℃、相对湿度在 90%以上]28 d(也可根据相关标准要求增加 7 d 或 14 d)所测立方体抗压强度的算术平均值。根据《砌筑砂浆配合比设计规程》(JGJ/T 98—2010)的规定,水泥砂浆及预拌砂浆的强度等级可分为 M5、M7.5、M10、M15、M20、M25、M30 七个强度等级;水泥混合砂浆的强度等级可分为 M5、M7.5、M10、M15 四个强度等级。

4.3.1　目的

检验砂浆的实际强度,确定砂浆是否达到设计要求的强度等级。

4.3.2　范围

测定砂浆立方体的抗压强度。

4.3.3　仪器设备

(1)试模:应为 70.7 mm×70.7 mm×70.7 mm 的带底试模,应符合现行行业标准《混凝土试模》(JG 237)的规定选择,应具有足够的刚度并拆装方便。试模的内表面应机械加工,其不平度应为每 100 mm 不超过 0.05 mm,,组装后各相邻面的不垂直度不应超过±0.5°。

(2)钢制捣棒:直径 10 mm,长 350 mm,端部应磨圆。

(3)压力试验机:精度应为 1%,试件破坏荷载应不小于压力机量程的 20%,且不应大于全量程的 80%。

(4)垫板:试验机上、下压板及试块之间可垫以钢垫板,垫板的尺寸应大于试块的承压面,不平度为每 100 mm 不超过 0.02 mm。

(5)振动台:空载中台面的垂直振幅应为(0.5±0.05)mm,空载频率应为(50±3)Hz,空载台面振幅均匀度不大于 10%,一次试验至少能固定(或用磁力吸盘)三个试模。

4.3.4　试块制作及养护

(1)应采用立方体试件,每组试件应为 3 个。

(2)应采用黄油等密封材料涂抹试模的外接缝,试模内应涂刷薄层机油或隔离剂。应将拌制好的砂浆一次性装满砂浆试模,成型方法应根据稠度而确定。当稠度大于 50 mm 时,宜采用人工插捣成型,当稠度不大于 50 mm 时,宜采用振动台振实成型。

①人工插捣：应采用捣棒均匀地由边缘向中心按螺旋方式插捣 25 次，插捣过程中，当砂浆沉落低于试模口时，应随时添加砂浆，可用灰刀插捣数次，并用手将试模一边抬高 5~10 mm 各振动 5 次，砂浆应高出试模顶面 6~8 mm。

②机械振动。将砂浆一次装满试模，放置到振动台上，振动时试模不得跳动，振动 5~10 s 或持续到表面泛浆为止，不得过振。

(3)应待表面水分稍干后，再将高出试模部分的砂浆沿试模顶面刮去并抹平。

(4)试件制作后应在温度为(20±5)℃的环境下静置(24±2)h，对试件进行编号、拆模。当气温较低时，或者凝结时间大于 24 h 的砂浆，可适当延长时间，但不应超过 2 d。试件拆模后应立即放入温度为(20±2)℃、相对湿度为 90%以上的标准养护室中养护。养护期间，试件彼此间隔不得小于 10 mm，混合砂浆、湿拌砂浆试件上面应覆盖，防止有水滴在试件上。

(5)从搅拌加水开始计时，标准养护龄期应为 28 d，也可根据相关标准要求增加 7 d 或 14 d。

4.3.5　立方体抗压强度试验

(1)试块从养护地点取出后，应尽快进行试验，以免试件内部的温湿度发生显著变化。试验前先将试块拭干净，测量尺寸、检查外观；试块尺寸测量精确至 1 mm，并据此计算试块的承压面积，如实测尺寸与公称尺寸之差不超过 1 mm，可按公称尺寸进行计算。

(2)将试块安放在试验机的下压板上(或下垫板上)，试块的承压面应与成型时的顶面垂直，试块中心应与试验机下压板(或下垫板)中心对准；开动试验机，当上压板与试块(或上垫板)接近时，调整球座，使接触面均衡受压，试验应连续而均匀地加荷，加荷速度应为 0.5~1.5 kN/s(砂浆强度 5 MPa 以下时，取下限为宜，砂浆强度 5 MPa 以上时，取上限为宜)，当试块接近破坏而开始迅速变形时，停止调整试验机油门，直至试块破坏，然后记录破坏荷载。

4.3.6　砂浆立方体抗拉强度计算

$$f_{m,cu} = K\frac{N_u}{A} \tag{4-3}$$

式中　$f_{m,cu}$——砂浆立方体试件抗压强度，MPa；

N_u——试件的破坏荷载，N；

A——试件承压面积，mm^2；

K——换算系数，取 1.30。

砂浆立方体抗压强度计算应精确至 0.1 MPa。

4.3.7　立方体抗压强度试验结果取值规定

应以三个试件测值的算术平均值作为该组试件的砂浆立方体抗压强度平均值(f_2)，精确至 0.1 MPa；当三个测值的最大值或最小值如有一个与中间值的差值超过中间值的 15%时，则把最大值及最小值一并舍除，取中间值作为该组试件的抗压强度值；当有两个测值与中间值的差值均超过中间值的 15%时，则该组试件的试验结果无效。

第 5 章　墙体材料性能检测

5.1　概　述

墙体材料是指用来砌筑、拼装或用其他方法构成承重或非承重墙的材料。其作用主要是承重、传递重力、围护和分隔。

墙体材料是建筑工程中用量较大的材料，在一般房屋建筑中，建筑材料中 70%是墙体材料，约占房屋建筑总重的 50%。因此，合理选用墙体材料，对建筑功能、安全及造价等均有重要意义。

目前，我国用于墙体的材料品种较多，按使用部位划分，墙体材料分为内墙材料、外墙材料；按承载能力划分，墙体材料分为承重墙材料和非承重墙材料；按产品外形划分，墙体材料可分为砖、砌块、板材。

5.2　建筑墙体用砖材

建筑墙体用砖材又称砌墙砖，是指以黏土、工业废料或其他地方材料为主要原料，以不同工艺制造的、用于砌筑承重和非承重墙体的墙砖。一般是长度不超过 365 mm、宽度不超过 240 mm、高度不超过 115 mm 的直角六面体，也有各种不规则的异型砖。

砖的种类很多，按原材料分为黏土砖、页岩砖、煤矸石砖、粉煤灰砖，按生产工艺分为烧结砖、非烧结砖（养护成型），按孔洞率分为普通砖（孔洞率<15%）、多孔砖和空心砖（孔洞率>35%），按焙烧火候分为正火砖、过火砖、欠火砖，按生产方法分为机制砖、手工砖，按颜色分为红砖、青砖。

5.2.1　砌墙砖

砌墙砖是以黏土、页岩、粉煤灰、煤矸石为主要原料，经焙烧而成的砖。

5.2.1.1　烧结普通砖

1.概念与分类

凡以黏土、页岩、煤矸石、粉煤灰、建筑渣土、淤泥（江河湖淤泥）、污泥等为主要原料，经焙烧而成主要用于建筑承重部位的普通砖，简称砖。

国家标准《烧结普通砖》（GB 5101—2017）将烧结普通砖按其主要原料分为黏土砖（N）、页岩砖（Y）、煤矸石砖（M）、粉煤灰砖（F）、建筑渣土砖（Z）、淤泥砖（U）、固体废弃物砖（G）等。

2.主要技术性质

1)形状尺寸

烧结普通砖的外形为直角六面体,公称尺寸为240 mm×115 mm×53 mm,尺寸允许偏差应符合表5-1的规定。

表5-1 烧结普通砖尺寸允许偏差 (单位:mm)

公称尺寸	指标	
	样本平均偏差	样本极差≤
240	±2.0	6.0
115	±1.5	5.0
53	±1.5	4.0

2)外观质量

外观质量应符合表5-2的规定。

表5-2 烧结普通砖外观质量要求 (单位:mm)

项目			指标
两条面高度差		≤	2
弯曲		≤	2
杂质凸出高度		≤	2
缺棱掉角的三个破坏尺寸		不得同时大于	5
裂纹长度	a.大面上宽度方向及其延伸至条面的长度		30
	b.大面上长度方向及其延伸至顶面的长度或条顶面上水平裂纹的长度		50
完整面		不得少于	二条面和二顶面

注:为装饰而施加的色差、拉毛、压花等不算作缺陷。

凡有下列缺陷之一者,不得称为完整面:

——缺损在条面或顶面上造成的破坏面尺寸同时大于10 mm×10 mm。

——条面或顶面上裂纹宽度大于1 mm,其长度超过30 mm。

——压陷、粘底、焦花在条面或顶面上的凹陷或突出超过2 mm,区域尺寸同时大于10 mm×10 mm。

3)强度等级

烧结普通砖强度共分为MU30、MU25、MU20、MU15、MU10五个等级。抗压强度平均值和强度标准值应符合表5-3的规定。

4)抗风化性能

我国风化区划分见表5-4。严重风化区的黑龙江、吉林、辽宁、内蒙古、新疆等五省(区)必须进行冻融试验,其他地区,砖的吸水率满足表5-5的,可不做冻融试验。淤泥砖、污泥砖、固体废弃物砖应进行冻融试验。15次冻融试验后,每块砖样不准许出现分层、掉皮、缺棱、掉角等冻坏现象;冻后裂纹长度不得大于表5-2中第5项裂纹长度的规定。

表 5-3　烧结普通砖强度等级　（单位：MPa）

强度等级	抗压强度平均值 $\overline{f}$ ≥	强度标准值 f_K ≥
MU30	30.0	22.0
MU25	25.0	18.0
MU20	20.0	14.0
MU15	15.0	10.0
MU10	10.0	6.5

表 5-4　风化区划分

严重风化区		非严重风化区	
1.黑龙江省	11.河北省	1.山东省	11.福建省
2.吉林省	12.北京市	2.河南省	12.台湾省
3.辽宁省	13.天津市	3.安徽省	13.广东省
4.内蒙古自治区		4.江苏省	14.广西壮族自治区
5.新疆维吾尔自治区		5.湖北省	15.海南省
6.宁夏回族自治区		6.江西省	16.云南省
7.甘肃省		7.浙江省	17.西藏自治区
8.青海省		8.四川省	18.上海市
9.陕西省		9.贵州省	19.重庆市
10.山西省		10.湖南省	

表 5-5　烧结普通砖抗风化性指标

砖种类	严重风化区				非严重风化区			
	5 h 沸煮吸水率(%) ≤		饱和系数 ≤		5 h 沸煮吸水率(%) ≤		饱和系数 ≤	
	平均值	单块最大值	平均值	单块最大值	平均值	单块最大值	平均值	单块最大值
黏土砖	18	20	0.85	0.87	19	20	0.88	0.90
粉煤灰砖	21	23			23	25		
页岩砖	16	18	0.74	0.77	18	20	0.78	0.80
煤矸石砖								

5）泛霜

每块砖不准许出现严重泛霜。

6）石灰爆裂

砖的石灰爆裂应符合下列规定：破坏尺寸大于 2 mm 且小于或等于 15 mm 的爆裂区

域,每组砖不得多于15处。其中大于10 mm的不得多于7处。不准许出现最大破坏尺寸大于15 mm的爆裂区域;试验后抗压强度损失不得大于5 MPa。

7)欠火砖、酥砖和螺旋纹砖

产品中不准许有欠火砖、酥砖和螺旋纹砖。

5.2.1.2　烧结多孔砖(砌块)与空心砖(砌块)

1.概念及分类

烧结多孔砖和多孔砌块是以黏土、页岩、煤矸石、粉煤灰、淤泥(江河湖淤泥)及其固体废弃物为主要原料,经焙烧制成的。孔洞率等于或大于33%,孔的尺寸小而数量多,主要用于建筑物承重部位。

国家标准《烧结多孔砖和多孔砌块》(GB 13544—2011)规定:烧结多孔砖和多孔砌块按原料分为黏土砖和黏土砌块(N)、页岩砖和页岩砌块(Y)、煤矸石砖和煤矸石砌块(M)、粉煤灰砖和粉煤灰砌块(F)、淤泥砖和淤泥砌块(U)、固体废弃物砖和固体废弃物砌块(G)。

2.主要技术性质

1)孔形、孔结构和孔洞率

烧结多孔砖和多孔砌块的孔形、孔结构和孔洞率要求应符合表5-6的要求。

表5-6　烧结多孔砖和多孔砌块的孔形、孔结构和孔洞率

孔形	孔洞尺寸(mm)		最小外壁厚(mm)	最小肋厚(mm)	孔洞率(%)		孔洞排列
	孔宽度尺寸 b	孔长度尺寸 L			砖	砌块	
矩形条孔或矩形孔	≤13	≤40	≥12	≥5	≥28	≥33	1.所有孔宽应相等。孔采用单向或双向交错排列。 2.孔洞排列上下、左右应对称,分布均匀,手抓孔的长度方向尺寸必须平行于砖的条面

注:1.矩形孔的孔长 L、孔宽 b 满足式 $L \geqslant 3b$ 时,为矩形条孔。
2.孔四个角应做成过渡圆角,不得做成直尖角。
3.如设有砌筑砂浆槽,则砌筑砂浆槽不计算在孔洞率内。
4.规格大的砖和砌块应设置手抓孔,手抓孔尺寸为(30~40)mm×(75~85)mm。

2)外观尺寸

砖和砌块的外形一般为直角六面体,在与砂浆的结合面上应设有增加结合力的粉刷槽和砌筑砂浆槽,并符合下列要求:

(1)粉刷槽。混水墙用砖和砌块,应在条面和顶面上设有均匀分布的粉刷槽或类似结构,深度不小于2 mm。

(2)砌筑砂浆槽。砌块至少应在一个条面或顶面上设立砌筑砂浆槽。两个条面或顶面都有砌筑砂浆槽时,砌筑砂浆槽深应大于15 mm且小于25 mm;只有一个条面或顶面有砌筑砂浆槽时,砌筑砂浆槽深应大于30 mm且小于40 mm。砌筑砂浆槽宽应超过砂浆槽所在砌块面深度的50%。

(3)砖规格尺寸(mm):290、240、190、180、140、115、90。砌块规格尺寸(mm):490、440、390、340、290、240、190、180、140、115、90。其他规格尺寸由供需双方协商确定。

3)等级

烧结多孔砖和多孔砌块根据抗压强度分为 MU30、MU25、MU20、MU15、MU10 五个强度等级;烧结多孔砖的密度等级(kg/m^3)为 1 000、1 100、1 200、1 300 四个等级,烧结多孔砌块的密度等级(kg/m^3)为 900、1 000、1 100、1 200 四个等级。烧结多孔砖和多孔砌块的强度等级、密度等级、外观质量和尺寸允许偏差的具体要求应分别符合表 5-7~表 5-10 的规定。

表 5-7　烧结多孔砖和多孔砌块的强度等级　(单位:MPa)

强度等级	抗压强度平均值 $\overline{f}$ ≥	强度标准值 f_k ≥
MU30	30.0	22.0
MU25	25.0	18.0
MU20	20.0	14.0
MU15	15.0	10.0
MU10	10.0	6.5

表 5-8　烧结多孔砖和多孔砌块密度等级　(单位:kg/m^3)

密度等级		3 块砖或砌块干燥表观密度平均值
砖	砌块	
—	900	≤900
1 000	1 000	900~1 000
1 100	1 100	1 000~1 100
1 200	1 200	1 100~1 200
1 300	—	1 200~1 300

表 5-9　烧结多孔砖和多孔砌块外观质量　(单位:mm)

项目		指标
1.完整面	不得少于	一条面和一顶面
2.缺棱掉角的三个破坏尺寸	不得同时大于	30
3.裂纹长度		
a.大面(有孔面)上深入孔壁 15 mm 以上宽度方向及其延伸到条面的长度	不大于	80
b.大面(有孔面)上深入孔壁 15 mm 以上长度方向及其延伸到顶面的长度	不大于	100
c.条顶面上的水平裂纹	不大于	100
4.杂质在砖或砌块面上造成的凸出高度	不大于	5

注:凡有下列缺陷之一者,不能称为完整面:

a.缺损在条面或顶面上造成的破坏面尺寸同时大于 20 mm×30 mm;

b.条面或顶面上裂纹宽度大于 1 mm,其长度超过 70 mm;

c.压陷、焦花、粘底在条面或顶面上的凹陷或凸出超过 2 mm,区域最大投影尺寸同时大于 20 mm×30 mm。

表 5-10　烧结多孔砖和多孔砌块尺寸允许偏差　（单位：mm）

尺寸	样本平均差	样本极差 ≤
>400	±3.0	10.0
300～400	±2.5	9.0
200～300	±2.5	8.0
100～200	±2.0	7.0
<100	±1.5	6.0

4）泛霜和石灰爆裂

每块烧结多孔砖和多孔砌块不允许出现严重的泛霜现象。对于破坏尺寸大于 2 mm 且不大于 15 mm 的爆裂区域，每组烧结多孔砖和多孔砌块不得多于 15 处。其中大于 10 mm 的不得多于 7 处；不允许出现破坏尺寸大于 15 mm 的爆裂区域。

5）抗风化性能

严重风化区中的黑龙江、吉林、辽宁、内蒙古、新疆等五省（区）和其他地区以淤泥、固体废弃物为主要原料生产的多孔砖和多孔砌块必须进行冻融试验，其他地区以黏土、粉煤灰、页岩、煤矸石为主要原料生产的多孔砖和多孔砌块的抗风化性能符合标准规定时可不做冻融试验，否则必须进行冻融试验，经过 15 次冻融试验后，要求每块多孔砖和多孔砌块不允许出现裂纹、分层、掉皮、缺棱掉角等冻坏现象。

5.2.1.3　烧结空心砖和空心砌块

烧结空心砖和空心砌块是以黏土、页岩、煤矸石粉煤灰、淤泥（江、河、湖等淤泥）、建筑渣土及其他固体废弃物为主要原料，主要用于建筑物非承重部位。

1.类别

国家标准《烧结空心砖和空心砌块》（GB/T 13545—2014）规定：烧结空心砖和空心砌块按主要原料分为黏土空心砖和空心砌块（N）、页岩空心砖和空心砌块（Y）、煤矸石空心砖和空心砌块（M）、粉煤灰空心砖和空心砌块（F）、淤泥空心砖和空心砌块（U）、建筑渣土空心砖和空心砌块（Z）、其他固体废弃物空心砖和空心砌块（G）。

2.规格

烧结空心砖和空心砌块为直角六面体，混水墙用空心砖和空心砌块，应在大面和条面上设有均匀分布的粉刷槽或类似结构，深度不小于 2 mm。

烧结空心砖和空心砌块的孔洞率等于或大于 40%，其孔的尺寸大而数量少，孔的方向平行于大面和条面。

3.等级

烧结空心砖和空心砌块按抗压强度分为 MU3.5、MU5.0、MU7.5、MU10.0 四个强度等级。按体积密度（kg/m^3）分为 800、900、1 000、1 100 四个密度等级。其强度等级、密度级别、孔洞及其结构要求分别见表 5-11～表 5-13。

表 5-11　烧结空心砖和空心砌块强度等级

强度级别	抗压强度（MPa）		
	抗压强度平均值 f ≥	变异系数 $\delta \leqslant 0.21$	变异系数 $\delta > 0.21$
		强度标准值 f_k ≥	单块最小抗压强度值 f_{min} ≥
MU10	10	7.0	8.0
MU7.5	7.5	5.0	5.8
MU5.0	5.0	3.5	4.0
MU3.5	3.5	2.5	2.8

表 5-12　烧结空心砖和空心砌块密度级别　（单位：kg/m^3）

密度级别	五块密度级别
800	≤800
900	801～900
1 000	901～1 000
1 100	1 001～1 100

表 5-13　孔洞及其结构

孔洞排列	孔洞排数（排）		孔洞率（%）	孔形
	宽度方向	高度方向		
有序或交错排列	$b \geqslant 200$ mm　≥4 $b < 200$ mm　≥3	≥2	≥40	矩形孔

5.2.2　非烧结砖

不经过焙烧而制成的砖均为非烧结砖。目前非烧结砖主要有蒸养砖、蒸压砖、碳化砖等，根据生产原材料区分主要有蒸压灰砂砖、粉煤灰砖、炉渣砖等。

5.2.2.1　蒸压灰砂砖

蒸压灰砂砖是以砂和石灰为主要原料，允许掺入颜料和外加剂，经坯料制备、压制成型、经高压蒸气养护而成的实心灰砂砖。蒸压灰砂砖原料来源广泛，生产技术成熟，产品表面平整，尺寸准确，性能优良又节能。灰砂砖的制砖总能耗较黏土砖低 30%，可节省黏土资源，有利于环境保护，是国家提倡和鼓励发展的新型建筑材料。

1.灰砂砖的尺寸规格

根据国家标准《蒸压灰砂砖》（GB 11945—1999）的规定，砖的外形为直角六面体。砖的公称尺寸为 240 mm×115 mm×53 mm。按照尺寸偏差和外观质量、强度及抗冻性分为 A（优等品）、B（一等品）、C（合格品）3 个等级。尺寸偏差和外观应符合表 5-14 的规定。

表 5-14　蒸压灰砂砖的尺寸偏差和外观

项目			指标		
			优等品	一等品	合格品
尺寸允许偏差(mm)	长度	L	±2	±2	±3
	宽度	B	±2		
	高度	H	±1		
缺棱掉角	个数(个)	不多于	1	1	2
	最大尺寸(mm)	不得大于	10	15	20
	最小尺寸(mm)	不得大于	5	10	10
对应高度差(mm)		不得大于	1	2	3
裂纹	条数(条)	不多于	1	1	2
	大面上宽度方向及其延伸到条面的长度(mm)	不得大于	20	50	70
	大面上长度方向及其延伸到顶面上的长度或条、顶面水平裂纹的长度(mm)	不得大于	30	70	100

2.强度等级

按抗压强度和抗折强度分为 MU10、MU15、MU20、MU25 四个强度等级，产品名称代号为 LSB。抗压强度和抗折强度应符合表 5-15 的规定。

表 5-15　蒸压灰砂砖的力学性能　　（单位：MPa）

强度级别	抗压强度		抗折强度	
	平均值不小于	单块值不小于	平均值不小于	单块值不小于
MU25	25.0	20.0	5.0	4.0
MU20	20.0	16.0	4.0	3.2
MU15	15.0	12.0	3.3	2.6
MU10	10.0	8.0	2.5	2.0

注：优等品的强度级别不得小于 MU15。

3.抗冻性

蒸压灰砂砖的抗冻性应符合表 5-16 的规定。

5.2.2.2　蒸压粉煤灰砖

蒸压粉煤灰砖是以粉煤灰、生石灰为主要原料，可掺加适量石膏等外加剂和其他集料，经坯料制备、压制成型、高压蒸汽养护而制成的砖，产品代号为 AFB。

表 5-16　蒸压灰砂砖的抗冻性指标

强度级别	冻后抗压强度(MPa) 平均值 不小于	单块砖的干质量损失(%) 不大于
MU25	20.0	2.0
MU20	16.0	2.0
MU15	12.0	2.0
MU10	8.0	2.0

注:优等品的强度级别不得小于 MU15。

1.蒸压粉煤灰砖的尺寸规格

与烧结普通砖规格一致,常用的蒸压粉煤灰砖规格为 240 mm×115 mm×53 mm。

2.质量等级

根据行业标准《蒸压粉煤灰砖》(JC/T 239—2014)的规定,按抗压强度和抗折强度分为 MU10、MU15、MU20、MU25、MU30 五个等级。其外观质量和尺寸偏差应符合表 5-17 的规定,强度等级应符合表 5-18 的规定,抗冻性应符合表 5-19 的规定。

表 5-17　蒸压粉煤灰砖的外观质量和尺寸偏差

项目名称			技术指标
外观质量	缺棱掉角	个数(个)	≤2
		三个方向投影尺寸的最大值(mm)	≤15
	裂纹	裂纹延伸的投影尺寸累计(mm)	≤20
	层裂		不允许
尺寸偏差	长度(mm)		+2 −1
	宽度(mm)		±2
	高度(mm)		+2 −1

表 5-18　蒸压粉煤灰砖的强度等级　(单位:MPa)

强度等级	抗压强度		抗折强度	
	平均值	单块最小值	平均值	单块最小值
MU10	≥10.0	≥8.0	≥2.5	≥2.0
MU15	≥15.0	≥12.0	≥3.7	≥3.0
MU20	≥20.0	≥16.0	≥4.0	≥3.2
MU25	≥25.0	≥20.0	≥4.5	≥3.6
MU30	≥30.0	≥24.0	≥4.8	≥3.8

表 5-19 蒸压粉煤灰砖的抗冻性

使用地区	抗冻指标	质量损失率(%)	抗压强度损失率(%)
夏热冬暖地区	D15	≤5	≤25
夏热冬冷地区	D25		
寒冷地区	D35		
严寒地区	D50		

5.2.2.3 炉渣砖

炉渣砖是以炉渣为主要原料,加入适量石灰、石膏,经混合、压制成型、蒸养或蒸压养护而制成的实心炉渣砖。

1.炉渣砖的尺寸规格

目前我国常用炉渣砖的规格主要为 240 mm×115 mm×53 mm。其他规格尺寸由供需双方协商确定。

2.质量等级

根据行业标准《炉渣砖》(JC/T 525—2007)的规定,按抗压强度分为 MU15、MU20、MU25 三个等级,产品名称代号为 LZ。炉渣砖长度、宽度和高度的尺寸允许偏差为±2.0 mm。其外观质量、强度等级和抗冻性应分别符合表 5-20~表 5-22 的要求。

表 5-20 炉渣砖的外观质量

项目名称		合格品
弯曲		不大于 2.0
缺棱掉角	个数(个)	≤1
	三个方向投影尺寸的最小值(mm)	≤10
完整面		不小于一条面和一顶面
裂缝长度 a.大面上的宽度方向及其延伸到条面的长度(mm) b.大面上长度方向及其延伸到顶面上的长度或条、顶面水平裂纹的长度(mm)		 不大于 30 不大于 50
层裂		不允许
颜色		基本一致

表 5-21 炉渣砖的强度等级 (单位:MPa)

抗冻等级	抗压强度平均值 $\bar{f}$ ≥	变异系数 $\delta \leq 0.21$	变异系数 $\delta > 0.21$
		强度标准值 f_k ≥	单块最小抗压强度 f_{min} ≥
MU25	25.0	19.0	20.0
MU20	20.0	14.0	16.0
MU15	15.0	10.0	12.0

表 5-22　炉渣砖的抗冻性

强度等级	冻后抗压强度(MPa) 平均值 ≥	单块砖的干质量损失(%) ≤
MU25	22.0	2.0
MU20	16.0	2.0
MU15	12.0	2.0

5.2.3　砌墙砖的检测方法

5.2.3.1　砌墙砖的检测要求

1.砌墙砖的检测项目

砌墙砖检测的共性项目主要包括尺寸偏差、强度等级、外观质量、抗冻性能。特性项目主要包括吸水率、饱和系数、泛霜、石灰爆裂、干燥收缩、碳化系数、体积密度、孔洞率。

2.砌墙砖的取样规定

同一等级、同一品种 3.5 万～15 万块为一检验批，不足 3.5 万块的按一检验批计。

3.砌墙砖的取样数量

砌墙砖的取样数量见表 5-23。

表 5-23　砌墙砖的取样数量

检测项目	取样数量(块)	检测项目	取样数量(块)
外观质量	50	泛霜	5
尺寸偏差	20	石灰爆裂	5
强度等级	10	抗冻性能	5

4.砌墙砖的取样方法

外观质量检验的试样采用随机取样法，从每批检验的产品中抽取；其他检验项目用随机取样法从外观质量检验合格品中抽取。

5.砌墙砖的检测依据

《砌墙砖试验方法》(GB/T 2542—2012)、《烧结普通砖》(GB 5101—2003)和《砌墙砖检验规则》(JC/T 466—1992)(1996 版)等。

5.2.3.2　尺寸偏差检测

1.检测目的

通过对砌墙砖的尺寸偏差检测，作为评定砌墙砖的产品质量等级依据。

2.检测仪器

砖用的卡尺(见图 5-1)，分度值为 0.5 mm。

3.检测步骤

长度应在砖的两个大面的中间处分别测量两个尺寸，宽度应在砖的两个大面的中间

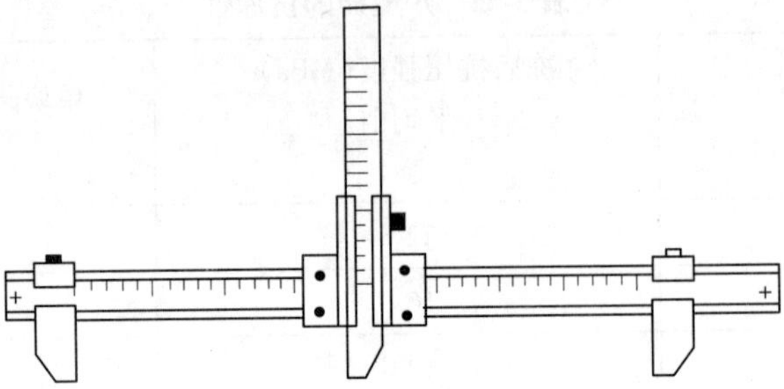

图 5-1　砖用的卡尺

处分别测量两个尺寸，高度应在两个条面的中间处分别测量两个尺寸，如图 5-2 所示。当被测处有缺损或突出时，可在其旁边测量，但应选择不利的一侧。精确至 0.5 mm。

4.结果处理

样本平均偏差是 20 块试样同一方向测量尺寸的算术平均值减去其公称尺寸的差值，样本极差是 20 块试样同一方向检测尺寸的最大值与最小值之差。

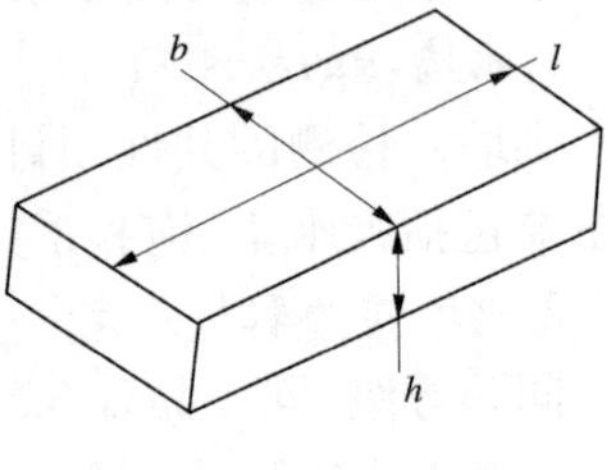

l—长度；b—宽度；h—高度

图 5-2　尺寸量法

5.2.3.3　外观质量检测

1.检测目的

通过对砌墙砖的外观质量检测，作为评定砌墙砖的产品质量等级依据。

2.检测仪器

砖用卡尺，分度值为 0.5 mm；钢直尺，分度值为 1 mm。

3.检测步骤

1）缺损检测

缺棱掉角在砖上造成的破损程度，以破损部分对长、宽、高三个棱边的投影尺寸来度量，称为破坏尺寸。破损所造成的破坏面，是指缺损部分对条面和顶面，空心砖为条面和大面的投影面积，空心砖内壁残缺尺寸，以长度方向的投影尺寸度量。

2）裂纹检测

裂纹分为长度、宽度和水平方向三种，以被测方向的投影长度表示，如果裂纹从一个面延伸至其他面上，则累计其延伸的投影长度，如图 5-3 所示。多孔砖的孔洞与裂纹相通时，则将孔洞包括在裂纹内一并测量。裂纹长度以三个方向上分别测得的最长裂纹作为测量结果，如图 5-4 所示。

3）弯曲检测

砖的弯曲分别在大面和条面上进行测量，测量时将砖用卡尺的两支脚沿棱边两端放置，择其弯曲最大处将垂直推至砖面，但不应把因杂质或碰伤造成的凹处计算在内，以弯曲中获得的较大值作为测量结果。

4）杂质凸出高度检测

杂质在砖面上造成的突出高度，以杂质距砖面的最大距离表示。测量将砖用卡尺的两支脚置于凸出两边的砖平面上，以垂直尺寸测量如图 5-5 所示。

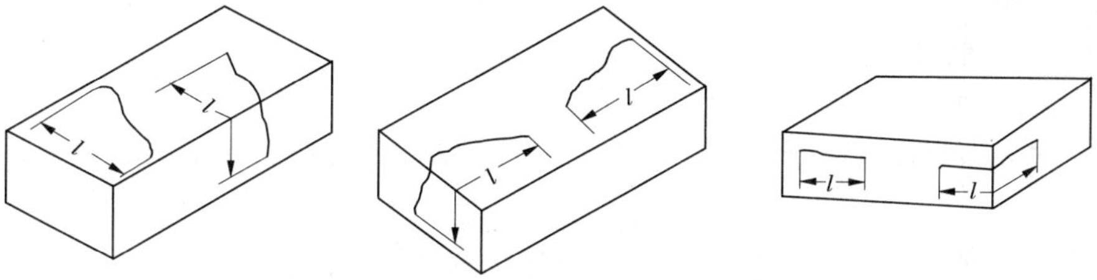

(a)宽度方向裂纹长度量法　(b)长度方向裂纹长度量法　(c)水平方向裂纹长度量法

图 5-3　裂纹长度量法

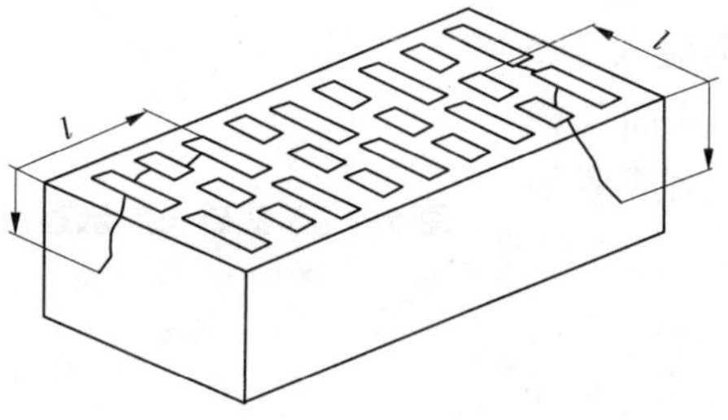

l—裂纹总长度

图 5-4　多孔砖裂纹通过孔洞时长度量法

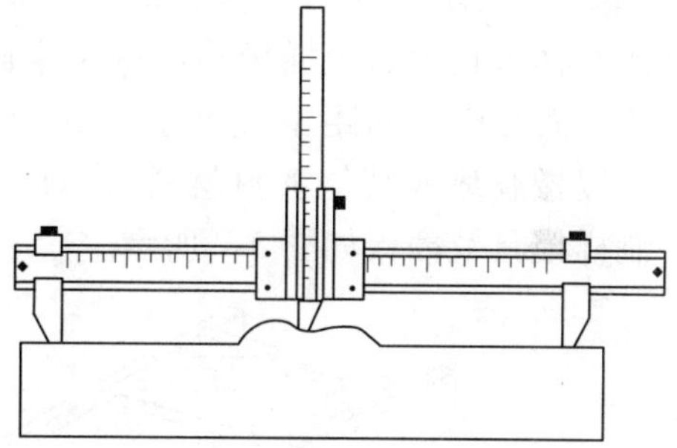

图 5-5　杂质凸出量法

4.结果处理

外观测量结果以 mm 为单位，不足 1 mm 者按 1 mm 计。

5.结果评定

外观质量采用《砌墙砖检验规则》(JC/T 466—1992)(1996 版)二次抽样方案，根据国家标准规定的外观质量指标，检查出其中不合格品数为 d_1，按下列规则判定：$d_1<7$ 时，外观质量合格；$d_1 \geqslant 11$ 时，外观质量不合格；$7<d_1<11$ 时，需再从该产品抽样 50 块检验。检查出不合格品数 d_2，按下列规则判定：$d_1+d_2 \leqslant 18$ 时，外观质量合格；$d_1+d_2 \geqslant 19$ 时，外观质量不合格。

5.2.3.4　抗压强度检测

1.检测目的

通过对砌墙砖的抗压强度检测，作为评定砌墙砖的产品质量等级的主要依据。

2.仪器设备

(1)材料试验机：示值相对误差不超过±1%，其上、下压板至少应有一个球铰座，预期最大破坏荷载应为量程的 20%~80%。

(2)钢直尺：分度值不应大于 1 mm。

(3)振动台、制样模具、搅拌机：应符合 GB/T 25044—2010 的要求。

(4)切割设备。

(5)抗压强度试验用净浆材料：应符合 GB/T 25183—2010 的要求。

3.试样数量

试样数量为 10 块。

4.试样制备

1)一次成型制样

对于烧结普通砖应采用一次成型制样。

(1)一次成型制样适用于采用样品中间部位切割,交错叠加灌浆制成强度试验试样的方式。

(2)将试样锯成两个半截砖,两个半截砖用于叠合部分的长度不得小于 100 mm,如图 5-6 所示。如果不足 100 mm,应另取备用试样补足。

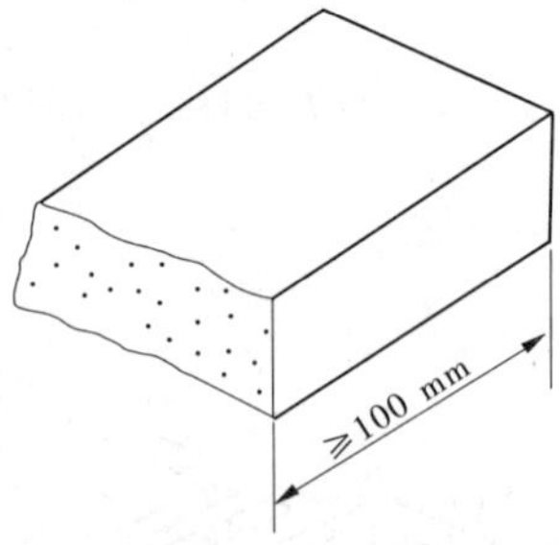

图 5-6　半截砖长度示意图

(3)将已割开的半截砖放入室温的净水中浸 20~30 min 后取出,在铁丝网架上滴水 20~30 min,以断口相反方向装入制样模具中。用插板控制两个半砖间距不应大于 5 mm,砖大面与模具间距不应大于 3 mm,砖断面、顶面与模具间垫以橡胶垫或其他密封材料,模具内表面涂油或脱模剂。制样模具及插板如图 5-7 所示。

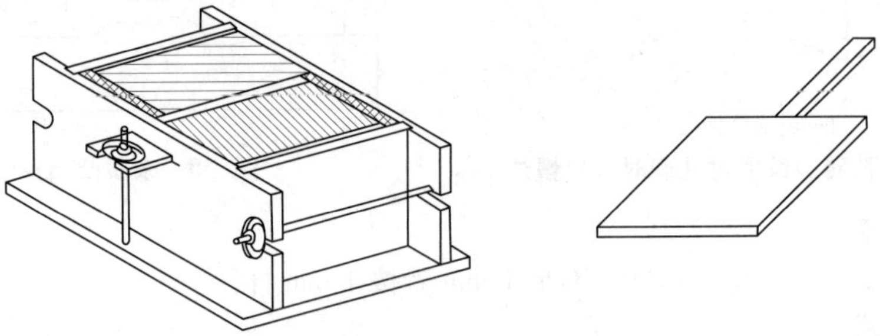
图 5-7　一次成型制样模具及插板

(4)将净浆材料按照配置要求,置于搅拌机中搅拌均匀。

(5)将装好试样的模具置于振动台上,加入适量搅拌均匀的净浆材料,振动时间为 0. 5~1 min,停止振动,静置至净浆材料达到初凝时间(15~19 min)后拆模。

2)二次成型制样

对于多孔砖和空心砖成型应采用二次成型制样。多孔砖以单块整砖沿竖孔方向加压,空心砖以单块整砖沿大面和条面方向分别加压。

(1)二次成型制样适用于采用整块样品上下表面灌浆制成强度试验试样的方式。

(2)将整块试样放入室温的净水中浸 20~30 min 后取出,在铁丝网架上滴水 20~30 min。

(3)按照净浆材料配制要求,置于搅拌机中搅拌均匀。

(4)模具内表面涂油或脱膜剂,加入适量搅拌均匀的净浆材料,将整块试样一个承压面与净浆接触,装入制样模具中,承压面找平层厚度不应大于 3 mm。接通振动台电源,振动 0.5~1 min,停止振动,静置至净浆材料初凝(15~19 min)后拆模。按同样方法完成整块试样另一承压面的找平。

3）非成型制样

（1）非成型制样适用于试样无须进行表面找平处理制样的方式。

（2）将试样锯成两个半截砖，两个半截砖用于叠合部分的长度不得小于 100 mm。如果不足 100 mm，应另取备用试样补足。

（3）两半截砖切断口相反叠放，叠合部分不得小于 100 mm，如图 5-8 所示，即为抗压强度试样。

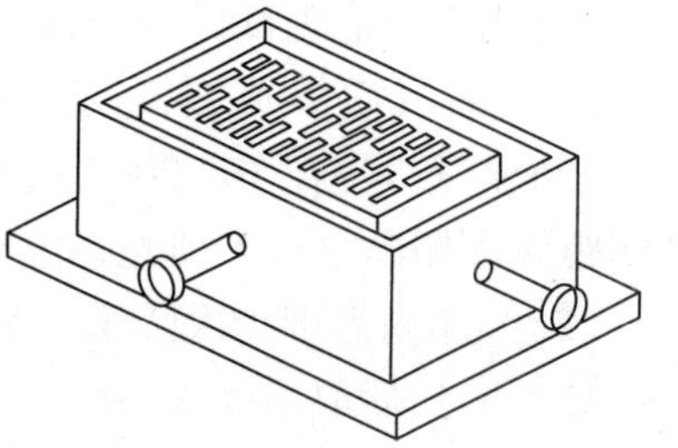

图 5-8　二次成型模具

4）试样养护

（1）一次成型制样、二次成型制样在不低于 10 ℃的不通风室内养护 4 h。

（2）非成型制样不须养护，试样气干状态直接进行试验。

5.试验步骤

（1）测量每个试样连接面或受压面的长、宽尺寸各两个，分别取其平均值，精确至 1 mm。

（2）将试样平放在加压板的中央，垂直于受压面加荷，应均匀平稳，不得发生冲击或振动。加荷速度以 2～6 kN/s 为宜，直至试样破坏，记录最大破坏荷载 P。

6.结果计算与评定

每块试样的抗压强度（R_P）按下式计算：

$$R_P = \frac{P}{LB} \tag{5-1}$$

式中　R_P——抗压强度，MPa；

P——最大破坏荷载，N；

L——受压面（连接面）的长度，mm；

B——受压面（连接面）的宽度，mm。

试验结果以试样抗压强度的算术平均值和标准值或单块最小值表示。精确至 0.1 MPa。强度检验结果符合国家标准的规定，判为强度合格，并定为相应等级；否则判为不合格。

5.2.3.5　冻融试验

1.检测目的

测定砌墙砖的冻融循环次数，计算经冻融循环后砖的抗压强度和干质量损失，作为评定砖抗冻性能的依据。

2.仪器设备

（1）冷冻室或低温冰箱：最低温度能达到-20 ℃或-20 ℃以下。

（2）水槽：保持槽中水温 10～20 ℃为宜。

（3）台秤：分度值不大于 5 g。

（4）电热鼓风干燥箱：最高温度 200 ℃。

（5）抗压强度试验设备。

3.试样数量

试验结果以抗压强度表示时,试样数量为 10 块,5 块用于冻融试验,5 块用于未冻融强度对比试验。以质量损失率计算,试样数量为 5 块。

4.试验步骤

(1)用毛刷清理试样表面,并顺序编号,将试样放入鼓风干燥箱中在(105±5)℃下干燥至恒重,称其质量 m_0,并检查外观。将缺棱掉角和裂纹做标记。

(2)将试样浸在 10~20 ℃的水中,24 h 后取出,用湿布拭去表面水分,以大于 20 mm 的间距大面侧向立放于预先降温至-15 ℃以下的冷冻箱中。

(3)当箱内温度再次降至-15 ℃时开始计时,在-15~-20 ℃下冰冻,烧结砖冻 3 h,非烧结砖 5 h,然后取出放入 10~20 ℃的水中融化,烧结砖为 2 h,非烧结砖为 3 h,如此为一次冻融循环。

(4)每 5 次冻融循环,检查一次冻融过程中出现的破坏情况,如冻裂、缺棱、掉角、剥落等。

(5)冻融循环后,检查并记录试样在冻融过程中的冻裂长度、缺棱掉角和剥落破坏情况。

(6)经冻融循环后的试样,放入鼓风干燥箱中,按试验步骤第(1)步的规定干燥至恒重,称其质量 m_1。

(7)若试件在冻融过程中,发现试样呈明显破坏时,应停止本组样品的冻融试验,并记录冻融次数,判定本组样品的冻融试验不合格。

(8)干燥后的试样和未经冻融的强度对比试样规定进行抗压强度试验。

5.结果计算与评定

(1)外观结果。冻融循环结束后,检查并记录在冻融过程中的冻裂长度、缺棱、掉角、剥落等破坏情况。

(2)强度损失率 P_m,按下式计算,精度至 0.1%:

$$P_m = \frac{P_0 - P_1}{P_0} \times 100\% \qquad (5\text{-}2)$$

式中　P_m——强度损失率(%);

P_0——试样冻融前强度,MPa;

P_1——试样冻融后强度,MPa。

(3)质量损失率 G_m,按下式计算,精度至 0.1%:

$$G_m = \frac{m_0 - m_1}{m_0} \times 100\% \qquad (5\text{-}3)$$

式中　G_m——质量损失率(%);

m_0——试样冻融前干质量,kg;

m_1——试样冻融后干质量,kg。

(4)试验结果以试样冻后抗压强度或抗压强度损失率、冻后外观质量或质量损失率表示与评定。

5.3　建筑墙体用砌块

建筑砌块是一种比砌墙砖尺寸大的墙体材料，可充分利用地方资源和工业废料，不毁耕地，具有原料来源广、生成能耗低、制作方便、造价低廉、自重较轻、砌筑方便灵活、适用性强等特点。同时提高了施工效率及施工的机械化程度，减轻房屋自重，改善建筑功能，降低工程造价，因此得到迅速发展而成为我国主要的墙体材料。

砌块与砖的主要区别是，砌块的长度大于 365 mm 或宽度大于 240 mm 或高度大于 115 mm。按产品有无孔洞可分为实心砌块（无孔洞或空心率小于 25%）和空心砌块（空心率不小于 25%），按大小可分为大型砌块（高度大于 980 mm）、中型砌块（高度为 380～980 mm）、小型砌块（高度大于 115 mm、小于 380 mm），按原材料可分为硅酸盐砌块、混凝土砌块。工程中常用的砌块有水泥混凝土砌块、轻集料混凝土砌块、炉渣砌块、粉煤灰砌块及其他硅酸盐砌块、水泥混凝土铺地砖等。

5.3.1　普通混凝土小型砌块

普通混凝土小型空心砌块是以水泥、矿物掺合料、砂、石、水等为原材料，经搅拌、振动成型、养护等工艺制成的小型砌块，包括空心砌块（空心率不小于 25%）和实心砌块（空心率小于 25%）。

主块型砌块指外形为直角六面形，长度尺寸为 400 mm 减砌筑时竖灰缝厚度，砌块高度尺寸为 200 mm 减砌筑时水平灰缝厚度，条面试封闭完好的砌块。辅助砌块指与主块型砌块配套使用的、特殊形状与尺寸的砌块，分为空心和实心两种，包括各种异形砌块，如圈梁砌块、一端开口的砌块、七分头快、半块等。免浆砌块指砌块砌筑（垒砌）成墙片过程中，无须使用砌筑砂浆，块与块之间只要靠榫槽结构相连的砌块。

5.3.1.1　规格尺寸

根据国家标准《普通混凝土小型砌块》（GB/T 8239—2014）的规定，普通混凝土小型砌块的主要规格尺寸有：长度 390 mm，宽度 90 mm、120 mm、140 mm、190 mm、240 mm、290 mm，高度 90 mm、140 mm、190 mm。其他规格尺寸可由供需双方协商确定，采用薄灰缝砌筑的块型，相关尺寸可做相应调整。砌块长度和宽度尺寸允许偏差为±2 mm，高度允许偏差为+3 mm、−2 mm。外观质量应符合表 5-24 的规定。

表 5-24　普通混凝土小型砌块的外观质量

项目名称			技术指标
弯曲（mm）		不大于	2
缺棱掉角	个数（个）	不超过	2
	三个方向投影尺寸的最大值（mm）	不大于	20
裂纹延伸的投影尺寸累计（mm）		不大于	30

5.3.1.2 强度等级

普通混凝土小型砌块强度等级及其抗压强度应符合表 5-25 和表 5-26 的规定。

表 5-25 普通混凝土小型砌块的强度等级 （单位:MPa）

砌块种类	承重砌块(L)	非承重砌块(N)
空心砌块(H)	7.5、10.0、15.0、20.0、25.0	5.0、7.5、10.0
实心砌块(S)	15.0、20.0、25.0、30.0、35.0、40.0	10.0、15.0、20.0

表 5-26 普通混凝土小型砌块的抗压强度 （单位:MPa）

强度等级	抗压强度	
	平均值 ≥	单块最小值 ≥
MU5.0	5.0	4.0
MU7.5	7.5	6.0
MU10	10.0	8.0
MU15	15.0	12.0
MU20	20.0	16.0
MU25	25.0	20.0
MU30	30.0	24.0
MU35	35.0	28.0
MU40	40.0	32.0

5.3.1.3 抗冻性

普通混凝土小型砌块的抗冻性应符合表 5-27 的规定。

表 5-27 普通混凝土小型砌块的抗冻性

使用条件	抗冻等级	质量损失率	强度损失率
夏热冬暖地区	D15	平均值≤5% 单块最大值≤10%	平均值≤20% 单块最大值≤30%
夏热冬冷地区	D25		
寒冷地区	D35		
严寒地区	D50		

应用:适用于地震设计烈度为 8 度和 8 度以下地区的一般工业与民用建筑的墙体。用于多层建筑的内外墙,框架、框剪结构的填充墙,市政工程的挡土墙等。

5.3.2 轻集料混凝土小型空心砌块

轻集料混凝土小型空心砌块是用轻粗集料、轻砂(或普通砂)、水泥和水等原材料制备而成的干表观密度不大于 1 950 kg/m^3的小型空心砌块。

5.3.2.1　类别

根据国家标准《轻集料混凝土小型空心砌块》(GB/T 15229—2011)的规定,轻集料混凝土小型空心砌块按砌块孔的排数分为单排孔、双排孔、三排孔、四排孔等。

5.3.2.2　规格尺寸

主规格尺寸长×宽×高为 390 mm×190 mm×190 mm。其他规格尺寸可由供需双方商定。其尺寸偏差和外观质量应符合表 5-28 的要求。

表 5-28　轻集料混凝土小型空心砌块的尺寸偏差和外观质量

项目			指标
尺寸偏差(mm)	长度		±3
	宽度		±3
	高度		±3
最小外壁厚(mm)	用于承重墙体	≥	30
	用于非承重墙体	≥	20
肋厚(mm)	用于承重墙体	≥	25
	用于非承重墙体	≥	20
缺棱掉角	个数(个)	≤	2
	三个方向投影的最大值(mm)	≤	20
裂缝延伸的累计尺寸(mm)		≤	30

5.3.2.3　等级

砌块密度等级(kg/m^3)分为八级:700、800、900、1 000、1 100、1 200、1 300、1 400。砌块强度等级分为五级:MU2.5、MU3.5、MU5.0、MU7.5、MU10.0。其密度等级和强度等级应符合表 5-29 和表 5-30 的要求。

表 5-29　轻集料混凝土小型空心砌块的密度等级　(单位:kg/m^3)

密度等级	干表观密度范围
700	≥610,≤700
800	≥710,≤800
900	≥810,≤900
1 000	≥910,≤1 000
1 100	≥1 010,≤1 100
1 200	≥1 110,≤1 200
1 300	≥1 210,≤1 300
1 400	≥1 310,≤1 400

表 5-30　轻集料混凝土小型空心砌块的强度等级

强度等级	抗压强度(MPa)		密度等级范围(kg/m³)
	平均值	最小值	
MU2.5	≥2.5	≥2.0	≤800
MU3.5	≥3.5	≥2.8	≤1 000
MU5.0	≥5.0	≥4.0	≤1 200
MU7.5	≥7.5	≥6.0	≤1 200[a] ≤1 300[b]
MU10.0	≥10.0	≥8.0	≤1 200[a] ≤1 400[b]

注：当砌块的抗压强度同时满足 2 个强度等级或 2 个以上强度等级要求时，应以满足要求的最高强度等级为准。

a.除自燃煤矸石掺量不小于砌块质量 35%以外的其他砌块；

b.自燃煤矸石掺量不小于砌块质量 35%的砌块。

5.3.3　粉煤灰混凝土小型空心砌块

粉煤灰混凝土小型空心砌块是以粉煤灰、水泥、集料、水为主要组分(也可加入外加剂等)制成的混凝土小型空心砌块。

5.3.3.1　分类

根据行业标准《粉煤灰混凝土小型空心砌块》(JC/T 862—2008)的规定，粉煤灰混凝土小型空心砌块按砌块孔的排数分为单排孔、双排孔、三排孔三类。

5.3.3.2　规格尺寸

主规格尺寸长×宽×高为 390 mm×190 mm×190 mm，其他规格尺寸可由供需双方商定。其尺寸偏差和外观质量应符合表 5-31 的规定。

表 5-31　粉煤灰混凝土小型空心砌块的尺寸偏差和外观质量

项目			指标
尺寸允许偏差(mm)	长度		±2
	宽度		±2
	高度		±2
最小外壁厚(mm)不小于	用于承重墙体		30
	用于非承重墙体		20
肋厚(mm)不小于	用于承重墙体		25
	用于非承重墙体		15
缺棱掉角	个数(个)	不多于	2
	3 个方向投影的最小值(mm)	不大于	20
裂缝延伸投影的累计尺寸(mm)		不大于	20
弯曲(mm)		不大于	2

5.3.3.3　等级

砌块密度等级(kg/m^3)分为七级:600、700、800、900、1 000、1 200、1 400。砌块强度等级分为六级:MU3.5、MU5.0、MU7.5、MU10、MU15、MU20。其密度等级和强度等级应符合表 5-32和表 5-33 的规定。

表 5-32　粉煤灰混凝土小型空心砌块的密度等级　(单位:kg/m^3)

密度等级	砌块块体密度的范围
600	≤600
700	610~700
800	710~800
900	810~900
1 000	910~1 000
1 200	1 010~1 200
1 400	1 210~1 400

表 5-33　粉煤灰混凝土小型空心砌块的强度等级　(单位:MPa)

强度等级	砌块抗压强度	
	平均值 不小于	单块最小值 不小于
MU3.5	3.5	2.8
MU5.0	5.0	4.0
MU7.5	7.5	6.0
MU10	10.0	8.0
MU15	15.0	12.0
MU20	20.0	16.0

5.3.4　建筑墙体用砌块的检测方法

5.3.4.1　砌块的检测要求

1.砌块的检测项目

砌块的检测项目主要包括尺寸偏差和外观质量、抗压强度、抗折强度、块体密度和空心率、含水率、吸水率和相对含水率、干燥收缩值等。

2.砌块的检测依据

墙用砌块的检测依据为《混凝土砌块和砖试验方法》(GB/T 4111—2013)、《普通混凝土小型砌块》(GB/T 8239—2014)、《轻集料混凝土小型空心砌块》(GB/T 15229—2011)等。

5.3.4.2　尺寸偏差和外观质量检测

1.检测目的

通过对砌块尺寸偏差和外观质量的检测,作为评定砌块产品质量的等级依据。

2.检测仪器

钢直尺或钢卷尺:分度值1 mm。

3.尺寸测量

(1)外形为完整直角六面体的块材,长度在条面的中间、宽度在顶面的中间、高度在顶面的中间测量。每项在对应两面各测一次,取平均值,精确至1 mm。

(2)辅助砌块和异形砌块,长度、宽度和高度应测量块材相应位置的最大尺寸,精确至1 mm。特殊标注部位的尺寸也应测量,精确至1 mm;块材外形非完全对称时,至少应在块材对立面的两个位置上进行全面的尺寸测量,并草绘和拍下测量位置的图片。

(3)带孔块材的壁、肋厚应在最小部位测量,选两处各测一次,取平均值,精确至1 mm。在测量时不考虑凹槽、刻痕及其他类似结构。

4.外观质量

1)弯曲

将直尺贴靠坐浆面、铺浆面和条面,测量直尺与试件之间的最大间距(见图5-9),精确至1 mm。

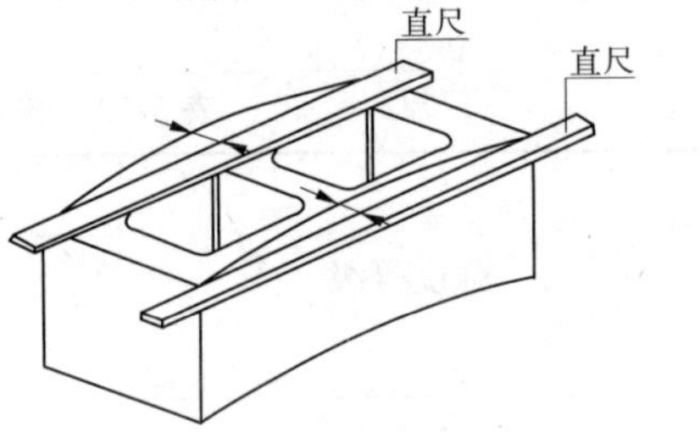

图5-9　弯曲测量法

2)缺棱掉角

将直尺贴靠棱边,测量缺棱掉角在长、宽、高三个方向的投影尺寸(见图5-10),精确至1 mm。

3)裂纹检测

用钢直尺测量裂纹,在所在面上的最大投影尺寸(如图5-11中的 l_2 或 h_3),如裂纹由一个面延伸到另一个面,则累计其延伸的投影尺寸(如图5-11中的 b_1+h_1)。

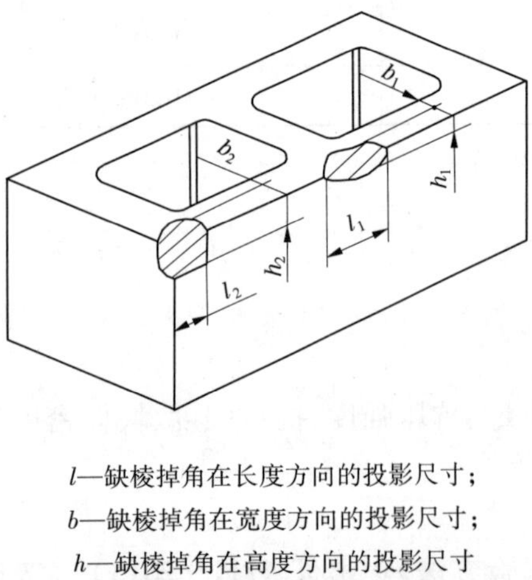

l—缺棱掉角在长度方向的投影尺寸;
b—缺棱掉角在宽度方向的投影尺寸;
h—缺棱掉角在高度方向的投影尺寸

图5-10　缺棱掉角尺寸日测量法

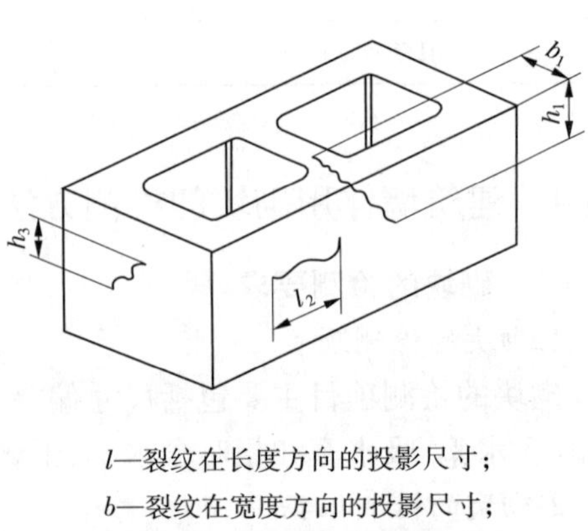

l—裂纹在长度方向的投影尺寸;
b—裂纹在宽度方向的投影尺寸;
h—裂纹在高度方向的投影尺寸

图5-11　裂纹长度测量法

4)测量结果

(1)尺寸偏差以实际测量值与规定尺寸的差值表示,精确至 1 mm。

(2)弯曲、缺棱掉角和裂纹长度的测量结果以最大测量值表示,精确至 1 mm。

5.3.4.3　抗压强度检测

块材标准抗压强度试验方法如下。

1.仪器设备

(1)材料试验机:材料试验机的示值相对误差不应超过±1%。其量程选择应能使试件的预期破坏荷载落在满量程的 20%~80%。试验机的上、下压板应有一端为球铰支座,可随意转动。

(2)辅助压板:当试验机的上压板或下压板支撑面不能完全覆盖试件的承压面时,应在试验机压板与试件之间放置一块钢板作为辅助压板。辅助压板的长度、宽度分别应至少比试件的长度、宽度大 6 mm,厚度应不小于 20 mm;辅助压板经热处理后表面硬度应不小于 60 HRC,平面度公差应小于 0.12 mm。

(3)试件制备平台:试件制备平台应平整、水平,使用前要用水平仪检验找平,其长度方向范围内的平面度应不大于 0.1 mm,可用金属或其他材料制作。

(4)玻璃平板:玻璃平板厚度不小于 6 mm,面积应比试件承压面大。

(5)水平仪:水平仪规格为 250~500 mm。

(6)直角靠尺:直角靠尺应有一端长度不小于 120 mm,分度值为 1 mm。

(7)钢直尺:分度值为 1 mm。

2.找平和黏结材料

如需提前进行抗压强度试验,宜采用高强石膏粉和快硬水泥,有争议时,应采用 42.5 普通硅酸盐水泥砂浆。

(1)水泥砂浆:采用强度等级不低于 42.5 的普通硅酸盐水泥和细砂制备的砂浆,用水量以砂浆稠度控制在 65~75 mm 为宜。3 d 抗压强度不低于 24.0 MPa;普通硅酸盐水泥应符合 GB 175—2007 规定的技术要求;细砂应采用天然河砂,最大粒径不大于 0.6 mm,含泥量小于 1.0%,泥块含量为 0。

(2)高强石膏:按 GB/T 17669.3—1999 的规定进行高强石膏抗压强度检验,2 h 龄期的湿强度不应低于 24.0 MPa;试验室购入的高强石膏,应在 3 个月内使用,若超出 3 个月的储存期,应重新进行抗压强度检验,合格后方可继续使用;除缓凝剂外,高强石膏中不应掺加其他任何填料和外加剂,高强石膏的供应商需要提供缓凝剂掺量及配合比要求。

(3)快硬水泥:应符合 GB 20472—2006 规定的技术要求。

3.试件

(1)试件数量:5 个。

(2)制作试件用试样的处理。

用于制作试件的试样应尺寸完整。若侧面有突出或不规则的肋,需先做切除处理,以保证制作的抗压强度试件四周侧面平整;块体孔洞四周应被混凝土壁或肋完全封闭。制作出来的抗压强度试件应是由一个或多个孔洞组成的直角六面体,并保证承压面 100%完整。对于混凝土小型空心砌块,当其端面(砌筑时的竖灰缝位置)带有深度不大于 8

mm 的肋或槽时,可不做切除或磨平处理。试件的长度尺寸仍取砌块的实际长度尺寸。

试样应在温度(20±5)℃、相对湿度(50±5)%的环境下调至恒重后,方可进行抗压强度试件制作。试样散放在实验室时,可叠层码放,孔应平行于的地面,试样之间的间隔应不小于 15 mm。如需提前进行抗压强度试验,可使用电扇以加快实验室内空气流动速度。当试样 2 h 后的质量损失不超过前次质量的 0.2%,且在试样表面用肉眼观察见不到有水分或潮湿现象时,可认为试样已恒重。不允许采用烘干箱来干燥试样。

4.试样制备

1)高宽比($\frac{H}{B}$)的计算

计算试样在实际使用状态下的承压高度(H)与最小水平尺寸(B)之比,即试样的高宽比($\frac{H}{B}$)。若$\frac{H}{B}\geqslant0.6$,可直接进行试件制备;若$\frac{H}{B}<0.6$,则需采取叠块方法来进行试件制备。

2)$\frac{H}{B}\geqslant0.6$ 时的试件制备

在试件制备平台上先薄薄地涂上一层机油或铺一层湿纸,将搅拌好的找平材料均匀摊铺在试件制备平台上,找平材料层的长度和宽度应略大于试件的长度和宽度。

选定试样的铺浆面作为承压面,把试样的承压面压入找平材料层,用直角靠尺来调控试样的垂直度。坐浆后的承压面至少与连个相邻侧面成 90°垂直关系。找平材料层厚度应不大于 3 mm。

当承压面的水泥砂浆找平材料终凝后 2 h,或高强石膏找平材料终凝后 20 min,将试样翻身,按上述方法进行另一面的坐浆。试样压入找平材料层后,除坐浆后的承压面至少与两个相邻侧面成 90°垂直关系外,需同时用水平仪调控上表面至水平。

为节省试样制作时间,可在试样承压面处理后立即在向上的一面铺设找平材料,压上事先涂油的玻璃平板,边压边观察试样的上承压面的找平材料层,将气泡全部排除,并用直角靠尺使坐浆后的承压面至少与两个相邻侧面成 90°垂直关系、用水平尺将上承压面调至水平。上、下两层找平材料的厚度均应不大于 3 mm。

3)$\frac{H}{B}<0.6$ 时的试件制备

将同批次、同规格尺寸、开孔结构相同的两块试样,先用找平材料将它们重叠黏结在一起。黏结时,需用水平仪和直角靠尺进行调控,以保持试件的四个侧面中至少有两个相邻侧面是平整的。黏结后的试件应满足:黏结厚度不大于 3 mm;两块试样的开孔基本对齐;当试样的壁和肋厚度上下不一致时,重叠黏结时应是壁和肋厚度薄的一端,与另一块壁和肋厚度厚的一端相对接。

当黏结两块试样的找平材料终凝 2 h 后,再按试样制备的要求进行试件两个承压面的找平。

4)试件高度的测量

制作完成的试件,按规定测量试件的高度,若 4 个读数的极差大于 3 mm,试件需重新制备。

5.试件养护

将制备好的试件放置在(20±5)℃、相对湿度(50±15)%的实验室内进行养护。找平和黏结材料采用快硬硫铝酸盐水泥砂浆制备的试件。1 d 后可进行抗压强度试验。找平和黏结材料采用高强石膏粉制备的试件。2 h 后可进行抗压强度试验。找平和黏结材料采用普通水泥砂浆制备的试件,3 d 后进行抗压强度试验。

6.试验步骤

(1)按规定的方法测量每个试件承压面的长度(L)和宽度(B),分别求出各个方向的平均值,精确至 1 mm。

将试件放在试验机下压板上要尽量保证试件的中心与试验机压板中心重合。除需特意将试件的开孔方向置于水平外,试验时块材的开口方向应与试验机加压方向一致。实心块材测试时,摆放的方向需与实际使用时一致。

注:对于孔型分别对称与长(L)和宽(B)的中心线的试件,其重心和形心重合;对不对称孔型的试件,可在试件承压面下垫一根直径 10 mm、可自由滚动的圆钢条,分别找出长(L)和宽(B)的平衡轴(重心轴),两轴的交点即为重心。

(2)试验机加荷应均匀平稳,不应发生冲击或振动荷载,加荷速度以 4~6 kN/s 为宜,均匀加荷至试件破坏,记录最大破坏荷载 P。

7.结果计算

(1)试件的抗压强度 f 按下式计算,精确至 0.01 MPa。

$$f=\frac{P}{LB} \tag{5-4}$$

式中　f——试件的抗压强度,MPa;

P——最大破坏荷载,N;

L——承压面长度,mm;

B——承压面宽度,mm。

(2)以 5 个试件抗压强度的平均值和单个试件的最小值来表示,精确至 0.1 MPa。试件的抗压强度试验值应视为试验的抗压强度值。

第 6 章　建筑钢材性能检测

建筑钢材指用于钢结构的各种型钢、钢板、钢管和用于钢筋混凝土中的各种钢筋、钢丝等。

钢材是在严格的技术控制条件下生产的材料，与非金属材料相比，具有品质均匀稳定、强度高、塑性和韧性好、可焊接和铆接等优异性能。钢材主要的缺点是易锈蚀、维护费用大、耐火性差、生产能耗大。

建筑上由各种型钢组成的钢结构安全性大，自重较轻，适用于大跨度和高层结构。钢筋与混凝土组成的钢筋混凝土结构，虽然自重大，但节省钢材，同时由于混凝土的保护作用，很大程度上克服了钢材易锈蚀、维修费用高的缺点，因而在建筑工程中广泛采用钢筋混凝土结构，钢筋是最重要的建筑材料之一。

6.1　概　述

6.1.1　钢材的冶炼

钢由生铁冶炼而成。钢与生铁的主要区分在于含碳量的大小。含碳量小于 2.06%的铁碳合金称为钢，含碳量大于 2.06%的铁碳合金称为生铁。

钢的冶炼将生铁在熔融状态下进行氧化，将含碳量降低到 2.06%以下，使磷、硫等其他杂质也减少到某一规定数值，再加入脱氧剂(锰铁、硅铁、铝等)进行脱氧冶炼。冶炼方法不同，可以得到质量不同的钢材。常用的炼钢方法有转炉法、平炉法和电炉法三种。

6.1.2　钢材的分类

在冶炼钢的过程中，由于氧化作用使部分铁被氧化，并残留在钢水中，降低了钢的质量。因此，在炼钢后期精炼时，要进行脱氧处理。在炉内或钢包中加入脱氧剂(锰铁、硅铁、铝锭等)进行脱氧，使氧化铁还原为金属铁，这种操作工艺称为脱氧。钢材脱氧程度不同，形成不同钢种，分别为沸腾钢、镇静钢、半镇静钢和特殊镇静钢。

按钢中的化学成分不同，钢材可以分为碳素钢和合金钢两大类。按钢中有害杂质磷(P)和硫(S)含量的多少，钢材可分为普通钢、优质钢、高级优质钢、特级优质钢四类；按用途不同分类，可分为建筑钢、结构钢、工具钢、特殊性能钢(如不锈钢、耐酸钢、耐碱钢、磁钢)等。

6.1.3　建筑钢材的技术性能

钢材的主要性能包括力学性能和工艺性能两个方面。力学性能是其主要技术性能，它对结构的科学性、合理性、安全性和经济性起着决定性的作用。

6.1.3.1　力学性能

钢材的力学性能主要包括拉伸性能、冲击韧性、伸长率和耐疲劳性能等。

1.拉伸性能

拉伸是建筑钢材的主要受力形式，所以拉伸性能是表示钢材性能和选用钢材的重要指标。将低碳钢（软钢）制成一定规格的试件，放在材料试验机上进行拉伸试验，可以测得屈服强度、抗拉强度和断后伸长率，这些是钢材拉伸性能的重要指标。

2.冲击韧性

冲击韧性是指钢材抵抗冲击荷载作用而不被破坏的能力。钢材的冲击韧性是通过标准试件的弯曲冲击试验确定的，以有刻槽的标准试件，在冲击试验机的一次摆锤冲击下，破坏后缺口处单位面积上所消耗的功（J/cm^2）来表示，其符号为α_K。α_K值越大，冲击韧性越好。对于经常受较大冲击荷载作用的结构，要选用α_K值大的钢材。

3.伸长率

伸长率是衡量钢材塑性的一个重要指标，δ 越大，说明钢材的塑性越好。而一定的塑性变形能力，可保证应力重新分布，避免应力集中，从而钢材用于结构的安全性越大。

4.耐疲劳性能

钢材在交变荷载的反复作用下，往往在最大应力远小于其抗拉强度时就发生破坏，这种现象称为钢材的疲劳性。疲劳破坏的危险应力用疲劳强度（或称疲劳极限）来表示，它是指疲劳试验时试件在交变应力作用下，于规定的周期基数内不发生断裂所能承受的最大应力。钢材耐疲劳强度的大小与其内部组织、成分偏析及各种缺陷有关。

6.1.3.2　工艺性能

良好的工艺性能，可以保证钢材顺利通过各种加工，而使钢材制品的质量不受影响。冷弯和焊接性能均是建筑钢材的重要工艺性能。

1.冷弯性能

冷弯性能是指钢材在常温下承受弯曲变形的能力。钢材的冷弯性能指标是以试件弯曲的角度和弯心直径对试件厚度（或直径）的比值（$\frac{d}{a}$）来表示的。钢材的冷弯试验是通过直径（或厚度）为 a 的试件，采用标准规定的弯心直径 d（$d=na$），弯曲到规定的弯曲角（180°或 90°）时，试件的弯曲处不发生裂缝、裂断或起层，即认为冷弯性能合格。钢材弯曲时的弯曲角度愈大，弯心直径愈小，则表示其冷弯性能愈好。

2.焊接性能

在建筑工程中，各种型钢、钢板、钢筋及预埋件等需用焊接加工。钢结构有 90% 以上是焊接结构。焊接的质量取决于焊接工艺、焊接材料及钢材的焊接性能。钢材的可焊性是指钢材是否适应通常的焊接方法与工艺的性能。可焊性好的钢材易于用一般焊接方法和工艺施焊，焊口处不易形成裂纹、气孔、夹渣等缺陷；焊接后钢材的力学性能，特别是强度不低于原有钢材，硬脆倾向小。钢材可焊性能的好坏，主要取决于钢的化学成分。

6.2 技术指标

6.2.1 热轧光圆钢筋

根据现行国家标准《钢筋混凝土用钢 第 1 部分:热轧光圆钢筋》(GB/T 1499.1—2017)的规定,热轧光圆钢筋是指经热轧成型,横截面通常为圆形,表面光滑的成品钢筋。热轧光圆钢筋按屈服强度特征值为 300 级,钢筋牌号为 HPB300。

热轧光圆钢筋的公称直径范围为 6~22 mm,推荐的钢筋公称直径为 6 mm、8 mm、10 mm、12 mm、16 mm、20 mm。

6.2.1.1 公称横截面面积与理论质量

钢筋的公称横截面面积与理论质量见表 6-1。

表 6-1 钢筋的公称横截面面积与理论质量

公称直径(mm)	公称横截面面积(mm^2)	理论质量(kg/m)
6	28.27	0.222
8	50.27	0.395
10	78.54	0.617
12	113.1	0.888
14	153.9	1.21
16	201.1	1.58
18	254.5	2.00
20	314.2	2.47
22	380.1	2.98

注:表中理论质量按密度为 7.85 g/cm^3 计算。

6.2.1.2 截面形状及尺寸允许偏差

光圆钢筋的直径允许偏差:6~12 mm 公称直径的光圆钢筋直径允许偏差不超过±0.3 mm,14~22 mm 公称直径的光圆钢筋直径允许偏差不超过±0.4 mm,所有直径的光圆钢筋不圆度不超过 0.4 mm。

6.2.1.3 长度及允许偏差

(1)钢筋可按直条或盘卷交货,直条钢筋定尺长度应在合同中注明。

(2)按定尺长度交货的直条钢筋其长度允许偏差范围为 0~50 mm。

(3)直条钢筋的弯曲度应不影响正常使用,总弯曲度不大于钢筋总长度的 0.4%。钢筋端部应剪切正直,局部变形应不影响使用。

6.2.1.4 质量及允许偏差

(1)钢筋按实际质量交货,也可按理论质量交货。

(2)直条钢筋实际质量与理论质量的允许偏差为:公称直径 6~12 mm 的钢筋为±6%,公称直径 14~22 mm 的钢筋为±5%。

(3)按盘卷交货的钢筋,每根盘条质量应不小于 500 kg,每盘质量应不小于 1 000 kg。

6.2.1.5　牌号和化学成分

钢筋牌号及化学成分(熔炼分析)应符合表 6-2 的规定。

表 6-2　热轧光圆钢筋的化学成分

牌号	化学成分(质量分数)(%)不大于				
	C	Si	Mn	P	S
HPB300	0.25	0.55	1.50	0.045	0.045

6.2.1.6　力学性能和工艺性能

钢筋的屈服强度 R_{eL}、抗拉强度 R_m、断后伸长率 A、最大力总伸长率 A_{gt} 等力学性能特征值应符合表 6-3 的规定。表 6-3 所列各力学性能特征值,可作为交货检验的最小保证值。

表 6-3　热轧光圆钢筋的力学性能和工艺性能

牌号	下屈服强度 R_{eL}(MPa)	抗拉强度 R_m(MPa)	断后伸长率 A(%)	最大力总伸长率 A_{gt}(%)	冷弯试验 180° d—弯心直径 a—钢筋公称直径
	不小于				
HPB300	300	420	25	10.0	$d=a$

(1)对于没有明显屈服的钢筋,下屈服强度特征值 R_{eL} 应采用规定非比例延伸强度 $R_{P0.2}$。伸长率类型可从 A 或 A_{gt} 中选定,仲裁检验时采用 A_{gt}。

(2)按表 6-4 规定的弯芯直径弯曲 180°后,钢筋受弯曲部位表面不得产生裂纹。

6.2.1.7　表面质量

(1)钢筋应无有害的表面缺陷,按盘卷交货的钢筋应将头尾有害缺陷部分切除。

(2)试样可使用钢丝刷清理,清理后的重量、尺寸、横截面面积和拉伸性能满足本标准的要求,锈皮、表面不平整或氧化铁皮不作为拒收的理由。

(3)带有上述规定的缺陷以外的表面缺陷的试样不符合拉伸性能或弯曲性能要求时,则认为这些缺陷是有害的。

6.2.2　热轧带肋钢筋

根据国家现行标准《钢筋混凝土用钢 第 2 部分:热轧带肋钢筋》(GB/T 1499.2—2018)的规定,热轧带肋钢筋系指热轧成型,横截面通常为圆形,表面上带肋的混凝土结构用钢筋。热轧带肋钢筋按屈服特征值分为 400、500 和 600 级。普通热轧钢筋的牌号由 HRB+屈服强度特征值(或 HRB+屈服强度特征值+E)构成,共有 HRB400、HRB500、HRB600、HRB400E、HRB500E 五个牌号,细晶粒热轧钢筋的牌号由 HRBF+屈服强度特征值(或 HRBF+屈服强度特征值+E)构成,共有 HRBF400、HRBF500、HRBF400E、HRBF500E 四个牌号。

6.2.2.1 尺寸、外形、质量及允许偏差

1.公称直径范围及推荐直径

钢筋的公称直径范围为 6~50 mm。

2.带肋钢筋的表面形状及尺寸允许偏差

钢筋横肋设计原则应符合下列规定:横肋与钢筋轴线的夹角 β 不应小于 45°,当该夹角不大于 70°时,钢筋相对两面上横肋的方向应相反。横肋公称间距不得大于钢筋公称直径的 0.7 倍。横肋侧面与钢筋表面的夹角 α 不得小于 45°。钢筋相邻两面上横肋末端之间的间隙(包括纵肋宽度)总和不应大于钢筋公称周长的 20%。当钢筋公称直径不大于 12 mm 时,相对肋面积不应小于 0.055;公称直径为 14 mm 和 16 mm 时,相对肋面积不应小于 0.060;公称直径大于 16 mm 时,相对肋面积不应小于 0.065。带肋钢筋通常带有纵肋,也可不带纵肋。带肋钢筋采用月牙肋表面形状时,尺寸和允许偏差应符合规定。钢筋的实际质量与理论质量的偏差符合规定时,钢筋的内径偏差可不作为交货条件。不带纵肋的月牙肋钢筋,其内径尺寸可按规定做适当调整,但质量允许偏差仍应符合规定。

6.2.2.2 牌号和化学成分

钢筋牌号及化学成分和碳当量(熔炼分析)应符合表 6-4 的规定。根据需要,钢中还可以加入 V、Nb、Ti 等元素。

表 6-4 热轧带肋钢筋的牌号及化学成分

<table>
<tr><th rowspan="3">牌号</th><th colspan="5">化学成分(%)</th><th rowspan="2">碳当量
C_{eq}(%)</th></tr>
<tr><th>C</th><th>Si</th><th>Mn</th><th>P</th><th>S</th></tr>
<tr><th colspan="6">不大于</th></tr>
<tr><td>HRB400
HRBF400
HRB400E
HRBF400E</td><td rowspan="2">0.25</td><td rowspan="3">0.80</td><td rowspan="3">1.60</td><td rowspan="3">0.045</td><td rowspan="3">0.045</td><td>0.54</td></tr>
<tr><td>HRB500
HRBF500
HRB500E
HRBF500E</td><td>0.55</td></tr>
<tr><td>HRB600</td><td>0.28</td><td>0.58</td></tr>
</table>

6.2.2.3 力学性能

钢筋的下屈服强度 R_{eL}、抗拉强度 R_m、断后伸长率 A、最大力总伸长率 A_{gt} 等力学性能特征应符合表 6-5 的规定。表 6-5 中所列各力学性能特征值,可作为交货检验的最小保证值。

直径 28~40 mm 各牌号钢筋的断后伸长率 A 可降低 1%;直径大于 40 mm 各牌号钢筋的断后伸长率 A 可降低 2%。对于没有明显屈服强度的钢筋,下屈服强度特征值 R_{eL} 应采用规定塑性延伸强度 $R_{P0.2}$。伸长率类型可从 A 或 A_{gt} 中选定,但仲裁检验时应采用 A_{gt}。

表 6-5　热轧带肋钢筋的力学性能

<table>
<tr><th rowspan="2">牌号</th><th>下屈服强度
R_{eL}(MPa)</th><th>抗拉强度
R_{m}(MPa)</th><th>断后伸长率
A(%)</th><th>最大力
总伸长率
A_{gt}(%)</th><th>$\frac{R_{m}^{o}}{R_{eL}^{o}}$</th><th>$\frac{R_{eL}^{o}}{R_{eL}}$</th></tr>
<tr><th colspan="5">不小于</th><th>不大于</th></tr>
<tr><td>HRB400
HRBF400</td><td rowspan="2">400</td><td rowspan="2">540</td><td>16</td><td>7.5</td><td>—</td><td>—</td></tr>
<tr><td>HRB400E
HRBF400E</td><td>—</td><td>9.0</td><td>1.25</td><td>1.30</td></tr>
<tr><td>HRB500
HRBF500</td><td rowspan="2">500</td><td rowspan="2">630</td><td>15</td><td>7.5</td><td>—</td><td>—</td></tr>
<tr><td>HRB500E
HRBF500E</td><td>—</td><td>9.0</td><td>1.25</td><td>1.30</td></tr>
<tr><td>HRB600</td><td>600</td><td>730</td><td>14</td><td>7.5</td><td>—</td><td>—</td></tr>
</table>

注：R_{m}^{o} 为钢筋实测抗拉强度；R_{eL}^{o} 为钢筋实测屈服强度。

6.2.2.4　工艺性能

1.弯曲性能

按表 6-6 规定的弯心直径弯曲 180°后，钢筋受弯曲部位表面不得产生裂纹。

表 6-6　热轧带肋钢筋的弯曲性能　（单位：mm）

<table>
<tr><th>牌号</th><th>公称直径 d</th><th>弯心直径</th></tr>
<tr><td rowspan="3">HRB400
HRBF400
HRB400E
HRBF400E</td><td>6~25</td><td>$4d$</td></tr>
<tr><td>28~40</td><td>$5d$</td></tr>
<tr><td>>40~50</td><td>$6d$</td></tr>
<tr><td rowspan="3">HRB500
HRBF500
HRB500E
HRBF500E</td><td>6~25</td><td>$6d$</td></tr>
<tr><td>28~40</td><td>$7d$</td></tr>
<tr><td>>40~50</td><td>$8d$</td></tr>
<tr><td rowspan="3">HRB600</td><td>6~25</td><td>$6d$</td></tr>
<tr><td>28~40</td><td>$7d$</td></tr>
<tr><td>>40~50</td><td>$8d$</td></tr>
</table>

2.反向弯曲性能

对牌号带 E 的钢筋进行反向弯曲试验。经反向弯曲试验后，钢筋受弯曲部位表面不得产生裂纹。根据需方要求，其他牌号钢筋也可进行反向弯曲试验。可用反向弯曲试验代替弯曲试验。反向弯曲试验的弯曲压头直径比弯曲试验相应增加一个钢筋公称直径。

3.连接性能

钢筋的焊接、机械连接工艺及接头的质量检验与验收应符合相关标准的规定。HRBF500、HRBF500E 钢筋的焊接工艺应经试验确定。HRB600 钢筋推荐采用机械连接的方式进行连接。

6.2.2.5 表面质量

钢筋应无有害的表面缺陷。当经钢丝刷刷过的试样的重量、尺寸、横截面面积和拉伸性能不低于标准的要求,锈皮、表面不平整或氧化铁皮不作为拒收的理由。当带有上述规定的缺陷以外的表面缺陷的试样不符合力学性能或工艺性能要求时,则认为这些缺陷是有害的。

6.2.3 冷轧带肋钢筋

根据《冷轧带肋钢筋》(GB/T 13788—2017)的规定,冷轧带肋钢筋是指热轧圆盘条经冷轧后,在其表面带有沿长度方向均匀分布的横肋的钢筋。冷轧带肋钢筋按延性高低分为两类:冷轧带肋钢筋和高延性冷轧带肋钢筋。冷轧带肋钢筋的牌号由 CRB+钢筋的抗拉强度特征值构成。高延性冷轧带肋钢筋牌号由 CRB+抗拉强度特征值+H 组成。共有 CRB550、CRB650、CRB800、CRB600H、CRB680H、CRB800H 六个牌号。其中 CRB550、CRB600H 为普通钢筋混凝土用钢筋,CRB650、CRB800、CRB800H 为预应力混凝土用钢筋使用。

6.2.3.1 尺寸、外形、重量及允许偏差

1.公称直径范围

CRB550、CRB600H、CRB680H 钢筋的公称直径范围为 4~12 mm,CRB650、CRB800、CRB800H 及以上牌号钢筋的公称直径分别为 4 mm、5 mm、6 mm。

2.外形

钢筋表面横肋应符合以下规定:二面肋和三面肋钢筋横肋呈月牙形,四面肋横肋的纵截面应为月牙状并且不应与横肋相交。横肋沿钢筋横截面四周圈上均匀分布,其中二面肋钢筋有一面肋的倾角必须与另一面反向,三面肋钢筋一面肋的倾角必须与另两面反向;四面肋钢筋两相邻面横肋的倾角应与另两面横肋方向相反。二面肋和三面肋钢筋横肋中心线和钢筋纵肋轴线夹角 β 为 40°~60°;四面肋钢筋横肋轴线与钢筋轴线的夹角应为 40°~70°;对于两排肋之间的角度可以为 35°~75°;二面肋和三面肋钢筋横肋两侧和钢筋表面斜角 α 不得小于 45°,四面肋钢筋横肋两侧和钢筋表面斜角 α 不得小于 40°,横肋与钢筋表面呈弧形相交;二面肋和三面肋钢筋横肋间隙的总和应不大于公称周长的 20%,四面肋钢筋横肋间隙的总和应不大于公称周长的 25%。

6.2.3.2 力学性能和工艺性能

冷轧带肋钢筋的力学性能和工艺性能应符合表 6-7 的规定,当进行弯曲试验时,受弯曲部位表面不得产生裂纹。反复弯曲试验的弯曲半径应符合表 6-8 的规定。

表 6-7　力学性能和工艺性能

分类	牌号	规定塑性延伸强度 $\sigma_{p0.2}$（MPa）不小于	抗拉强度 R_m（MPa）不小于	$\frac{R_m}{R_{P0.2}}$ 不小于	断后伸长率（%）不小于		最大力总伸长率（%）不小于	弯曲试验 180°	反复弯曲次数	应力松弛率初始应力应相当于公称抗拉强度的 70%
					A	$A_{100\ mm}$	A_{gt}			1 000 h 松弛率（%）不大于
普通混凝土用	CRB550	500	550	1.05	11.0	—	2.5	$D=3d$	—	—
	CRB600H	540	600	1.05	14.0	—	5.0	$D=3d$	—	—
	CRB680H^{h}	600	680	1.05	14.0	—	5.0	$D=3d$	4	5
预应力混凝土用	CRB650	585	650	1.05	—	4.0	2.5	—	3	8
	CRB800	720	800	1.05	—	4.0	2.5	—	3	8
	CRB800H	720	800	1.05	—	7.0	4.0	—	4	5

注：1.D 为弯心直径，d 为钢筋公称直径。

2.当该牌号钢筋作为普通钢筋混凝土用钢筋使用时，对反复弯曲和应力松弛不做要求；当该牌号钢筋作为预应力混凝土用钢筋使用时，应进行反复弯曲试验代替 180°弯曲试验，并检测松弛率。

表 6-8　冷轧带肋钢筋的弯曲半径　　（单位：mm）

钢筋公称直径	4	5	6
弯曲半径	10	15	15

经供需双方协议，钢筋可用最大力总伸长率代替断后伸长率。供方在保证 1 000 h 松弛率合格基础上，允许使用推算法确定 1 000 h 松弛。

6.2.3.3　表面质量

钢筋表面不得有裂纹、折叠、结疤、油污及其他影响使用的缺陷，钢筋表面可有浮锈，但不得有锈皮及目视可见的麻坑等腐蚀现象。

6.2.4　碳素结构钢

根据《碳素结构钢》（GB/T 700—2006）的规定，碳素结构钢由代表屈服点的字母（Q）、屈服点数值、质量等级符号、脱氧方法符号四个部分按顺序组成。牌号共有 Q195、Q215、Q235、Q275 四个牌号；质量等级以硫、磷等杂质含量由多到少，分别以 A、B、C、D 符号表示，其中 A、B 为普通质量钢，C、D 为磷、硫杂质控制较严格的优质钢；脱氧方法以 F 表示沸腾钢，Z、TZ 表示镇静钢和特殊镇静钢，Z 和 TZ 在钢的牌号中可予以省略。

6.2.4.1　牌号和化学成分

碳素结构钢的牌号和化学成分（熔炼分析）应符合表 6-9 的规定。

表 6-9　碳素结构钢的牌号和化学成分

<table>
<tr><th rowspan="2">牌号</th><th rowspan="2">统一数字代号[a]</th><th rowspan="2">等级</th><th rowspan="2">厚度(或直径)(mm)</th><th rowspan="2">脱氧方法</th><th colspan="5">化学成分(质量分数)(%),不大于</th></tr>
<tr><th>C</th><th>Si</th><th>Mn</th><th>P</th><th>S</th></tr>
<tr><td>Q195</td><td>U11952</td><td>—</td><td>—</td><td>F、Z</td><td>0.12</td><td>0.30</td><td>0.50</td><td>0.035</td><td>0.040</td></tr>
<tr><td rowspan="2">Q215</td><td>U12152</td><td>A</td><td rowspan="2">—</td><td rowspan="2">F、Z</td><td rowspan="2">0.15</td><td rowspan="2">0.35</td><td rowspan="2">1.20</td><td rowspan="2">0.045</td><td rowspan="2">0.050</td></tr>
<tr><td>U12155</td><td>B</td></tr>
<tr><td rowspan="4">Q235</td><td>U12352</td><td>A</td><td rowspan="4">—</td><td rowspan="2">F、Z</td><td>0.22</td><td rowspan="4">0.35</td><td rowspan="4">1.40</td><td rowspan="2">0.045</td><td>0.045</td></tr>
<tr><td>U12355</td><td>B</td><td>0.20[b]</td><td>0.050</td></tr>
<tr><td>U12358</td><td>C</td><td>Z</td><td rowspan="2">0.17</td><td>0.040</td><td>0.040</td></tr>
<tr><td>U12359</td><td>D</td><td>TZ</td><td>0.035</td><td>0.035</td></tr>
<tr><td rowspan="5">Q275</td><td>U12752</td><td>A</td><td>—</td><td>F、Z</td><td>0.24</td><td rowspan="5">0.35</td><td rowspan="5">1.50</td><td>0.045</td><td>0.050</td></tr>
<tr><td rowspan="2">U12755</td><td rowspan="2">B</td><td>≤40</td><td rowspan="2">Z</td><td>0.21</td><td rowspan="2">0.045</td><td rowspan="2">0.045</td></tr>
<tr><td>>40</td><td>0.22</td></tr>
<tr><td>U12758</td><td>C</td><td rowspan="2">—</td><td>Z</td><td rowspan="2">0.20</td><td>0.040</td><td>0.040</td></tr>
<tr><td>U12759</td><td>D</td><td>TZ</td><td>0.035</td><td>0.035</td></tr>
</table>

注：a.表中为镇静钢、特殊镇静钢牌号的统一数字，沸腾钢牌号的统一数字代号如下：

Q195F—U11950；

Q215AF—U12150，Q215BF—U12153；

Q235AF—U12350，Q235BF—U12353；

Q275AF—U12750。

b.经需方同意，Q235B 的碳含量可不大于 0.22%。

6.2.4.2　力学性能

钢材的拉伸和冲击试验结果应符合表 6-10 的规定，弯曲试验结果应符合表 6-11 的规定。用 Q195 和 Q235B 级沸腾钢轧制的钢材，其厚度(或直径)不大于 25 mm。做拉伸和冷弯试验时，型钢和钢棒取纵向试样，钢板、钢带取横向试样，断后伸长率允许比表 6-10 降低 2%(绝对值)。窄钢带取横向试样如果受宽度限制，可以取纵向试样；如供方能保证冷弯试验符合表 6-11 的规定，可不做检验。A 级钢冷弯试验合格时，抗拉强度上限可以不作为交货条件。厚度不小于 12 mm 或直径不小于 16 mm 的钢材应做冲击试验，试样尺寸为 10 mm×10 mm×55 mm。经供需双方协议，厚度为 6~12 mm 或直径为 12~16 mm 的钢材可以做冲击试验，试样尺寸为 10 mm×7.5 mm×55 mm 或 10 mm×5 mm×55 mm 或 10 mm×产品厚度×55 mm。夏比(V 形缺口)冲击吸收功值按一组 3 个试样单值的算术平均值计算，允许其中 1 个试样的单个值低于规定值，但不得低于规定值的 70%。如果没有满足上述条件，可从同一抽样产品上再取 3 个试样进行试验，先后 6 个试样的平均值不得低于规定值，允许有 2 个试样低于规定值，但其中低于规定值 70%的试样只允许 1 个。

表 6-10　碳素结构钢的力学性能

牌号	等级	屈服强度[a] R_{eH}/(N/mm²)，不小于						抗拉强度[b] R_m (N/mm²)	断后伸长率 A(%)，不小于					冲击试验(V 形缺口)	
		厚度(或直径)(mm)							厚度(或直径)(mm)					温度(℃)	冲击吸收功(纵向)/J 不小于
		≤16	16~40	40~60	60~100	100~150	150~200		≤40	40~60	60~100	100~150	150~200		
Q195	—	195	185	—	—	—	—	315~430	33	—	—	—	—	—	—
Q215	A	215	205	195	185	175	165	335~450	31	30	29	27	26	—	—
	B													+20	27
Q235	A	235	225	215	215	195	185	370~500	26	25	24	22	21	—	—
	B													+20	27[c]
	C													0	
	D													-20	
Q275	A	275	265	255	245	225	215	410~540	22	21	20	18	17	—	—
	B													+20	27
	C													0	
	D													-20	

注：a.Q195 的屈服强度值仅供参考，不作为交货条件。

b.厚度不大于 100 mm 的钢材，抗拉强度下限允许降低 20 N/mm²。宽带钢(包括剪切钢板)抗拉强度上限不作为交货条件。

c.厚度小于 25 mm 的 Q235B 级钢材，如供方能保证冲击吸收功值合格，经需方同意，可不做检查。

表 6-11　碳素结构钢的冷弯试验指标

牌号	试样方向	冷弯试验 180°　$B=2a$[a]	
		钢材厚度(或直径)[b](mm)	
		≤60	60~100
		弯心直径 d	
Q195	纵	0	—
	横	$0.5a$	
Q215	纵	$0.5a$	$1.5a$
	横	a	$2a$
Q235	纵	a	$2a$
	横	$1.5a$	$2.5a$
Q275	纵	$1.5a$	$2.5a$
	横	$2a$	$3a$

注: a.B 为试样宽度,a 为试样厚度(或直径)。

b.钢材厚度(或直径)大于 100 mm 时,弯曲试验由双方协商确定。

6.2.5　低合金高强度结构钢

低合金高强度结构钢是在含碳量≤0.20%的碳素结构钢基础上,加入少量的合金元素发展起来的,强度高于碳素结构钢。根据国家标准《低合金高强度结构钢》(GB/T 1591—2018)的规定,低合金高强度结构钢的牌号由代表屈服点的拼音字母(Q)、规定的最小上屈服度数值、交货状态代号(交货状态为热轧时,交货状态代号 AR 或 WAR 可省略,交货状态为正火或正火轧制状态时,交货状态代号均用 N 表示)、质量等级符号(B、C、D、E、F)四个部分按顺序组成。

6.2.5.1　**牌号及化学成分**

热轧钢的牌号及化学成分(熔炼分析)应符合表 6-12 的规定。正火及正火轧制钢的牌号及化学成分(熔炼分析)应符合表 6-13 的规定。热机械轧制钢的牌号及化学成分(熔炼分析)应符合表 6-14 的规定。

钢中氮元素含量如供方保证,可做分析。由供需双方协议,钢中可添加表 6-12~表 6-14 规定以外的合金元素,其合金元素及其含量应在质量证明书中注明。

如果钢中加入 Al、Nb、V、Ti 等具有固氮作用的合金元素,氮元素含量不做限制,固氮元素含量应在质量证明书中注明。当需方要求保证厚度方向性能钢板时,硫含量应符合 GB/T 5313—2010 的规定。当需方要求进行成品化学成分分析时,则应进行成品分析,其化学成分允许偏差应符合 GB/T 222—2006 的规定。

6.2.5.2　**力学性能及工艺性能**

1.拉伸性能

热轧钢材的拉伸性能和伸长率应符合表 6-15 和表 6-16 的规定。正火、正火轧制钢材的拉伸性能应符合表 6-17 的规定。热机械轧制(TMCP)钢材的拉伸性能应符合表 6-18

表 6-12　热轧钢的牌号及化学成分

钢级	质量等级	化学成分(质量分数)(%)														
		C[a]		Si	Mn	P[c]	S[c]	Nb[d]	V[e]	Ti[e]	Cr	Ni	Cu	Mo	N[f]	B
		以下公称厚度或直径(mm)		不大于												
		≤40[b]	>40													
		不大于														
Q355	B	0.24		0.55	1.60	0.035	0.035	—	—	—	0.30	0.30	0.40	—	0.012	—
	C	0.20	0.22			0.030	0.030									
	D	0.20	0.22			0.025	0.025									
Q390	B	0.20		0.55	1.70	0.035	0.035	0.05	0.13	0.05	0.30	0.50	0.40	0.10	0.015	—
	C					0.030	0.030									
	D					0.025	0.025									
Q420	B	0.20		0.55	1.70	0.035	0.035	0.05	0.13	0.05	0.30	0.80	0.40	0.20	0.015	—
	C					0.030	0.030									
Q460	C	0.20		0.55	1.80	0.030	0.030	0.05	0.13	0.05	0.30	0.80	0.40	0.20	0.015	0.004

注:a.公称厚度大于 100 mm 的型钢,碳含量可由供需双方协商确定。

b.公称厚度大于 30 mm 的钢材,碳含量不大于 0.22%。

c.对于型钢和棒材,其磷和硫含量上限值可提高 0.005%。

d.Q390、Q420 最高可到 0.07%,Q460 最高可到 0.11%。

e.最高可到 0.20%。

f.如果钢中酸溶铝 Als 含量不小于 0.015%或全铝 Als 含量不小于 0.020%,或添加了其他固氮合金元素,氮元素含量不作限制,固氮元素应在质量证明书中注明。

g.仅适用于型钢和棒材。

表 6-13　正火、正火轧制钢的牌号及化学成分

牌号		化学成分(质量分数)(%)														
钢级	质量等级	C	Si	Mn	P[a]	S[a]	Nb	V	Ti[c]	Cr	Ni	Cu	Mo	N	Als[d]
		不大于			不大于					不大于					不小于
Q355N	B	0.20	0.50	0.90~1.65	0.035	0.035	0.005~0.05	0.01~0.12	0.006~0.05	0.30	0.50	0.40	0.10	0.015	0.015
	C				0.030	0.030									
	D				0.030	0.025									
	E	0.18			0.025	0.020									
	F	0.16			0.020	0.010									
Q390N	B	0.20	0.50	0.90~1.70	0.035	0.035	0.01~0.05	0.01~0.20	0.006~0.05	0.30	0.50	0.40	0.10	0.015	0.015
	C				0.030	0.030									
	D				0.030	0.025									
	E				0.025	0.020									
Q420N	B	0.20	0.60	1.00~1.70	0.035	0.035	0.01~0.05	0.01~0.20	0.006~0.05	0.30	0.80	0.40	0.10	0.015	0.015
	C				0.030	0.030									
	D				0.030	0.025								0.025	
	E				0.025	0.020									
Q460N[b]	C	0.20	0.60	1.00~1.70	0.030	0.030	0.01~0.05	0.01~0.20	0.006~0.05	0.30	0.80	0.40	0.10	0.015	0.015
	D				0.030	0.025								0.025	
	E				0.025	0.020									

注:钢中至少含有铝、铌、钒、钛等细化晶粒元素中的一种,单独或组合加入时,应保证其中至少一种合金元素含量不小于表中规定含量的下限。

a.对于型材及棒材,硫和磷含量上限可提高 0.005%。

b.(Nb+V+Ti) ≤ 0.22%,Mo+Cr≤ 0.30%。

c.最高可到 0.20%。

d.可用全铝 Alt 替代,此时全铝最小含量为 0.020%。当钢中添加了铌、钒、钛等细化晶粒元素且含量不小于表中规定含量的下限时,铝含量下限值不限。

表 6-14　热机械轧制钢的牌号及化学成分

牌号		化学成分（质量分数）(%)														
钢级	质量等级	C	Si	Mn	P[a]	S[a]	Nb	V	Ti[b]	Cr	Ni	Cu	Mo	N	B	Als[c]
		不大于														不小于
Q355M	B	0.14[d]	0.50	1.60	0.035	0.035	0.01~0.05	0.01~0.10	0.006~0.05	0.30	0.50	0.40	0.10	0.015	—	0.015
	C				0.030	0.030										
	D				0.030	0.025										
	E				0.025	0.020										
	F				0.020	0.010										
Q390M	B	0.15[d]	0.50	1.70	0.035	0.035	0.01~0.05	0.01~0.12	0.006~0.05	0.30	0.50	0.40	0.10	0.015	—	0.015
	C				0.030	0.030										
	D				0.030	0.025										
	E				0.025	0.020										
Q420M	B	0.16[d]	0.50	1.70	0.035	0.035	0.01~0.05	0.01~0.12	0.006~0.05	0.30	0.80	0.40	0.20	0.015	—	0.015
	C				0.030	0.030										
	D				0.030	0.025								0.025		
	E				0.025	0.020										
Q460M	C	0.16[d]	0.60	1.70	0.030	0.030	0.01~0.05	0.01~0.12	0.006~0.05	0.30	0.80	0.40	0.20	0.015	—	0.015
	D				0.030	0.025								0.025		
	E				0.025	0.020										
Q500M	C	0.18	0.60	1.80	0.030	0.030	0.01~0.11	0.01~0.12	0.006~0.05	0.60	0.80	0.55	0.20	0.015	0.004	0.015
	D				0.030	0.025								0.025		
	E				0.025	0.020										
Q550M	C	0.18	0.60	2.00	0.030	0.030	0.01~0.11	0.01~0.12	0.006~0.05	0.80	0.80	0.80	0.30	0.015	0.004	0.015
	D				0.030	0.025								0.025		
	E				0.025	0.020										

续表 6-14

钢级	质量等级	C	Si	Mn	P[a]	S[a]	Nb	V	Ti[b]	Cr	Ni	Cu	Mo	N	B	Als[c]
		化学成分(质量分数)(%)														
		不大于														不小于
Q620M	C	0.18	0.60	2.60	0.030	0.030	0.01~0.11	0.01~0.12	0.006~0.05	1.00	0.80	0.80	0.30	0.015	0.004	0.015
Q620M	D	0.18	0.60	2.60	0.030	0.025	0.01~0.11	0.01~0.12	0.006~0.05	1.00	0.80	0.80	0.30	0.025	0.004	0.015
Q620M	E	0.18	0.60	2.60	0.025	0.020	0.01~0.11	0.01~0.12	0.006~0.05	1.00	0.80	0.80	0.30	0.025	0.004	0.015
Q690M	C	0.18	0.60	2.00	0.030	0.030	0.01~0.11	0.01~0.12	0.006~0.05	1.00	0.80	0.80	0.30	0.015	0.004	0.015
Q690M	D	0.18	0.60	2.00	0.030	0.025	0.01~0.11	0.01~0.12	0.006~0.05	1.00	0.80	0.80	0.30	0.025	0.004	0.015
Q690M	E	0.18	0.60	2.00	0.025	0.020	0.01~0.11	0.01~0.12	0.006~0.05	1.00	0.80	0.80	0.30	0.025	0.004	0.015

注：钢中至少含有铝、铌、钒、钛等细化晶粒元素中的一种，单独或组合加入时，应保证其中至少一种合金元素含量不小于表中规定含量的下限。

a.对于型材及棒材，硫和磷含量上限可提高 0.005%。

b.最高可到 0.20%。

c.可用全铝 Alt 替代，此时全铝最小含量为 0.020%。当钢中添加了铌、钒、钛等细化晶粒元素且含量不小于表中规定含量的下限时，铝含量下限值不限。

d.对于型钢和棒材，Q355M、Q390M、Q420M、Q460M 的最大碳含量可提高 0.02%。

表 6-15 热轧钢材的拉伸性能

钢级	质量等级	上屈服强度 R_{eH}[a](MPa)，不小于									抗拉强度 R_m(MPa)			
		公称厚度或直径(mm)												
		≤16	16~40	40~63	63~80	80~100	100~150	150~200	200~250	250~400	≤100	100~150	150~250	250~400
Q355	B、C	355	345	335	325	315	295	285	275	—	470~630	450~600	450~600	—
Q355	D	355	345	335	325	315	295	285	275	265[b]	470~630	450~600	450~600	450~600[b]
Q390	B、C、D	390	380	360	340	340	320	—	—	—	490~650	470~620	—	—
Q420[c]	B、C	420	410	390	370	370	350	—	—	—	520~680	500~650	—	—
Q460[c]	C	460	450	430	410	410	390	—	—	—	550~720	530~700	—	—

注：a.当屈服不明显时，可用规定塑性延伸强度 $R_{P0.2}$ 代替上屈服强度。

b.只适用于质量等级为 D 的钢板。

c.只适用于型钢和棒钢。

表 6-16　热轧钢材的伸长率

牌号		断后伸长率 A(%) 不小于						
钢级	质量等级	公称厚度或直径(mm)						
		试样方向	≤40	40~63	63~100	100~150	150~250	250~400
Q355	B、C、D	纵向	22	21	20	18	17	17[a]
		横向	20	19	18	18	17	17[a]
Q390	B、C、D	纵向	21	20	20	19	—	—
		横向	20	19	19	18	—	—
Q420[b]	B、C	纵向	20	19	19	19	—	—
Q460[b]	C	纵向	18	17	17	17	—	—

注:a 只适合质量等级为 D 的钢板。

b.只适用于型钢和棒材。

表 6-17　正火、正火轧制钢材的拉伸性能

牌号		上屈服强度 R_{eH}^{a}(MPa) 不小于								抗拉强度 R_m(MPa)			断后伸长率 A(%) 不小于					
钢级	质量等级	公称厚度或直径(mm)																
		≤16	16~40	40~63	63~80	80~100	100~150	150~200	200~250	≤100	100~200	200~250	≤16	16~40	40~63	63~80	80~200	200~250
Q355N	B、C、D、E、F	355	345	335	325	315	295	285	275	470~630	450~600	450~600	22	22	22	21	21	21
Q390N	B、C、D、E	390	380	360	340	340	320	310	300	490~650	470~620	470~620	20	20	20	19	19	19
Q420N	B、C、D、E	420	400	390	370	360	340	330	320	520~680	500~650	500~650	19	19	19	18	18	18
Q460N	C、D、E	460	440	430	410	400	380	370	370	540~720	530~710	510~690	17	17	17	17	17	16

注:正火状态包含正火加回火状态。

a.当屈服不明显时,可用规定塑性延伸强度 $R_{P0.2}$ 代替上屈服强度 R_{eH}。

表 6-18　热机械轧制（TMCP）钢材的拉伸性能

牌号		上屈服强度 R_{eH}^{a}（MPa）不小于						抗拉强度 R_m（MPa）					断后伸长率 A（%）不小于
钢级	质量等级	公称厚度或直径（mm）											
		≤16	16～40	40～63	63～80	80～100	100～120[b]	≤40	40～63	63～80	80～100	100～200[b]	
Q355M	B、C、D、E、F	355	345	335	325	325	320	470～630	450～610	440～600	440～600	430～590	22
Q390M	B、C、D、E	390	380	360	340	340	335	490～650	480～640	470～630	460～620	450～610	20
Q420M	B、C、D、E	420	400	390	380	370	365	520～680	500～660	480～640	470～630	460～620	19
Q460M	C、D、E	460	440	430	410	400	385	540～720	530～710	510～690	500～680	490～660	17
Q500M	C、D、E	500	490	480	460	450	—	610～770	600～760	590～750	540～730	—	17
Q550M	C、D、E	550	540	530	510	500	—	670～830	620～810	600～790	590～780	—	16
Q620M	C、D、E	620	610	600	580	—	—	710～880	690～880	670～860	—	—	15
Q690M	C、D、E	690	680	670	650	—	—	770～940	750～920	730～900	—	—	14

注：热机械轧制（TMCP）状态包含热机械轧制（TMCP）加回火状态。

a.当屈服不明显时，可用规定塑性延伸强度 $R_{P0.2}$ 代替上屈服强度 R_{eH}。

b.对于型钢和棒材，厚度或直径不大于 150 mm。

的规定。根据需方要求，并在合同中注明，要求钢板厚度方向性能时，钢材厚度方向的端面收缩率应按 GB/T 5313—2010 的规定。对于公称宽度不小于 600 mm 的钢板及钢带，拉伸试验取横向试样，其他钢材的拉伸试验取纵向试样。

2.冲击韧性

夏比(V 形)冲击试验的试验温度和冲击吸收能量应符合表 6-19 的规定。公称厚度不小于 6 mm 或直径不小于 12 mm 的钢材应做冲击试验，冲击试样尺寸取 10 mm×10 mm×55 mm的标准试样；当钢材不足以制取标准试样时，应采用 10 mm×7.5 mm×55 mm 或 10 mm×5 mm×55 mm 的小尺寸试样，冲击吸收能量应分别为不小于表 6-19 规定值的 75%或 50%，优先采用较大尺寸试样。

3.弯曲性能

根据需方要求，钢材可进行弯曲试验，其指标应符合表 6-20 的规定，如供方能保证弯曲试验合格，可不做检验。

6.3　取样及加工

6.3.1　线材的取样

6.3.1.1　取样规则

对于热轧光圆钢筋和热轧带肋钢筋，按照 GB/T 1499.1—2017 和 GB/T 1499.2—2018 的规定应按批进行检查和验收，每批由同一牌号、同一炉罐号、同一尺寸的钢筋组成。每批质量通常不超过 60 t；超过 60 t 的部分，每增加 40 t(或不足 40 t 的余数)增加一个拉伸试验试样和一个弯曲试验试样。

允许同一牌号、同一冶炼方法、同一浇筑方法的不同炉罐号组成混合批。各炉罐号含碳量之差不大于 0.02%，含锰量之差不大于 0.15%。混合批的质量不大于 60 t。

对于低碳钢热轧圆盘条按照 GB/T 701—2008 的规定，每批由同一牌号、同一炉号、同一尺寸的盘条组成。

对于冷轧带肋钢筋按照 GB/T 13788—2017 的规定，每批应有同一外形、同一规格、同一生产工艺和同一交货状态的钢筋组成，每批不大于 60 t。

对于冷拔低碳钢丝，应按照成批进行检查和验收，每批冷拔低碳钢丝应由同一钢厂、同一钢号、同一总压缩率、同一直径组成，甲级冷拔低碳钢丝每批质量不大于 30 t，乙级冷拔低碳钢丝每批质量不大于 50 t。

6.3.1.2　取样要求

各种钢筋的取样要求应符合相关规范规定，具体如表 6-21～表 6-24 所示。

(1)热轧光圆钢筋(GB/T 1499.1—2017)取样要求见表 6-21。

表 6-19　夏比(V 形)冲击试验的温度和吸收能量

牌号		以下试验温度的冲击吸收能量最小值 K_{V2}(J)									
钢级	质量等级	20 ℃		0 ℃		-20 ℃		-40 ℃		-60 ℃	
		纵向	横向	纵向	横向	纵向	横向	纵向	横向	纵向	横向
Q355、Q390、Q420	B	34	27	—	—	—	—	—	—	—	—
Q355、Q390、Q420、Q460	C	—	—	34	27	—	—	—	—	—	—
Q355、Q390	D		—	—	—	34[a]	27[a]	—	—	—	—
Q355N、Q390N、Q420N	B	34	27	—	—	—	—	—	—	—	—
Q355N、Q390N、Q420N、Q460N	C	—	—	34	27	—	—	—	—	—	—
	D	55	31	47	27	40[h]	20	—	—	—	—
	E	63	40	55	34	47	27	31[c]	20[c]	—	—
Q355N	F	63	40	55	34	47	27	31	20	27	16
Q355M、Q390M、Q420M	B	34	27	—	—	—	—	—	—	—	—
Q355M、Q390M、Q420M、Q460M	C	—	—	34	27	—	—	—	—	—	—
	D	55	31	47	27	40[b]	20	—	—	—	—
	E	63	40	55	34	47	27	31[c]	20[c]		
Q355M	F	63	40	55	34	47	27	31	20	27	16
Q500M、Q550M、Q620M、Q690M	C	—	—	55	34	—	—	—	—	—	—
	D	—	—	—	—	47[h]	27	—	—	—	—
	E	—	—	—	—	—	—	31[c]	20[c]	—	—

注: 当需方未指定试验温度时,正火、正火轧制和热机械轧制的 C、D、E、F 级钢材分别做 0 ℃、-20 ℃、-40 ℃、-60 ℃冲击。

a.仅适用于厚度大于 250 mm 的 Q355D 钢板。

b.当需方指定时,D 级钢可做-30 ℃冲击试验时,冲击吸收能量纵向不小于 27 J。

c.当需方指定时,E 级钢可做-50 ℃冲击时,冲击吸收能量纵向不小于 27 J、横向不小于 16 J。

表 6-20　弯曲试验

试样方向	180°弯曲试验	
	公称厚度或直径(mm)	
	≤16	16~100
对于公称宽度不小于 600 mm 的钢板及钢带,拉伸试验取横向试样;其他钢材的拉伸试验取纵向试样	$D=2a$	$D=3a$

注: D 为弯曲压头直径,a 为试样厚度或直径。

表 6-21　热轧光圆钢筋取样要求

序号	检验项目	取样数量	取样方法	试验方法
1	化学分析（熔炼分析）	1	GB/T 20066—2006	GB/T 223、GB/T 4336—2016、GB/T 20123—2006、GB/T 20125—2006
2	拉伸	2	不同根（盘）钢筋切取	GB/T 28900—2012、GB/T 1499.1—2017
3	冷弯	2	不同根（盘）钢筋切取	GB/T 28900—2012、GB/T 1499.1—2017
4	尺寸	逐支（盘）	—	GB/T 1499.1—2017
5	表面	逐支（盘）	—	目视
6	重量偏差	GB/T 1499.1—2017		

（2）热轧带肋钢筋（GB/T 1499.2—2018）取样要求见表 6-22。

表 6-22　热轧带肋钢筋取样要求

序号	检验项目	取样数量	取样方法	试验方法
1	化学分析（熔炼分析）	1	GB/T 20066	GB/T 223、GB/T 4336—2016、GB/T 20123—2006、GB/T 20124—2006、GB/T 20125—2006
2	拉伸	2	不同根（盘）钢筋切取	GB/T 28900—2012 和 GB/T 1499.2—2018
3	弯曲	2	不同根（盘）钢筋切取	GB/T 28900—2012 和 GB/T 1499.2—2018
4	反向弯曲	1	任 1 根（盘）钢筋切取	GB/T 28900—2012 和 GB/T 1499.2—2018
5	尺寸	逐根（盘）	—	GB/T 1499.2—2018
6	表面	逐根（盘）	—	目视
7	重量偏差	GB/T 1499.2—2018		
8	金相组织	2	不同根（盘）钢筋切取	GB/T 13298—2015

（3）低碳钢圆盘条（GB/T 701—2008）取样要求见表 6-23。

表 6-23　低碳钢圆盘条取样要求

序号	检验项目	取样数量	取样方法	试验方法
1	化学分析（熔炼分析）	1 个/炉	GB/T 20066—2006	GB/T 223、GB/T 4336—2016、GB/T 20123—2006
2	拉伸	2 个/批	GB/T 2975—2018	GB/T 228.1—2010
3	弯曲	2 个/批	不同根盘条、GB/T 2975—2018	GB/T 232—2010
4	尺寸	逐盘		千分尺、游标卡尺
5	表面			目视

表 6-24　冷轧带肋钢筋取样要求

序号	检验项目	取样数量	取样方法	试验方法
1	拉伸试验	每盘 1 个	在每(任)盘中随机切取	GB/T 21839—2019、GB/T 28900—2012
2	弯曲试验	每批 2 个		GB/T 28900—2012
3	反复弯曲试验	每批 2 个		GB/T 21839—2019
4	应力松弛试验	定期 1 个		GB/T 21839—2019 和 GB/T 13788
5	尺寸	逐盘或逐根	—	GB/T 13788
6	表面	逐盘或逐根	—	目视
7	重量偏差	GB/T 13788		

(4)冷轧带肋钢筋(GB/T 13788—2017)取样要求。

(5)冷拔低碳钢丝。

冷拔低碳钢丝的检查项目有表面质量、直径、抗拉强度、断后伸长率及反复弯曲次数。表面质量应逐盘进行检查,直径每批抽查数量不少于 5 盘。甲级冷拔低碳钢丝抗拉强度、断后伸长率及反复弯曲次数应逐盘进行检验;乙级冷拔低碳钢丝抗拉强度、断后伸长率及反复弯曲次数每批抽查数量不少于 3 盘。

6.3.1.3　试样加工

通常具有恒定横截面的线材可以未经机械加工而直接截取试样进行试验,取样规格应符合表 6-25 的要求。

表 6-25　线材试样规格　　(单位:mm)

线材直径	拉伸试样长度	弯曲试样长度	反复弯曲试样长度
4~20	300~400	250	150~250
22~32	350~450	300	—

6.3.2　非线材的取样及加工

6.3.2.1　钢管取样

钢管取样方法、检验数量、检验频率:以同牌号、同炉罐号、同规格、同交货状态,外径不大于 76 mm,并且壁厚不大于 3 mm 的钢管 400 根为一批;外径大于 351 mm 钢管,50 根为一批;其他尺寸的钢管 200 根为一批;剩余钢管的根数,如不少于上述规定的 50%,则单独列为一批;如少于上述规定的 50%,可并入同牌号、同炉罐号、同规格的相邻一批中。钢管取样要求应符合表 6-26 的规定。

表 6-26　钢管取样要求

序号	检验项目	取样数量	试件长度	说明
1	拉伸试验	每批在两根钢管上各取一个试样	不小于 450 mm	抗拉强度、屈服点、断后伸长率
2	弯曲试验	每批在两根钢管上各取一个试样	不小于 450 mm	对于外径不大于 22 mm 的钢管可做弯曲试验
3	压扁试验	每批在两根钢管上各取一个试样	不小于 450 mm	对于外径大于 22～400 mm 并且壁厚与外径比值不大于 10% 的钢管应进行压扁试验
4	扩口试验	每批在两根钢管上各取一个试样	不小于 450 mm	对壁厚不大于 8 mm 的钢管可做扩口试验

6.3.2.2　型钢试样要求

1. 型钢抽样批量、抽样抽取数量和抽取方法

每批交货的型钢必须附有证明该批型钢符合标准要求和订货合同的质量证明书。按批进行检查和验收。每批由同一牌号、同一炉罐号、同一等级、同一品种、同一尺寸、同一交货状态、同一进场时间的钢材组成。每批数量不得大于 60 t。每批取试件 2 个，其中一个拉伸试件，一个冷弯试件。试件应在外观及尺寸合格的钢材上切取。切取时应防止受热、加工硬化及变形而影响其力学及工艺性能。工字钢和槽钢应从腰高 1/4 处沿轧制方向（纵向）切取拉伸、冷弯试件。角钢和乙字钢应从腿长的 1/3 处切取。T 型钢应从腰高 1/3 处切取。

2. 试样的加工

通常，试样进行机加工，平行长度和夹持头部之间应以过渡弧连接，试样头部形状应适合于试验机夹头的夹持（见图 6-1）。夹持端和平行长度之间的过渡弧最小半径应为：圆形横截面试样 $\geqslant 0.75d_0$，其他试样 $\geqslant 12$ mm。

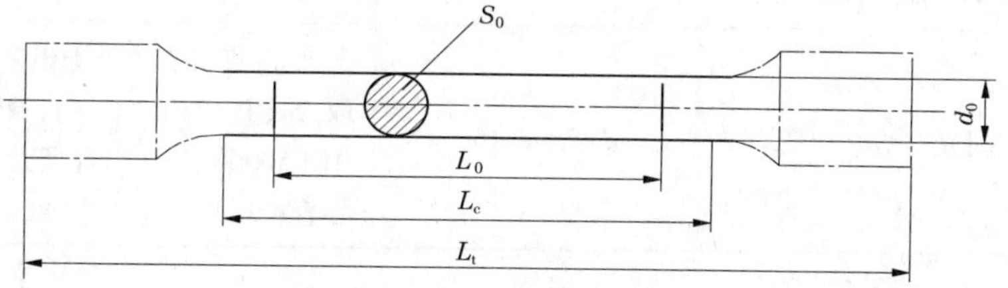

d_0—原始直径；L_0—原始标距；L_c—平行长度；
L_t—试样总长度；S_0—原始横截面面积

图 6-1　圆形横截面机加工试样

6.3.2.3　钢筋焊接接头试验取样

（1）不同焊接形式的焊接接头试样取样要求应符合表 6-27。

表 6-27　钢筋焊接接头的取样及要求

焊接接头形式	检验批组成	拉伸试样取样数量	弯曲试验取样数量
闪光对焊接头	在同一台班内，由同一焊工完成的 300 个同牌号、同直径焊接接头应作为一批。当同一台班内焊接的接头数量较少，可在一周之内累计计算，累计仍不足 300 个接头时，应按一批进行计算	每批钢筋接头中随机切取 3 个接头	每批接头中随机切取 3 个试样进行弯曲试验
电弧焊接头	在现浇混凝土结构中，以 300 个同牌号、同形式接头作为一批；在房屋结构中，应在不超过二楼层中 300 个同牌号、同形式接头作为一批，不足仍按一批计算	每批钢筋接头中随机切取 3 个接头	不做弯曲试验
电渣压力焊接头		在墙竖向钢筋、梁板水平钢筋中随机切取 3 个接头	在梁板水平钢筋中随机切取 3 个接头
气压焊接头			
预埋件钢筋 T 形接头	以 300 件同类型预埋件作为一批。一周内连续焊接时，可累计计算。不足 300 件时仍按一批计算	每批钢筋接头中随机切取 3 个接头	不做弯曲试验

(2) 钢筋焊接试样取样最小长度应符合表 6-28 的要求。

表 6-28　钢筋焊接试样取样长度

试验种类	接头形式	试件最小长度	焊缝长 L_h 取值、弯心直径 d 取值
拉伸试件	电弧焊、双面搭接、双面帮条焊	$8a+L_h+240$	当钢筋直径为 a 时，焊缝长度取值：对于热轧光圆钢筋单面焊应大于或等于 $8a$；双面焊应大于或等于 $4a$；热轧带肋钢筋单面焊应大于或等于 $10a$；双面焊应大于或等于 $5a$
	单面搭接、单面帮条	$8a+L_h+240$	
	闪光对焊、电渣压力焊、气压焊	$8a+240$	
弯曲试件	闪光对焊、气压焊	$d+2.5a+150$	弯心直径：对于 HPB235 和 HPB300 取 $2a$，HRB335 取 $4a$，HRB400 取 $5a$，HRB500 取 $7a$。当直径大于 25 mm 时弯心直径增加 $1a$。弯曲角度均为 90°

6.4　钢材的常规项目质量检测技术

建筑钢材是建筑工程中不可缺少、用量最大的建筑材料。钢材的技术性能对于工程结构安全、工程造价和使用寿命等都具有重大的影响，因而建筑钢材的性能检测非常重要，应把它作为建筑材料质量控制的重点工作之一。

6.4.1　钢材的拉伸性能试验

6.4.1.1　试验目的

掌握《金属材料拉伸试验 第 1 部分:室温试验方法》(GB/T 228.1—2010),测定钢筋的屈服点、抗拉强度和伸长率,评定钢筋的强度等级。

6.4.1.2　试验原理

试验是用拉力拉伸试样,一般拉至断裂测定一项或几项力学性能。除非另有规定,试验一般在室温 10~35 ℃范围内进行,对温度要求严格的试验,试验温度应为(23±5)℃。

6.4.1.3　试样

1.形状与尺寸

1)一般要求

试样的形状与尺寸取决于要被试验的金属产品的形状与尺寸。通常从产品、压制坯或铸件切取样坯经机加工制成试样。但具有恒定横截面的产品(型材、棒材、线材等)和铸造试样(铸铁和铸造非铁合金)可以不经机加工而进行试验。

试样横截面可以为圆形、矩形、多边形、环形,特殊情况下可以为某些其他形状。原始标距与横截面面积有 $L_0 = k\sqrt{S_0}$ 关系的试样称为比例试样。国际上使用的比例系数 k 的值为 5.65。原始标距应不小于 15 mm。当试样横截面面积太小,以致采用比例系数 k 为 5. 65 的值不能符合这一最小标距要求时,可以采用较高的值(优先采用 11.3 的值)或采用非比例试样。非比例试样其原始标距L_0与原始横截面积S_0无关。

2)机加工试样

如试样的夹持端与平行长度的尺寸不相同,它们之间应以过渡弧连接。此弧的过渡半径的尺寸可能很重要,应符合相关产品标准中规定。试样夹持端的形状应适合试验机的夹头。试样轴线应与力的作用线重合。试样平行长度 L_c或试样不具有过渡弧时夹头间的自由长度应大于原始标距L_0。

3)不经机加工的试样

如试样为未经机加工的产品或试棒的一段长度,两夹头间的自由长度应足够,以使原始标距的标记与夹头有合理的距离。铸造试样应在其夹持端和平行长度之间以过渡弧连接。此弧的过渡半径的尺寸可能很重要,应符合相关产品标准中规定。试样夹持端的形状应适合于试验机的夹头。平行长度 L_c应大于原始标距L_0。

2.试样类型

按产品的形状,试样的主要类型见表 6-29。

6.4.1.4　原始横截面面积的测定

宜在试样平行长度中心区域以足够的点数测量试样的相关尺寸。原始横截面面积S_0是平均横截面面积,应根据测量的尺寸计算。原始横截面面积的计算准确度依赖于试样本身的特性和类型。

表 6-29　试样的主要类型　　（单位：m）

产品类型	
薄板-板材-扁材 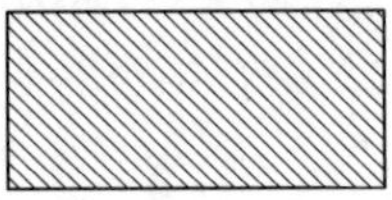 厚度a	线材 —— 棒材 —— 型材 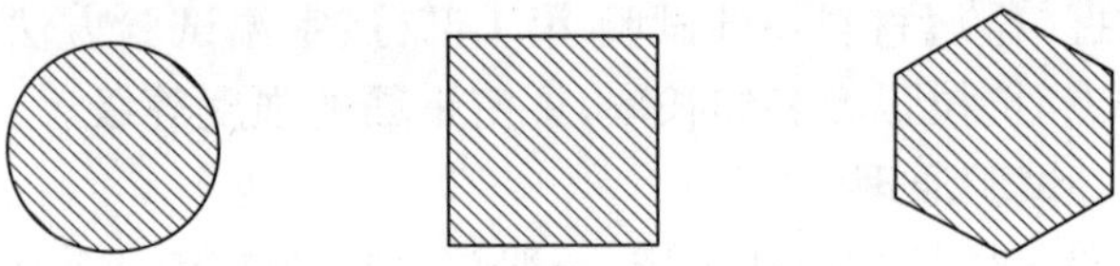 直径或边长
$0.1 \leqslant a<3$	—
—	<4
$a \geqslant 3$	≥4
管材	

6.4.1.5　原始标距的标记

应用小标记、细划线或细墨线标记原始标距，但不得用引起过早断裂的缺口做标记。

对于比例试样，如果原始标距的计算值与其标记值之差小于 $10\%L_0$，可将原始标距的计算值按 GB/T 8170—2008 修约至最接近 5 mm 的倍数。原始标距的标记应准确到±1%。如平行长度 L_c 比原始标距长许多，例如不经机器加工的试样，可以标记一系列套叠的原始标距。有时，可以在试样表面画一条平行于试样纵轴的线，并在此线上标记原始标距。

6.4.1.6　试验设备的精确度

试验机的测力系统应按照 GB/T 16825.1—2008 进行校准，并且其准确度应为 1 级或优于 1 级。引伸计的准确度级别应符合 GB/T 12160—2002 的要求。测定上屈服强度、下屈服强度、屈服点延伸率、规定塑性延伸强度、规定总延伸强度、规定残余延伸强度，以及规定残余延伸强度的验证试验，应使用不劣于 1 级准确度的引伸计；测定其他具有较大延伸率的性能，例如抗拉强度、最大力总延伸率和最大力塑性延伸率、断裂总延伸率，以及断后伸长率，应使用不劣于 2 级准确度的引伸计。计算机控制拉伸试验机应满足 GB/T 22066—2008 中的要求。

6.4.1.7　试验步骤

1.设定试验力零点

在试验加载链装配完成后，试样两端被夹持之前，应设定力测量系统的零点。一旦设定了力值零点，在试验期间力测量系统不能再发生变化。这一方面是为了确保夹持系统的重量在测力时得到补偿，另一方面是为了保持夹持过程中产生的力不影响力值的测量。

2.试样的夹持方法

应使用例如楔形夹头、螺纹夹头、平推夹头、套环夹具等合适的夹具夹持试样。应尽最大努力确保夹持的试样受轴向拉力的作用，尽量减小弯曲。这对试验脆性材料或测定规定塑性延伸强度、规定总延伸强度、规定残余延伸强度或屈服强度时尤为重要。为了得到直的试样和确保试样与夹头对中，可以施加不超过规定强度或与其屈服强度的 5% 相应的预拉力，宜对预拉力的延伸影响进行修正。

3.应力速率控制的试验速率

试验的速率取决于材料特性并应符合下列要求。如果没有其他规定,在应力达到规定屈服强度的一半之前,可以采用任意的试验速率。超过这点以后的试验速率应满足下述规定。

(1)上屈服强度 R_{eH} 试验时,在弹性范围和直至上屈服强度,试验机夹头的分离速率应尽可能保持恒定并在表6-30规定的应力速率范围内。

表6-30　应力速率

材料弹性模量 E(MPa)	应力速率 R(MPa/s)	
	最小	最大
<150 000	2	20
≥150 000	6	60

(2)下屈服强度 R_{eL} 试验时,如仅测定下屈服强度,在试样平行长度的屈服期间应变速率应在0.000 25~0.002 5 s^{-1}。平行长度内的应变速率应尽可能保持恒定。如不能直接调节这一应变速率,应通过调节屈服即将开始前的应力速率来调整,在屈服完成之前不再调整试验机的控制。任何情况下,弹性范围内的应力速率不得超过表6-30规定的最大速率。

4.屈服强度的测定

上屈服强度 R_{eH} 可以从力——延伸曲线或峰值力显示器上测得,定义为首次下降前的最大力值对应的应力。下屈服强度 R_{eL} 可以从力——延伸曲线上测得,定义为不计初始瞬时效应时屈服阶段中的最小力所对应的应力。对于上、下屈服强度位置判定的基本原则如下:

(1)屈服前的第1个峰值应力(第1个极大值应力)判为上屈服强度,不管其后的峰值应力比它大或比它小。

(2)屈服阶段中如呈现两个或两个以上的峰值应力,舍去第1个谷值应力(第1个极小值应力)不计,取其余谷值应力中最小者判为下屈服强度。如只呈现1个下降谷,此谷值应力判为下屈服强度。

(3)屈服阶段中呈现屈服平台,平台应力判为下屈服强度;如呈现多个而且后者高于前者的屈服平台,判第1个平台为下屈服强度。

(4)正确的判定结果应是下屈服强度一定低于上屈服强度。

5.抗拉强度的测定

将试样拉至断裂,从力——延伸曲线上测得试验中的最大力,或从测力计上读取最大力所对应的应力。

6.断后伸长率的测定

为了测定断后伸长率,应将试样断裂的部分仔细地配接在一起,使其轴线处于同一直线上,并采取特别措施确保试样断裂部分适当接触后测量试样断后标距。这对小横截面试样和低伸长率试样尤为重要。可按式(6-1)计算断后伸长率 A:

$$A = \frac{L_u - L_0}{L_0} \times 100\% \tag{6-1}$$

式中　A——断后伸长率(%)；

L_0——原始标距,mm；

L_u——断后标距,mm；

应使用分辨力足够的量具或测量装置测定断后伸长量(L_u-L_0),并精确到±0.25 mm。如规定的最小断后伸长率小于5%,建议采用特殊方法进行测定。原则上只有断裂处与最接近标距标记的距离不小于原始标距的1/3情况方为有效。但断后伸长率大于或等于规定值,不管断裂位置处于何处测量均为有效。如断裂处与最接近的标距标记的距离小于原始标距的1/3时,可采用移位法测定断后伸长率。

能用引伸计测定断裂延伸的试验机,引伸计标距应等于试样原始标距,无须标出试样原始标距的标记。以断裂时的总延伸作为伸长测量时,为了得到断后伸长率,应从总延伸中扣除弹性延伸部分。原则上,断裂发生在引伸计标距 L_e 以内方为有效,但断后伸长率等于或大于规定值,不管断裂位置处于何处测量均为有效。如产品标准规定用一固定标距测定断后伸长率,引伸计标距应等于这一标距。

7.断面收缩率的测定

将试样断裂部分仔细地配接在一起,使其轴线处于同一直线上。断裂后最下横截面面积的测定应准确到±2%。原始横截面面积与断后最小横截面面积之差除以原始横截面面积的百分率得到断面收缩率,按照式(6-2)计算。

$$Z = \frac{S_0 - S_u}{S_0} \times 100\% \tag{6-2}$$

式中　S_0——平行长度部分的原始横截面面积；

S_u——断后最小横截面面积。

8.试验结果数值的修约

试验测定的性能结果数值应按照相关产品标准的要求进行修约。如未规定具体要求,应按照如下要求进行修约：

(1)强度性能修约至1 MPa。

(2)屈服点延伸率修约至0.1%,其他延伸率和断后伸长率修约至0.5%。

(3)断面收缩率修约至1%。

6.4.2　钢材弯曲(冷弯)性能试验

6.4.2.1　试验目的

掌握《金属材料弯曲试验方法》(GB/T 232—2010),通过冷弯试验,对钢筋塑性进行严格检验,也间接测定钢筋内部的缺陷及可焊性。

6.4.2.2　试验原理

弯曲试验是以圆形、方形、矩形或多边形横截面试样在弯曲装置上经受弯曲塑性变形,不改变加力方向,直至达到规定的弯曲角度。弯曲试验时,试样两臂的轴线保持在垂直于弯曲轴的平面内。如为弯曲180°角的弯曲试验,按照相关产品标准的要求,可以将试样弯曲至两臂直接接触或两臂相互平行且相距规定距离，可使用垫块控制规定距离。

6.4.2.3　**试验设备**

1.一般要求

弯曲试验应在配备下列弯曲装置之一的试验机或压力机上完成：配有两个支辊和一个弯曲压头的支辊式弯曲装置，见图6-2；配有一个V形模具和一个弯曲压头的V形模具弯曲装置，见图6-3；虎钳式弯曲装置，见图6-4。

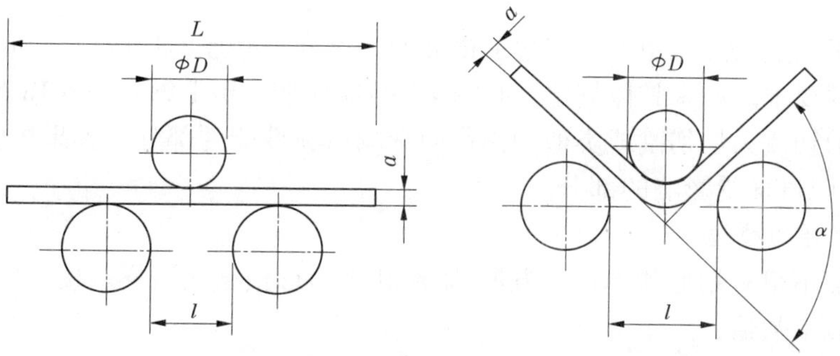

图6-2　支辊式弯曲装置

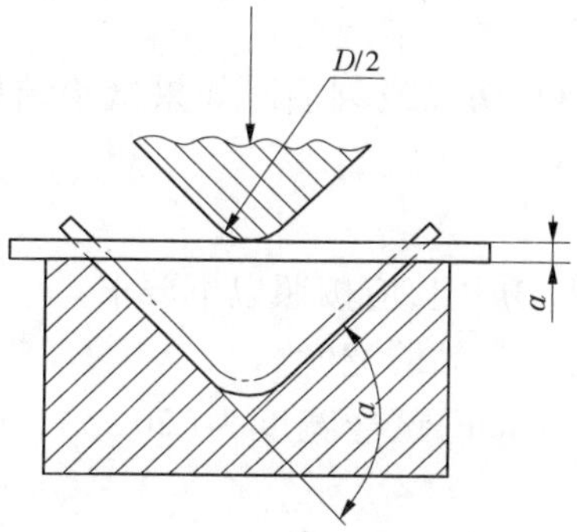

图6-3　V形模具式弯曲装置

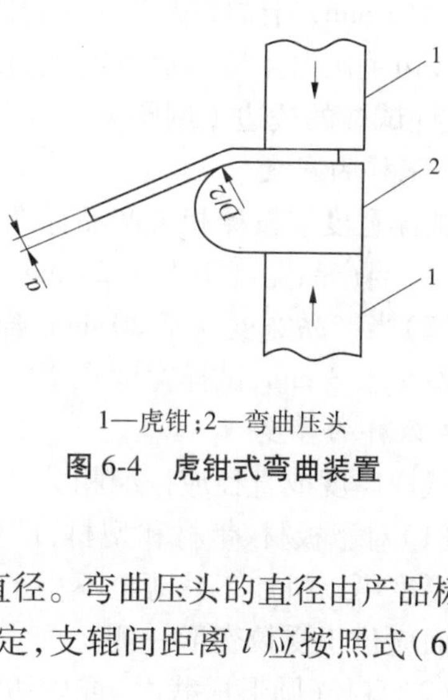

1—虎钳；2—弯曲压头

图6-4　虎钳式弯曲装置

2.支辊式弯曲装置

支辊长度和弯曲压头的宽度应大于试样宽度或直径。弯曲压头的直径由产品标准规定。支辊和弯曲压头具有足够的硬度。除非另有规定，支辊间距离 l 应按照式(6-3)确定。

$$l = (D + 3\alpha) \pm \frac{\alpha}{2} \tag{6-3}$$

式中　D——弯曲压头直径，mm；

α——试样厚度或直径（或多边形横截面内切圆直径），mm。

3.V形模具式弯曲装置

模具的V形槽其角度应为$(180°-\alpha)$，弯曲角度 α 应在相关产品标准中规定。模具的支承棱边应倒圆，其倒圆半径应为1~10倍试样厚度。模具和弯曲压头宽度应大于试样宽度或直径并应具有足够的硬度。

4.虎钳式弯曲装置

装置由虎钳及有足够硬度的弯曲压头组成,可以配置加力杠杆。弯曲压头直径应按照相关产品标准要求,弯曲压头宽度应大于试样宽度或直径。由于虎钳左端面的位置会影响测试结果,因此虎钳的左端面不能达到或者超过弯曲压头中心垂线。符合弯曲试验原理的其他弯曲装置(例如翻板式弯曲装置等)亦可使用。

6.4.2.4 **试样制备**

1.一般要求

试验使用圆形、方形、矩形或多边形横截面的试样。样坯的切取位置和方向应按照相关产品标准的要求。如未具体规定,对于钢产品应按照 GB/T 2975—2018 的要求。试样应去除由于剪切或火焰切割或类似的操作而影响材料性能的部分。如果试验结果不受影响,允许不去除试样受影响的部分。

2.矩形试样的棱边

试样表面不得有划痕和损伤。方形、矩形和多边形横截面试样的棱边应倒圆,倒圆半径不能超过以下数值:

(1)1 mm,当试样厚度小于 10 mm。

(2)1.5 mm,当试样厚度大于或等于 10 mm 且小于 50 mm。

(3)3 mm,当试样厚度不小于 50 mm。

棱边倒圆时不应形成影响试验结果的横向毛刺、伤痕或刻痕。如果试验结果不受影响,允许试样的棱边不倒圆。

3.试样的宽度

试样宽度应按照相关产品标准的要求,如未具体规定,应按照以下要求:

(1)当产品宽度不大于 20 mm 时,试样宽度为原产品的宽度。

(2)当产品宽度大于 20 mm,若产品厚度小于 3 mm,试样宽度为(20±5)mm;若产品厚度不小于 3 mm,试样宽度在 20~50 mm。

4.试样的厚度

试样厚度或直径应按照相关产品标准的要求,如未具体规定,应按照以下要求:

(1)对于板材、带材和型材,试样厚度应为原产品厚度。如果产品厚度大于 25 mm,试样厚度可以机加工减薄至不小于 25 mm,并保留一侧原表面。弯曲试验时,试样保留的原表面应位于受拉变形一侧。

(2)直径(圆形横截面)或内切圆直径(多边形横截面)不大于 30 mm 的产品,其试样横截面应为原产品的横截面。对于直径或多边形横截面内切圆直径超过 30 mm 但不大于 50 mm 的产品,可以将其机加工成横截面内切圆直径不小于 25 mm 的试样。直径或多边形横截面内切圆直径大于 50 mm 的产品,应将其机加工成横截面内切圆直径不小于 25 mm 的试样。试验时,试样未经机加工的原表面应置于受拉变形的一侧。

6.4.2.5 **试验步骤**

试验过程中应采取足够的安全措施和防护装置。试验一般在 10~35 ℃的室温范围内进行,如对温度要求严格的试验,其试验温度应为(23±5)℃。按照相关产品标准的规定,采取下列方法之一完成试验:

(1)试样在给定条件和力作用下弯曲至规定的弯曲角度。

(2)试样在力作用下弯曲至两臂相距规定的距离且相互平行。

(3)试样在力作用下弯曲至两臂直接接触。

试样弯曲至规定弯曲角度的试验,应将试样放于两支辊或 V 形模具上,试样轴线应与弯曲压头轴线垂直,弯曲压头在两支座之间的中点处对试样连续加力使其弯曲,直至达到规定的弯曲角度。弯曲角度 α 可以通过测量弯曲压头的位移计算得出。

可以采用试样一端固定,绕弯曲压头进行弯曲,可以绕过弯曲压头,直至达到规定的弯曲角度。

弯曲试验时,应当缓慢地施加弯曲力,以使材料能够自由地进行塑性变形。

当出现争议时,试验速率应为(1±0.2)mm/s。

使用上述方法如不能直接达到规定的弯曲角度,可将试样置于两平行压板之间(见图 6-5),连续施加力压其两端使进一步弯曲,直至达到规定的弯曲角度。

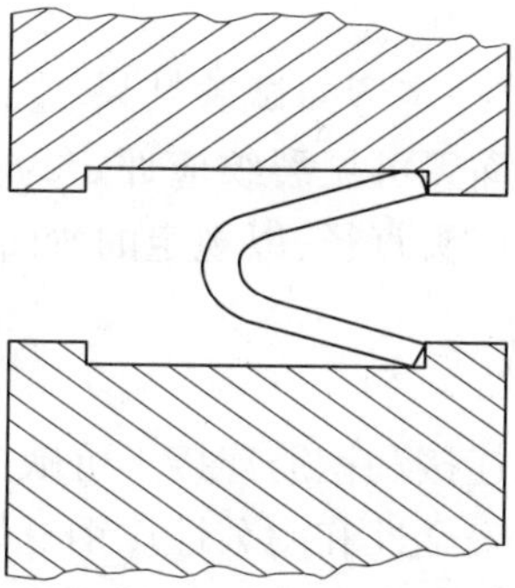

图 6-5　试样置于两平行压板之间

试样弯曲至两臂相互平行的试验,首先对试样进行初步弯曲,然后将试样置于两平行压板之间(见图 6-5),连续施加力压其两端使进一步弯曲,直至两臂平行(见图 6-6)。试验时可以加或不加内置垫块。垫块厚度等于规定的弯曲压头直径,除非产品标准中另有规定。

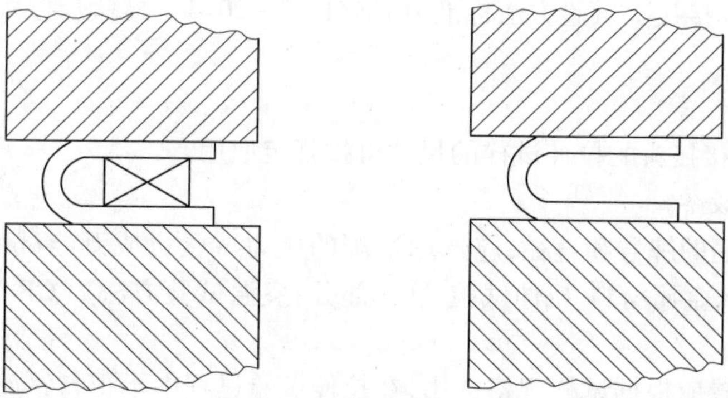

图 6-6　试样压至两臂平行

试样弯曲至两臂直接接触的试验,首先对试样进行初步弯曲,然后将试样置于两平行压板之间,连续施加力压其两端使进一步弯曲,直至两臂直接接触(见图6-7)。

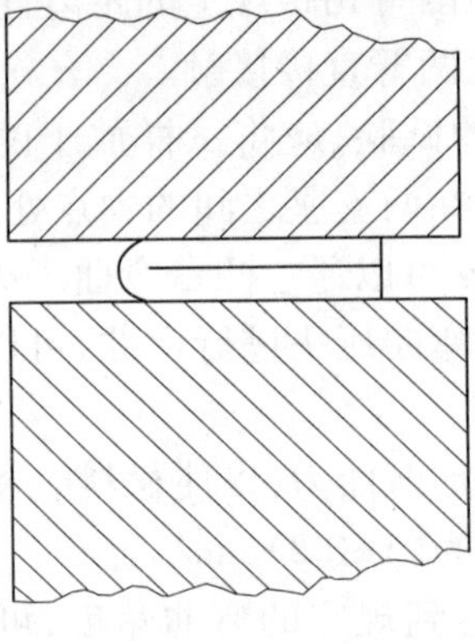

图6-7 两臂直接接触

6.4.2.6 试验结果评定

应按照相关产品标准的要求评定弯曲试验结果。如未规定具体要求,弯曲试验后不使用放大仪器观察,试样弯曲表面无可见裂纹应评定为合格。以相关产品标准规定的弯曲角度作为最小值;若规定弯曲压头直径,以规定的弯曲压头直径作为最大值。

6.4.3 钢筋焊接接头性能试验

焊接是钢结构制作、钢构件连接和钢筋连接不可缺少的工序,不仅关系到结构和构件的施工质量,而且关系到结构的安全性和耐久性。钢材焊接的方法主要有闪光对焊、箍筋闪光对焊、电弧焊、电渣压力焊、气压焊和预埋件埋弧压力焊等。钢材焊接的优点是构造简单,制造方便,易于自动化操作,不削弱构件的截面,节省材料,比较经济;但焊接后易产生焊接应力和焊接变形,从而会影响结构或构件的质量,因此必须对钢筋焊接接头的质量进行严格的检查。

6.4.3.1 钢筋焊接接头拉伸试验方法

1.试验目的

掌握《钢筋焊接接头试验方法标准》(GB/T 27—2014),检验焊接接头质量,准确评价焊接接头性能。

2.试样

各种钢筋焊接接头的拉伸试样的尺寸可按规定取用。

3.主要仪器设备

(1)根据钢筋的牌号和直径,应选用适配的拉力试验机或万能试验机。试验机应符合现行国家标准《金属材料 拉伸试验 第1部分:室温试验方法》(GB/T 228.1—2010)中的有关规定。

(2)夹紧装置应根据试样规格选用,在拉伸试验过程中不得与钢筋相对滑移,夹持长度可按试样直径确定。钢筋直径不大于20 mm时,夹持长度宜为70~90 mm;钢筋直径大于20 mm时,夹持长度宜为90~120 mm。

(3)预埋件钢筋T形接头拉伸试验夹具有两种,采用时,夹具拉杆(板)应夹紧于试验机的上钳口，试样的钢筋应穿过垫块（板）中心孔夹紧于试验机的下钳口内。

（4）钢筋电阻点焊接头剪切试验夹具有 3 种。

4.试验方法

（1）钢筋焊接接头的母材应符合国家现行标准《钢筋混凝土用钢 第 1 部分：热轧光圆钢筋》（GB/T 1499.1—2017）、《钢筋混凝土用钢 第 2 部分：热轧带肋钢筋》（GB/T 1499.2—2018）、《钢筋混凝土用余热处理钢筋》（GB 13014—2013）、《冷轧带肋钢筋》（GB/T 13788—2017）或《冷拔低碳钢丝应用技术规程》（JGJ 19—2010）的规定，并应按钢筋（丝）公称横截面面积计算，试验前可采用游标卡尺复核试样的钢筋直径和钢板厚度。有争议时，应按现行国家标准《混凝土结构工程施工质量验收规范》（GB 50204—2015）规定执行。

（2）对试样进行轴向拉伸试验时，加载应连续平稳，试验速率应符合现行国家标准《金属材料 拉伸试验 第 1 部分：室温试验方法》（GB/T 228.1—2010）中的有关规定，将试样拉至断裂（或出现颈缩），自动采集最大力或从测力盘上读取最大力，也可从拉伸曲线图上确定试验过程中的最大力。

5.试验结果评定

抗拉强度应按下式计算：

$$R_m = \frac{F_m}{S_0} \tag{6-4}$$

式中　R_m——抗拉强度，MPa；

F_m——最大力，N；

S_0——原始试样的钢筋公称横截面面积，mm^2。

试验结果数值应修约到 5 MPa，并应按现行国家标准《数值修约规则与极限值的表示和判定》（GB/T 8170—2008）执行。

6.4.3.2　钢筋焊接接头弯曲试验方法

1.试样

钢筋焊接接头弯曲试样的长度宜为两支棍内侧距离加 150 mm；两支棍内侧距离 l 应按下式确定，两支棍内侧距离 l 在试验期间应保持不变（见图 6-8）：

$$l = (D + 3a) \pm \frac{a}{2} \tag{6-5}$$

式中　l——两支棍内侧距离，mm；

D——弯曲压头直径，mm；

a——弯曲试样直径，mm。

试样受压面的金属毛刺和镦粗变形部分宜去除至与母材外表齐平。

2.试样设备

（1）钢筋焊接接头弯曲试验时，宜采用支辊式弯曲装置，并应符合现行国家标准《金属材料弯曲试验方法》（GB/T 232—2010）的有关规定。

（2）钢筋焊接接头弯曲试验可在压力机或万能试验机上进行，不得使用钢筋弯曲机对钢筋焊接接头进行弯曲试验。

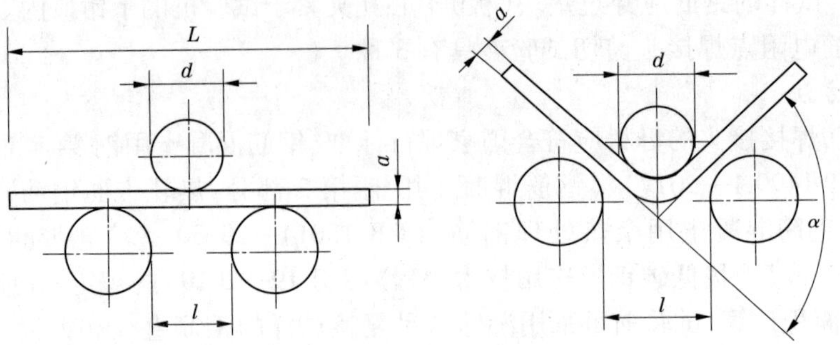

图 6-8　支辊式弯曲试验

3.试验方法

钢筋焊接接头进行弯曲试验时，试样应放在两支点上，并应使焊缝中心与弯曲压头中心线一致，应缓慢地对试样施加荷载，以使材料能够自由地进行塑性变形；当出现争议时，试验速率应为(1±0.2)mm/s，直至达到规定的弯曲角度或出现裂、破断。

第 7 章　防水材料性能检测

防水材料是指具有防止建筑工程结构遭受雨水、地下水和其他水分侵蚀作用的材料，其质量优劣直接影响建筑物的使用功能和寿命。防水材料根据其特性可分为柔性防水材料和刚性防水材料两大类，本章主要介绍建筑沥青材料、防水卷材、防水涂料及密封材料的几项关键性能指标的检测技术。

7.1　建筑沥青材料

7.1.1　概述

沥青材料是一种憎水性的有机胶凝材料，是由一些极其复杂的高分子碳氢化合物和这些碳氢化合物的非金属（氧、硫、氮）衍生物所组成的混合物。它是道路工程中路面应用最广泛的建筑材料。

7.1.1.1　建筑石油沥青

建筑石油沥青是由天然原油的减压渣油经氧化或其他工艺过程而制得的石油沥青。建筑石油沥青按针入度不同，可分为 10 号、30 号和 40 号三个牌号，其技术要求及试验方法应符合表 7-1 中的规定。

表 7-1　建筑石油沥青的技术要求及试验方法

项目名称	质量指标			试验方法
	10 号	30 号	40 号	
针入度（25 ℃，100 g，5 s）（1/10 mm）	10~25	26~35	36~50	GB/T 4509—2010
针入度（46 ℃，100 g，5 s）（1/10 mm）	报告①	报告	报告	GB/T 4509—2010
针入度（0 ℃，200 g，5 s）（1/10 mm）	≥3	≥6	≥6	GB/T 4509—2010
延度（25 ℃，5 cm/min）（cm）	≥1.5	≥2.5	≥3.5	GB/T 4508—2010
软化点（环球法）（℃）	≥95	≥75	≥60	GB/T 4507—2014
溶解度（三氯乙烯）（%）	≥99.0	≥99.0	≥99.0	GB/T 11148—2008
蒸发后质量变化（163 ℃，5 h）（%）	≤1	≤1	≤1	GB/T 11964—2008
蒸发后 25 ℃针入度比②（%）	≥65	≥65	≥65	GB/T 4509—2010
闪点（开口杯法）（℃）	≥260	≥260	≥260	GB/T 267—1988

注：①报告应为实测值。
②测定蒸发损失后样品的 25 ℃针入度与原 25 ℃针入度之比乘以 100 后，所得的百分比称为蒸发后针入度比。

7.1.1.2　防水用塑性体改性沥青

根据《防水用塑性体改性沥青》（GB/T 26510—2011）的规定，塑性体改性沥青是指与

APP、APAO、APO 类塑性体材料融混而得到的混合物。防水用塑性体改性沥青分为Ⅰ型和Ⅱ型，其技术要求应符合表 7-2 中的规定。

表 7-2　防水用塑性体改性沥青的技术要求

序号	项目	技术指标	
		Ⅰ型	Ⅱ型
1	软化点(℃)	≥125	≥145
2	低温柔性(无裂纹)(℃)	-7 通过	-15 通过
3	渗油性(渗出张数)	≤2	
4	可溶物含量(%)	≥97	
5	闪点(℃)	≥230	

7.1.1.3　防水用弹性体改性沥青

根据《防水用弹性体(SBS)改性沥青》(GB/T 26528—2011)的规定，防水用弹性体改性沥青分为Ⅰ型和Ⅱ型，其技术要求应符合表 7-3 的规定。

表 7-3　防水用弹性体改性沥青的技术要求

序号	项目		技术指标	
			Ⅰ型	Ⅱ型
1	软化点(℃)		≥105	≥115
2	低温柔度(无裂纹)(℃)		-20 通过	-25 通过
3	弹性恢复(%)		≥85	≥90
4	渗油性	渗出张数	≤2	
5	离析	软化点变化率(%)	≤20	
6	可溶物含量(%)		≥97	
7	闪点(℃)		≥230	

7.1.2　相关性能检测

沥青材料的性能检测项目主要包括沥青密度与相对密度、沥青针入度、沥青延度、沥青软化点、沥青溶解度、沥青与粗集料黏附性等，本节主要介绍沥青针入度、沥青延度、沥青软化点的性能检测方法。

7.1.2.1　沥青针入度检测

1. 目的和适用范围

根据《沥青针入度测定法》(GB/T 4509—2010)的规定，沥青的针入度以标准针在一定的载荷、时间及温度条件下垂直穿入沥青试样的深度表示，单位为 1/10 mm。本标准适用于测定针入度范围从(0~500)1/10 mm 的固体和半固体沥青材料的针入度。

除非另行规定，试验过程中的标准针、针连杆与附加砝码的总质量为(100±0.05)g，温度为(25±0.1)℃，时间为 5 s。特定试验可采用的其他条件如表 7-4 所示，并应在报告中注明试验条件。

表 7-4　针入度的特定试验条件

温度(℃)	载荷(g)	时间(s)
0	200	60
4	200	60
46	50	5

2.仪具和材料

沥青针入度检测所用仪具和材料主要有针入度仪、标准针(见图 7-1)、试样皿、恒温水浴、平底玻璃皿、计时器、温度计、三氯乙烯溶剂、电炉或砂浴、石棉网、金属锅或瓷坩埚等。

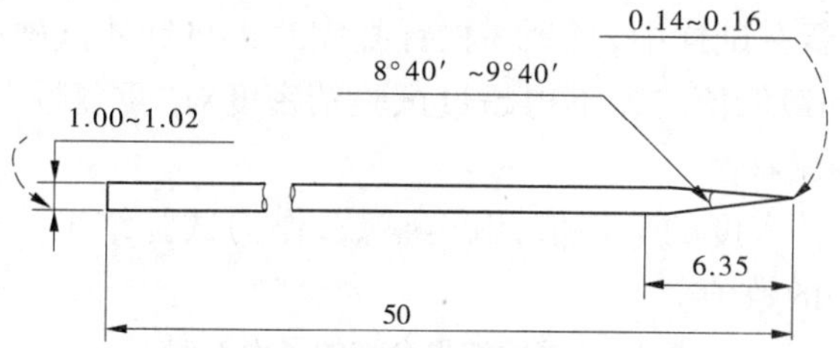

图 7-1　沥青针入度试验用针　(单位:mm)

3.试验样品的制备

(1)小心加热样品，不断搅拌以防局部过热，加热到使样品能够易于流动。加热时焦油沥青的加热温度不超过软化点 60 ℃，石油沥青不超过软化点 90 ℃。加热时间在保证样品充分流动的基础上尽量少。加热、搅拌过程中避免试样中进入气泡。

(2)将试样倒入预先选好的试样皿中，试样深度应至少是预计锥入深度的 120%。如果试样皿的直径小于 65 mm，而预期针入度高于 200，每个试验条件都要倒 3 个样品。如果样品足够，浇注的样品要达到试样皿边缘。

(3)将试样皿松松地盖住以防灰尘落入。在 15~30 ℃的室温下，小的试样皿(φ 33 mm×16 mm)中的样品冷却 45 min~1.5 h，中等试样皿(φ 55 mm×35 mm)中的样品冷却 1~1.5 h；较大的试样皿中的样品冷却 1.5~2.0 h，冷却结束后将试样皿和平底玻璃皿一起放入测试温度下的水浴中，水面应没过试样表面 10 mm 以上。在规定的试验温度下恒温，小试样皿恒温 45 min~1.5 h，中等试样皿恒温 1~1.5 h，较大的试样皿恒温 1.5~2.0 h。

4.试验步骤

(1)调节针入度仪使之水平，检查针连杆和导轨，确保上面没有水和其他物质。如果预测针入度超过 350，应选择长针，否则用标准针。先用合适的溶剂将针擦干净，再用干净的布擦干，然后将针插入针连杆中固定。按试验条件选择合适的砝码并放好砝码。

(2)如果测试时针入度仪是在水浴中，则直接将试样皿放在浸在水中的支架上，使试样完全浸在水中。如果试验时针入度仪不在水浴中，将已恒温到试验温度的试样皿放在平底玻璃皿中的三角支架上，用与水浴相同温度的水完全覆盖样品，将平底玻璃皿放置在针入度仪的平台上。慢慢放下针连杆，使针尖刚刚接触到试样的表面，必要时用放置在合适位置的光源观察针头位置，使针尖与水中针头的投影刚刚接触为止，轻轻拉下活杆，使其与针连杆顶端相接触，调节针入度仪上的表盘读数指零或归零。

(3)在规定时间内快速释放针连杆，同时启动秒表或计时装置，使标准针自由下落穿入沥青试样中，到规定时间使标准针停止移动。

(4)拉下活杆，再使其与针连杆顶端相接触，此时表盘指针的读数即为试样的针入度，或自动方式停止锥入，通过数据显示设备直接读出锥入深度数值，得到针入度，用1/10 mm表示。

(5)同一试样至少重复测定3次。每一试验点的距离和试验点与试样皿边缘的距离都不得小于10 mm。每次试验前都应将试样和平底玻璃皿放入恒温水浴中，每次测定都要用干净的针。当针入度小于200时，可将针取下用合适的溶剂擦净后继续使用。当针入度超过200时，每个试样皿中扎一针，3个试样皿得到3个数据；或者每个试样至少用3根针，每次试验用的针留在试样中，直到3根针扎完时再将针从试样中取出。但是这样测得的针入度的最高值和最低值之差不得超过试验精密度对“重复性”所做出的规定。

5.沥青针入度的检测报告

(1)报告3次测定针入度的平均值，取至整数，作为试验结果。3次测定的针入度值相差不应大于表7-5中的数值。

表7-5 试验结果允许的最大差值 (单位:1/10 mm)

针入度	0~49	50~149	150~249	250~349	350~500
最大差值	2	4	6	8	20

(2)如果误差超过了表7-5规定的范围，利用第二个样品重复试验。

(3)如果结果再次超过允许的最大差值，则取消所有的试验结果，重新进行试验。

6.试验的精密度和偏差

1)重复性

同一操作者在同一实验室用同一台仪器对同一样品测得的两次结果不超过平均值的4%。

2)再现性

不同操作者在不同实验室用同一类型的不同仪器对同一样品测得的两次结果不超过平均值的11%。

7.1.2.2 沥青延度检测

1.检测依据和原理

根据《沥青延度测定法》(GB/T 4508—2010)的规定，对沥青材料延度进行测定。

将熔化的试样注入专用模具中，先在室温冷却，然后放入保持在试验温度下的水浴中冷却，用热刀削去高出模具的试样，把模具重新放回水浴，再经一定时间，然后移到延度仪中进行试验，记录沥青试件在一定温度下以一定速度拉伸至断裂时的长度。试件应符合标准规定的尺寸。除特殊说明,试验温度应为(25±0.5)℃,拉伸速度为(5±0.25)cm/min。

2.仪器与材料

(1)模具:模具应按图7-2中所给样式进行设计。试件模具由黄铜制造,由两个弧形端模和两个侧模组成,组装模具的尺寸变化范围如图7-2所示。

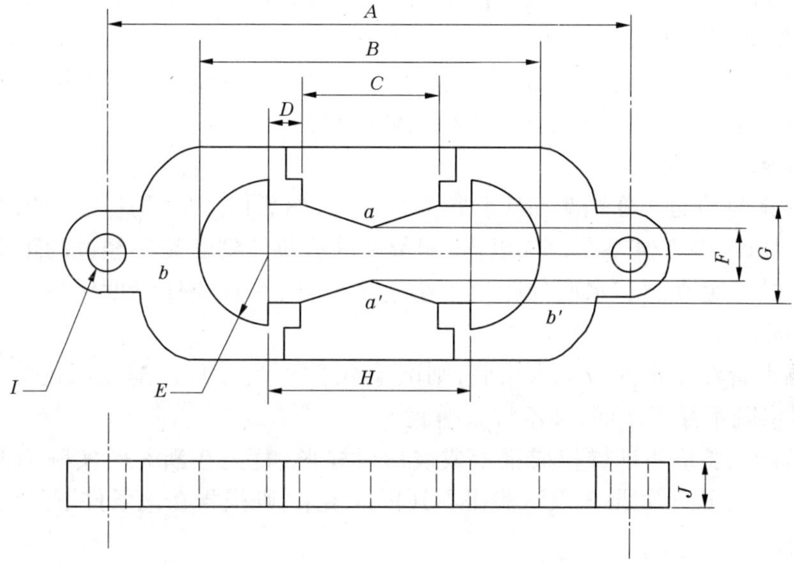

A—两端模环中心点距离111.5~113.5 mm;B—试件总长74.54~75.5 mm;
C—端模间距29.7~30.3 mm;D—肩长6.8~7.2 mm;
E—半径15.75~16.25 mm;F—最小横断面宽9.9~10.1 mm;
G—端模口宽19.8~20.2 mm;H—两半圆心间距离42.9~43.1 mm;
I—端模孔直径6.54~6.7 mm;J—厚度9.9~10.1 mm

图7-2　延度仪模具

(2)水浴:水浴能保持试验温度变化不大于0.1 ℃,容量至少为10 L,试件浸入水中深度不得小于10 cm,水浴中设置带孔搁架以支撑试件,搁架距水浴底部不得小于5 cm。

(3)延度仪:对于测量沥青的延度来说,凡是能够满足《沥青延度测定法》(GB/T 4508—2010)规定的将试件持续浸没于水中,能按照一定的速度拉伸试件的仪器均可使用。该仪器在启动时应无明显的振动。

(4)温度计:0~50 ℃,分度为0.1 ℃和0.5 ℃各一支。

注:如果延度试样放在25 ℃标准的针入度浴中进行恒温时,上述温度计可用GB/T 4509中所规定的温度计代替。

(5)隔离剂:以质量计,由两份甘油和一份滑石粉调制而成。

(6)支撑板:黄铜板,一面应磨光至表面粗糙度为*Ra*0.63。

3.准备工作

(1)将模具组装在支撑板上,将隔离剂涂于支撑板表面及图7-2中的侧模的内表面,以防沥青沾在模具上。板上的模具要水平放好,以便模具的底部能够充分与板接触。

(2)小心加热样品,充分搅拌以防局部过热,直到样品容易倾倒。石油沥青加热温度不超过预计石油沥青软化点 90 ℃;煤焦油沥青样品加热温度不超过煤焦油沥青预计软化点 60 ℃。样品的加热时间在不影响样品性质和在保证样品充分流动的基础上尽量短,将熔化后的样品充分搅拌之后倒入模具中,在组装模具时要小心,不要弄乱了配件。在倒样时使试样呈细流状,自模的一端至另一端往返倒入,使试样略高出模具,将试件在空气中冷却 30~40 min,然后放在规定温度的水浴中保持 30 min 取出,用热的直刀或铲将高出模具的沥青刮去,使试样与模具齐平。

(3)恒温。将支撑板、模具和试件一起放入水浴中,并在试验温度下保持 85~95 min,然后从板上取下试件,拆掉侧模,立即进行拉伸试验。

4.试验步骤

(1)将模具两端的孔分别套在实验仪器的柱上,然后以一定的速度拉伸,直到试件拉伸断裂。拉伸速度允许误差在±5%以内,测量试件从拉伸到断裂所经过的距离,以 cm 表示。试验时,试件距水面和水底的距离不小于 2.5 cm,并且要使温度保持在规定温度的±0.5 ℃范围内。

(2)如果沥青浮于水面或沉入槽底,则试验不正常,应使用乙醇或氯化钠调整水的密度,使沥青材料既不浮于水面,又不沉入槽底。

(3)正常的试验应将试样拉成锥形或线形或柱形,直至在断裂时实际横断面面积接近于零或一均匀断面。如果 3 次试验得不到正常结果,则报告在该条件下延度无法测定。

5.试验报告

若 3 个试件测定值在其平均值的 5%以内,取平行测定 3 个结果的平均值作为测定结果。若 3 个试件测定值不在其平均值的 5%以内,但其中两个较高值在平均值的 5%之内,则弃去最低测定值,取两个较高值的平均值作为测定结果,否则重新测定。

6.精密度

1)重复性

同一操作者在同一实验室使用同一实验仪器对在不同时间同一样品进行试验得到的结果不超过平均值的 10%(置信度 95%)。

2)再现性

不同操作者在不同实验室用相同类型的仪器对同一样品进行试验得到的结果不超过平均值的 20%(置信度 95%)。

7.1.2.3 沥青软化点检测

1.检测依据和原理

根据《沥青软化点测定法 环球法》(GB/T 4507—2014)的规定,采用环球法测定沥青材料的软化点(测定的软化点范围为 30~157 ℃)。

采用环球法测定沥青的软化点,是指置于肩或锥状黄铜环中两块水平沥青圆片,在加热介质中以一定速度加热,每块沥青片上置有一只钢球。所报告的软化点为当试样软化到使两个放在沥青上的钢球下落 25 mm 距离时温度的平均值。

2.仪器与材料

1)仪器

(1)环:两只黄铜肩或锥环,其尺寸规格见图 7-3。

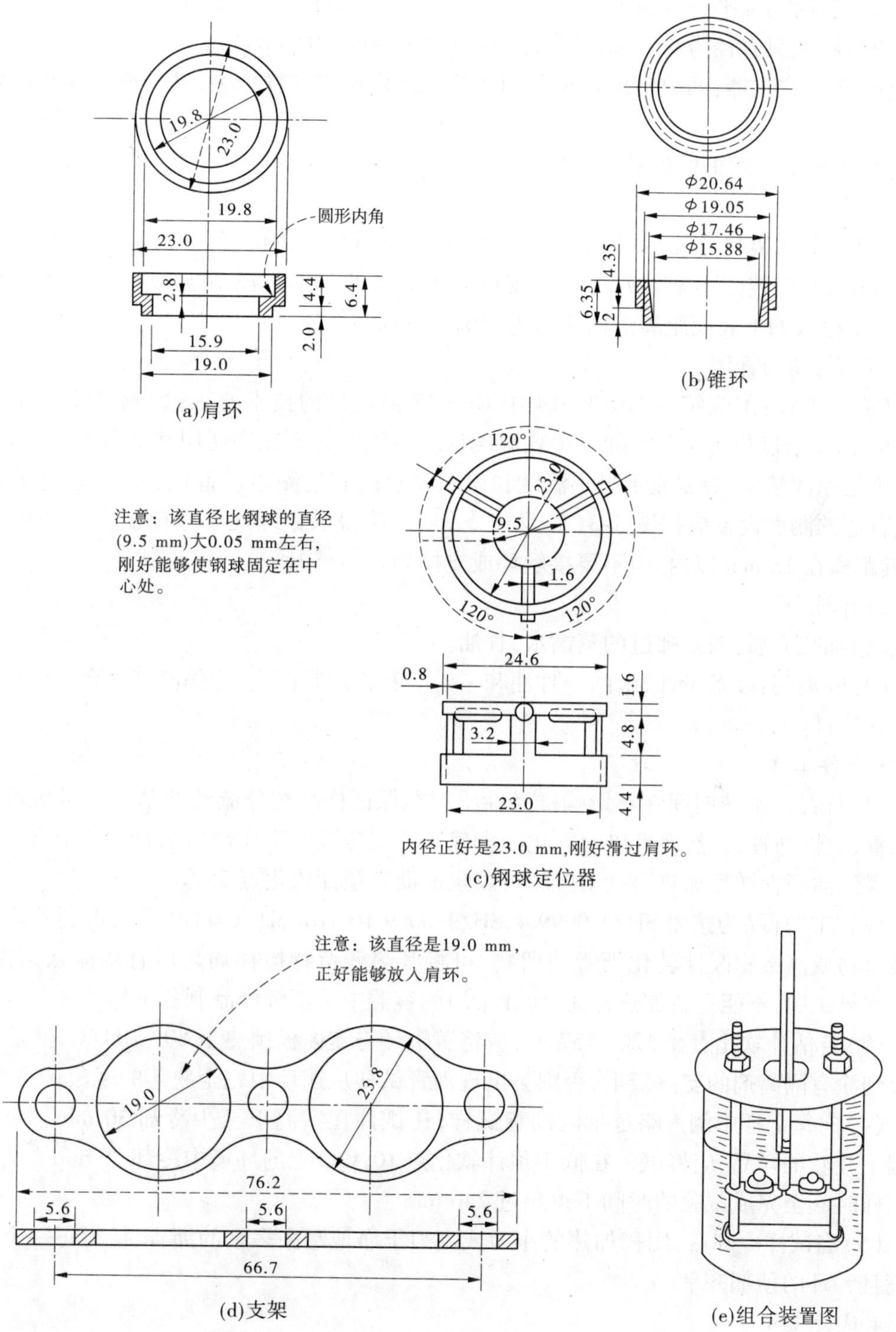

图 7-3　环、钢球定位器、支架、组合装置图　（单位:mm）

(2)支撑板：扁平光滑的黄铜板或瓷砖，其尺寸约为 50 mm×75 mm。

(3)球：两只直径为 9.5 mm 的钢球，每只质量为(3.50±0.05)g。

(4)钢球定位器：两只钢球定位器用于使钢球定位于试样中央，其一般形状和尺寸见图 7-3(c)。

(5)浴槽：可以加热的玻璃容器，其内径不小于 85 mm，离加热底部的深度不小于 120 mm。

(6)环支撑架和组装：一只铜支撑架用于支撑两个水平位置的环，其形状和尺寸见图 7-3(d)，其安装图形见图 7-3(e)。支撑架上肩环的底部距离下支撑板的上表面为 25 mm，下支撑板的下表面距离浴槽底部为(16±3)mm。

(7)刀：切沥青用。

(8)温度计：①应符合 GB/T 514 中 GB-42 温度计的技术要求，即测温范围在 30~180 ℃、最小分度值为 0.5 ℃的全浸式温度计。该温度计不允许使用其他温度计代替，可使用满足相同精度、数据显示最小温度和误差要求的其他测温设备代替。②合适的温度计或合适的测温设备应按图 7-3(e)悬于支架上，使得水银球底部或测温点与环底部水平，其距离在 13 mm 以内，但不要接触环或支撑架。

2)材料

(1)加热介质：新煮沸过的蒸馏水，甘油。

(2)隔离剂：以重量计，由两份甘油和一份滑石粉调制而成，此隔离剂适合 30~157 ℃的沥青材料。

3.准备工作

(1)样品的加热时间在不影响样品性质和在保证样品充分流动的基础上尽量短。石油沥青、改性沥青、天然沥青以及乳化沥青残留物加热温度不应超过预计沥青软化点 110 ℃。煤焦油沥青样品加热温度不应超过煤焦油沥青预计软化点 55 ℃。

(2)如果样品为按照 SH/T 0099.4、SH/T 0099.16、NB/SH/T 0890 方法得到的乳化沥青残留物或高聚物改性乳化沥青残留物，可将其热残留物搅拌均匀后直接注入试模中。如果重复试验，不能重新加热样品，应在干净的容器中用新鲜样品制备试样。

(3)若估计软化点在 120~157 ℃，应将黄铜环与支撑板预热至 80~100 ℃，然后将铜环放到涂有隔离剂的支撑板上，否则会出现沥青试样从铜环中完全脱落的现象。

(4)向每个环中倒入略过量的沥青试样，让试件在室温下至少冷却 30 min。对于在室温下较软的样品，应将试件在低于预计软化点 10 ℃以上的环境中冷却 30 min。从开始倒试样时起至完成试验的时间不得超过 240 min。

(5)当试样冷却后，用稍加热的小刀或刮刀干净地刮去多余的沥青，使得每一个圆片饱满且和环的顶部齐平。

4.试验步骤

(1)选择下列一种加热介质和适合预计软化点的温度计或测温设备：

①新煮沸过的蒸馏水适于软化点为 30~80 ℃的沥青，起始加热介质的温度应为(5±1)℃。

②甘油适于软化点为80~157 ℃的沥青，起始加热介质的温度应为(30±1)℃。

③为了进行仲裁，所有软化点低于80 ℃的沥青应在水浴中测定，而软化点在80~157 ℃的沥青材料在甘油浴中测定。仲裁时采用标准中规定的相应的温度计，或者上述内容由买卖双方共同决定。

(2)把仪器放在通风橱内并配置两个样品环、钢球定位器，并将温度计插入合适的位置，浴槽装满加热介质，并使各仪器处于适当位置。用镊子将钢球置于浴槽底部，使其同支架的其他部位达到相同的起始温度。

(3)如果有必要，将浴槽置于冰水中，或小心加热并维持适当的起始浴温达15 min，并使仪器处于适当位置，注意不要沾污浴液。

(4)再次用镊子从浴槽底部将钢球夹住并置于定位器中。

(5)从浴槽底部加热使温度以恒定的速率5 ℃/ min上升。为防止通风的影响，有必要时可用保护装置，试验期间不能取加热速率的平均值，但在3 min后，升温速度应达到(5±0.5)℃/min，若温度上升速率超过此限定范围，则此次试验失败。

(6)当包着沥青的钢球触及下支撑板时，分别记录温度计所显示的温度。无须对温度计的浸没部分进行校正。取两个温度的平均值作为沥青材料的软化点。当软化点在30~157 ℃时，如果两个温度的差值超过1 ℃，则重新试验。

5.计算

(1)因为软化点的测定是条件性的试验方法，对于给定的沥青试样，当软化点略高于80 ℃时，水浴中测定的软化点低于甘油浴中测定的软化点。

(2)软化点高于80 ℃时，从水浴变成甘油浴时的变化是不连续的。在甘油浴中所报告的沥青软化点最低可能为84.5 ℃，而煤焦油沥青的软化点最低可能为82 ℃。当甘油浴中软化点低于这些值时，应转变为水浴中的软化点为80 ℃或更低，并在报告中注明。

①将甘油浴软化点转化为水浴软化点时，石油沥青的校正值为-4.5 ℃，对煤焦油沥青的校正值为-2.0 ℃。采用此校正值只能粗略地表示出软化点的高低，欲得到准确的软化点应在水浴中重复试验。

②无论在任何情况下，如果甘油浴中所测得的石油沥青软化点的平均值为80.0 ℃或更低，煤焦油沥青软化点的平均值为77.5 ℃或更低，则应在水浴中重复试验。

(3)将水浴中略高于80 ℃的软化点转化成甘油浴中的软化点时，石油沥青的校正值为+4.5 ℃，煤焦油沥青的校正值为+2.0 ℃。采用此校正值只能粗略地表示出软化点的高低，欲得到准确的软化点应在甘油浴中重复试验。

在任何情况下，如果水浴中两次测定温度的平均值为85.0 ℃或更高，则应在甘油浴中重复试验。

6.报告

(1)取两个结果的平均值作为试验结果。

(2)报告试验结果时同时报告浴槽中所使用加热介质的种类。

7.2　防水卷材

7.2.1　概述

目前建筑防水卷材主要有沥青防水卷材、高聚物改性沥青防水卷材和合成高分子防水卷材三大系列。沥青防水卷材曾是国内用量最大的一种防水材料，但因其性能远不及改性沥青，因此将逐渐被改性沥青卷材所代替。

7.2.1.1　沥青防水卷材

沥青防水卷材是将原纸、纤维织物或纤维毡等胎体浸涂沥青后表面撒布粉状、粒状或片状隔离材料制成的可卷曲的片状防水材料。沥青防水卷材种类较多，目前最常用的是石油沥青纸胎油毡。

7.2.1.2　高聚物改性沥青防水卷材

高聚物改性沥青防水卷材一般可分为弹性体聚合物改性沥青防水卷材、塑性体聚合物改性沥青防水卷材、橡塑共混体聚合物改性沥青防水卷材三大类。其中，弹性体改性沥青防水卷材（SBS 防水卷材）具有良好的不透水性和低温柔性，在 －15～25 ℃仍保持其韧性，同时还具有抗拉强度高、延伸率大、耐腐蚀性及耐热性等优点，主要适用于工业与民用建筑的屋面和地下防水工程；塑性体改性沥青防水卷材（APP 防水卷材）除与弹性体改性沥青防水卷材的适用范围基本一致外，尤其适用于高温或有强烈太阳辐射地区的建筑物防水。

7.2.1.3　合成高分子防水卷材

合成高分子防水卷材是以合成橡胶、合成树脂或两者的共混体为基料，加入适量的化学助剂和填充料等，经不同工序（混炼、压延或挤出等）加工而成的可弯曲的片状防水材料。目前的品种主要有橡胶系列（三元乙丙橡胶、丁基橡胶等）、树脂系列（聚乙烯、聚氯乙烯等）和橡塑共混系列防水卷材三大类。

合成高分子防水卷材具有拉伸强度和抗撕裂强度高、断裂伸长率大、耐热性和低温柔性好、耐腐蚀、耐老化等一系列优良的性能，是新型的高档防水卷材。目前多用于高级宾馆、大厦、游泳池、厂房等要求有良好防水性的屋面，以及地下防水工程。

7.2.2　相关性能检测

7.2.2.1　组批规则

防水卷材的性能检测组批，可以根据相关方的协议要求，如果没有这方面的协议，可根据《建筑防水卷材试验方法　第 1 部分：沥青和高分子防水卷材抽样规则》（GB/T 328.1—2007）的规定进行。采用同品种、牌号、规格的卷材，1 000 m^2 以下抽取 1 卷，1 000～2 500 m^2 抽取 2 卷，2 500～5 000 m^2 抽取 3 卷，大于 5 000 m^2 抽取 4 卷。不得抽取损坏的卷材。在裁取试样前样品应在（20±10）℃温度下放置至少 24 h。无争议时可在产品规定的展开温度范围内裁取试样。

7.2.2.2　沥青防水卷材的拉伸性能检测

1. 检测依据

《建筑防水卷材试验方法　第 8 部分：沥青防水卷材　拉伸性能》（GB/T 328.8—2007）规定了沥青屋面防水卷材拉伸性能的测定方法，对防水卷材的拉伸性能进行评定。

2. 仪器设备

拉伸试验机有连续记录力和对应距离的装置，能按下面规定的速度均匀地移动夹具。拉伸试验机有足够的量程（至少 2 000 N），夹具移动速度为（100 ± 10）mm/min，夹具宽度不小于 50 mm。

拉伸试验机的夹具能随着试件拉力的增加而保持或增加夹具的夹持力，对于厚度不超过 3 mm 的产品，能夹住试件，使其在夹具中的滑移不超过 1 mm，更厚的产品不超过 2 mm。这种夹持方法不应在夹具内外产生过早的破坏。

为防止从夹具中的滑移超过极限值，允许用冷却的夹具，同时实际的试件伸长用引伸计测量。

力值测量至少应符合 JJG 139—1999 的 2 级（±2%）。

3. 试件制备

（1）整个拉伸试验应制备两组试件：一组纵向 5 个试件，一组横向 5 个试件。试件在试样上距边缘 100 mm 以上任意裁取，用模板或用裁刀，矩形试件宽为（50 ± 0.5）mm、长为（200 mm + 2 × 夹持长度），长度方向为试验方向。表面的非持久层应去除。

（2）试件检测前应在（23 ± 2）℃和相对湿度 30% ~ 70% 的条件下至少放置 20 h。

4. 检测步骤

（1）将试件紧紧地夹在拉伸试验机的夹具中，注意试件长度方向的中线与试验机夹具中心在一条线上。夹具间距离为（200 ± 2）mm，为防止试件从夹具中滑移应做标记。当用引伸计时，试验前应设置标距间距离为（180 ± 2）mm。为防止试件产生任何松弛，推荐加载不超过 5N 的力。

（2）试验在（23 ± 2）℃进行，夹具移动的恒定速度为（100 ± 10）mm/min。

（3）连续记录拉力和对应的夹具（或引伸计）间距离。

5. 检测结果的计算及评定

记录得到的最大拉力和试件拉断时的距离，可由下式计算延伸率：

$$\delta = (L_1 - L_0)/L_0 \times 100\% \tag{7-1}$$

式中　δ——防水卷材试件的延伸率（%）；

L_1——试件拉断时夹具间的距离，mm；

L_0——试件拉伸前夹具间的距离，mm。

去除任何在夹具 10 mm 以内断裂或在试验机夹具中滑移超过极限值的试件的试验结果，用备用件重测。最大拉力单位为 N/50 mm，对应的延伸率用百分率表示，作为试件同一方向结果。分别记录每个方向 5 个试件的拉力值和延伸率，计算平均值。拉力的平均值修约到 5 N，延伸率的平均值修约到 1%。同时对于复合增强的卷材在应力应变图上有两个或更多的峰值，拉力和延伸率应记录两个最大值。

7.2.2.3　高分子防水卷材的拉伸性能检测

1. 检测依据

《建筑防水卷材试验方法 第 9 部分：高分子防水卷材 拉伸性能》（GB/T 328.9—2007）规定了高分子屋面防水卷材拉伸性能的测定方法，对防水卷材的拉伸性能进行评定。

2. 仪器设备

拉伸试验机有连续记录力和对应距离的装置,能按下面规定的速度均匀地移动夹具。拉伸试验机有足够的量程(至少 2 000 N),夹具移动速度为(100 ± 10)mm/min 和(500 ± 50)mm/min,夹具宽度不小于 50 mm。

拉伸试验机的夹具能随着试件拉力的增加而保持或增加夹具的夹持力,对于厚度不超过 3 mm 的产品,能夹住试件,使其在夹具中的滑移不超过 1 mm,更厚的产品不超过 2 mm。试件放入夹具时做记号或用胶带以帮助确定滑移。

这种夹持方法不应导致在夹具附近产生过早的破坏。

假若试件从夹具中的滑移超过规定的极限值,实际延伸率应用引伸计测量。

力值测量应符合 JJG 139—1999 中的至少 2 级(±2%)。

3. 试件制备

除非有其他规定,整个拉伸试验应准备两组试件,一组纵向 5 个试件,一组横向 5 个试件。试件在距试样边缘(100 ± 10)mm 以上裁取,用模板或用裁刀,尺寸如下:

方法 A:矩形试件为(50 ± 0.5)mm × 200 mm,如图 7-4 和表 7-6 所示。

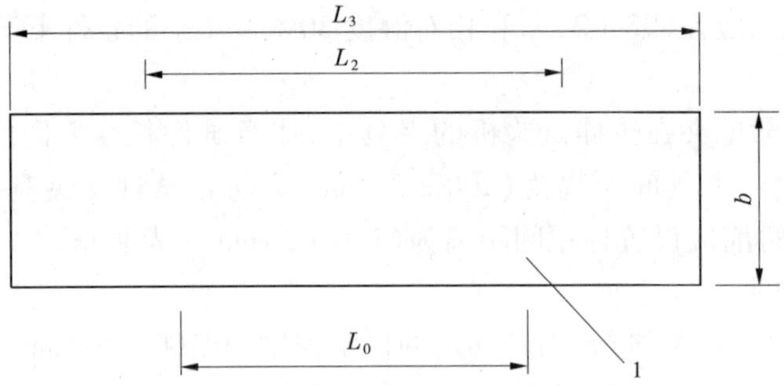

1—标记

图 7-4　方法 A 的矩形试件

表 7-6　试件尺寸

方法	方法 A(mm)	方法 B(mm)
全长 L_3,至少	>200	>115
端头宽度 b_1		25 ± 1
狭窄平行部分长度 L_1		33 ± 2
宽度 b	50 ± 0.5	6 ± 0.4
小半径 r		14 ± 1
大半径 R		25 ± 2
标记间距离 L_0	100 ± 5	25 ± 0.25
夹具间起始间距 L_2	120	80 ± 5

方法 B:哑铃型试件为(6 ± 0.4)mm × 115 mm,如图 7-5 和表 7-6 所示。

表面的非持久层应去除。

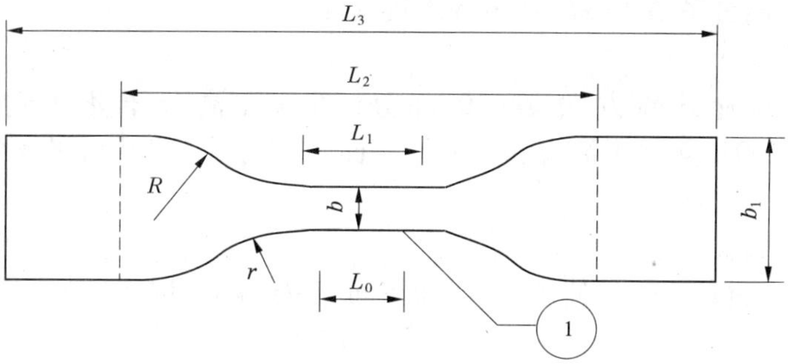

1—标记

图 7-5　方法 B 的哑铃型试件

试件中的网格布、织物层，衬垫或层合增强层在长度或宽度方向应裁一样的经纬数，避免切断筋。

试件检测前应在(23 ±2)℃和相对湿度(50 ±5)%的条件下至少放置 20 h。

4. 检测步骤

(1)对于方法 B，厚度是用 GB/T 328.5 方法测量的试件有效厚度。

(2)将试件紧紧地夹在拉伸试验机的夹具中，注意试件长度方向的中线与试验机夹具中心在一条线上。为防止试件产生任何松弛，推荐加载不超过 5N 的力。

(3)试验在(23 ±2)℃进行，夹具移动的恒定速度为方法 A(100 ±10)mm/min，方法 B(500 ±50)mm/min。

(4)连续记录拉力和对应的夹具(或引伸计)间分开的距离，直至试件断裂。

注：①在 1% 和 2% 应变时的正切模量，可以从应力应变曲线上推算，试验速度为(5 ±1)mm/min。

②试件的破坏形式应记录。

③对于有增强层的卷材，在应力应变图上有两个或更多的峰值，应记录两个最大峰值的拉力和延伸率及断裂延伸率。

5. 检测结果的计算及评定

记录得到的最大拉力和试件拉断时的距离，可由下式计算延伸率：

$$\delta = (L_1 - L_0)/L_0 \times 100\% \tag{7-2}$$

式中　δ——防水卷材试件的延伸率(%)；

L_1——试件拉断时夹具间的距离，mm；

L_0——试件拉伸前夹具间的距离，mm。

去除任何在距夹具 10 mm 以内断裂或在试验机夹具中滑移超过极限值的试件的试验结果，用备用件重测。记录试件同一方向最大拉力及对应的延伸率和断裂延伸率的结果。分别记录每个方向 5 个试件的值，计算算术平均值和标准偏差，方法 A 拉力的单位为 N/50 mm，方法 B 拉伸强度的单位为 MPa(N/mm^2)。方法 A 的结果精确至 0.1 N/50 mm，方法 B 的结果精确至 0.1 MPa(N/mm^2)，延伸率精确至两位有效数字。

7.2.2.4　沥青和高分子防水卷材的不透水性检测

1. 检测依据

《建筑防水卷材试验方法 第 10 部分：沥青和高分子防水卷材 不透水性》(GB/T 328.10—2007)规定了沥青和高分子屋面防水卷材不透水性的测定方法。

2. 检测方法

1)方法 A

试验适用于卷材低压力的使用场合，如屋面、基层、隔汽层。试件满足直到 60 kPa 压力 24 h。

2)方法 B

试验适用于卷材高压力的使用场合，如特殊屋面、隧道、水池。试件采用有 4 个规定形状尺寸狭缝的圆盘保持规定水压 24 h，或采用 7 孔圆盘保持规定水压 30 min，观测试件是否保持不渗水。

3. 仪器设备

1)方法 A

一个带法兰盘的金属圆柱体箱体，孔径 150 mm，并连接到开放管子末端或容器，其间高差不低于 1 m，通常如图 7-6 所示。

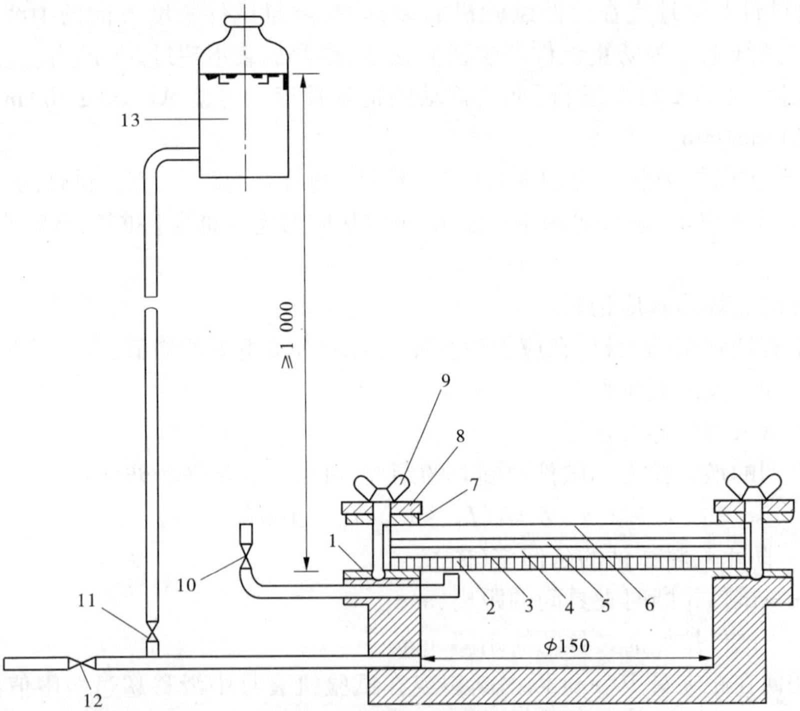

1—下橡胶密封垫圈；2—试件的迎水面是通常暴露于大气/水的面；3—实验室用滤纸；4—湿气指示混合物，均匀地铺在滤纸上面，湿气透过试件能容易地探测到，指示剂由细白糖(冰糖)(99.5%)和亚甲基蓝燃料(0.5%)组成的混合物，用 0.074 mm 筛过滤并在干燥器中用氯化钙干燥；5—实验室用滤纸；6—圆的普通玻璃板，其中：5 mm 厚，水压≤10 kPa，8 mm 厚，水压≤60 kPa；7—上橡胶密封垫圈；8—金属夹环；9—带翼螺母；10—排气阀；11—进水阀；12—补水和排水阀；13—提供和控制水压到 60 kPa 的装置

图 7-6　低水压不透水性装置　(单位：mm)

2）方法 B

组成设备的装置见图 7-7 和图 7-8，产生的压力作用于试件的一面。

试件用有四个狭缝的盘（或 7 孔圆盘）盖上。缝的形状尺寸符合图 7-9 的规定，孔的尺寸形状符合图 7-10 的规定。

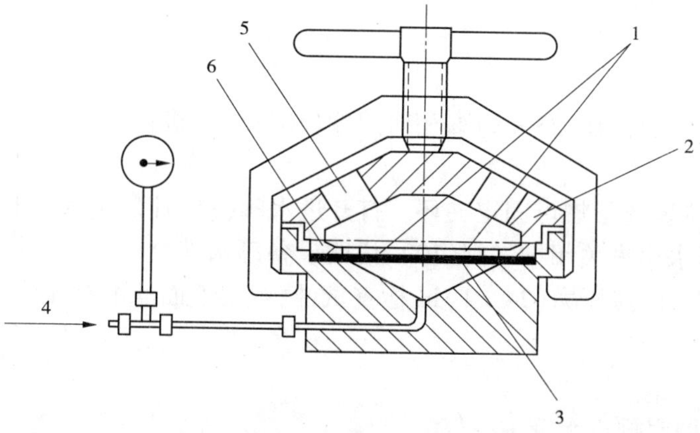

1—狭缝；2—封盖；3—试件；4—静压力；5—观测孔；6—开缝盘

图 7-7　高压力不透水性用压力试验装置

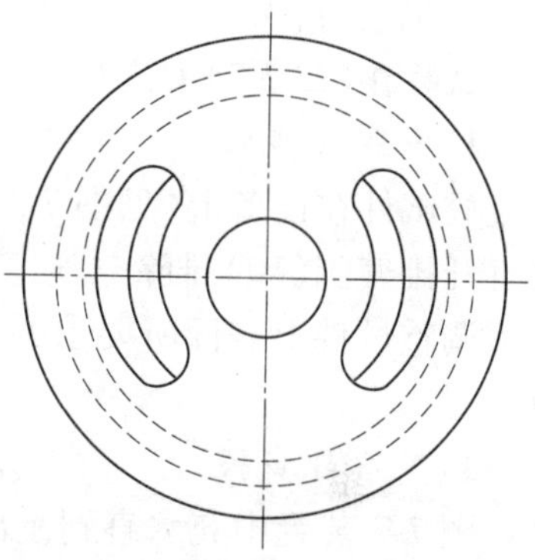

图 7-8　狭缝压力试验装置——封盖草图

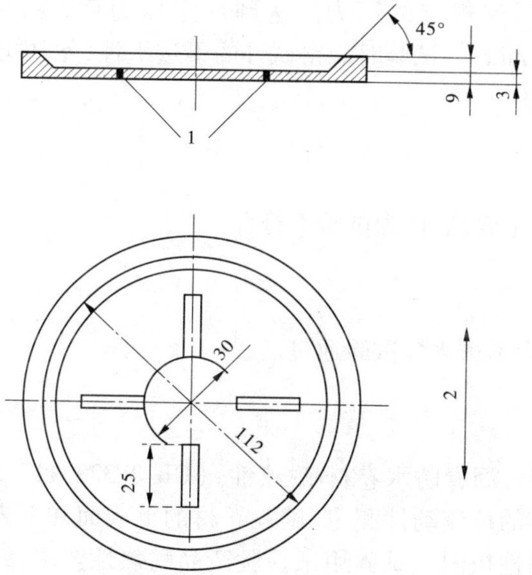

1—所有开缝盘的边都有约 0.5 mm 半径弧度；2—试件纵向方向

图 7-9　开缝盘　（单位：mm）

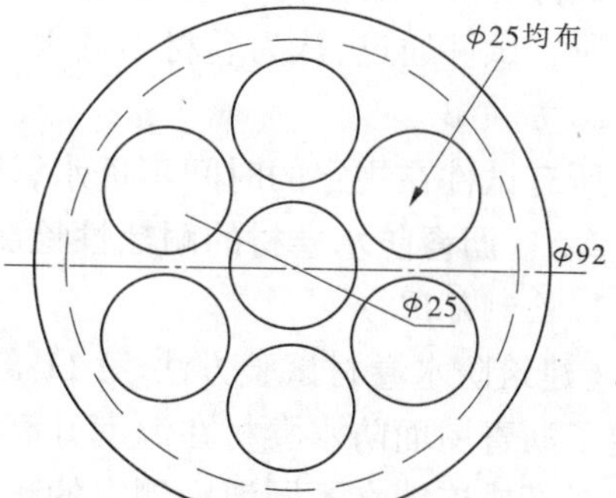

图 7-10　7 孔圆盘　（单位：mm）

4. 试件制备

1）制备

试件在卷材宽度方向均匀裁取，最外一个距卷材边缘 100 mm。试件的纵向与产品的纵向平行并标记。在相关的产品标准中应规定试件数量，最少 3 块。

2)试件尺寸

方法 A:圆形试件,直径(200 ±2)mm。

方法 B:试件直径不小于盘外径(约 130 mm)。

3)试验条件

试验前试件在(23 ±5)℃放置至少 6 h。

5. 步骤

1)试验条件

试验在(23 ±5)℃进行,产生争议时,在(23 ±2)℃相对湿度(50 ±5)%进行。

2)方法 A 步骤

放试件在设备上(见图 7-6),旋紧翼形螺母固定夹环。打开进水阀(11)让水进入,同时打开排气阀(10)排除空气,直至水出来关闭排气阀(10),说明设备已水满。

调整试件上表面所要求的压力,保持压力(24 ±1)h,检查试件,观察上面滤纸有无变色。

3)方法 B 步骤

图 7-7 装置中充水直到漫出,彻底排出水管中空气。

试件的上表面朝下放置在透水盘上,盖上规定的开缝盘(或 7 孔圆盘),其中一个缝的方向与卷材纵向平行(见图 7-9)。放上封盖,慢慢夹紧直到试件夹紧在盘上,用布或压缩空气干燥试件的非迎水面,慢慢加压到规定的压力。达到规定压力后,保持压力(24 ±1)h[7 孔盘保持规定压力(30 ±2)min]。试验时观察试件的不透水性(水压突然下降或试件的非迎水面有水)。

6. 结果表示

1)方法 A

试件有明显的水渗到上面的滤纸产生变色,认为试验不符合。

所有试件通过,认为卷材不透水。

2)方法 B

所有试件在规定的时间不透水,认为不透水性试验通过。

7.2.2.5　沥青防水卷材的耐热性检测

1. 检测范围

《建筑防水卷材试验方法 第 11 部分:沥青防水卷材 耐热性》(GB/T 328.11—2007)规定了沥青屋面防水卷材在温度升高时的抗流动性测定,试验卷材的上表面和下表面在规定温度或连续在不同温度测定的耐热性极限。试验用来检验产品耐热性要求,或测定规定产品的耐热性极限,如测定老化后性能的变化结果。本方法不适用于无增强层的沥青卷材。

2. 检测方法

《建筑防水卷材试验方法 第 11 部分:沥青防水卷材 耐热性》(GB/T 328.11—2007)介绍了 A、B 两种方法,此处仅针对方法 A 进行描述。

3. 检测原理

从试样裁取的试件,在规定温度分别垂直悬挂在烘箱中。在规定的时间后测量试件两面涂盖层相对于胎体的位移。平均位移超过2.0 mm为不合格。耐热性极限是通过在两个温度结果间插值测定。

4. 仪器设备

(1)鼓风烘箱(不提供新鲜空气):在试验范围内最大温度波动±2 ℃。当门打开30 s后,恢复温度到工作温度的时间不超过5 min。

(2)热电偶:连接到外面的电子温度计,在规定范围内能测量到±1 ℃。

(3)悬挂装置(如夹子):至少100 mm宽,能夹住试件的整个宽度在一条线,并被悬挂在试验区域(见图7-11)。

(4)光学测量装置(如读数放大镜):刻度至少0.1 mm。

(5)金属圆插销的插入装置:内径约4 mm。

(6)画线装置:画直的标记线(见图7-11)。

(7)墨水记号:线的宽度不超过0.5 mm,白色耐水墨水。

(8)硅纸。

5. 试件制备

矩形试件尺寸为(115±1)mm×(100±1)mm。试件均匀地在试样宽度方向裁取,长边是卷材的纵向。试件应距卷材边缘150 mm以上,试件从卷材的一边开始连续编号,卷材上表面和下表面应标记。

去除任何非持久保护层,适宜的方法是常温下用胶带粘在上面,冷却到接近假设的冷弯温度,然后从试件上撕去胶带,另一方法是用压缩空气吹(压力约0.5 MPa(5 bar),喷嘴直径约0.5 mm),假若上面的方法不能除去保护膜,用火焰烤,用最少的时间破坏膜而不损伤试件。

在试件纵向的横断面一边,上表面和下表面大约15 mm一条的涂盖层去除直至胎体,若卷材有超过一层的胎体,去除涂盖料直到另外一层胎体。在试件的中间区域的涂盖层也从上表面和下表面的两个接近处去除,直至胎体(见图7-11)。为此,可采用热刮刀或类似装置,小心地去除涂盖层不损坏胎体。两个内径约4 mm的插销在裸露区域穿过胎体(见图7-11)。任何表面浮着的矿物料或表面材料通过轻轻敲打试件去除。然后标记装置放在试件两边插入插销定位于中心位置,在试件表面整个宽度方向沿着直边用记号笔垂直画一条线(宽度约0.5 mm),操作时试件平放。

试件试验前至少放置在(23±2)℃的平面上2 h,相互之间不要接触或粘住,有必要时,将试件分别放在硅纸上防止黏结。

6. 步骤

1)试验准备

烘箱预热到规定试验温度,温度通过与试件中心同一位置的热电偶控制。整个试验期间,试验区域的温度波动不超过±2 ℃。

2)规定温度下耐热性的测定

将制备的一组三个试件露出的胎体处用悬挂装置夹住,涂盖层不要夹到。必要时,用如硅纸的不沾层包住两面,便于在试验结束时除去夹子。

制备好的试件垂直悬挂在烘箱的相同高度,间隔至少30 mm。此时烘箱的温度不能

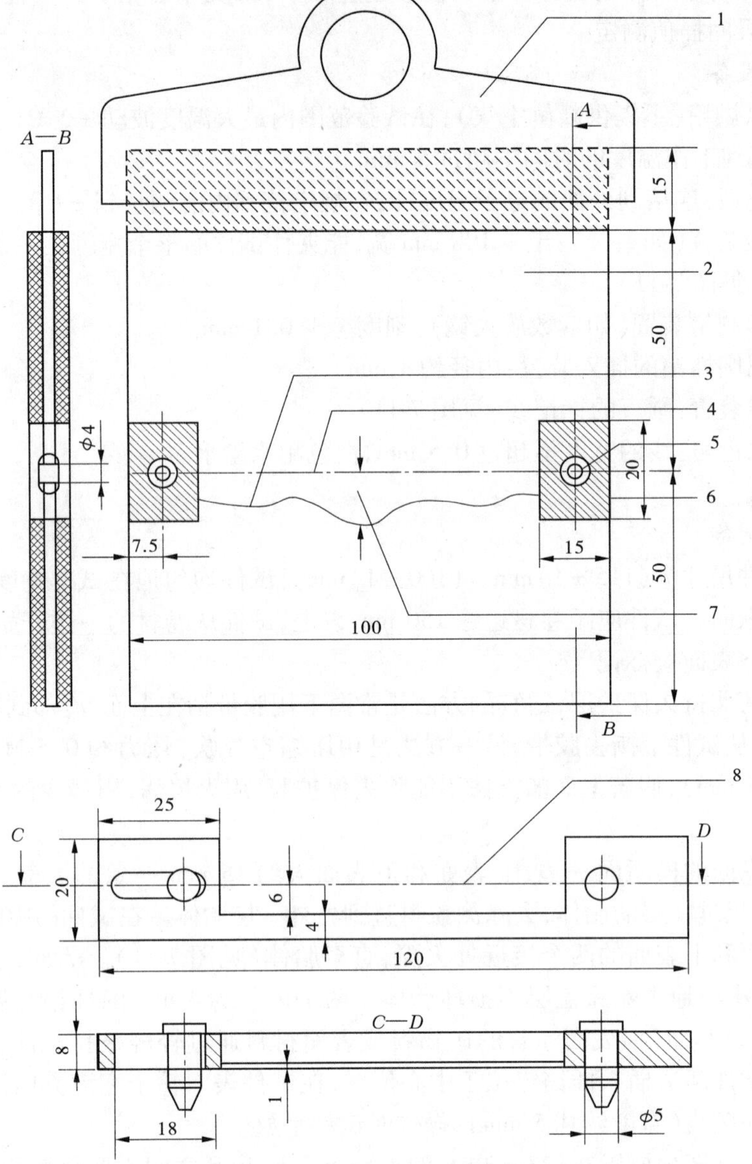

1—悬挂装置；2—试件；3—标记线 1；4—标记线 2；
5—插销，φ 4 mm；6—去除涂盖层；7—滑动 ΔL（最大距离）；8—直边

图 7-11　试件，悬挂装置和标记装置（示例）

下降太多，开关烘箱门放入试件的时间不超过 30 s。放入试件后加热时间为（120 ± 2）min。

加热周期一结束，试件和悬挂装置一起从烘箱中取出，相互间不要接触，在（23 ± 2）℃自由悬挂冷却至少 2 h。然后除去悬挂装置，按上述方法，在试件两面画第二个标记，用光学测量装置在每个试件的两面测量两个标记底部间最大距离 ΔL，精确到 0.1 mm（见图 7-11）。

3)耐热性极限测定

耐热性极限对应的涂盖层位移正好 2 mm,通过对卷材上表面和下表面在间隔 5 ℃的不同温度段的每个试件的初步处理试验的平均值测定,其温度段总是 5 ℃的倍数(如 100 ℃、105 ℃、110℃)。这样试验的目的是找到位移尺寸 $\Delta L = 2$ mm 在其中的两个温度段 T 和 $T+5$ ℃。

卷材的两个面按"规定温度下耐热性测定"的方法试验,每个温度段应采用新的试件试验。

按"规定温度下耐热性的测定"试验,一组三个试件初步测定耐热性能的这样两个温度段已测定后,上表面和下表面都要测定两个温度 T 和 $T+5$ ℃,在每个温度用一组新的试件。

卷材涂盖层在两个温度段间完全流动将产生的情况下,$\Delta L = 2$ mm 时的精确耐热性不能测定,此时滑动不超过 2.0 mm 的最高温度 T 可作为耐热性极限。

7. 结果计算及表示

1)平均值计算

计算卷材每个面三个试件的滑动值的平均值,精确至 0.1 mm。

2)耐热性

按标准要求方法进行试验,在此温度卷材上表面和下表面的滑动平均值不超过 2.0 mm 认为合格。

3)耐热性极限

耐热性极限通过线性图或计算每个试件上表面和下表面的两个结果测定,每个面修约到 1 ℃(见图 7-12)。

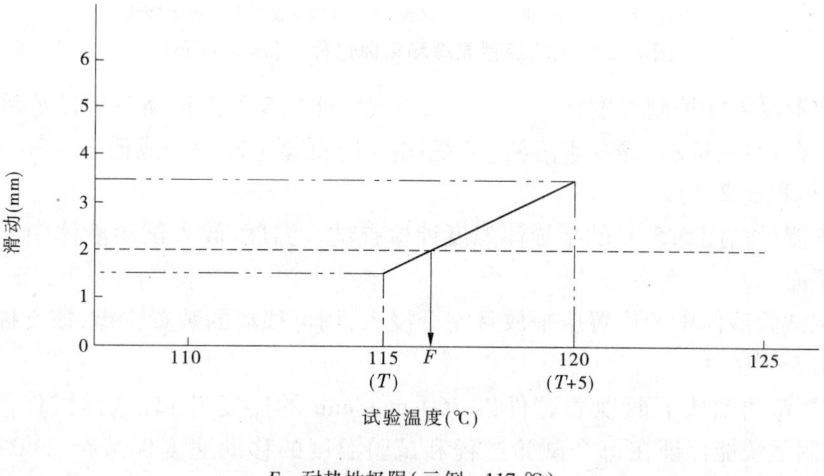

F—耐热性极限(示例 = 117 ℃)

图 7-12　内插法耐热性极限测定(示例)

7.2.2.6　沥青防水卷材的低温柔性检测

1. 检测范围

《建筑防水卷材试验方法 第 14 部分:沥青防水卷材 低温柔性》(GB/T 328.14—

2007)规定了增强沥青屋面防水卷材低温柔性的试验方法,没有增强的沥青防水卷材也可按本标准进行。标准要求卷材的上表面和下表面都要通过规定温度的试验或继续在不同温度范围测定作为极性温度的冷弯温度,同时也可用于测定产品的最低冷弯温度或测定产品规定的冷弯温度,例如测定产品在加速老化后性能的变化。

2. 检测原理

从试样裁取的试件,上表面和下表面分别绕浸在冷冻液中的机械弯曲装置上弯曲 180 ℃。弯曲后,检查试件涂盖层存在的裂纹。

3. 仪器设备

试验装置操作的示意和方法见图 7-13。该装置由两个直径(20 ±0.1)mm 不旋转的圆筒,一个直径(30 ±0.1)mm 的圆筒或半圆筒弯曲轴组成(可以根据产品规定采用其他直径的弯曲轴,如 20 mm、50 mm),该轴在两个圆筒中间能向上移动。两个圆筒间的距离可以调节,即圆筒和弯曲轴间的距离能调节为卷材的厚度。

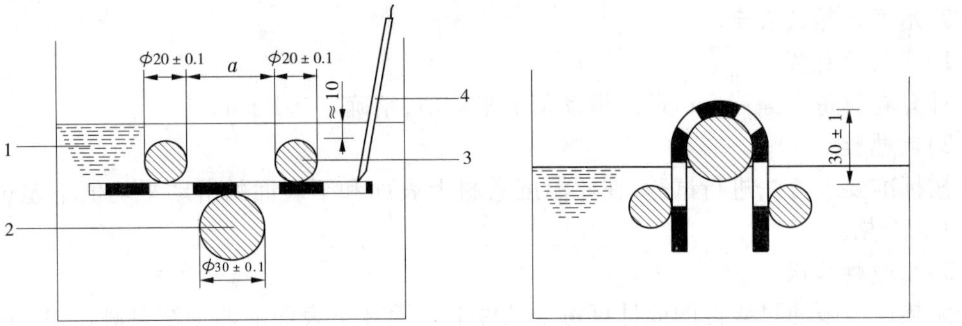

(a)开始弯曲　　(b)弯曲结束

1—冷冻液;2—弯曲轴;3—固定圆筒;4—半导体温度计(热敏探头)

图 7-13　试验装置原理和弯曲过程　(单位:mm)

整个装置浸入能控制温度在 +20 ~ −40 ℃、精度 0.5 ℃温度条件的冷冻液中。冷冻液用任一混合物:丙烯乙二醇/水溶液(体积比 1∶1)低至 −25 ℃,或低于 −20 ℃的乙醇/水混合物(体积比 2∶1)。

用一支测量精度 0.5 ℃的半导体温度计检查试验温度,放入试验液体中与试验试件在同一水平面。

试件在试验液体中的位置应平放且完全浸入,用可移动的装置支撑,该支撑装置应至少能放一组 5 个试件。

试验时,弯曲轴从下面顶着试件以 360 mm/min 的速度升起,这样试件能弯曲 180 ℃,电动控制系统能保证在每个试验过程和试验温度的移动速度保持在(360 ±40)mm/min。裂缝通过目测检查,在试验过程中不应有任何人为的影响。为了准确评价,试件移动路径是在试验结束时,试件应露出冷冻液,移动部分通过设置适当的极限开关控制限定位置。

4. 试件制备

矩形试件尺寸为(150 ±1)mm ×(25 ±1)mm,试件从试样宽度方向上均匀地裁取,长边在卷材的纵向，试件裁取时应距卷材边缘不少于 150 mm，试件应从卷材的一边开始做连续的记号，同时标记卷材的上表面和下表面。

去除表面的任何保护膜，适宜的方法是常温下用胶带粘在上面，冷却到接近假设的冷弯温度，然后从试件上撕去胶带，另一方法是用压缩空气吹（压力约 0.5 MPa（5 bar），喷嘴直径约 0.5 mm），假若上面的方法不能除去保护膜，用火焰烤，用最少的时间破坏膜而不损伤试件。

试件试验前应在（23 ±2）℃的平板上放置至少 4 h，并且相互之间不能接触，也不能粘在板上。可以用硅纸垫，表面的松散颗粒用手轻轻敲打除去。

5. 步骤

1）仪器准备

在开始所有试验前，两个圆筒间的距离（见图 7-13）应按试件厚度调节，即弯曲轴直径 +2 mm +2 倍试件的厚度。然后装置放入已冷却的液体中，并且圆筒的上端在冷冻液面下约 10 mm，弯曲轴在下面的位置。弯曲轴直径根据产品不同可以为 20 mm、30 mm、50 mm。

2）试件条件

冷冻液达到规定的试验温度，误差不超过 0.5 ℃，试件放于支撑装置上，且在圆筒的上端，保证冷冻液完全浸没试件。试件放入冷冻液达到规定温度后，开始保持在该温度 1 h ±5 min。半导体温度计的位置靠近试件，检查冷冻液温度，然后试件按要求进行试验。

3）低温柔性

两组各 5 个试件，全部试件按上述操作要求在规定温度处理后，一组是上表面试验，另一组是下表面试验，试验按下述进行。

试件放置在圆筒和弯曲轴之间，试验面朝上，然后设置弯曲轴以（360 ±40）mm/min 速度顶着试件向上移动，试件同时绕轴弯曲。轴移动的终点在圆筒上面（30 ±1）mm 处（见图 7-13）。试件的表面明显露出冷冻液，同时液面也因此下降。

在完成弯曲过程 10 s 内，在适宜的光源下用肉眼检查试件有无裂纹，必要时，用辅助光学装置帮助。假若有一条或更多的裂纹从涂盖层深入到胎体层，或完全贯穿无增强卷材，即存在裂缝。一组 5 个试件应分别试验检查。假若装置的尺寸满足，可以同时试验几组试件。

4）冷弯温度测定

假若沥青卷材的冷弯温度要测定（如人工老化后变化的结果），按“低温柔性测定方法”和下面的步骤进行试验。

冷弯温度的范围（未知）最初测定，从期望的冷弯温度开始，每隔 6 ℃试验每个试件，因此每个试验温度都是 6 ℃的倍数（如 -12 ℃、-18 ℃、-24 ℃等）。从开始导致破坏的最低温度开始，每隔 2 ℃分别试验每组 5 个试件的上表面和下表面，连续每次 2 ℃地改变温度，直到每组 5 个试件分别试验后至少有 4 个无裂缝，这个温度记录为试件的冷弯温度。

6. 结果记录及计算

1) 规定温度的柔度结果

按"低温柔性测定方法"进行试验，一个试验面5个试件在规定温度至少4个无裂缝为通过，上表面和下表面的试验结果要分别记录。

2) 冷弯温度测定的结果

测定冷弯温度时，要求按"冷弯温度测定方法"试验得到的温度应5个试件中至少4个通过，这个冷弯温度是该卷材试验面的，上表面和下表面的结果应分别记录（卷材的上表面和下表面可能有不同的冷弯温度）。

7.2.2.7 沥青防水卷材的撕裂性能（钉杆法）检测

1. 检测依据

《建筑防水卷材试验方法 第18部分：沥青防水卷材 撕裂性能（钉杆法）》（GB/T 328.18—2007）规定了沥青屋面防水卷材撕裂性能（钉杆法）的测定方法。

2. 检测原理

通过用钉杆刺穿试件试验测量需要的力，用与钉杆成垂直的力进行撕裂。

3. 仪器设备

1) 拉伸试验机

拉伸试验机应有连续记录力和对应距离的装置，能够按以下规定的速度分离夹具。拉伸试验机有足够的荷载能力（至少2 000 N）和足够的夹具分离距离，夹具拉伸速度为（100 ± 10）mm/min，夹持宽度不少于100 mm。

拉伸试验机的夹具能随着试件拉力的增加而保持或增加夹具的夹持力，夹具能夹住试件，使其在夹具中的滑移不超过2 mm，为防止从夹具中的滑移超过2 mm，允许用冷却的夹具。这种夹持方法不应在夹具内外产生过早的破坏。

力测量系统满足JJG 139—1999至少2级（±2%）。

2) U形装置

U形装置一端通过连接件连在拉伸试验机夹具上，另一端有两个臂支撑试件。臂上有钉杆穿过的孔，其位置能允许按《建筑防水卷材试验方法 第8部分：沥青防水卷材 拉伸性能》（GB/T 328.8—2007）的要求进行试验。

4. 试件制备

试件需距卷材边缘100 mm以上在试样上任意裁取，用模板或裁刀裁取，要求的长方形试件宽（100 ± 1）mm，长至少200 mm。试件长度方向是试验方向，试件从试样的纵向或横向裁取。

对卷材用于机械固定的增强边，应取增强部位试验。

每个选定的方向试验5个试件，任何表面的非持久层应去除。

试验前试件应在（23 ± 2）℃和相对湿度30% ~ 70%的条件下放置至少20 h。

5. 步骤

（1）试件放入打开的U形头的两臂中，用一直径（2.5 ± 0.1）mm的尖钉穿过U形头的孔位置，同时钉杆位置在试件的中心线上，距U形头中的试件一端（50 ± 5）mm（见图7-14）。钉杆距上夹具的距离是（100 ± 5）mm。

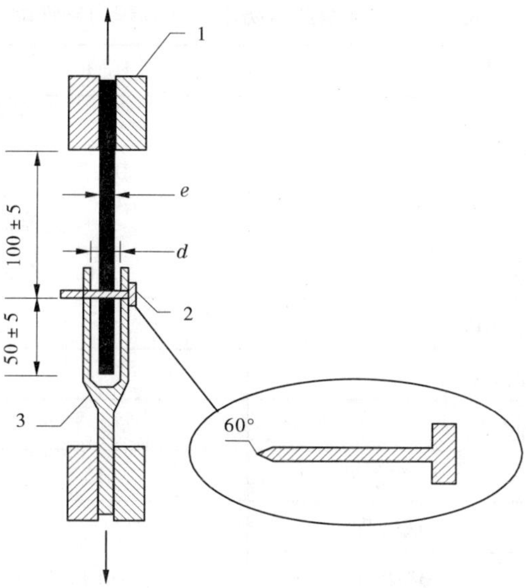

1—夹具;2—钉杆(ϕ2.5 ±0.1);3—U 形头;e—样品厚度;d—U 形头间隙($e+1 \leqslant d \leqslant e+2$)

图 7-14　钉杆撕裂试验　(单位:mm)

(2)把该装置试件一端的夹具和另一端的 U 形头放入拉伸试验机,开动试验机使穿过材料面的钉杆直到材料的末端。试验装置的示意图见图 7-14。

(3)试验在(23 ±2)℃进行,拉伸速度(100 ±10)mm/min。穿过试件钉杆的撕裂力应连续记录。

6. 结果表示及计算

连续记录的力,试件撕裂性能(钉杆法)是记录试验的最大力。每个试件分别列出拉力值,计算平均值,精确到 5 N,记录试验方向。

7.3　建筑防水涂料

防水涂料(胶黏剂)是以高分子合成材料、沥青等为主体,在常温下呈无定型流态或半流态,经涂布后能在结构物表面结成坚韧防水膜的物料的总称。防水涂料按液态类型可分为溶剂型、水乳型和反应型三种;按成膜物质的主要成分分为沥青类、高聚物改性沥青类和合成高分子类。防水涂料的种类繁多,检测参数各异,本章主要阐述几种常见、有代表性产品的相关性能检测,其余可参考各产品标准。

7.3.1　水乳型沥青防水涂料

7.3.1.1　概述

根据《水乳型沥青防水涂料》(JG/T 408—2005)中的规定,水乳型沥青防水涂料以水为介质,采用化学乳化剂和/或矿物乳化剂制得的沥青基防水涂料。按其性能可分为 L 型和 H 型两种。水乳型沥青防水涂料的物理力学性能见表 7-7。

表 7-7　水乳型沥青防水涂料物理力学性能

项目		L 型	H 型
固体含量(%)		≥45	
耐热度(℃)		80 ±2	110 ±2
		无流淌、滑动、滴落	
不透水性		0.1 MPa,30 min 无渗水	
黏结强度(MPa)		≥0.30	
表干时间(h)		≤8	
实干时间(h)		≤24	
低温柔度[a](℃)	标准条件	-15	0
	碱处理	-10	5
	热处理		
	紫外线处理		
断裂伸长率(%)	标准条件	≥600	
	碱处理		
	热处理		
	紫外线处理		

注:a. 供需双方可以商定温度更低的低温柔度指标。

7.3.1.2　主要性能指标的测定

根据《水乳型沥青防水涂料》(JG/T 408—2005)的相关规定,在这里主要阐述水乳型沥青防水涂料的几项关键性能指标的测定方法。

1. 标准试验条件

温度(23 ±2)℃,相对湿度(60 ±15)%。

2. 试验设备

(1)拉力试验机:拉伸速度 500 mm/min,伸长范围大于 500 mm,测量值在量程的 15% ~85%,示值精度不低于 1%。

(2)低温冰柜:可控温度 -20 ℃,精度 ±2 ℃。

(3)电热鼓风干燥箱:可控温度 200 ℃,精度 ±2 ℃。

(4)紫外线箱:500 W 直管汞灯,灯管与箱底平行,与试件表面的距离为 47 ~50 cm。

(5)冲片机及符合 GB/T 528—2009 要求的哑铃 I 型裁刀。

(6)不透水仪:压力 0 ~0.4 MPa,精度 2.5 级,三个七孔透水盘,内径 92 mm。

(7)半导体温度计:量程 -20 ~70 ℃,精度 0.5 ℃。

(8)铝板:厚度不小于 2 mm,面积大于 100 mm ×50 mm,中间上部有一小孔,便于悬挂。

3. 涂膜制备

(1)在涂膜制备前,检测样品及所用检测器具在标准试验条件下放置24 h。

(2)在标准试验条件下称取所需的检测样品量,保证最终涂膜厚度(1.5 ±0.2)mm。

(3)将样品在不混入气泡的情况下倒入模框中。模框不得翘曲,且表面平滑,为便于脱模,涂覆前可用脱模剂处理或采用易脱模的模板(如光滑的聚乙烯、聚丙烯、聚四氟乙烯、硅油纸等)。

样品分3~5次涂覆(每次间隔8~24 h),最后一次将表面刮平,在标准试验条件下养护120 h后脱模,避免涂膜变形、开裂(宜在低温箱中进行),涂膜翻个面,底面朝上在(40 ±2)℃的电热鼓风干燥箱中养护48 h,再在标准试验条件下养护4 h。

(4)试件形状及数量见表7-8。

表7-8　试件形状及数量

项目		试件形状	数量(个)
耐热度		100 mm×50 mm	3
不透水性		150 mm×150 mm	3
黏结强度		"8"字形砂浆试件	5
低温柔度	标准条件	100 mm×25 mm	3
	碱处理		3
	热处理		3
	紫外线处理		3
断裂伸长率	标准条件	符合GB/T 528规定的哑铃Ⅰ型	6
	碱处理		6
	热处理		6
	紫外线处理		6

4. 固体含量

1)检测步骤

将样品搅匀后,取(3 ±0.5)g的试样倒入已干燥称量的底部衬有两张定性滤纸的直径(65 ±5)mm的培养皿(m_0)中刮平,立即称量(m_1),然后放入已恒温到(105 ±2)℃的烘箱中,恒温3 h,取出放入干燥器中,在标准试验条件下冷却2 h,然后称量(m_2)。

2)结果计算

固体含量按下式计算:

$$X = \frac{m_2 - m_0}{m_1 - m_0} \times 100\% \tag{7-3}$$

式中　X——固体含量(%);

m_0——培养皿质量,g;

m_1——干燥前试样和培养皿质量,g;

m_2——干燥后试样和培养皿质量，g。

检测结果取两次平行检测的算术平均值，结果计算精确至1%。

5. 耐热度

1）检测步骤

将样品搅匀后，取表面已用溶剂清洁干净的铝板，将样品分3～5次涂覆（每次间隔8～24 h），涂覆面积为100 mm×50 mm，总厚度（1.5±0.2）mm，最后一次将表面刮平，在标准试验条件下养护120 h，然后在（40±2）℃的电热鼓风干燥箱中养护48 h。取出试件，将铝板垂直悬挂在已调节到规定温度的电热鼓风干燥箱内，试件与干燥箱壁间的距离不小于50 mm，试件的中心宜与温度计的探头在同一水平位置，达到规定温度后放置5 h取出，观察表面现象。共检测3个试件。

2）结果评定

检测后记录试件有无产生流淌、滑动、滴落等现象。

6. 黏结强度

1）检测步骤

按《建筑防水涂料试验方法》（GB/T 16777—2008）第7章制备“8”字形砂浆块。取5对养护好的干燥水泥砂浆块，用2号砂纸清除表面浮浆，将在标准试验条件下已放置24 h的样品，涂抹在砂浆块的断面上，将两个砂浆块断面对接，压紧，砂浆块间涂料的厚度不超过0.5 mm。将制得的试件在标准试验条件下养护120 h，然后在（40±2）℃的电热鼓风干燥箱中养护48 h，取出试件在标准条件下养护4 h。制备5个试件。

将试件装在试验机上，以50 mm/min的速度拉伸至试件破坏，记录试件的最大拉力。试验温度为（23±2）℃。

2）结果计算

黏结强度按下式计算：

$$\sigma = \frac{F}{ab} \tag{7-4}$$

式中 σ——试件的黏结强度，MPa；

F——试件的最大拉力，N；

a——试件黏结面的长度，mm；

b——试件黏结面的宽度，mm。

去除表面未被满黏的试件，黏结强度以剩下的不少于3个试件的算术平均值表示，精确至0.01 MPa，不足3个试件应重新试验。

7. 低温柔度

1）检测步骤

（1）标准条件。

从制备好的涂膜上裁取3个试件进行检验，将试件和直径30 mm的弯板或圆棒放入已调节到规定温度的低温冰柜中，按GB 18242—2000中5.3.6.2条进行试验，弯曲3个试件（无上、下表面区分），取出试件用肉眼观察试件表面有无裂纹、断裂。

(2)碱处理。

从制备好的涂膜上裁取 3 个试件,将试件浸入(23 ±2)℃的 0.1% 的氢氧化钠和饱和氢氧化钙混合溶液中,每 400 mL 溶液放入 3 个试件,液面高出试件上端 10 mm 以上。连续浸泡 168 h 后取出试件,用水冲洗,然后用布吸干,在标准试验条件下放置 4 h,再按上述“标准条件”进行试验。

(3)热处理。

从制备好的涂膜上裁取 3 个试件,将试件平放在釉面砖上,为了防粘,可在釉面砖表面撒滑石粉。将试件放入已调节到(70 ±2)℃的电热鼓风干燥箱中,试件与干燥箱壁间的距离不小于 50 mm,试件的中心宜与温度计的探头在同一水平位置,在该温度条件下处理 168 h。取出试件在标准试验条件下放置 4 h,然后按上述“标准条件”进行试验。

(4)紫外线处理。

从制备好的涂膜上裁取 3 个试件,将试件平放在釉面砖上,为了防粘,可在釉面砖表面撒滑石粉。将试件放入紫外线箱中,距试件表面 50 mm 左右的空间温度为(45 ±2)℃,恒温照射 240 h。取出试件在标准试验条件下放置 4 h,然后按上述“标准条件”进行试验。

2)结果评定

记录每个试件的表面有无裂纹、断裂。

8. 断裂伸长率

1)检测步骤

(1)标准条件。

从制备好的涂膜上裁取 6 个试件进行检验,将试件在标准试验条件下放置 2 h,在试件中间划好两条间距 25 mm 的平行标线,将试件夹在拉力试验机的夹具间,夹具间距约 70 mm,以(500 ± 50)mm/min 的速度拉伸试件至断裂,记录试件断裂时的标线间距离(L_1),精确至 1 mm,试验 5 个试件。若试件断裂在标线外,取备用件补做。

试验时,对于试验试件达到 1 000% 仍未断裂的,结束试验,试验结果表示为大于 1 000%。

(2)碱处理。

从制备好的涂膜上裁取 6 个试件,按“低温柔度的碱处理”方法进行处理,然后按上述“标准条件”进行试验。

(3)热处理。

从制备好的涂膜上裁取 6 个试件,按“低温柔度的热处理”方法进行处理,然后按上述“标准条件”进行试验。

(4)紫外线处理。

从制备好的涂膜上裁取 6 个试件,按“低温柔度的紫外线处理”方法进行处理,然后按上述“标准条件”进行试验。

2)结果计算

断裂伸长率按下式计算:

$$L = \frac{L_1 - 25}{25} \times 100\% \tag{7-5}$$

式中 L——试件的断裂伸长率(%);

L_1——试件断裂时标线间距离,mm;

25——拉伸前试件标线间距离,mm。

检测结果取 5 个试件的平均值,精确至整数位。

若有个别试件断裂伸长率达到 1 000% 不断裂,以 1 000% 计算;若所有试件都达到 1 000% 不断裂,检测结果报告为大于 1 000%。

7.3.2 聚氨酯防水涂料

7.3.2.1 概述

根据《聚氨酯防水涂料》(GB/T 19250—2013)的规定,聚氨酯防水涂料按组分分为单组分(S)和多组分(M)两种;按基本性能分为Ⅰ型、Ⅱ型和Ⅲ型,其中Ⅰ型产品可用于工业与民用建筑工程,Ⅱ型产品可用于桥梁等非直接通行部位,Ⅲ型产品可用于桥梁、停车场、上人屋面等外露通行部位;按是否暴露使用,分为外露(E)和非外露(N);按有害物质含量,分为 A 类和 B 类。聚氨酯防水涂料的基本性能应符合表 7-9 的规定。

表 7-9 聚氨酯防水涂料的基本性能

序号	项目		技术指标		
			Ⅰ	Ⅱ	Ⅲ
1	固体含量(%)	单组分	≥85.0		
		多组分	≥92.0		
2	表干时间(h)		≤12		
3	实干时间(h)		≤24		
4	流平性[a]		20 min 时,无明显齿痕		
5	拉伸强度(MPa)		≥2.00	≥6.00	≥12.00
6	断裂伸长率(%)		≥500	≥450	≥250
7	撕裂强度(N/mm)		≥15	≥30	≥40
8	低温弯折性		-35 ℃,无裂纹		
9	不透水性		0.3 MPa,120 min,不透水		
10	加热伸缩率(%)		-4.0 ~ +1.0		
11	黏结强度(MPa)		≥1.0		
12	吸水率(%)		≤5.0		
13	定伸时老化	加热老化	无裂纹及变形		
		人工气候老化[b]	无裂纹及变形		

续表 7-9

序号	项目		技术指标		
			I	II	III
14	热处理 (80 ℃,168 h)	拉伸强度保持率(%)	80 ~ 150		
		断裂伸长率(%)	≥450	≥400	≥200
		低温弯折性	-30 ℃,无裂纹		
15	碱处理[0.1% NaOH + 饱和 $Ca(OH)_2$ 溶液,168 h]	拉伸强度保持率(%)	80 ~ 150		
		断裂伸长率(%)	≥450	≥400	≥200
		低温弯折性	-30 ℃,无裂纹		
16	酸处理(2% H_2SO_4 溶液,168 h)	拉伸强度保持率(%)	80 ~ 150		
		断裂伸长率(%)	≥450	≥400	≥200
		低温弯折性	-30 ℃,无裂纹		
17	人工气候老化[b] (1 000 h)	拉伸强度保持率(%)	80 ~ 150		
		断裂伸长率(%)	≥450	≥400	≥200
		低温弯折性	-30 ℃,无裂纹		
18	燃烧性能[b]		B_2 - E(点火 15 s,燃烧 20 s,F_s≤150 mm,无燃烧滴落物引燃滤纸)		

注:a. 该项性能不适用于单组分和喷涂施工的产品,流平性时间也可根据工程要求和施工环境由供需双方商定并在订货合同与产品包装上明示。

b. 仅外露产品要求测定。

7.3.2.2　主要性能指标的测定

根据《聚氨酯防水涂料》(GB/T 19250—2013)的相关规定,在这里主要阐述聚氨酯防水涂料的几项关键性能指标的测定方法。

1. 标准试验条件

温度(23 ± 2)℃,相对湿度(50 ± 10)%。

2. 试验设备

(1)拉力试验机:测量值在量程的 15% ~ 85%,示值精度不低于 1%,伸长范围大于 500 mm。

(2)天平:精度 0.1 mg。

(3)梳齿刮刀:见图 7-15,宽 250 mm,齿深 5 mm、齿宽 5 mm。

(4)低温冰柜:-40 ~ 0 ℃,精度 ± 2 ℃。

(5)电热鼓风干燥箱:不小于 200 ℃,精度 ± 2 ℃。

(6)冲片机及符合 GB/T 528—2009 要求的哑铃 I 型裁刀、符合 GB/T 529—2008 要求的直角撕裂裁刀。

(7)不透水仪:压力 0 ~ 0.4 MPa,精度 2.5 级,三个七孔透水盘,内径 92 mm。

(8)厚度计:接触面直径 6 mm,单位面积压力 0.02 MPa,分度值 0.01 mm。

(9)半导体温度计:量程 -40~30 ℃,精度 0.1 ℃。

(10)定伸保持器:能使试件标线间距离拉伸 100% 以上。

(11)氙弧灯老化试验箱:符合 GB/T 18244—2000 要求的氙弧灯老化试验箱。

(12)硬度计:符合 GB/T 531.1—2008 要求的 AM 型硬度计。

(13)磨耗仪:符合 GB/T 1768—2006 要求的旋转磨耗仪。

(14)冲击仪:符合 GB/T 20624.2—2006 要求的落锤冲击仪。

(15)燃烧试验箱:符合 GB/T 8626—2007 要求的燃烧试验箱。

3. 试件制备

(1)在试件制备前,试样及所用检测器具应在标准试验条件下放置至少 24 h。

(2)在标准试验条件下称取所需的试样量,保证最终涂膜厚度为(1.5±0.2) mm。

将放置后的试样混合均匀,不得加入稀释剂。若试样为多组分涂料,则按产品生产企业要求的配合比混合后在不混入气泡的情况下充分搅拌 5 min,静置 2 min,倒入模框中;也可按生产企业要求使用喷涂设备制备涂膜。模框不得翘曲且表面平滑,为便于脱模,涂覆前可用脱模剂。多组分试样一次涂覆到规定厚度,试样也可按生产企业的要求次数涂覆(最多 3 次,每次间隔不超过 24 h),涂覆后间隔 5 min,轻轻刮去表面的气泡,最后一次将表面刮平。制备的涂膜在标准试验条件下养护 96 h,然后脱模,涂膜翻面后继续在标准试验条件下养护 72 h。

(3)试件形状及数量见表 7-10。

表 7-10 试件形状及数量

序号	项目	试件形状	数量(个)
1	拉伸性能	符合 GB/T 528—2009 规定的哑铃 I 型	5
2	撕裂强度	符合 GB/T 529—2008 规定的无割口直角形	5
3	吸水率	50 mm×50 mm	3

4. 固体含量

1)检测步骤

将试样充分搅匀后,取(10±1)g 的试样倒入已干燥称量的直径(65±5)mm 的培养皿(m_0)中刮平,立即称量(m_1),然后在标准试验条件下放置 24 h,再放入(120±2)℃烘箱中,恒温 3 h,取出放入干燥器中冷却 2 h,然后称量(m_2)。

2)结果计算

固体含量按下式计算:

$$X = \frac{m_2 - m_0}{m_1 - m_0} \times 100\% \tag{7-6}$$

式中 X——固体含量(%);

m_0——培养皿质量,g;

m_1——干燥前试样和培养皿质量,g;

m_2——干燥后试样和培养皿质量,g。

检测结果取两次平行检测的平均值,计算结果精确至 0.1%。

对于单组分水固化聚氨酯防水涂料,不加水直接检测,检测结果按单组分聚氨酯防水涂料固体含量规定判定。

对于多组分水固化聚氨酯防水涂料,按上述方法得到的 m_1 应减去采用 GB 18582—2016 卡尔费休法或气相色谱法得到的水分计算检测结果。

5. 流平性

在标准检测条件下,将试样在 200 mL 烧杯中混合搅拌 3 min 后,静置,从开始混合计时,在 20 min 时,将静置的试样均匀涂覆在面积约 250 mm × 250 mm 水平放置的玻璃板上,用量约 2.0 kg/m²,用图 7-15 梳齿刮刀垂直匀速刮过,5 min 后观察有无明显齿痕。

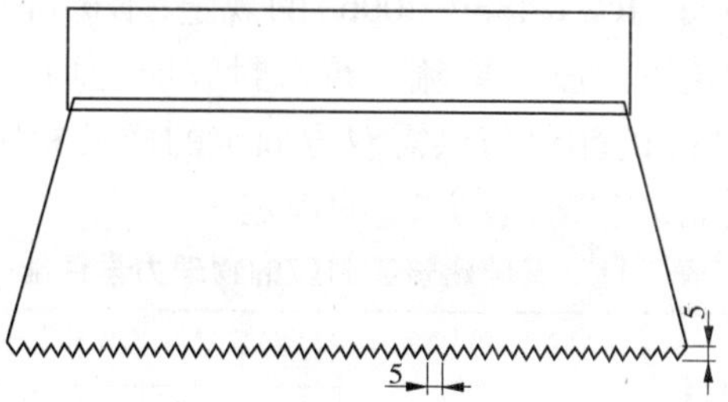

图 7-15　梳齿刮刀　(单位:mm)

6. 拉伸性能

按《建筑防水涂料试验方法》(GB/T 16777—2008)第 9 章进行检测,拉伸速度为(500 ± 50) mm/min。

如果试件在狭窄部分以外断裂,则舍弃该检测数据,试验结果取 5 个试件的平均值。若检测数据与平均值的偏差超过 15%,则剔除该数据,以剩下的至少 3 个试件的平均值作为检测结果。若有效检测数据少于 3 个,则需重新检测。

7. 撕裂强度

按《硫化橡胶或热塑性橡胶撕裂强度的测定(裤形、直角形和新月形试样)》(GB/T 529—2008)中直角形试件进行检测,无割口,拉伸速度为(500 ± 50) mm/min。检测 5 个试件,检测结果取 5 个试件的平均值。若检测数据与平均值的偏差超过 15%,则剔除该数据,以剩下的至少 3 个试件的平均值作为检测结果。若有效检测数据少于 3 个,则需重新检测。

8. 吸水率

按照上述方法制备涂膜试件,称量试件 m_1。然后将试件浸入(23 ± 2)℃ 的水中(168 ± 2) h,取出用滤纸吸干表面的水渍,立即称量 m_2,试件从水中取出到称量完毕应在 1 min 内完成。

吸水率按下式计算:

$$W_m = \frac{m_2 - m_1}{m_1} \times 100\% \tag{7-7}$$

式中　W_m——吸水率(%)

m_1——浸水前试件质量,g;

m_2——浸水后试件质量,g。

检测结果取 3 个试件的算术平均值,结果计算精确至 0.1%。

7.4　建筑密封胶

建筑密封胶大都属于合成胶黏剂,其主体是聚合物,以下主要介绍在我国应用最为广泛的聚硫和聚氨酯建筑密封胶的各项物理力学性能。

7.4.1　聚硫建筑密封胶

根据《聚硫建筑密封胶》(JC/T 483—2006)的规定,本标准适用于以液态聚硫橡胶为基料的室温硫化双组分建筑密封胶。聚硫建筑密封胶应为均匀膏状物,无结皮、结块,组分间颜色应有明显差别;产品的颜色与供需双方商定的样品相比,不得有明显差异。聚硫建筑密封胶的物理力学性能,应符合表 7-11 的规定。

表 7-11　聚硫建筑密封胶的物理力学性能

序号	项目		技术指标		
			20 HM	25 LM	20 LM
1	密度(g/cm^3)		规定值 ±0.1		
2	流动性	下垂度(N 型)mm	≤3		
		流平性(L 型)	光滑平整		
3	表干时间(h)		≤24		
4	适用期(h)		≥2		
5	弹性恢复率(%)		≥70		
6	拉伸模量(MPa)	23 ℃	>0.4 或 >0.6	≤0.4 和≤0.6	
		-20 ℃			
7	定伸黏结性		无破坏		
8	浸水后定伸黏结性		无破坏		
9	冷拉—热压后黏结性		无破坏		
10	质量损失率(%)		≤5		

注:适用期允许采用供需双方商定的其他指标值。

7.4.2　聚氨酯建筑密封胶

根据《聚氨酯建筑密封胶》(JC/T 482—2003)规定,聚氨酯建筑密封胶是指以氨基甲酸酯聚合物为主要成分的单组分和多组分建筑密封胶,适用于建筑接缝。按拉伸模量可分为高模量(HM)和低模量(LM)两个次级别。聚氨酯建筑密封胶的物理力学性能应符合表 7-12 的规定。

表 7-12　聚氨酯建筑密封胶的物理力学性能

序号	项目		技术指标		
			20 HM	25 LM	20 LM
1	密度(g/cm^3)		规定值 ±0.1		
2	流动性	下垂度(N 型)(mm)	≤3		
		流平性(L 型)	光滑平整		
3	表干时间(h)		≤24		
4	挤出性[a](mL/min)	≥80			
	适用期[b](h)	≥1			
5	弹性恢复率(%)	≥70			
6	拉伸模量(MPa)	23 ℃	>0.4 或 >0.6	≤0.4 和≤0.6	
		-20 ℃			
7	定伸黏结性		无破坏		
8	浸水后定伸黏结性		无破坏		
9	冷拉—热压后的黏结性		无破坏		
10	质量损失率(%)		≤7		

注:a. 此项仅适用于单组分产品。

b. 此项仅适用于多组分产品,允许采用供需双方商定的其他指标值。

第 8 章　简易土工检测

土是建设工程中必不可少的建筑材料，土的分类与性质关系着各类建筑工程质量；土工检测是土的分类与性质验证的重要手段和方法。土工检测主要是测定这些不同比例关系的土的物理力学指标，最终确定地基土的承载能力，为建筑工程的基础设计提供可靠依据。

土工检测可以分为物理指标、水理性指标、化学指标和力学指标四大类，常用的有 27 项。物理指标如含水率、密度、塑性指数等，水理性指标如渗透系数、膨胀系数等，化学指标如有机质含量、易溶盐含量等，力学指标如原状土直剪强度、无侧限抗压强度、压缩模量等。土工检测应按照《公路土工试验规程》(JTG E40—2007)或《土工试验方法标准》(GB/T 50123—1999)相关规定进行。

本章主要介绍土样的取样方法，试样的制备及饱和，土的含水率、密度、颗粒分析、界限含水率、击实及压实度等项目的检测技术。

8.1　土样的取样方法

8.1.1　土样要求

(1)采取原状土或扰动土视工程对象而定。凡属桥梁、涵洞、隧道、挡土墙、房屋建筑物的天然地基以及挖方边坡、渠道等，应采取原状土样；如为填土路基、堤坝、取土坑(场)或只要求土的分类试验者，可采取扰动土样。冻土采取原状土样时，应保持土样温度，并保持土样结构和含水率不变。

(2)土样可在试坑、平洞、竖井、天然地面及钻孔中采取。取原状土样时，必须保持土样的原状结构及天然含水率，并使土样不受扰动。用钻机取土时，土样直径不得小于 10 cm，并使用专门的簿壁取土器；在试坑中或天然地面下挖取原状土时，可用有上、下盖的铁壁取土筒，打开下盖，扣在欲取的土层上，边挖筒周围土，边压土筒至筒内装满土样，然后挖断筒底土层(或左、右摆动即断)，取出土筒，翻转削平筒内土样。若周围有空隙，可用原土填满，盖好下盖，密封取土筒。采取扰动土时，应先清除表层土，然后分层用四分法取样。

(3)对于盐渍土，一般应分别在 0 ~ 0.05 m、0.05 ~ 0.25 m、0.25 ~ 0.50 m、0.50 ~ 0.75 m、0.75 ~ 1.0 m 垂直深度处，分层取样。同时，应测记采样季节、时间和气温。

8.1.2　土样的包装及运输

(1)原状土或需要保持天然含水率的扰动土，在取样之后，应立即密封取土筒，即先用胶布贴封取土筒上的所有缝隙，在两端盖上用红油漆写明“上、下”字样，以示土样层位。在筒壁贴上“取样记录薄”中扯下的标签，然后用纱布包裹，再浇注融蜡，以防水分散失。原状土样应保持土样结构不变；对于冻土，原状土样还应保持温度不变。

（2）密封后的原状土在装箱之前应放于阴凉处，冻土土样应保持温度不变。不需保持天然含水率的扰动土，最好风干稍加粉碎后装入袋中。

8.2　试样的制备及饱和

试样制备和饱和是检测工作的第一个质量要素，为保证检测成果的可靠性和检测数据的可比性，必须统一土样和试样的制备方法与程序。土样在试验前必须经过制备程序，扰动土的土样制备包括土的风干、碾散、过筛、匀土、分样和储存等预备程序和击实、饱和等试样制备程序。原状土的土样制备包括开启、切取等。这些步骤正确与否都直接影响检测成果。

8.2.1　试样制备

本土工试样制备方法适用于颗粒粒径小于 60 mm 的原状土和扰动土。根据力学性质检测项目要求，原状土样同一组试样间密度的允许差值为 0.03 g/cm^3；扰动土样同一组试样的密度与要求的密度之差不得大于 ±0.01 g/cm^3，一组试样的含水率与要求的含水率之差不得大于 ±1%。

8.2.1.1　主要仪器设备

（1）细筛：孔径 0.5 mm、2 mm。

（2）洗筛：孔径 0.075 mm。

（3）台秤和天平：称量 10 kg，最小分度值 5 g；称量 5 000 g，最小分度值 1 g；称量 1 000 g，最小分度值 0.5 g；称量 500 g，最小分度值 0.1 g；称量 200 g，最小分度值 0.01 g。

（4）环刀：不锈钢材料制成，内径 61.8 mm 和 79.8 mm，高 20 mm；内径 61.8 mm，高 40 mm。

（5）击样器：如图 8-1 所示。

（6）压样器：如图 8-2 所示。

（7）抽气设备：应附真空表和真空缸。

（8）其他：包括切土刀、钢丝锯、碎土工具、烘箱、保湿缸、喷水设备等。

8.2.1.2　原状土试样的制备

（1）将土样筒按标明的上下方向放置，剥去蜡封和胶带，开启土样筒取出土样。检查土样结构，当确定土样已受扰动或取土质量不符合规定时，不应制备力学性质检测的试样。

（2）根据检测要求用环刀切取试样时，应在环刀内壁涂一薄层凡士林，刃口向下放在土样上，将环刀垂直下压，并用切土刀沿环刀外侧切削土样，边压边削至土样高出环刀，根据试样的软硬采用钢丝锯或切土刀平整环刀两端土样，擦净环刀外壁，称环刀和土的总质量。

（3）从余土中取代表性试样，测定土的含水率。

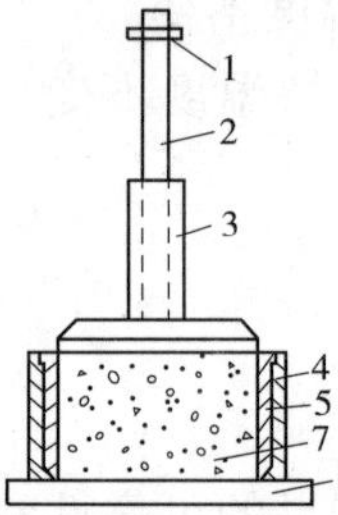

1—定位环；2—导杆；3—击锤；
4—击样筒；5—环刀；6—底座；7—试样

图 8-1　击样器

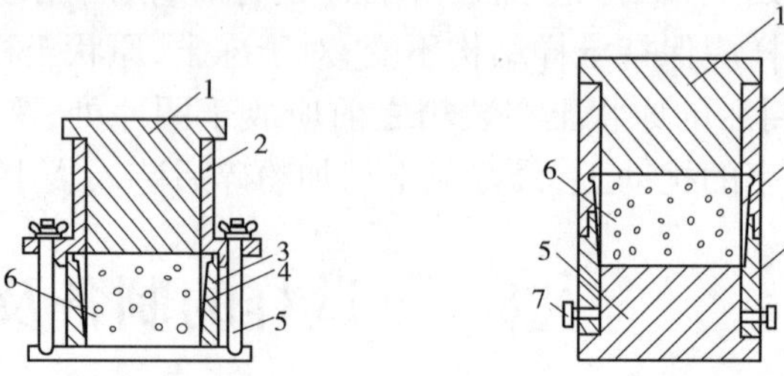

(a)单向

1—活塞；2—导筒；3—护环；
4—环刀；5—拉杆；6—试样

(b)双向

1—上活塞；2—上导筒；3—环刀；
4—下导管；5—下活塞；6—试样；7—销钉

图 8-2　压样器

(4)在切削试样时，应对土样的层次、气味、颜色、夹杂物、裂缝和均匀性进行描述，对低塑性和高灵敏度的软土，制样时不得扰动。

8.2.1.3　扰动土试样的制备

(1)将土样从土样筒或包装袋中取出，对土样的颜色、气味、夹杂物、土的种类及均匀程度进行描述，并将土样切成碎块，拌和均匀，取代表性土样测定含水率。

(2)对均质和含有机质的土样，宜采用天然含水率状态下代表性土样，用于颗粒分析、界限含水率的检测。对非均质土，应根据检测项目取足够数量的土样，置于通风处晾干至可碾散为止。对砂土和进行比重试验的土样宜在 105 ~ 110 ℃温度下烘干，对有机质含量超过 5% 的土、含石膏和硫酸盐的土，应在 65 ~ 70 ℃温度下烘干。

(3)将风干或烘干的土样放在橡皮板上用木碾碾散，对不含砂和砾的土样，可用碎土器碾散(碎土器不得将土粒破碎)。

(4)对碾散后的粗粒土和细粒土，应按表 8-1 的规定进行过筛。对含细粒土的砾质土，应先用水浸泡并充分搅拌，使粗细颗粒分离后按不同检测项目的要求进行过筛。

(5)扰动土试样的制样步骤：

①试样的数量视检测项目而定，应有备用试样 1 ~ 2 个。

②将碾压散的风干土样通过孔径 2 mm 或 5 mm 的筛，取筛下足够检测用的土样，充分拌匀，测定土样的风干含水率，装入保湿缸或塑料袋内备用。

③根据试验所需的土量与含水率，制备试样所需的加水量应按下式计算：

$$m_w = \frac{m_0}{1 + 0.01w_0} \times 0.01(w_1 - w_0) \tag{8-1}$$

式中　m_w——制备试样所需要的加水量，g；

m_0——湿土(或风干土)质量，g；

w_0——湿土(或风干土)含水率(%)；

w_1——制样要求的含水率(%)。

④称取过筛的风干土样平铺于搪瓷盘内，将水均匀喷洒于土样上，充分拌匀后装入盛土容器内盖紧，润湿一昼夜，砂土的润湿时间可酌减。

表 8-1　取样数量和过土筛标准[《土工试验规程》(DT—1992)]

试验项目	细粒土		砂类土		过筛标准(mm)
	原状土(筒) ϕ10 cm×20 cm	扰动土(g)	原状土(筒) ϕ10 cm×20 cm	扰动土(g)	
含水率		>300		>500	
颗粒密度		>300		>500	
颗粒分析		>300		>500	
界限含水率		>500			<0.5
密度	1		1		
固结	1	>2 000			<2.0
黄土湿陷	1				
三轴压缩	2	>5 000		>5 000	<2.0
膨胀、收缩	2	>2 000			<2.0
直剪	1	>2 000		>3 000	<2.0
击实、承载比		轻型>15 000 重型>30 000			<5.0
无侧限	1				
反复直剪	1	>2 000			<2.0
相对密实度				>2 000	
渗透	1	>1 000		>2 000	<2.0
化学分析		>300			<1.0

⑤测定润湿土样不同位置处的含水率,不应少于两点,一组试样的含水率与要求的含水率之差不得大于±1%。

⑥根据环刀容积及所需的干密度,制样所需的湿土量应按下式计算:

$$m_0 = (1 + 0.01w_0)\rho_d V \tag{8-2}$$

式中　ρ_d——试样的干密度,g/cm³;

　　V——试样体积(环刀容积),cm³。

⑦扰动土制样可采取击样法和压样法。

击样法:将根据环刀容积和要求干密度所需质量的湿土倒入装有环刀的击样器内,击实到所需密度。

压样法：将根据环刀容积和要求干密度所需质量的湿土倒入装有环刀的压样器内，以静压力通过活塞将土样压紧到所需密度。

⑧取出带有试样的环刀，称环刀和试样的总质量，对不需要饱和且不立即进行检测的试样，应存放在保湿器内备用。

8.2.2　试样饱和

试样饱和宜根据土样的透水性能，可分别采取下列方法：①粗粒土采用浸水饱和法。②渗透系数大于 10^{-4} cm/s 的细粒土，采用毛细管饱和法；渗透系数小于或等于 10^{-4} cm/s 的细粒土，采用抽气饱和法。

8.2.2.1　毛细管饱和法的步骤

(1)选用框式饱和器[见图 8-3(b)]，试样上、下面放滤纸和透水板，装入饱和器内，并旋紧螺母。

(2)将装好的饱和器放入水箱内，注入清水，水面不宜将试样淹没，关箱盖，浸水时间不得少于两昼夜，使试样充分饱和。

(3)取出饱和器，松开螺母，取出环刀，擦干外壁，称环刀和试样的总质量，并计算试样的饱和度。当饱和度低于95%时，应继续饱和。

试样的饱和度按下式计算：

$$S_r = \frac{(\rho_{sr} - \rho_d)G_s}{\rho_d e} \tag{8-3}$$

或

$$S_r = \frac{w_{sr}G_s}{e} \tag{8-4}$$

式中　S_r——试样的饱和度(%)；

w_{sr}——试样饱和后的含水率(%)；

ρ_{sr}——试样饱和后的密度，g/cm^3；

ρ_d——试样的干密度，g/cm^3；

G_s——土粒比重；

e——试样的孔隙比。

8.2.2.2　抽气饱和法的步骤

(1)选用叠式或框式饱和器(见图 8-3)和真空饱和装置(见图 8-4)。在叠式饱和器下夹板的正中，依次放置透水板、滤纸、带试样的环刀、滤纸、透水板，如此顺序重复，由下向上重叠到拉杆高度，将饱和器上夹板盖好后，拧紧拉杆上端的螺母，将各个环刀在上、下夹板间夹紧。

(2)将装有试样的饱和器放入真空缸内，真空缸和盖之间涂一薄层凡士林，盖紧。将真空缸与抽气机接通，启动抽气机，当真空压力表读数接近当地一个大气压力值时(抽气时间不少于 1 h)，微开管夹，使清水徐徐注入真空缸内，在注水过程中，真空压力表读数宜保持不变。

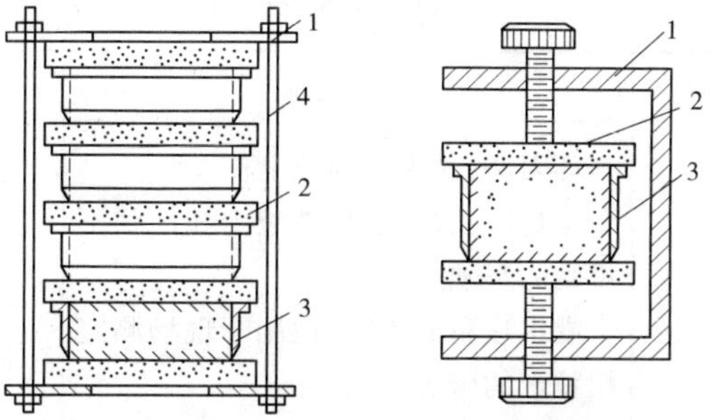

(a)叠式　　(b)框式

1—夹板;2—透水板;3—环刀;4—拉杆

图 8-3　饱和器

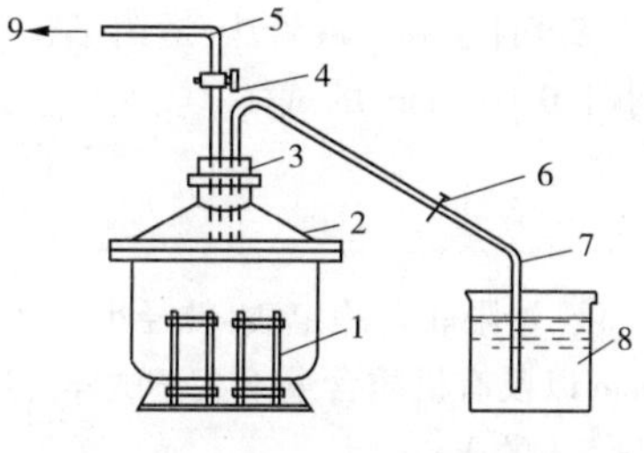

1—饱和器;2—真空缸;3—橡皮塞;4—二通阀;5—排气管;
6—管夹;7—引水管;8—盛水器;9—接抽气机

图 8-4　真空饱和装置

(3)待水淹没饱和器后停止抽气。打开管夹使空气进入真空缸,静止一段时间(细粒土宜为 10 h),使试样充分饱和。

(4)打开真空缸,从饱和器内取出带环刀的试样,称环刀和试样总质量,并按式(8-3)或式(8-4)计算饱和度。当饱和度低于 95% 时,应继续抽气饱和。

8.2.3　常用土工试验的检测参数、适用范围及主要仪器设备

常用土工试验的检测参数、适用范围及主要仪器设备如表 8-2 所示。

表 8-2　常用土工试验的检测参数、适用范围及主要仪器设备

名称	检测参数	适用范围	主要仪器设备
含水率检测	含水率	烘干法:粗粒土、细粒土、有机质土和冻土; 酒精燃烧法:细粒土(含有机质的土除外); 比重法:砂类土	烘干法:电热烘箱、天平等; 酒精燃烧法:称量盒、天平、酒精等; 比重法:玻璃瓶、天平等

续表 8-2

名称	检测参数	适用范围	主要仪器设备
密度检测	密度	环刀法：适用于细粒土； 蜡封法：适用于易破裂土和性状不规则的坚硬土； 灌水法和灌砂法：适用于现场测定粗粒土的密度	环刀法：环刀、天平等； 蜡封法：蜡封设备、天平； 灌水法：储水桶、台秤； 灌砂法：密度测定器、天平
颗粒分析检测	颗粒级配	筛析法：适用于粒径小于或等于 60 mm、大于 0.075 mm 的土； 密度计法和移液管法：适用于粒径小于 0.075 mm 的试样	筛析法：分析筛（粗筛、细筛）、天平、振筛机、烘箱等； 密度计法：密度计（甲种密度计、乙种密度计）、量筒、洗筛、煮沸装置、温度计等； 移液管法：移液管、烧杯、天平、煮沸装置、温度计等
界限含水率检测	液限 塑限 缩限 塑性指数 液性指数	液、塑限联合测定法：粒径小于 0.5 mm 以及有机质含量不大于试样总质量 5% 的土； 碟式仪液限试验：粒径小于 0.5 mm 的土； 滚搓法塑限试验：粒径小于 0.5 mm 的土； 收缩皿法缩限试验：粒径小于 0.5 mm 的土	液、塑限联合测定法：液、塑限联合测定仪，天平等； 碟式仪液限试验：碟式液限仪、开槽器等； 滚搓法塑限试验：毛玻璃板、卡尺等； 收缩皿法缩限试验：收缩皿、卡尺等
击实检测	最大干密度 最优含水率	轻型击实试验：适用于粒径小于 5 mm 的黏性土； 重型击实试验：适用于粒径不大于 20 mm 的土，采用三层击实时，最大粒径不大于 40 mm	击实仪（轻型、重型）、天平、台秤、标准筛、试样推出器等

8.3 土的常规项目质量检测技术

8.3.1 土的含水率检测

土的含水率是土的基本物理指标之一，土的含水率是试样在 105 ~ 110 ℃下烘至恒量时所失去的水分质量和达到恒量后干土质量的比值，以百分数表示。土的含水率是计算土的干密度、孔隙比、孔隙率、饱和度和液性指数等的依据，也是土工建筑物施工质量控制的依据。它直接反映土的状态，它的变化将使土的一系列物理力学性质随之改变。这种影响表现在各个方面，如反映土的稠度方面，使土成为坚硬的、可塑的或流动的；反映在土内水分的饱和程度方面，使土成为稍湿、很湿或饱和的；反映在土的力学性质方面，能使土的结构强度增加或减小，紧密或疏松、压缩性及稳定性变化。因此，土的含水率是研究土的物理力学性质必不可少的一项基本指标。

土的含水率是各类填土工程和建筑工程施工质量检测的重要指标，也是室内试验试样制备中最重要的控制参数之一。在填土工程和建筑工程等质量管理中，常常要求很快得出土的含水率。本检测方法是测定土的含水率的通用标准方法，适用于黏质土、粗粒土、细粒土、砂砾土、有机质土和冻土。在建筑工程中，土的含水率检测采用的标准是《土工试验方法标准》(GB/T 50123—1999)；在公路工程中，土的含水率检测采用的标准是《公路土工试验规程》(JTG E40—2007)。本节参照这两部标准，分别介绍烘干法和酒精燃烧法。

8.3.1.1　烘干法

1. 检测依据

《土工试验方法标准》(GB/T 50123—1999)。

2. 适用范围

本方法适用于粗粒土、细粒土、有机质土和冻土。

3. 原理

在一定温度下，水分从土壤中蒸发，将土样烘干至恒重，通过烘干前后的质量之差，计算出土样水分含量的百分数。

4. 仪器设备

(1)电热烘箱：应能控制温度为 105 ~ 110 ℃。

(2)天平：称量 200 g，最小分度值 0.01 g；称量 1 000 g，最小分度值 0.1 g。

(3)其他：干燥器、称量盒等。

5. 检测步骤

(1)称空称量盒的净质量(m_1)，精确至 0.01 g。

(2)取具有代表性试样 15 ~ 30 g(有机质土、砂类土和整体状构造冻土为 50 g)，放入称量盒内，盖上盒盖，称盒加湿土质量(m_2)，精确至 0.01 g。

(3)打开盒盖，将盒置于烘箱内，在 105 ~ 110 ℃的恒温下烘至恒量。烘干时间对黏土、粉土不得少于 8 h，对砂土不得少于 6 h，对含有机质超过干土质量 5% 的土，应将温度控制在 65 ~ 70 ℃的恒温下烘至恒量。

(4)将称量盒从烘箱中取出，盖上盒盖，放入干燥容器内冷却至室温，称盒加干土质量(m_3)，精确至 0.01g。

6. 结果整理

试样的含水率，应按下式计算，准确至 0.1%：

$$w = \frac{m_2 - m_3}{m_3 - m_1} \times 100\% \tag{8-5}$$

式中　w——土的含水率(%)；

m_1——称量盒的净质量,g;

m_2——盒加湿土质量,g;

m_3——盒加干土质量,g。

7. 层状和网状构造的冻土含水率检测步骤

对层状和网状构造的冻土含水率检测,应按下列步骤进行:

(1)用四分法切取200~500 g试样(视冻土结构均匀程度而定,结构均匀少取,反之多取)放入搪瓷盘中,称盘和试样质量,精确至0.1 g。

(2)待冻土试样融化后,调成均匀糊状(土太湿时,多余的水分让其自然蒸发或用吸球吸出,但不得将土粒带出;土太干时,可适当加水),称土糊和盘质量,精确至0.1 g。从糊状土中取样测定含水率,其检测步骤按上述第(5)条进行。

8. 层状和网状冻土的含水率计算

层状和网状冻土的含水率,应按下式计算,准确至0.1%。

$$w = \left[\frac{m_1}{m_2}(1 + 0.01w_h) - 1\right] \times 100\% \tag{8-6}$$

式中　w——层状和网状冻土的含水率(%);

m_1——冻土试样质量,g;

m_2——糊状试样质量,g;

w_h——糊状试样的含水率(%)。

9. 注意事项

(1)含水率试验,应在打开土试样后立即取样测定,以免水分改变影响结果。

(2)取样应具有代表性,即能代表土的实际情况。土中含有少量碎石或其他杂物,应尽可能从试样中取出,若含量很多,则取混合均匀的试样进行试验,并应适当增加取样数量。

(3)烘干法的烘干温度一般采用105~110 ℃。对含有机质超过干土质量5%的土,规定烘干温度为65~70 ℃,是因为含有机质土在105~110 ℃温度下,经长时间烘干后,有机质特别是腐殖酸会在烘干过程中逐渐分解而不断损失,使测得的含水率比实际的含水率大,土中有机质含量越高,误差越大。

(4)本含水率检测方法必须对两个试样进行平行测定。两次测定的差值:当含水率小于40%时为1%,当含水率等于、大于40%时为2%,对层状和网状结构的冻土不大于3%。取两个测值的平均值,以百分数表示。

8.3.1.2　酒精燃烧法

1. 检测依据

《公路土工试验规程》(JTG E40—2007)。

2. 适用范围

本方法适用于快速简易测定细粒土(含有机质的土除外)的含水率。

3. 原理

在试样中加入酒精,利用酒精在土上燃烧,使土中水分蒸发,将土样烘干。适用于在没有烘箱或土样较少的条件下,对细粒土进行含水率测定。

4. 仪器设备

(1)称量盒(定期调整为恒质量)。

(2)天平:感量0.01 g。

(3)酒精:纯度95%。

(4)其他:滴管、火柴、调土刀等。

5. 检测步骤

(1)取代表性试样(黏质土5~10 g,砂类土20~30 g),放入称量盒内,称湿土质量(m),精确至0.01 g。

(2)用滴管将酒精注入放有试样的称量盒中,直至盒中出现自由液面。为使酒精在试样中充分混合均匀,可将盒底在桌面上轻轻敲击。

(3)点燃盒中酒精,燃至火焰熄灭。

(4)将试样冷却数分钟,按上述方法再重新燃烧两次。

(5)待第三次火焰熄灭后,盖好盒盖,立即称干土质量(m_s),精确至0.01 g。

6. 结果整理

试样的含水率,应按下式计算,精确至0.1%:

$$w = \frac{m - m_s}{m_s} \times 100\% \tag{8-7}$$

式中 w——含水率(%);

m——湿土质量,g;

m_s——干土质量,g。

7. 注意事项

本含水率检测方法必须对两个试样进行平行测定。两次测定的差值:当含水率小于40%时为1%,当含水率等于、大于40%时为2%,对层状和网状结构的冻土不大于3%。取两个测值的平均值,以百分数表示。

8.3.2 土的密度检测

土的密度是指土在天然状态下单位体积的质量。它是土的基本物理性能指标之一,无论在室内试验或野外勘察以及施工质量控制中,均须测定土的密度。土的密度反映了土体内部结构的松紧,是计算土的自重应力、干密度、孔隙比、孔隙率、饱和度以及地基承载力等的重要依据。

土的密度检测,对于不含砾石颗粒的细粒土,应采用环刀法;对于易破裂土和形状不规则的坚硬土,应采用蜡封法;对于现场粗粒土,可采用灌水法或灌砂法。

8.3.2.1 环刀法

1. 检测依据

《土工试验方法标准》(GB/T 50123—1999)。

2. 适用范围

本方法适用于细粒土。

3. 原理

环刀法是采用一定体积环刀切取土样并称土质量的方法，环刀内土的质量与体积之比即为土的密度。

4. 仪器设备

(1) 环刀：内径 61.8 mm 和 79.8 mm，高度 20 mm，如图 8-5 所示。

(2) 天平：称量500 g，最小分度值0.1 g；称量200 g，最小分度值为0.01 g。

(3) 其他：切土刀、钢丝锯、凡士林等。

图 8-5　取土环刀

5. 检测步骤

(1) 用卡尺测出环刀的内径(d)和高度(h)，计算出环刀的体积($V=\frac{\pi}{4}d^2h$)。

(2) 称环刀的净质量(m_1)。

(3) 按工程需要取原状土或制备所需状态的扰动土样，整平两端，环刀内壁涂一薄层凡士林，刀口向下放在土样上。

(4) 用修土刀或钢丝锯将土样上部削成略大于环刀直径的土柱，然后将环刀垂直下压，边压边削，至土样伸出环刀上部为止。削去两端余土，使土样与环刀口面齐平。

(5) 擦净环刀外壁，称环刀与土总质量(m_2)。

6. 结果整理

按下列公式计算试样的湿密度与干密度：

$$\rho = \frac{m_2 - m_1}{V} \tag{8-8}$$

$$\rho_d = \frac{\rho}{1 + 0.01w} \tag{8-9}$$

式中　ρ——湿密度，g/cm³，精确至 0.01 g/cm³；

m_1——环刀的净质量，g；

m_2——环刀加湿土的质量，g；

V——环刀的体积，cm³；

ρ_d——干密度，g/cm³，精确至 0.01 g/cm³；

w——含水率(%)。

7. 注意事项

(1) 用环刀法切取试样时，应垂直下压，勿使环刀内壁与试样间留有明显空隙。

(2) 切取试样时，一般不应填补。如确需填补，填补部分不得超过环刀容积的1%。

(3) 软塑土试样应先用钢丝锯将土柱锯成若干段，然后用环刀切取试样以免土体因上部受压而使下部变形。

(4) 环刀法检测应进行两次平行测定，两次测定的差值不得大于 0.03 g/cm³，取两次测值的平均值。

8.3.2.2　蜡封法

1. 检测依据

《土工试验方法标准》(GB/T 50123—1999)。

2. 适用范围

本方法适用于易破裂土和形状不规则的坚硬土。

3. 原理

蜡封试样在水中的质量，指试样在水中的重力与浮力之差；蜡封试样的质量和蜡封试样在纯水中的质量之差，与纯水在 t(℃)时的密度的比值，即为蜡封试样的体积；当再减去试样上蜡的体积之后，即得风干土样的体积。

4. 仪器设备

(1)蜡封设备：应附熔蜡加热器。

(2)天平：感量 0.01g。

(3)其他：烧杯、细线、石蜡等。

5. 检测步骤

(1)从原状土样中，切取体积不小于 30 cm^3 的代表性土样，清除表面浮土及尖锐棱角，系上细线，称试样质量(m_0)，精确至 0.01 g。

(2)持线将试样缓缓浸入刚过熔点的蜡液中，浸没后立即提出，检查试样周围的蜡膜，当有气泡时应用针刺破，再用蜡液补平，冷却后称蜡封试样质量(m_n)。

(3)将蜡封试样挂在天平的一端，浸没于盛有纯水的烧杯中，称蜡封试样在纯水中的质量(m_{nw})，并测定纯水的温度(T)。

(4)取出试样，擦干蜡面上的水分，再称蜡封试样质量(m_n)。当浸水后试样质量增加时，应另取试样重做试验。

6. 结果整理

(1)试样的湿密度，应按下式计算：

$$\rho = \frac{m_0}{\dfrac{m_n - m_{nw}}{\rho_{wT}} - \dfrac{m_n - m_0}{\rho_n}} \tag{8-10}$$

式中　ρ——湿密度，g/cm³，精确至 0.01 g/cm³；

m_0——试样质量，g；

m_n——蜡封试样质量，g；

m_{nw}——蜡封试样在纯水中的质量，g；

ρ_{wT}——纯水在 T(℃)时的密度，g/cm³，精确至 0.001 g/cm³；

ρ_n——蜡的密度，g/cm³，应事先实测，精确至 0.01 g/cm³，一般可采用 0.92 g/cm³。

(2)试样的干密度，应按式(8-9)计算。

7. 注意事项

(1)蜡液温度以蜡液达到熔点以后不出现气泡为准。如果蜡液温度过高，对土试样的含水率和结构都会造成一定的影响，而温度过低，会使蜡溶解不均匀，不易封好蜡皮。土试样封蜡时应将土试样一次徐徐沉浸在蜡中。

(2)蜡封试样在水中的质量,与水的密度有关,水的密度随温度而变化,本方法规定测定水温的目的是消除因水密度变化而产生的影响。密度试验中使用的石蜡,选用55号石蜡为宜,其密度以实测为准。如无条件实测,可采用其密度近似值0.92 g/cm^3 进行计算。

(3)对于大孔隙土,由于大量熔蜡会浸入土的孔隙中,故不宜采用。

(4)蜡封法检测应进行两次平行测定,两次测定的差值不得大于0.03 g/cm^3,取两次测值的平均值。

8.3.2.3 灌水法

1.检测依据

《土工试验方法标准》(GB/T 50123—1999)。

2.适用范围

本方法适用于现场测定粗粒土的密度。

3.原理

通过在结构层上挖坑,灌入已知密度的水,可求出试坑的体积,用挖出的土除以试坑的体积得到试样的密度。

4.仪器设备

(1)薄膜:聚乙烯塑料薄膜。

(2)储水筒:直径应均匀,并附有刻度。

(3)台秤:称量50 kg,最小分度值10 g。

(4)其他:铁镐、铁铲、水准仪等。

5.检测步骤

(1)根据试样最大粒径,确定试坑尺寸见表8-3。

表8-3　试坑尺寸　　(单位:mm)

试样最大粒径	试坑尺寸	
	直径	深度
5~20	150	200
40	200	250
60	250	300

(2)将选定检测处的试坑地面整平,除去表面松散的土层。

(3)按确定的试坑直径划出坑口轮廓线,在轮廓线内下挖至要求深度,边挖边将坑内挖出的试样装入盛土容器内,挖好试坑后称取挖出的试样质量,精确至10 g,并测定试样的含水率。

(4)试坑挖好后,放上相应尺寸的套环,用水准尺找平,将大于试坑容积的塑料薄膜袋平铺于试坑内,翻过套环压住薄膜四周。

(5)记录储水筒内初始水位高度,打开储水筒出水管开关,将水缓慢注入塑料薄膜袋中。当袋内水面接近套环边缘时,将水流调小,直至袋内水面与套环边缘齐平时关闭出水管，持续 3 ~5 min，记录储水筒内水位高度。当袋内水面下降时，应另取塑料薄膜袋重做试验。

6. 结果整理

(1)试坑的体积，应按下式计算：

$$V_p = (H_1 - H_2) \times A_w - V_0 \tag{8-11}$$

式中　V_p——试坑体积，cm^3；

H_1——储水筒内初始水位高度，cm；

H_2——储水筒内注水终了时水位高度，cm；

A_w——储水筒断面面积，cm^3；

V_0——套环体积，cm^3。

(2)试样的湿密度，应按下式计算：

$$\rho = \frac{m_p}{V_p} \tag{8-12}$$

式中　m_p——取自试坑内的试样质量，g。

(3)试样的干密度，应按式(8-9)计算。

7. 注意事项

(1)灌水法采用的塑料薄膜袋的尺寸应与试坑大小相适应，塑料薄膜袋使用前应检查有无破损。

(2)开挖试坑时，坑壁和坑底应规则，试坑直径与深度应略小于塑料薄膜袋的尺寸，铺设时应使塑料薄膜袋紧贴坑壁，否则测得的容积就偏小，求得的密度值会偏大。

(3)灌水法检测应进行两次平行测定，两次测定的差值不得大于 0.03 g/cm^3，取两次测值的平均值。

8.3.2.4　**灌砂法**

1. 检测依据

《土工试验方法标准》(GB/T 50123—1999)。

2. 适用范围

本方法适用于现场测定粗粒土的密度。

3. 原理

通过在结构层上挖坑，灌入已知密度的标准砂，可求出试坑的体积，用挖出的土除以试坑的体积得到试样的密度。

4. 仪器设备

(1)密度测定器：由容砂瓶、灌砂漏斗和底盘组成(见图 8-6)。灌砂漏斗高 135 mm、直径 165 mm，尾部有孔径为 13 mm 的圆柱形阀门；容砂瓶容积为 4 L，容砂瓶和灌砂漏斗之间用螺纹接头连接。底盘承托灌砂漏斗和容砂瓶。

(2)天平：称量 10 kg，最小分度值 5 g；称量 500 g，最小分度值 0.1 g。

5. 标准砂密度的测定步骤

(1)标准砂应清洗洁净，粒径宜选用 0.25 ~0.50 mm，密度宜选用 1.47 ~1.61 g/cm^3。

(2)组装容砂瓶与灌砂漏斗，螺纹连接处应旋紧，称取容砂瓶和漏斗的质量(m_{r1})。

(3)将密度测定器竖立,灌砂漏斗口向上,关阀门,向灌砂漏斗中注满标准砂,打开阀门使灌砂漏斗内的标准砂漏入容砂瓶内,继续向漏斗内注砂漏入瓶内,当砂停止流动时迅速关闭阀门,倒掉漏斗内多余的砂,称容砂瓶、灌砂漏斗和标准砂的总质量(m_{rs}),精确至5 g。检测过程中应避免振动。

(4)倒出容砂瓶内的标准砂,通过漏斗向容砂瓶内注水至水面高出阀门,关阀门,倒掉漏斗中多余的水,称容砂瓶、漏斗和水的总质量(m_{r2}),精确至5 g,并测定水温,精确至0.5 ℃。重复测定3次,3次测值之间的差值不得大于3 mL,取3次测值的平均值。

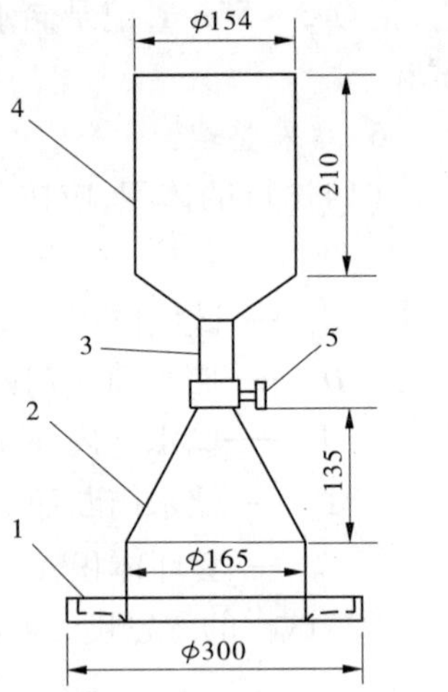

1—底盘;2—灌砂漏斗;
3—螺纹接头;4—容砂瓶;5—阀门

图 8-6　密度测定器

(单位:mm)

6. 灌砂法检测步骤

(1)按上述“灌水法”的检测步骤(1)试验 ~ (3)挖好规定的试坑尺寸,并称试样质量(m_p)。

(2)向容砂瓶内注满砂,关阀门,称容砂瓶、漏斗和砂的总质量(m_{rs1}),准确至10 g。

(3)将密度测定器倒置(容砂瓶向上)于挖好的坑口上,打开阀门,使砂注入试坑。在注砂过程中不应震动。当砂注满试坑时关闭阀门,称容砂瓶、漏斗和余砂的总质量(m_{rs2}),准确至10 g,并计算注满试坑所用的标准砂质量(m_s)。

7. 结果整理

(1)容砂瓶的容积,应按下式计算:

$$V_r = (m_{r2} - m_{r1})/\rho_{wr} \tag{8-13}$$

式中　V_r——容砂瓶的容积,mL;

m_{r2}——容砂瓶、漏斗和水的总质量,g;

m_{r1}——容砂瓶和漏斗的质量,g;

ρ_{wr}——不同水温时水的密度,g/cm³,查表8-4确定。

(2)标准砂的密度,应按下式计算:

$$\rho_s = \frac{m_{rs} - m_{r1}}{V_r} \tag{8-14}$$

式中　ρ_s——标准砂的密度,g/cm³;

m_{rs}——容砂瓶、漏斗和标准砂的总质量,g。

(3)试样的湿密度,应按下式计算:

$$\rho = \frac{m_p}{\dfrac{m_s}{\rho_s}} \tag{8-15}$$

表 8-4　水的密度

温度(℃)	水的密度(g/cm^3)	温度(℃)	水的密度(g/cm^3)	温度(℃)	水的密度(g/cm^3)
4.0	1.000 0	15.0	0.999 1	26.0	0.996 8
5.0	1.000 0	16.0	0.998 9	27.0	0.996 5
6.0	0.999 9	17.0	0.998 8	28.0	0.996 2
7.0	0.999 9	18.0	0.998 6	29.0	0.995 9
8.0	0.999 9	19.0	0.998 4	30.0	0.995 7
9.0	0.999 8	20.0	0.998 2	31.0	0.995 3
10.0	0.999 7	21.0	0.998 0	32.0	0.995 0
11.0	0.999 6	22.0	0.997 8	33.0	0.994 7
12.0	0.999 5	23.0	0.997 5	34.0	0.994 4
13.0	0.999 4	24.0	0.997 3	35.0	0.994 0
14.0	0.999 2	25.0	0.997 0	36.0	0.993 7

式中　m_p——取自试坑内的试样质量，g；

m_s——注满试坑所用标准砂的质量，g，即 $m_s = m_{rs1} - m_{rs2}$。

(4)试样的干密度，应按式(8-9)计算。

8. 注意事项

(1)灌砂法试坑尺寸的选择应与土颗粒尺寸相匹配，并使所采取试样具有充分的代表性，试坑内已松动颗粒须全部取出，试坑坍塌应重新开挖。

(2)挖试坑要注意尽量不要扰动旁边的土，挖松的土要全部取出称量，不得漏掉。

(3)称量好后要立即装入塑料袋密封，防止水分蒸发影响试样含水率测定，从而影响干密度测定的准确性。

(4)检测时灌砂落距和速度应与测定标准砂密度时完全一致，否则会引起误差。

8.3.3　土的颗粒分析检测(筛析法)

土的颗粒分析检测是测定干土中各粒组质量占该土总质量的百分数的方法。根据颗粒粒组组成，可明确颗粒大小分布情况，供土的分类及概略判断土的工程性质，也为进场建材的选料之用。

根据土的颗粒大小及级配情况，颗粒分析试验包括筛析法、密度计法和移液管法，其中筛析法适用于粒径小于、等于 60 mm，大于 0.075 mm 的土；密度计法和移液管法适用于粒径小于 0.075 mm 的土样；若土中粗细颗粒兼有，则联合使用筛析法及密度计法或移液管法。本节着重介绍筛析法，其余两种方法可按规范相应规定进行。

8.3.3.1　检测依据

《土工试验方法标准》(GB/T 50123—1999)。

8.3.3.2　适用范围

本方法适用于粒径小于、等于 60 mm，大于 0.075 mm 的土。

8.3.3.3　**原理**

筛析法是颗粒分析试验最简单的一种方法，只需将土试样通过各种不同孔径的标准筛，将大小颗粒按筛子的孔径大小加以分组，分别计算出各粒组占总质量的百分数，并根据所占百分数进行分类。

8.3.3.4　**仪器设备**

(1)分析筛：粗筛孔径为60 mm、40 mm、20 mm、10 mm、5 mm、2 mm，细筛孔径为2.0 mm、1.0 mm、0.5 mm、0.25 mm、0.075 mm。

(2)天平：称量5 000 g，最小分度值1 g；称量1 000 g，最小分度值0.1 g；称量200 g，最小分度值0.01g。

(3)振筛机：筛析过程中应能上下振动。

(4)其他：烘箱、研钵、瓷盘、毛刷等。

8.3.3.5　**取样数量**

筛分析的取样数量，应符合表8-5的规定。

表8-5　筛分析的取样数量

颗粒尺寸(mm)	取样数量(g)
<2	100～300
<10	300～1 000
<20	1 000～2 000
<40	2 000～4 000
<60	4 000以上

8.3.3.6　**筛析法检测步骤**

(1)从风干、松散的土样中，用四分法(见图8-7)按表8-5的规定取出代表性试样，应准确至0.1 g，试样数量超过500 g时，应准确至1 g。

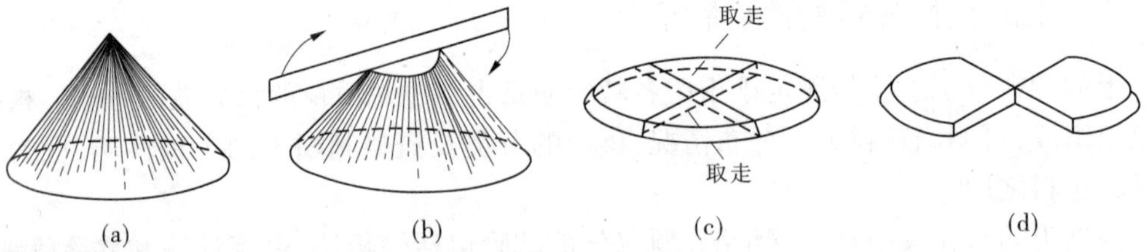

图8-7　四分法

(2)将试样过2 mm筛，称筛上和筛下的试样质量。当筛下的试样质量小于试样总质量的10%时，不做细筛分析；筛上的试样质量小于试样总质量的10%时，不做粗筛分析。

(3)取筛上的试样倒入依次叠好的粗筛中，筛下的试样倒入依次叠好的细筛中，进行筛析。细筛宜置于振筛机上振筛，振筛时间宜为10～15 min。再按由上而下的顺序将各筛取下，称各筛上及底盘内试样的质量，应准确至0.1 g。

(4)筛后各级筛上和筛底上试样质量的总和与筛前试样总质量的差值，不得大于试样总质量的1%。

注:根据土的性质和工程要求可适当增减不同筛径的分析筛。

8.3.3.7　含有细粒土颗粒的砂土的筛析法检测步骤

(1)按表8-5的规定称取代表性试样,置于盛水容器中充分搅拌,使试样的粗细颗粒完全分离。

(2)将容器中的试样悬液通过2 mm筛,取筛上的试样烘至恒量,称烘干试样质量,应准确到0.1 g,并按上述“筛析法检测步骤”中的步骤(3)、(4)进行粗筛分析,取筛下的试样悬液,用带橡皮头的研杆研磨,再过0.075 mm筛,并将筛上试样烘至恒量,称烘干试样质量,应准确至0.1 g,然后按上述“筛析法检测步骤”中的步骤(3)、(4)进行细筛分析。

(3)当粒径小于0.075 mm的试样质量大于试样总质量的10%时,应按密度计法或移液管法测定粒径小于0.075 mm的颗粒组成。

8.3.3.8　结果整理

(1)小于某粒径的试样质量占试样总质量的百分比,应按下式计算:

$$X = \frac{m_A}{m_B} d_x \tag{8-16}$$

式中　X——小于某粒径的试样质量占试样总质量的百分比(%);

m_A——小于某粒径的试样质量,g;

m_B——细筛分析时为所取试样质量,粗筛分析时为试样总质量,g;

d_x——粒径小于2 mm的试样质量占试样总质量的百分比(%)。

(2)绘制颗粒大小分布曲线。以小于某粒径的试样质量占试样总质量的百分比为纵坐标,颗粒粒径为横坐标,在单对数坐标上绘制颗粒大小分布曲线。见图8-8。

(3)必要时计算级配指标:不均匀系数和曲率系数。

①不均匀系数按下式计算:

$$C_u = \frac{d_{60}}{d_{10}} \tag{8-17}$$

式中　C_u——不均匀系数;

d_{60}——限制粒径,颗粒大小分布曲线上的某粒径,小于该粒径的土含量占总质量的60%;

d_{10}——有效粒径,颗粒大小分布曲线上的某粒径,小于该粒径的土含量占总质量的10%。

②曲率系数按下式计算:

$$C_c = \frac{d_{30}^2}{d_{10} d_{60}} \tag{8-18}$$

式中　C_c——曲率系数;

d_{30}——颗粒大小分布曲线上的某粒径,小于该粒径的土含量占总质量的30%。

8.3.3.9　注意事项

(1)筛析法颗粒分析检测在选用分析筛的孔径时,可根据试样颗粒的粗细情况灵活选用。

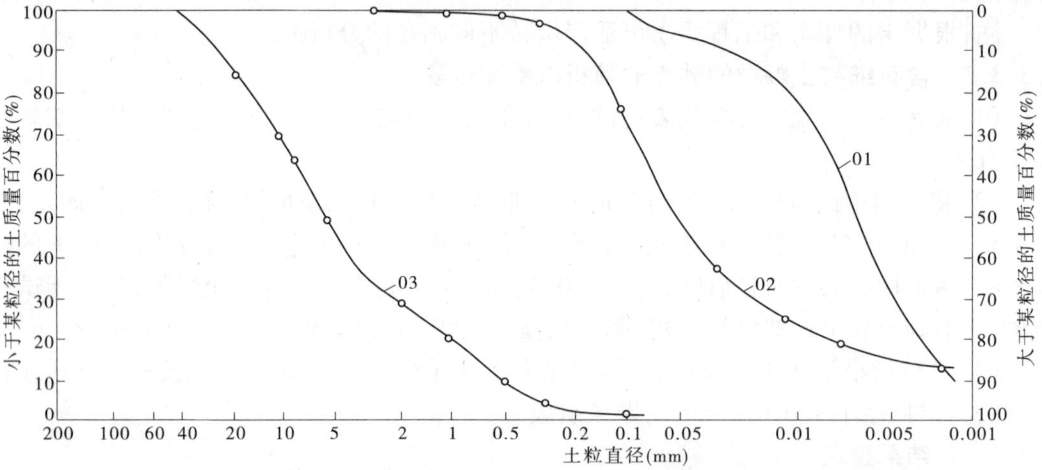

卵石或碎石	粗	中	细	粗	中	细	粉粒	黏粒
	砾			砂粒				

试样编号	粗粒土(>0.075 mm)					土的分类	细粒土(<0.075 mm)	
	>60(%)	砾(%)	砂(%)	$C_u=d_{60}/d_{10}$	$C_c=d_{30}^2$		0.075~0.005	<0.005

图 8-8 颗粒大小分布曲线

(2)根据土的性质和工程要求可适当增减不同筛径的分析筛。

(3)当粒径大于0.075 mm的颗粒超过试样总质量的10%时,应先进行筛析法检测,然后经过洗筛过0.075 mm筛,再用密度计法或移液管法进行检测。

8.3.4 土的界限含水率检测(液、塑限联合测定法)

细粒土随着土中含水率的不同,分别处于不同的状态。土从一种状态过渡到另一种状态的分界含水率称为界限含水率。对工程有实用意义的主要是液限、塑限和缩限。

液限,是指土由流动状态转向塑性状态时所保留流动状态的最低含水率。该界限值具有最小可量度的抗剪强度,理论上是强度"从无到有"的分界点。

塑限,是指土由塑性状态转向半固态状态时保持塑性状态的最低含水率。

缩限,是指土自半固态状态继续蒸发水分,向固体状态过渡时的含水率。

塑性指数,定义为液限与塑限之差。

液性指数,定义为天然含水率和塑限的差值与塑性指数之比。

土的界限含水率与土的颗粒组成、矿物成分、活动性、吸附水的表面电荷强度、颗粒的比表面积等有关。目前国际上测定液限的方法有碟式仪法和圆锥仪法,一般情况下碟式仪测得的液限大于圆锥仪液限。塑限的测定长期采用滚搓法,但该法最大的缺点是人为因素影响大。液、塑限联合测定法的实质是圆锥仪法,该法的主要优点是易于掌握,采用电磁落锤可减少人为因素影响，可同时测定液限和塑限。本节重点介绍液、塑限联合测定法，碟式仪法液限试验、滚搓法塑限试验及收缩皿法缩限试验可按相关标准的规定进行。

8.3.4.1　**检测依据**

《土工试验方法标准》(GB/T 50123—1999)。

8.3.4.2　**适用范围**

本方法适用于粒径小于0.5 mm以及有机质含量不大于试样总质量5%的土。

8.3.4.3　**原理**

液、塑限联合测定法，是根据圆锥仪的圆锥入土深度与其相应的含水率在双对数坐标上具有线性关系的特性来进行的。

8.3.4.4　**仪器设备**

(1)液、塑限联合测定仪(见图8-9)：包括带标尺的圆锥仪、电磁铁、显示屏、控制开关和试样杯。圆锥质量为76 g，锥角30°；读数显示宜采用光电式、游标式和百分表式；试样杯内径为40 mm，高度为30 mm。

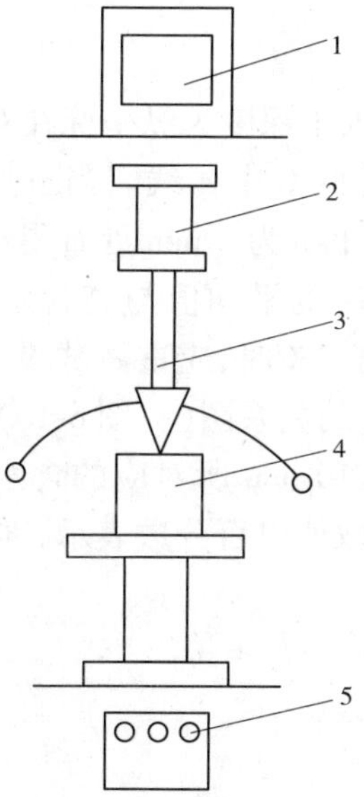

1—显示屏；2—电磁铁；3—带标尺的圆锥仪；4—试样杯；5—控制开关；6—升降座

图8-9　液、塑限联合测定仪结构示意图

(2)天平：称量200 g，最小分度值0.01 g。

(3)其他：调土刀、不锈钢环、凡士林、称量盒等。

8.3.4.5　**检测步骤**

(1)本检测方法宜采用天然含水率试样，当土样不均匀时，采用风干试样，当试样中含有粒径大于0.5 mm的土粒和杂物时，应过0.5 mm筛。

(2)当采用天然含水率土样时,取代表性土样250 g;采用风干试样时,取0.5 mm筛下的代表性土样200 g,将试样放在橡皮板上用纯水将土样调成均匀膏状,放入调土皿,浸润过夜。

(3)将制备的试样充分调拌均匀,填入试样杯中,填样时不应留有空隙,对较干的试样应充分搓揉,密实地填入试样杯中,填满后刮平表面。

(4)将试样杯放在联合测定仪的升降座上,在圆锥上抹一薄层凡士林,接通电源,使电磁铁吸住圆锥。

(5)调节零点,将屏幕上的标尺调在零位,调整升降座、使圆锥尖接触试样表面,指示灯亮时圆锥在自重下沉入试样,经5 s后测读圆锥下沉深度(显示在屏幕上),取出试样杯,挖去锥尖入土处的凡士林,取锥体附近的试样不少于10 g,放入称量盒内,测定含水率。

(6)将全部试样再加水或吹干并调匀,重复上述步骤(3)~(5),分别测定第二点、第三点试样的圆锥下沉深度及相应的含水率。液、塑限联合测定应不少于三点。

注:圆锥入土深度宜为3~4 mm、7~9 mm、15~17 mm。

8.3.4.6　**结果整理**

(1)试样的含水率应按式(8-5)计算。

(2)以含水率为横坐标、圆锥入土深度为纵坐标在双对数坐标系上绘制关系曲线(见图8-10),三点应在一直线上,如图8-10中A线。当三点不在一直线上时,通过高含水率的点和其余两点连成二条直线,在下沉为2 mm处查得相应的2个含水率,当两个含水率的差值小于2%时,应以两点含水率的平均值与高含水率的点连一直线,如图8-10中B线,当两个含水率的差值大于、等于2%时,应重做试验。

(3)在含水率与圆锥下沉深度的关系图(见图8-10)上查得下沉深度为17 mm所对应的含水率为液限,查得下沉深度为10 mm所对应的含水率为10 mm液限,查得下沉深度为2 mm所对应的含水率为塑限,取值以百分数表示,准确至0.1%。

(4)塑性指数应按下式计算:

$$I_P = w_L - w_P \tag{8-19}$$

式中　I_p——塑性指数;

w_L——液限(%);

w_P——塑限(%)。

(5)液性指数应按下式计算:

$$I_L = \frac{w - w_P}{I_P} \tag{8-20}$$

式中　w——土的含水率(%);

I_L——液性指数,计算至0.01。

8.3.4.7　**注意事项**

(1)检测前应认真检查仪器,确保性能完好。

(2)土试样在进行加水或吹干操作后,应充分拌匀再做试验。

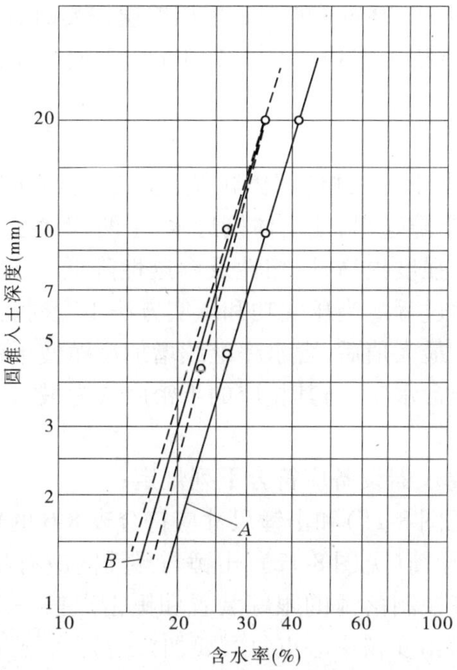

图 8-10　圆锥下沉深度与含水率关系曲线

(3)土试样的三个点的圆锥入土深度应分别宜为 3 ~4 mm、7 ~9 mm 和 15 ~17 mm。

(4)一般情况下不宜采用烘干试样进行液、塑限试验,因为土试样烘干后,所含的有机质和胶体颗粒部分发生变化,使土的原有塑性发生改变,检测结果将明显偏低。

(5)对于淤泥质土,须静置 12 h 以上方能检测,否则检测结果会偏大,因为淤泥质土在天然结构被破坏后,单颗粒带的电子活动性比较强,还须与空气中电子相平衡一段时间。

(6)若条件限制,可采用碟式仪测液限和采用滚搓法测塑限,具体做法和报告格式见相关标准。

8.3.5　土的击实试验

土方开挖和回填是建筑工程项目最为基本的工序,土料含水率的多少,直接影响到夯实(或碾压)质量,在夯实(或碾压)前应先试验,以得到符合密实度要求条件允许下的最优含水率和最少夯实(或碾压)遍数。含水率过小,夯压(或碾压)不实;含水率过大,则易成橡皮土。通过土的击实试验,采用既经济又合理的压实方法,使土料得到密实,在短期内提高土的强度,以达到改善土的力学性质的目的。击实试验就是为了达到这个目的,利用标准化的击实仪具,求得试验土的密度和相应含水率的关系。

8.3.5.1　检测依据

《土工试验方法标准》(GB/T 50123—1999)。

8.3.5.2　适用范围

本方法分轻型击实和重型击实。轻型击实试验适用于粒径小于 5 mm 的黏性土,重型击实试验适用于粒径不大于 20 mm 的土。采用三层击实时，最大粒径不大于 40 mm。

轻型击实试验的单位体积击实功约 592.2 kJ/m³，重型击实试验的单位体积击实功约 2 684.9 kJ/m³。

8.3.5.3　原理

击实试验的原理是根据土的三相（固体颗粒、水、空气）之间的体积变化理论而来的。即用锤击法使土中空气自空隙逸出，使土体接近水、土两相状态。此时土的颗粒得到重新排列，孔隙变小，密度增加，强度提高，压缩性及渗透性降低。土的击实过程，既不是固结过程，也不同于一般的压缩过程。当压实功和压实方法不变时，土的干密度随含水率增加而增加，当干密度达到某一最大值后，含水率继续增加反而使干密度减小。能使土达到最大密度的含水率，称为最佳含水率，与其相应的干密度称为最大干密度。

8.3.5.4　仪器设备

（1）本试验所用的主要仪器设备应符合下列规定：

①击实仪的击实筒（见图 8-11）和击锤尺寸应符合表 8-6 的规定。

②击实仪的击锤应配导筒（见图 8-12），击锤与导筒间应有足够的间隙使锤能自由下落；电动操作的击锤必须有控制落锤的跟踪装置和锤击点按一定角度（轻型 53.5°，重型 45°）均匀分布的装置（重型击实仪中心点每圈要加一击）。

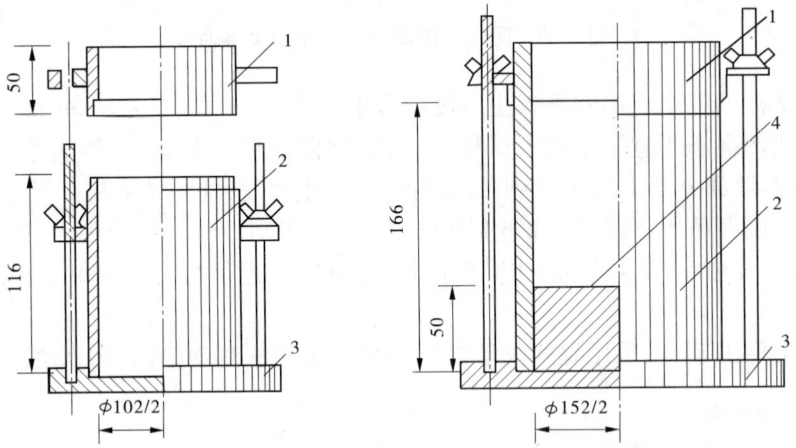

(a)轻型击实筒　　(b)重型击实筒

1—套筒；2—击实筒；3—底板；4—垫块

图 8-11　击实筒　（单位：mm）

表 8-6　击实仪主要部件规格表

试验方法	锤底直径（mm）	锤质量（kg）	落高（mm）	击实筒			护筒高度（mm）
				内径（mm）	筒高（mm）	容积（cm³）	
轻型	51	2.5	305	102	116	947.4	50
重型	51	4.5	457	152	116	2 103.9	50

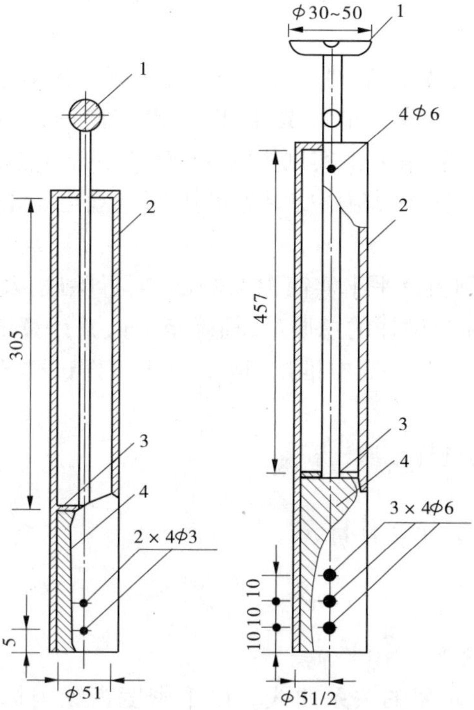

(a)2.5 击锤　　(b)4.5 击锤

1—提手;2—导筒;3—硬橡皮垫;4—击锤

图 8-12　击锤与导筒　(单位:mm)

(2)天平:称量 200 g,最小分度值 0.01 g。

(3)台秤:称量 10 kg,最小分度值 5 g。

(4)标准筛:孔径为 20 mm、40 mm 和 5 mm。

(5)试样推出器:宜用螺旋式千斤顶或液压式千斤顶,如无此类装置,亦可用刮刀和修土刀从击实筒中取出试样。

8.3.5.5　试样制备

击实试验试样制备分为干法和湿法两种。

1. 干法制备试样步骤

用四分法取代表性土样 20 kg(重型为 50 kg),风干碾碎,过 5 mm(重型过 20 mm 或 40 mm)筛,将筛下土样拌匀,并测定土样的风干含水率。根据土的塑限预估最优含水率,按上述“试样制备”中介绍的方法制备 5 个不同含水率的一组试样,相邻 2 个含水率的差值宜为 2%。

注:轻型击实的 5 个含水率中应有 2 个大于塑限,2 个小于塑限,1 个接近塑限。

2. 湿法制备试样步骤

取天然含水率的代表性土样 20 kg(重型为 50 kg),碾碎,过 5 mm 筛(重型过 20 mm 或 40 mm),将筛下土样拌匀,并测定土的天然含水率。根据土样的塑限预估最优含水率,并按“干法制备试样”中“注”的原则选择至少 5 个含水率的土样,分别将天然含水率的土样风干或加水进行制备，应使制备好的土样水分均匀分布。

8.3.5.6　**检测步骤**

(1)将击实仪平稳置于刚性基础上，击实筒与底座连接好，安装好护筒，在击实筒内壁均匀涂一薄层润滑油。称取一定量试样，倒入击实筒内，分层击实，轻型击实试样为2～5 kg，分3层，每层25击；重型击实试样为4～10 kg，分5层，每层56击，若分3层，每层94击。每层试样高度宜相等，两层交界处的土面应刨毛。击实完成时，超出击实筒顶的试样高度应小于6 mm。

(2)卸下护筒，用直刮刀修平击实筒顶部的试样，拆除底板，试样底部若超出筒外，也应修平，擦净筒外壁，称筒与试样的总质量，精确至1 g，并计算试样湿密度。

(3)用推土器将试样从击实筒中推出，取2个代表性试样测定含水率，2个含水率的差值应不大于1%。

(4)对不同含水率的试样依次击实。

8.3.5.7　**结果整理**

(1)试样的干密度应按下式计算：

$$\rho_d = \frac{\rho}{1 + 0.01w_i} \tag{8-21}$$

式中　w_i——某点试样的含水率(%)。

(2)绘制干密度和含水率的关系曲线。以干密度为纵坐标、含水率为横坐标在直角坐标系上绘制两者的关系曲线(见图8-13)。并应取曲线峰值点相应的纵坐标为击实试样的最大干密度，相应的横坐标为击实试样的最优含水率。当关系曲线不能绘制出峰值点时，应进行补点试验，土样不宜重复使用。

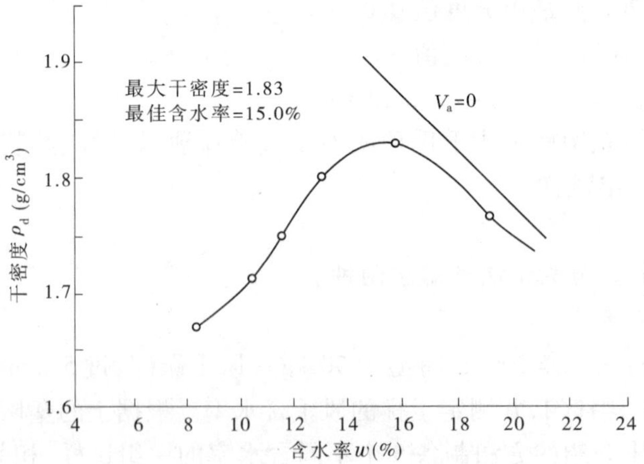

图8-13　含水率与干密度的关系曲线

(3)气体体积等于零(饱和度100%)的等值线应按下式计算，并应将计算值绘于图8-13的关系曲线上：

$$w_{set} = \left(\frac{\rho_w}{\rho_d} - \frac{1}{G_s}\right) \times 100\% \tag{8-22}$$

式中　w_{set}——试样的饱和含水率(%)；

ρ_w——温度 4 ℃时水的密度，g/cm³；

ρ_d——试样的干密度，g/cm³；

G_s——土颗粒比重。

(4)轻型击实试验中，当试样中粒径大于 5 mm 的土质量小于或等于试样总质量的 30% 时，应对最大干密度和最优含水率进行校正。

①最大干密度应按下式校正：

$$\rho'_{dmax} = \frac{1}{\frac{1-P_5}{\rho_{dmax}} + \frac{P_5}{\rho_w G_{s2}}} \tag{8-23}$$

式中　ρ'_{dmax}——校正后试样的最大干密度，g/cm³；

P_5——粒径大于 5 mm 土的质量百分数(%)；

G_{s2}——粒径大于 5 mm 土粒的饱和面干比重。

注：饱和面干比重指当土粒呈饱和面干状态时的土粒总质量与相当于土粒总体积的纯水 4 ℃时质量的比值。

②最优含水率应按下式进行校正，计算至 0.1%：

$$w'_{opt} = w_{opt}(1 - P_5) + P_5 w_{ab} \tag{8-24}$$

式中　w'_{opt}——校正后试样的最优含水率(%)；

w_{opt}——击实试样的最佳含水率(%)；

w_{ab}——粒径大于 5 mm 土粒的吸着含水率(%)。

8.3.5.8　注意事项

(1)由于击实曲线一定要出现峰值点，由经验可知，最大干密度的峰值往往都在塑限含水率附近，根据土的压实原理，峰值点就是孔隙比最小的点，所以建议 2 个点含水率高于塑限，有 2 个点含水率低于塑限，每两个点之间含水率相差 2%，以使得试验结果不需补点就能满足要求。

(2)试样击实后总会有部分土超过筒顶高，这部分土称为余土高度。标准击实试验所得的击实曲线是指余土高度为零时的单位体积击实功能下土的干密度和含水率的关系曲线。因此，此关系曲线是以击实筒容积为体积的等单位功能曲线，但在实际操作中总是存在或多或少的余土高度，如果余土高度过大，则关系曲线上的干密度就不再是标准击实功能下的干密度，试验结果的误差会增大，所以，为了控制人为因素造成的误差，本方法标准规定余土高度不应超过 6 mm。

(3)击实试验不宜采用烘干土试样，由于烘干土试样中某些胶质或有机物被灼烧或分解，致使土失去胶粒与水作用的活性，影响击实结果。用烘干土做试验得到的结果，一般较用风干土试验获得的最优含水率小，而最大干密度偏大。

(4)重复使用土试样，对最大干密度和最优含水率以及其他物理性质指标都有一定影响，在条件许可时应重新取样试验。

(5)相邻两次锤击时间的间隙应超过土的回弹后效时间，因为过快锤击会使部分击实功能被回弹作用力所抵消(一般弹性变形的恢复需几秒)，使试验产生较大误差。

(6)重型击实试验中，为了保证击实筒中央土层和周围土层所受击实功能相同，在锤击一周后,土筒中央应补加一锤。在采用电动式击实仪作业时,电动击实仪应具有此功能。

8.3.6 土的压实度检测

压实度又称夯实度(指的是土或其他筑路材料压实后的干密度与标准最大干密度之比,以百分率表示)。压实度是路基路面施工质量检测的关键指标之一,表征现场压实后的密度状况,压实度越高,密度越大,材料整体性能越好。对于路基、路面半刚性基层及粒料类柔性基层而言,压实度是指工地上实际达到的干密度与室内标准击实实验所得最大干密度的比值;对沥青面层、沥青稳定基层而言,压实度是指现场达到的密度与室内标准密度的比值。

8.3.6.1 **灌砂法**

1. 检测依据

《公路路基路面现场测试规程》(JTG E60—2008)。

2. 适用范围

(1)本试验法适用于在现场测定基层(或底基层)、砂石路面及路基土的各种材料压实层的密度和压实度检测,但不适用于填石路堤等有大孔洞或大孔隙的材料压实层的压实度检测。

(2)用挖坑灌砂法测定密度和压实度时,应符合下列规定:

①当集料的最大粒径小于 13.2 mm,测定层的厚度不超过 150 mm 时,宜采用ϕ 100 mm 的小型灌砂筒测试。

②当集料的最大粒径等于或大于 13.2 mm,但不大于 31.5 mm,测定层的厚度不超过 200 mm 时,应用ϕ 150 mm 的大型灌砂筒测试。

3. 原理

一是通过在结构层上挖坑,灌入已知密度的标准砂,可求出试坑的体积,用挖出土的质量除以试坑的体积得到试样的湿密度,再根据现场试验测得的湿密度和试验室测定的含水率求出现场实际干密度,此为试样干密度,设为 A 密度;二是通过击实试验得到试样最大干密度,设为 B 密度,则实际压实度为 A 密度与 B 密度比值,用此数与标准规定的压实度比较,即可知道土的压实程度是否达到了质量标准。

4. 仪具与材料

(1)灌砂筒:有大小两种,根据需要采用。形式和主要尺寸见图 8-14 及表 8-7,当尺寸与表中不一致,但不影响使用时,亦可使用。上部为储砂筒,筒底中心有一个圆孔。下部装一倒置的圆锥形漏斗,漏斗上端开口,直径与储砂筒的圆孔相同,漏斗焊接在一块铁板上,铁板中心有一圆孔与漏斗上开口相接。在储砂筒筒底与漏斗顶端铁板之间设有开关。开关为一薄铁板,一端与筒底及漏斗铁板铰接在一起,另一端伸出筒身外,开关铁板上也有一个相同直径的圆孔。

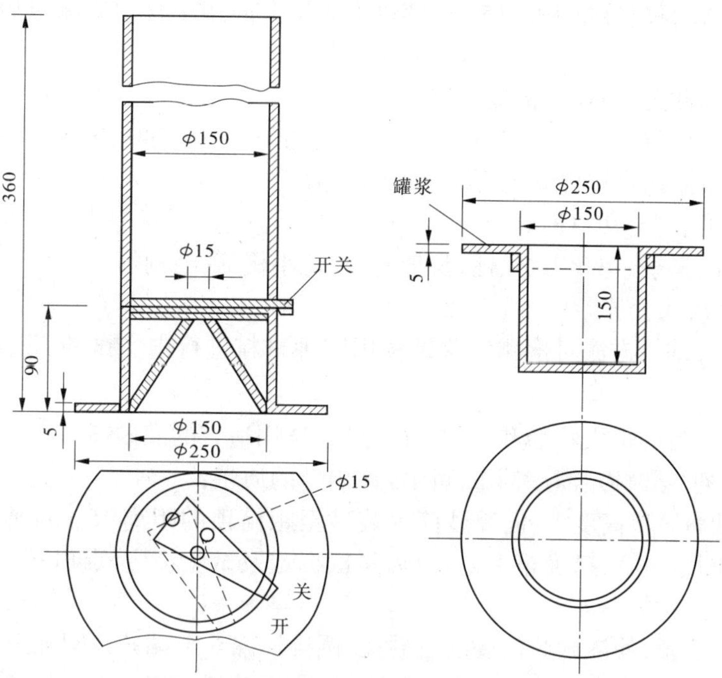

图 8-14　灌砂筒和标定罐　(单位:mm)

表 8-7　灌砂仪的主要尺寸要求

结构		小型灌砂筒	大型灌砂筒
储砂筒	直径(mm)	100	150
	容积(cm^3)	2 120	4 600
流砂孔	直径(mm)	10	15
金属标定罐	内径(mm)	100	150
	外径(mm)	150	200
金属方盘基板	边长(mm)	350	400
	深(mm)	40	50
中孔	直径(mm)	100	150

注:如集料的最大粒径超过 31.5 mm,则应相应地增大灌砂筒和标定罐的尺寸;如集料的最大粒径超过 53 mm,灌砂筒和现场试洞的直径应为 200 mm。

(2)金属标定罐:用薄铁板制作的金属罐,上端周围有一罐缘。

(3)基板:用薄铁板制作的金属方盘,盘的中心有一圆孔。

(4)玻璃板:边长 500 ~ 600 mm 的方形板。

(5)试样盘:小筒挖出的试样可用饭盒存放,大筒挖出的试样可用 300 mm × 500 mm × 40 mm 的搪瓷盘存放。

(6)天平或台秤：称量 10 ~ 15 kg，感量不大于 1 g，用于含水率测定的天平精度，对细粒土、中粒土、粗粒土宜分别为 0.01 g、0.1 g、1.0 g。

(7)含水率测定器具：如铝盒、烘箱等。

(8)量砂：粒径 0.30 ~ 0.60 mm 清洁干燥的均匀砂，20 ~ 40 kg。使用前须洗净、烘干，并放置足够的时间，使其与空气的湿度达到平衡。

(9)盛砂的容器：塑料桶等。

(10)其他：凿子、螺丝刀、铁锤、长把勺、长把小簸箕、毛刷等。

5. 检测方法及步骤

(1)按现行试验方法对检测对象试样用同种材料进行击实试验，得到最大干密度 ρ_c 及最佳含水率。

(2)根据集料的最大粒径和测定层的厚度，选用适宜的灌砂筒。

(3)按下列步骤标定灌砂筒下部圆锥体内砂的质量：

①在灌砂筒筒口高度上，向灌砂筒内装砂至距筒顶的距离 15 mm 左右为止，称取装入筒内砂的质量(m_1)，精确至 1 g。以后每次标定及试验都应该维持装砂高度与质量不变。

②将开关打开，使灌砂筒筒底的流砂孔、圆锥形漏斗上端开口圆孔及开关铁板中心的圆孔上下对准重叠在一起，让砂自由流出，并使流出砂的体积与工地所挖试坑内的体积相当(或等于标定罐的容积)，然后关上开关。

③不晃动储砂筒的砂，轻轻地将罐砂筒移至玻璃板上，将开关打开，让砂流出，直到筒内砂不再下流时，将开关关上，并细心地取走灌砂筒。

④收集并称量留在玻璃板上的砂或称量筒内的砂，精确至 1 g。玻璃板上的砂就是填满筒下部圆锥体的砂(m_2)。

⑤重复上述测量 3 次，取其平均值。

(4)按下列步骤标定量砂的松方密度 ρ_s(g/cm^3)：

①用水确定标定罐的容积 V，精确至 1 mL。

②在储砂筒中装入质量为(m_1)的砂，并将灌砂筒放在标定罐上，将开关打开，让砂流出。在整个流砂过程中，不要碰动灌砂筒，直到储砂筒内的砂不再下流时，将开关关闭。取下灌砂筒，称取筒内剩余砂的质量(m_3)，精确至 1 g。

③按下式计算填满标定罐所需砂的质量 m_a(g)：

$$m_a = m_1 - m_2 - m_3 \tag{8-25}$$

式中 m_a——标定罐中砂的质量，g；

m_1——装入灌砂筒内砂的总质量，g；

m_2——灌砂筒下部圆锥体内砂的质量，g；

m_3——灌砂入标定罐后，筒内剩余砂的质量，g。

④重复上述测量 3 次，取其平均值。

⑤按下式计算量砂的松方密度 ρ_s：

$$\rho_s = \frac{m_a}{V} \tag{8-26}$$

式中　ρ_s——量砂的松方密度，g/cm^3；

V——标定罐的体积，cm^3。

（5）检测步骤。

①在检测地点，选一块平坦表面，并将其清扫干净，其面积不得小于基板面积。

②将基板放在平坦表面上，当表面的粗糙度较大时，则将盛有量砂（m_5）的灌砂筒放在基板中间的圆孔上。将灌砂筒的开关打开，让砂流入基板的中孔内，直到储砂筒内的砂不再下流时关闭开关。取下灌砂筒，并称量筒内砂的质量（m_6），精确至1 g。

③取走基板，并将留在检测地点的量砂收回，重新将表面清扫干净。

④将基板放回清扫干净的表面上（尽量放在原处），沿基板中孔凿洞（洞的直径与灌砂筒一致）。在凿洞过程中，应注意不使凿出的材料丢失，并随时将凿松的材料取出装入塑料袋中，不使水分蒸发，也可放在大试样盒内。试洞的深度应等于测试层厚度，但不得有下层材料混入，最后将洞内的全部凿松材料取出。对土基或基层，为防止试样盘内材料的水分蒸发，可分几次称取材料的质量。全部取出材料的总质量为（m_w），精确至1 g。

注：当需要检测厚度时，应先测量厚度后再进行这一步骤。

⑤从挖出的全部材料中取有代表性的样品，放在铝盒或洁净的搪瓷盘中，测定其含水率（w，以%计）。样品的数量如下：用小型灌砂筒测定时，对于细粒土，不少于100 g；对于各种中粒土，不少于500 g。用大型灌砂筒测定时，对于细粒土，不少于200 g；对于各种中粒土，不少于1 000 g；对于粗粒土或水泥、石灰、粉煤灰等无机结合料稳定材料，宜将取出的全部材料烘干，且不少于2 000 g，称其质量（m_d），精确至1 g。

⑥将基板安放在试坑上，将灌砂筒安放在基板中间（储砂筒内放满砂到要求质量m_1），使灌砂筒的下口对准基板的中孔及试洞，打开灌砂筒的开关，让砂流入试坑内。在此期间，应注意勿碰动灌砂筒。直到储砂筒内的砂不再下流时，关闭开关。仔细取走灌砂筒，并称量筒内剩余砂的质量（m_4），精确至1 g。

⑦如清扫干净的平坦表面的粗糙度不大，也可省去②和③的操作。在试洞挖好后，将灌砂筒直接对准放在试坑上，中间不需要放基板。打开筒的开关，让砂流入试坑内。在此期间，应注意勿碰动灌砂筒。直到储砂筒内的砂不再下流时，关闭开关。仔细取走灌砂筒，并称量剩余砂的质量（m_4'），精确至1 g。

⑧仔细取出试筒内的量砂，以备下次试验时再用。若量砂的湿度已发生变化或量砂中混有杂质，则应该重新烘干、过筛，并放置一段时间，使其与空气的湿度达到平衡后再用。

6. 结果处理

（1）按下式计算填满试坑所用的砂的质量m_b（g）：

灌砂时，试坑上放有基板时

$$m_b = m_1 - m_4 - (m_5 - m_6) \tag{8-27}$$

灌砂时，试坑上不放基板时

$$m_b = m_1 - m_4' - m_2 \tag{8-28}$$

式中　m_b——填满试坑的砂的质量，g；

m_1——灌砂前灌砂筒内砂的质量，g；

m_2——灌砂筒下部圆锥体内砂的质量,g;

m_4、m_4'——灌砂后,灌砂筒内剩余砂的质量,g;

$m_5 - m_6$——灌砂筒下部圆锥体内及基板和粗糙表面间砂的合计质量,g。

(2)按下式计算试坑材料的湿密度 ρ_w(g/cm^3):

$$\rho_w = \frac{m_w}{m_b} \times \rho_s \tag{8-29}$$

式中 m_w——试坑中取出的全部材料的质量,g;

ρ_s——量砂的松方密度,g/cm^3。

(3)按下式计算试坑材料的干密度 ρ_d(g/cm^3):

$$\rho_d = \frac{\rho_w}{1 + 0.01w} \tag{8-30}$$

式中 w——试坑材料的含水率(%)。

(4)当为水泥、石灰、粉煤灰等无机结合料稳定土的场合,可按下式计算干密度 ρ_d(g/cm^3):

$$\rho_d = \frac{m_d}{m_b} \times \rho_s \tag{8-31}$$

式中 m_d——试坑中取出的稳定土的烘干质量,g。

(5)按下式计算施工压实度:

$$K = \frac{\rho_d}{\rho_c} \times 100\% \tag{8-32}$$

式中 K——测试地点的施工压实度(%);

ρ_d——试样的干密度,g/cm^3;

ρ_c——由击实试验得到的试样的最大干密度,g/cm^3。

注:当试坑材料组成与击实试验的材料有较大差异时,可以试坑材料做标准击实,求取实际的最大干密度。

(6)各种材料的干密度均应精确至 0.01 g/cm^3。

7. 注意事项

(1)量砂要规则,如果重复使用,一定要注意晾干,处理一致,否则影响量砂的松方密度。

(2)每换一次量砂,都必须测定松方密度,漏斗中砂的数量也应该每次重做。因此,量砂宜事先准备较多数量,切勿到检测时临时找砂。

(3)地表面处理平整,只要表面凸出一点(1 mm),会使整个表面高出一薄层,其体积也算到试坑中去了,会影响检测结果。因此,本方法一般宜采用放上基板先测定一次粗糙表面消耗的量砂,按式(8-27)计算填坑的砂量,只有在非常平整光滑的情况下方可省去此操作步骤。

(4)在挖坑时,试坑周壁应笔直,避免出现上大下小或上小下大的情形,这样就会使检测密度偏大或偏小。

8.3.6.2　**环刀法**

1. 检测依据

《公路路基路面现场测试规程》(JTG E60—2008)。

2. 目的及适用范围

(1)本方法规定在公路工程现场用环刀法测定土基及路面材料的密度及压实度。

(2)本方法适用于测定细粒土及无机结合料稳定细粒土的密度。但对无机结合料稳定细粒土,其龄期不宜超过 2 d,且宜用于施工过程中的压实度检验。

3. 试验原理

环刀法是采用一定体积环刀切取土样并称取土的质量,环刀内土的质量与体积之比即为土的密度。再根据现场试验测得的湿密度和试验室测定的含水率求出的现场实际干密度,此为试样干密度,设为 A 密度。二是由击实试验后所得的试样最大干密度,设为 B 密度。实际压实度为 A 密度与 B 密度的比值。用此数与标准规定的压实度比较,即可知道土的压实程度是否达到了质量标准。

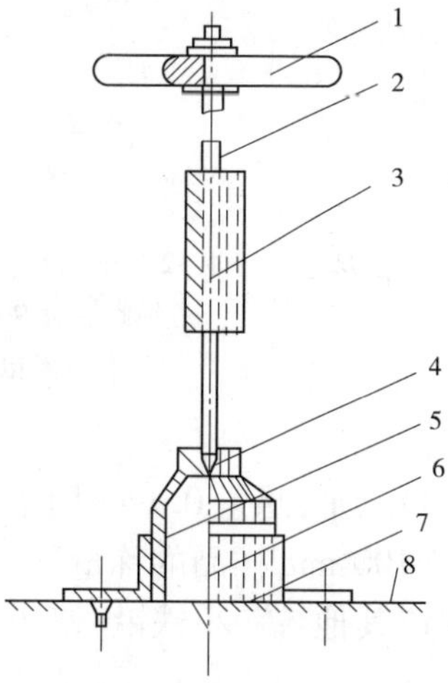

1—手柄;2—导杆;3—落锤;4—环盖;
5—环刀;6—定向筒;
7—定向筒齿钉;8—试验地面

图 8-15　人工取土器

4. 仪具与材料

(1)人工取土器:如图 8-15 所示,包括环刀、环盖、定向筒和击实锤系统(导杆、落锤、手柄)。环刀内径 6 ~ 8 cm,高 2 ~ 3 cm,壁厚 1.5 ~ 2 mm。

(2)电动取土器:如图 8-16 所示,由底座、行走轮、立柱、齿轮箱、升降机构、取芯头等组成。

①底座:由底座平台(16)、定位销(15)、行走轮(14)组成。平台是整个仪器的支撑基础;定位销供操作时仪器定位用;行走轮供换点取芯时仪器近距离移动用,当定位时四只轮子可扳起离开地表。

②立柱:由立柱(1)与立柱套(11)组成,装在底座平台上,作为升降机构、取芯机构、动力和传动机构的支架。

③升降机构:由升降手轮(9)、锁紧手柄(8)组成,供调整取芯机构高低用。松开锁紧手柄,转动升降手轮,取芯机构即可升降,到所需位置时拧紧手柄定位。

④取芯机构:由取芯头(10)、升降轴(2)组成,取芯头为金属圆筒,下口对称焊接两个合金钢切削刀头,上端面焊有平盖,其上焊螺母,靠螺旋接于升降轴上。取芯头有三种规格,即 50 mm × 50 mm、70 mm × 70 mm、100 mm × 100 mm,取芯头为可换式。另配有相应的取芯套筒、扳手、铝盒等。

⑤动力和传动机构:主要由直流电机(4)、调速器(12)、齿轮箱组成,另配蓄电池(13)和充电器。当电机工作时,通过齿轮箱的齿轮将动力传给取芯机构,升降轴旋转,取芯头进入旋切工作状态。

⑥电动取土器主要技术参数为:工作电压 DC 24 V(36 A · h),转速 50 ~ 70 r/min,无级调速,整机质量约 35 kg。

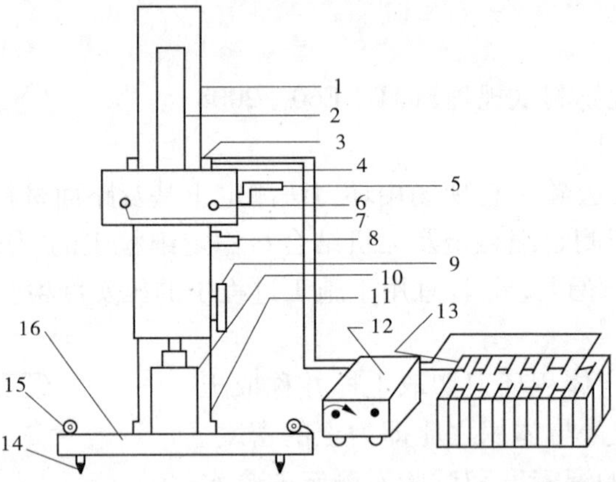

1—立柱;2—升降轴;3—电源输入;4—直流电机;5—升降手柄;6、7—电源指示;
8—锁紧手柄;9—升降手轮;10—取芯头;11—立柱套;12—调速器;
13—蓄电池;14—行走轮;15—定位销;16—底座平台

图 8-16 电动取土器

(3)天平:感量 0.1 g(用于取芯头内径小于 70 mm 样品的称量),或 1.0 g(用于取芯头内径 100 mm 样品的称量)。

(4)其他:镐、小铁锹、修土刀、毛刷、直尺、钢丝锯、凡士林、木板及测定含水率设备等。

5. 方法与步骤

(1)按有关试验方法对检测对象试样用同种材料进行击实试验,得到最大干密度及最佳含水率。

(2)用人工取土器测定黏性土及无机结合料稳定细粒土密度的步骤:

①擦净环刀,称取环刀质量 m_2,准确至 0.1 g。

②在检测地点,将面积约 30 cm×30 cm 的地面清扫干净,并将压实层铲去表面浮动及不平整的部分,达一定深度,使环刀打下后,能达到要求的取土深度,但不得将下层扰动。

③将定向筒齿钉固定于铲平的地面上。顺次将环刀、环盖放入定向筒内与地面垂直。

④将导杆保持垂直状态,用取土器落锤将环刀打入压实层中,至环盖顶面与定向筒上口齐平为止。

⑤去掉击实锤和定向筒,用镐将环刀及试样挖出。

⑥轻轻取下环盖,用修土刀自边至中削去环刀两端余土,用直尺检测直至修平。

⑦擦净环刀外壁,用天平称取环刀及试样合计质量(m_1),准确至 0.1g。

⑧自环刀中取出试样,取具有代表性的试样,测定其含水率(w)。

(3)用人工取土器测定砂性土或砂层密度的步骤:

①如为湿润的砂土,检测时不需要使用击实锤和定向筒。在铲平的地面上,细心挖出一个直径较环刀外径略大的砂土柱,将环刀刃口向下,平置于砂土柱上,用两手平稳地将环刀垂直压下,直至砂土柱突出环刀上端约 2 cm。

②削掉环刀口上的多余砂土,并用直尺刮平。

③在环刀上口盖一块平滑的木板,一手按住木板,另一手用小铁锹将试样从环刀底部切断,然后将装满试样的环刀反转过来,削去环刀刃口上部的多余砂土,并用直尺刮平。

④擦净环刀外壁,称环刀与试样合计质量(m_1),准确至 0.1 g。

⑤自环刀中取具有代表性的试样测定其含水率(w)。

⑥干燥的砂土不能挖成砂土柱时,可直接将环刀压入或打入土中。

(4)用电动取土器测定无机结合料细粒土和硬塑土密度的步骤:

①装上所需规格的取芯头。在施工现场取芯前,选择一块平整的路段,将四只行走轮打起,四根定位销钉采用人工加压的方法,压入路基土层中。松开锁紧手柄,旋动升降手轮,使取芯头刚好与土层接触,锁紧手柄。

②将电瓶与调速器接通,调速器的输出端接入取芯机电源插口。指示灯亮,显示电路已通;启动开关,电动机工作,带动取芯机构转动。根据土层含水率调节转速,操作升降手柄,上提取芯机构,停机,移开机器。由于取芯头圆筒外表有几条螺旋状突起,切下的土屑排在筒外顺螺纹上旋抛出地表,因此将取芯套筒套在切削好的土芯立柱上摇动即可取出样品。

③取出样品,立即按取芯套筒长度用修土刀或钢丝锯修平两端,制成所需规格土芯,如拟进行其他检测项目,装入铝盒,送试验室备用。

④用天平称量土芯带套筒质量(m_1),从土芯中心部分取试样测定含水率(w)。

(5)本方法须进行两次平行测定,其平行差值不得大于 0.03 g/cm³。求其算术平均值。

6. 结果整理

(1)按下式计算试样的湿密度及干密度:

$$\rho = \frac{4 \times (m_1 - m_2)}{\pi d^2 h} \tag{8-33}$$

$$\rho_d = \frac{\rho}{1 + 0.01w} \tag{8-34}$$

式中　ρ——试样的湿密度,g/cm³;

ρ_d——试样的干密度,g/cm³;

m_1——环刀或取芯套筒与试样合计质量,g;

m_2——环刀或取芯套筒质量,g;

d——环刀或取芯套筒直径,cm;

h——环刀或取芯套筒高度,cm;

w——试样的含水率(%)。

(2)按下式计算施工压实度:

$$K = \frac{\rho_d}{\rho_c} \times 100\% \tag{8-35}$$

式中　K——测试地点的施工压实度(%);

ρ_d——试样的干密度,g/cm³;

ρ_c——由击实试验得到的试样的最大干密度，g/cm³。

7. 注意事项

(1)试验前应检查环刀是否规则，试验时环刀刀口应均匀涂抹凡士林。

(2)环刀法是测量现场密度的传统方法。用环刀法测得的密度是环刀内土样所在深度范围内的平均密度，它不能代表整个碾压层的平均密度。由于碾压土层的密度一般是从上到下减小的，若环刀取在碾压层的上部，则得到的数值往往偏大，若环刀取的是碾压层的底部，则所得的数值将明显偏小，就检查路基土和路面结构层的压实度而言，我们需要的是整个碾压层的平均压实度，而不是碾压层中某一部分的压实度。因此，在用环刀法测定土的密度时，应使所得密度能代表整个碾压层的平均密度。然而，这在实际检测中是比较困难的，只有使环刀所取的土恰好是碾压层中间的土，环刀法所得的结果才可能与灌砂法的结果大致相同。

第 9 章　混凝土抗压强度实体检测

在新建或在建工程中,混凝土结构的混凝土强度,通常是在施工过程中预留混凝土立方体试块,进行标准养护和同条件养护,达到规定期限后,对试块进行检测来得到其强度代表值。但是由于种种原因,如试块丢失、保管养护不当、试块检测不合格等情况,或有关建设方(监理、质量监督机构)认为有怀疑时,可以采用非破损或局部破损的检测方法对现场实体进行检测。

本章结合工程实际,主要介绍回弹法、超声回弹综合法及钻芯法等检测混凝土实体结构强度的技术方法。

9.1　回弹法

回弹法是用弹簧驱动的重锤,通过弹击杆(传力杆)弹击混凝土表面,并测出重锤被反弹回来的距离,以回弹值(反弹距离与弹簧初始长度之比)作为与强度相关的指标,来推定混凝土强度的一种方法(见图 9-1)。由于测量量在混凝土表面进行的,所以应属于一种表面硬度法,是基于混凝土表面硬度和强度之间存在相关性而建立的一种检测方法。目前,虽然其他无损检测方法也在不断出现,但由于回弹法所用仪器构造简单、方法简便、测试值在一定条件下与混凝土强度有较好的相关性、测试费用低廉等特点,至今它仍未失去现场应用的优越性,被国际学术界公认为混凝土无损检测的基本方法之一。

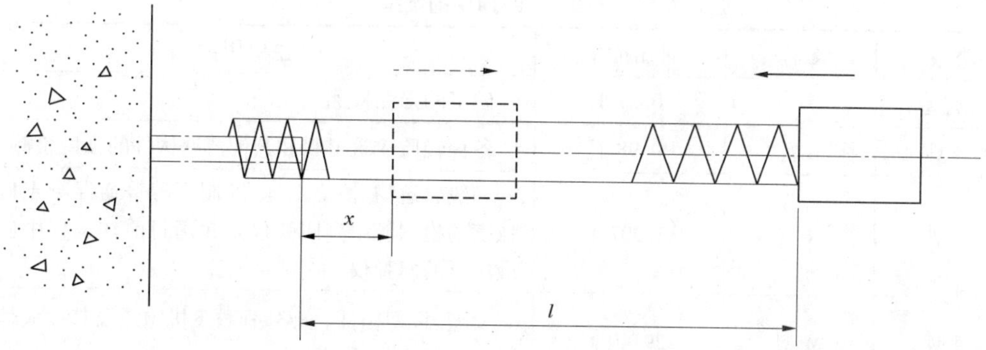

图 9-1　回弹法的示意图

9.1.1　适用范围

《回弹法检测混凝土抗压强度技术规程》(JGJ/T 23—2011)规定,回弹法适用于普通混凝土抗压强度的检测,不适用于表层与内部质量有明显差异或内部存在缺陷的混凝土强度检测。当有下列情况之一时,可采用本规程检测混凝土强度,且检测结果可作为处理混凝土质量问题的依据:①未按规定制作试件或制作试件数量不足;②制作的标准养护试件或同条件养护试件与所成型的构件在材料用料、配合比、水灰比等方面有较大差异,已不能代表构件的混凝土质量;③标准养护试件或同条件养护试件抗压强度不合格;④工程出现质量事故;⑤对混凝土实体强度有检测要求。

9.1.2 回弹仪

随着回弹仪用途日益广泛及现代科学技术的发展,回弹仪的型号不断增加,如检测高强混凝土的重型回弹仪,以及利用先进的电子技术,集数显、记录、数据处理、强度推定及打印输出为一体的数字式智能回弹仪等(见图 9-2)。目前,我国应用最广泛的是指针直读式回弹仪(见图 9-3),按其冲击功能大小,可分为重型、中型、轻型和特轻型四种规格,见表 9-1。

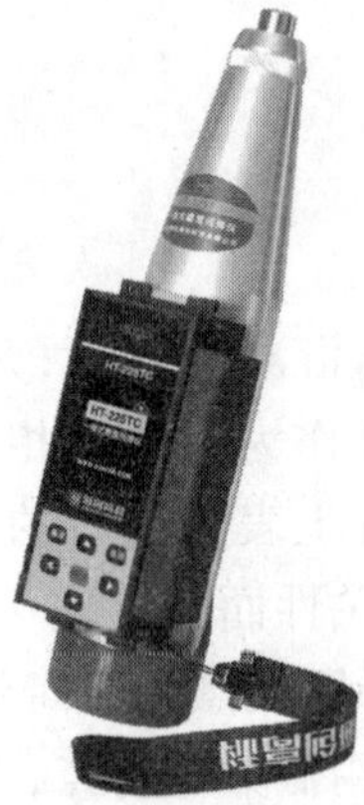

图 9-2 数字式智能回弹仪

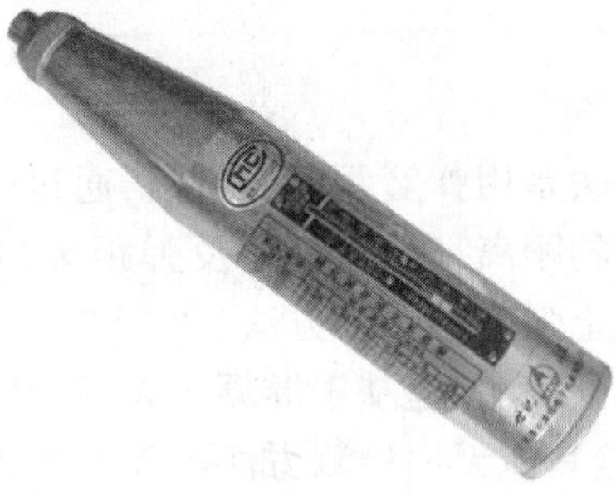

图 9-3 指针直读式回弹仪

表 9-1 回弹仪的类型

类型	名称	冲击能量	主要用途
特轻型	—	0.27 J	砂浆的强度检测
轻型	L 型	0.98 J	各种轻质建筑材料和其他薄壁构件的强度检测
中型	N 型	2.207 J	一般建筑物、桥梁工地、预制厂等普通混凝土构件强度的检测。中型回弹仪是我国目前在工程中应用最广泛的回弹仪
重型	M 型	29.40 J	大型、重型构件、公路路面、飞机跑道及其他大体积混凝土强度的检测

9.1.2.1 回弹仪的技术要求

(1)回弹仪可为数字式的,也可为指针直读式的。

(2)回弹仪应具有产品合格证及计量检定证书,并应在明显的位置上标注名称、型号、制造厂名(或商标)、出厂编号等。

(3)回弹仪除应符合《回弹仪》(GB/T 9138—2015)的规定外,尚应符合下列规定:

①水平弹击时，弹击锤脱钩的瞬间，回弹仪的标准能量应为 2.207 J。

②弹击锤与弹击杆碰撞的瞬间，弹击拉簧应处于自由状态，此时弹击锤起跳点应位于指针指示刻度尺上“0”处。

③在洛氏硬度 HRC 为 60±2 的钢砧上，回弹仪的率定值应为 80±2。

④数字式回弹仪应带有指针直读示值系统，数字显示的回弹值与指针直读示值相差不应超过 1。

(4)回弹仪使用时的环境温度应为 −4～40 ℃。

9.1.2.2　**回弹仪的检定**

(1)回弹仪检定周期为半年，当回弹仪具有下列情况之一时，应由法定计量检定机构按行业标准《回弹仪》(JJG 817—2011)进行检定：

①新回弹仪启用前；

②超过检定有效期限；

③数字式回弹仪数字显示的回弹值与指针直读示值相差大于 1；

④经保养后，在钢砧上的率定值不合格；

⑤遭受严重撞击或其他损害。

(2)回弹仪的率定试验应符合下列规定：

①率定试验应在室温为 5～35 ℃的条件下进行；

②钢砧表面应干燥、清洁，并应稳固地平放在刚度大的物体上；

③回弹值应取连续向下弹击 3 次的稳定回弹结果的平均值；

④率定试验应分 4 个方向进行，且每个方向弹击前，弹击杆应旋转 90°，每个方向的回弹平均值均应为 80±2。

(3)回弹仪率定试验所用的钢砧应每 2 年送授权计量检定机构检定或校准。

9.1.2.3　**回弹仪的保养**

(1)当回弹仪存在下列情况之一时，应进行保养：

①回弹仪弹击超过 2 000 次；

②在钢砧上的率定值不合格；

③对检测值有怀疑。

(2)回弹仪的保养应按下列步骤进行：

①先将弹击锤脱钩，取出机芯，然后卸下弹击杆，取出里面的缓冲压簧，并取出弹击锤、弹击拉簧和拉簧座。

②清洁机芯各零部件，并应重点清理中心导杆、弹击锤和弹击杆的内孔和冲击面。清理后，应在中心导杆上涂抹一层薄薄的钟表油，其他零部件均不得抹油。

③清理机壳内壁，卸下刻度尺，检查指针，其摩擦力应为 0.5～0.8 N。

④对于数字回弹仪，还应按产品要求的维护程序进行维护。

⑤保养时不得旋转尾盖上已定位紧固的调零螺丝，不得自制或更换零部件；

⑥保养后应按上述规定进行率定试验。

(3)回弹仪使用完毕后，应使弹击杆伸出机壳，并应清除弹击杆、杆前端球面以及刻度尺表面和外壳上的污垢、尘土。回弹仪不用时，应将弹击杆压入机壳内，经弹击后按下按钮锁住机芯，然后装入仪器箱。仪器箱平放在干燥阴凉处。当数字式回弹仪长期不用时，应取出电池。

9.1.3 回弹法检测技术

9.1.3.1 一般规定

(1)采用回弹法检测混凝土强度时，宜具有下列资料：

①工程名称、设计单位、施工单位；

②构件名称、数量及混凝土类型、强度等级；

③水泥安定性，外加剂、掺合料品种，混凝土配合比等；

④施工模板、混凝土浇筑、养护情况及浇筑日期等；

⑤必要的设计图纸和施工记录；

⑥检测原因。

(2)回弹仪在检测前后，均应在钢砧上做率定试验，并应符合《回弹法检测混凝土抗压强度技术规程》(JGJ/T 23—2011)的相关规定。

(3)混凝土强度可按单个构件或按批量进行检测，并应符合下列规定：

①单个检测：适用于单个结构或构件的检测；

②批量检测：适用于在相同的生产工艺条件下，混凝土强度等级相同，原材料、配合比、养护条件基本一致且龄期相近的一批同类构件的检测。按批量进行检测时，应随机抽取构件，抽检数量不宜少于同批构件总数的30%且不宜少于10件。当检验批构件数量大于30个时，抽样构件数量可适当调整，并不得少于国家现行有关标准规定的最少抽样数量。

(4)单个构件的检测应符合下列规定：

①对于一般构件，测区数不宜少于10个。当受检构件数量大于30个且不需提供单个构件推定强度或受检构件某一方向尺寸不大于4.5 m且另一方向尺寸不大于0.3 m时，每个构件的测区数量可适当减少，但不应少于5个。

②相邻两测区的间距不应大于2 m，测区离构件端部或施工缝边缘的距离不宜大于0.5 m，且不宜小于0.2 m。

③测区宜选在能使回弹仪处于水平方向的混凝土浇筑侧面。当不能满足这一要求时，也可选在使回弹仪处于非水平方向的混凝土浇筑表面或底面。

④测区宜布置在构件的两个对称的可测面上，当不能布置在对称的可测面上时，也可布置在同一可测面上，且应均匀分布。在构件的重要部位及薄弱部位应布置测区，并应避开预埋件。

⑤测区的面积不宜大于0.04 m^2。

⑥测区表面应为混凝土原浆面，并应清洁、平整，不应有疏松层、浮浆、油垢、涂层以及蜂窝麻面。

⑦对于弹击时产生颤动的薄壁、小型构件，应进行固定。

(5)结构或构件的测区应标有清晰的编号，必要时应在记录纸上绘制测区布置示意图和描述外观质量情况。

(6)当检测条件与测强曲线的适用条件有较大差异时,可采用在构件上钻取的混凝土芯样或同条件试块对测区混凝土强度换算值进行修正。对同一强度等级混凝土修正时,芯样数量不应少于6个,公称直径宜为100 mm,高径比应为1。芯样应在测区内钻取,每个芯样应只加工一个试件。同条件试块修正时,试块数量不应少于6个,试块边长应为150 mm。计算时,测区混凝土强度修正量及测区混凝土强度换算值的修正应符合下列规定。

①修正量应按下列公式计算:

$$\Delta_{tot} = f_{cor,m} - f^{c}_{cu,m0} \tag{9-1}$$

$$\Delta_{tot} = f_{cu,m} - f^{c}_{cu,m0} \tag{9-2}$$

$$f_{cor,m} = \frac{1}{n}\sum_{i=1}^{n} f_{cor,i} \tag{9-3}$$

$$f_{cu,m} = \frac{1}{n}\sum_{i=1}^{n} f_{cu,i} \tag{9-4}$$

$$f^{c}_{cu,m0} = \frac{1}{n}\sum_{i=1}^{n} f^{c}_{cu,i} \tag{9-5}$$

式中　Δ_{tot}——测区混凝土强度修正量,MPa,精确至0.1 MPa;

$f_{cor,m}$——芯样试件混凝土强度平均值,MPa,精确至0.1 MPa;

$f_{cu,m}$——150 mm同条件立方体试块混凝土强度平均值,MPa,精确至0.1 MPa;

$f^{c}_{cu,m0}$——对应于钻芯部位或同条件立方体试块回弹测区混凝土强度换算值的平均值,MPa,精确至0.1 MPa;

$f_{cor,i}$——第i个混凝土芯样试件的抗压强度;

$f_{cu,i}$——第i个混凝土立方体试块的抗压强度;

$f^{c}_{cu,i}$——对应于第i个芯样部位或同条件立方体试块测区回弹值和碳化深度值的混凝土强度换算值,可按《回弹法检测混凝土抗压强度技术规程》(JGJ/T 23—2011)的附录A或附录B取值;

n——芯样或试块数量。

②测区混凝土强度换算值的修正应按下式计算:

$$f^{c}_{cu,i1} = f^{c}_{cu,i0} + \Delta_{tot} \tag{9-6}$$

式中　$f^{c}_{cu,i0}$——第i个测区修正前的混凝土强度换算值,MPa,精确至0.1 MPa;

$f^{c}_{cu,i1}$——第i个测区修正后的混凝土强度换算值,MPa,精确至0.1 MPa。

9.1.3.2　回弹值的测量

(1)测量回弹值时,回弹仪的轴线应始终垂直于混凝土检测面,并应缓慢施压、准确读数、快速复位。

(2)每一测区应读取16个回弹值,每一测点的回弹值读数应精确至1。测点宜在测区范围内均匀分布,相邻两测点的净距离不宜小于20 mm;测点距外露钢筋、预埋件的距离不宜小于30 mm;测点不应在气孔或外露石子上,同一测点应只弹击一次。

9.1.3.3　碳化深度值的测量

(1)回弹值测量完毕后,应在有代表性的测区上测量碳化深度值,测点数不应少于构件测区数的30%,应取其平均值作为该构件每个测区的碳化深度值。当碳化深度值极差大于2.0 mm时,应在每一测区分别测量碳化深度值。

(2)碳化深度值的测量应符合下列规定：

①可采用工具在测区表面形成直径约 15 mm 的孔洞，其深度应大于混凝土的碳化深度。

②应清除孔洞中的粉末和碎屑，且不得用水擦洗。

③应采用浓度为 1% ~2% 的酚酞酒精溶液滴在孔洞内壁的边缘处，当已碳化与未碳化界线清晰时，应采用碳化深度测量仪测量已碳化与未碳化混凝土交界面到混凝土表面的垂直距离，并应测量 3 次，每次读数精确至 0.25 mm。

④应取三次测量的平均值作为检测结果，并应精确至 0.5 mm。

9.1.3.4　泵送混凝土的检测

检测泵送混凝土强度时，测区应选在混凝土浇筑侧面。

9.1.4　回弹值计算

9.1.4.1　计算测区平均回弹值

计算测区平均回弹值时，应从该测区的 16 个回弹值中剔除 3 个最大值和 3 个最小值，余下的 10 个回弹值应按下式计算：

$$R_m = \frac{1}{10}\sum_{i=1}^{10} R_i \tag{9-7}$$

式中　R_m——测区平均回弹值，精确至 0.1；

R_i——第 i 个测点的回弹值。

9.1.4.2　回弹值的修正

1. 角度修正

非水平状态检测混凝土浇筑侧面时（见图 9-4），测区的平均回弹值应按下列公式修正：

$$R_m = R_{m\alpha} + R_{a\alpha} \tag{9-8}$$

式中　$R_{m\alpha}$——非水平方向检测时测区的平均回弹值，精确至 0.1；

$R_{a\alpha}$——非水平方向检测时回弹值修正值，应按《回弹法检测混凝土抗压强度技术规程》（JGJ/T 23—2011）附录 C 取值。

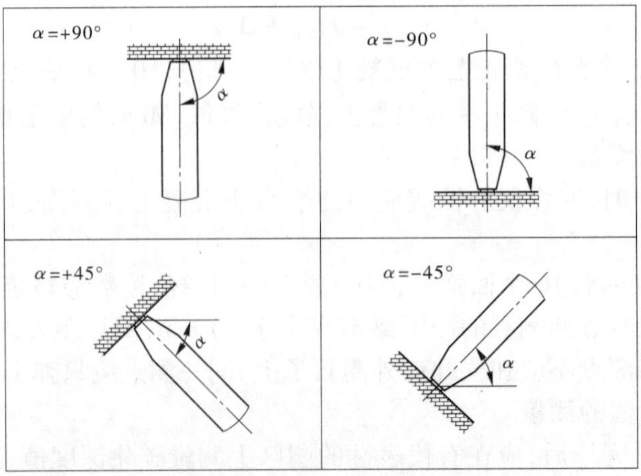

图 9-4　回弹仪非水平状态检测混凝土浇筑侧面

2. 浇筑面修正

水平方向检测混凝土浇筑表面或浇筑底面时，测区的平均回弹值应按下列公式修正：

$$R_m = R_m^t + R_a^t \tag{9-9}$$

$$R_m = R_m^b + R_a^b \tag{9-10}$$

式中　R_m^t、R_m^b——水平方向检测混凝土浇筑表面、底面时，测区的平均回弹值，精确至0.1；

R_a^t、R_a^b——混凝土浇筑表面、底面回弹值的修正值，应按《回弹法检测混凝土抗压强度技术规程》(JGJ/T 23—2011)附录D取值。

3. 修正顺序

当检测时，回弹仪为非水平方向且测试面为混凝土的非浇筑侧面时，应先对回弹值进行角度修正，再对修正后的回弹值进行浇筑面修正。

9.1.5　测强曲线

9.1.5.1　一般规定

1. 测强曲线的分类

(1)统一测强曲线：由全国有代表性的材料、成型工艺制作的混凝土试件，通过试验所建立的测强曲线。

(2)地区测强曲线：由本地区常用的材料、成型工艺制作的混凝土试件，通过试验所建立的测强曲线。

(3)专用测强曲线：由与构件混凝土相同的材料、成型养护工艺制作的混凝土试件，通过试验所建立的测强曲线。

2. 选用原则

对有条件的地区和部门，应制定本地区的测强曲线或专用测强曲线，经上级主管部门组织审定和批准后实施。

各检测单位宜按专用测强曲线、地区测强曲线、统一测强曲线的顺序选用测强曲线。

9.1.5.2　统一测强曲线

(1)符合下列条件的非泵送混凝土，测区强度应按《回弹法检测混凝土抗压强度技术规程》(JGJ/T 23—2011)附录A进行强度换算：

①混凝土采用的水泥、砂石、外加剂、掺合料、拌和用水符合国家现行有关标准；

②采用普通成型工艺；

③采用符合国家标准规定的模板；

④蒸气养护出池经自然养护7 d以上，且混凝土表层为干燥状态；

⑤自然养护且龄期为14～1 000 d；

⑥抗压强度为10.0～60.0 MPa。

(2)测区混凝土强度换算表所依据的统一测强曲线，其强度误差值应符合下列规定：

①平均相对误差(δ)不应大于±15.0%；

②相对标准差(e_r)不应大于18.0%。

(3)当有下列情况之一时，测区混凝土强度值不得按《回弹法检测混凝土抗压强度技术规程》(JGJ/T 23—2011)附录A或附录B进行强度换算：

①非泵送混凝土粗骨料最大公称粒径大于60 mm,泵送混凝土粗骨料最大公称粒径大于31.5 mm;

②特种成型工艺制作的混凝土;

③检测部位曲率半径小于250 mm;

④潮湿或浸水混凝土。

9.1.5.3 地区和专用测强曲线

(1)地区和专用测强曲线的强度误差应符合下列规定:

①地区测强曲线:平均相对误差(δ)不应大于±14.0%,相对标准差(e_r)不应大于17.0%。

②专用测强曲线:平均相对误差(δ)不应大于±12.0%,相对标准差(e_r)不应大于14.0%。

③平均相对误差(δ)和相对标准差(e_r)的计算应符合《回弹法检测混凝土抗压强度技术规程》(JGJ/T 23—2011)附录E的规定。

(2)测强曲线的制定和适用限制。

地区和专用测强曲线应按《回弹法检测混凝土抗压强度技术规程》(JGJ/T 23—2011)附录E的方法制定。

使用地区或专用测强曲线时,被检测的混凝土应与制定该类测强曲线混凝土的适应条件相同,不得超出该类测强曲线的适用范围,并应每半年抽取一定数量的同条件试件进行校核,当存在显著差异时,应查找原因,不得继续使用。

9.1.6 混凝土强度的计算

9.1.6.1 构件的测区混凝土强度换算值

构件第i个测区混凝土强度换算值,可根据所求得的平均回弹值(R_m)及平均碳化深度值(d_m),由《回弹法检测混凝土抗压强度技术规程》(JGJ/T 23—2011)附录A、附录B查表或计算得出。当有地区或专用测强曲线时,混凝土强度换算值宜按地区测强曲线或专用测强曲线计算或查表得出。

9.1.6.2 构件的测区混凝土强度平均值

构件的测区混凝土强度平均值应根据各测区的混凝土强度换算值计算。当测区数为10个及以上时,还应计算强度标准差。平均值及标准差应按下列公式计算:

$$m_{f_{cu}^c} = \frac{\sum_{i=1}^{n} f_{cu,i}^c}{n} \tag{9-11}$$

$$S_{f_{cu}^c} = \sqrt{\frac{\sum_{i=1}^{n} (f_{cu,i}^c)^2 - n(m_{f_{cu}^c})^2}{n-1}} \tag{9-12}$$

式中 $m_{f_{cu}^c}$——构件测区混凝土强度换算值的平均值,MPa,精确至0.1 MPa;

$f_{cu,i}^c$——构件测区混凝土强度换算值,MPa,可按《回弹法检测混凝土抗压强度技术规程》(JGJ/T 23—2011)的附录A或附录B取值;

n ——对于单个检测的构件，取该构件的测区数；对批量检测的构件，取所有被抽检构件测区数之和；

$S_{f^c_{cu}}$——结构或构件测区混凝土强度换算值的标准差，MPa，精确至0.01 MPa。

9.1.6.3　**构件的现龄期混凝土强度推定值($f_{cu,e}$)**

(1)当构件测区数少于10个时，应按下式计算：

$$f_{cu,e} = f^c_{cu,min} \tag{9-13}$$

式中　$f^c_{cu,min}$——构件中最小的测区混凝土强度换算值。

(2)当构件的测区强度值中出现小于10.0 MPa时，应按下式确定：

$$f_{cu,e} < 10.0\ \text{MPa} \tag{9-14}$$

(3)当构件测区数不少于10个时，应按下式计算：

$$f_{cu,e} = m_{f^c_{cu}} - 1.645S_{f^c_{cu}} \tag{9-15}$$

(4)当批量检测时，应按下式计算：

$$f_{cu,e} = m_{f^c_{cu}} - kS_{f^c_{cu}} \tag{9-16}$$

式中　k——推定系数，宜取1.645，当需要进行推定强度区间时，可按国家现行有关标准的规定取值。

9.1.6.4　**其他情况**

对按批量检测的构件，当该批构件混凝土强度标准差出现下列情况之一时，该批构件应全部按单个构件检测：

(1)当该批构件混凝土强度平均值小于25 MPa，$S_{f^c_{cu}}$大于4.5 MPa时。

(2)当该批构件混凝土强度平均值不小于25 MPa且不大于60 MPa，$S_{f^c_{cu}}$大于5.5 MPa时。

9.2　超声回弹综合法

超声回弹综合法检测混凝土强度技术简称“综合法”，是混凝土强度无损检测技术中的非破损方法之一。所谓综合法，就是采用两种或两种以上的无损检测方法(超声波脉冲速度—回弹值)，获取多种物理参量，并建立强度与多项物理参量的综合相关关系，以便从不同角度综合评价混凝土的强度。

根据中国工程建设标准化协会标准《超声回弹综合法检测混凝土强度技术规程》(CECS 02:2005)的规定，超声回弹综合法是根据实测声速值和回弹值综合推定混凝土强度的方法。本方法采用带波形显示器的低频超声波检测仪，并配置频率为50～100 kHz的换能器，测量混凝土中的超声波声速值，以及采用弹击锤冲击能量为2.207 J的混凝土回弹仪，测量回弹值。

9.2.1　适用范围

正常施工情况下，结构混凝土的强度应按《混凝土结构工程施工质量验收规范》(GB 50204—2015)所规定的预留试块进行验收。只有在下列情况下才能应用“超声—回弹”综合法：①对原有预留试块的抗压强度有怀疑，或没有预留试块时；②因原材料、配合比以及成型与养护不良而发生质量问题时；③已使用多年的老结构，为了维修加固处理，需取得混凝土实际强度值，而且有从结构上钻取的芯样进行校核的情况。

“超声—回弹”综合法对遭受冻伤、化学腐蚀、火灾、高温损伤的混凝土，以及环境温度低于 -4 ℃或高于 60 ℃的情况下，一般不宜使用，若必须使用，应作为特殊问题研究解决。总之，凡是不宜进行回弹法或超声单一参数检测的工程，综合法也不宜使用。

9.2.2 超声回弹法检测技术

9.2.2.1 一般规定

(1)测试前宜具备下列资料：

①工程名称和设计、施工、建设、委托单位名称。

②结构或构件名称、施工图纸和混凝土设计强度等级。

③水泥的品种、强度等级和用量，砂石的品种、粒径，外加剂或掺合料的品种、掺量和混凝土配合比等。

④模板类型，混凝土浇筑、养护情况和成型日期。

⑤结构或构件检测原因的说明。

(2)检测数量应符合下列规定：

①按单个构件检测时，应在构件上均匀布置测区，每个构件测区数量不应少于 10 个。

②同批构件按批抽样检测时，构件抽样数不应少于同批构件的 30%，且不应少于 10 件；对一般施工质量的检测和结构性能的检测，可按照《建筑结构检测技术标准》(GB/T 50344—2004)的规定抽样。

③对某一方向尺寸不大于 4.5 m 且另一方向尺寸不大于 0.3 m 的构件，其测区数量可适当减少，但不应少于 5 个。

(3)按批抽样检测时，符合下列条件的构件可作为同批构件：

①混凝土设计强度等级相同。

②混凝土原材料、配合比、成型工艺、养护条件和龄期基本相同。

③构件种类相同。

④施工阶段所处状态基本相同。

(4)构件的测区布置宜满足下列规定：

①在条件允许时，测区宜优先布置在构件混凝土浇筑方向的侧面。

②测区可在构件的两个对应面、相邻面或同一面上布置。

③测区宜均匀布置，相邻两测区的间距不宜大于 2 m。

④测区应避开钢筋密集区和预埋件。

⑤测区尺寸宜为 200 mm × 200 mm，采用平测时宜为 400 mm × 400 mm。

⑥测试面应清洁、平整、干燥，不应有接缝、施工缝、饰面层、浮浆和油垢，并应避开蜂窝、麻面部位。必要时，可用砂轮片清除杂物和磨平不平整处，并擦净残留粉尘。

(5)结构或构件上的测区应编号，并记录测区位置和外观质量情况。

(6)对结构或构件的每一测区，应先进行回弹测试，后进行超声测试。

(7)计算混凝土抗压强度换算值时，非同一测区内的回弹值和声速值不得混用。

9.2.2.2 回弹测试及回弹值计算

(1)回弹测试时,应始终保持回弹仪的轴线垂直于混凝土测试面。宜首先选择混凝土浇筑方向的侧面进行水平方向测试。如不具备浇筑方向侧面水平测试的条件,可采用非水平状态测试,或测试混凝土浇筑的顶面或底面。

(2)测量回弹值应在构件测区内超声波的发射和接收面各弹击8点;超声波单面平测时,可在超声波的发射和接收测点之间弹击16点。每一测点的回弹值,测读精确度至1。

(3)测点在测区范围内宜均匀布置,但不得布置在气孔或外露石子上。相邻两测点的间距不宜小于30 mm;测点距构件边缘或外露钢筋、铁件的距离不应小于50 mm;同一测点只允许弹击一次。

(4)测区回弹代表值应从该测区的16个回弹值中剔除3个较大值和3个较小值,根据其余10个有效回弹值按下列公式计算:

$$R = \frac{1}{10}\sum_{i=1}^{10} R_i \tag{9-17}$$

式中 R——测区回弹代表值,取有效测试数据的平均值,精确至0.1;

R_i——第 i 个测点的有效回弹值。

(5)非水平状态下测得的回弹值,应按下列公式修正:

$$R_a = R + R_{a\alpha} \tag{9-18}$$

式中 R_a——修正后的测区回弹代表值;

$R_{a\alpha}$——测试角度为 α 时的测区回弹修正值,应按表9-2的规定采用。

表9-2 非水平状态下测试时的回弹修正值 $R_{a\alpha}$

R	回弹仪向上 α				回弹仪向下 α			
	+90°	+60°	+45°	+30°	-30°	-45°	-60°	-90°
20	-6.0	-5.0	-4.0	-3.0	+2.5	+3.0	+3.5	+4.0
25	-5.5	-4.5	-3.8	-2.8	+2.3	+2.8	+3.3	+3.8
30	-5.0	-4.0	-3.5	-2.5	+2.0	+2.5	+3.0	+3.5
35	-4.5	-3.8	-3.3	-2.3	+1.8	+2.3	+2.8	+3.3
40	-4.0	-3.5	-3.0	-2.0	+1.5	+2.0	+2.5	+3.0
45	-3.8	-3.3	-2.8	-1.8	+1.3	+1.8	+2.3	+2.8
50	-3.5	-3.0	-2.5	-1.5	+1.0	+1.5	+2.0	+2.5

注:1. 当测试角度等于0时,修正值为0;R 小于20或大于50时,分别按20或50查表;

2. 表中未列数值,可采用内插法求得,精确至0.1。

(6)在混凝土浇筑的顶面或底面测得的回弹值,应按下列公式修正:

$$R_a = R + (R_a^t + R_a^b) \tag{9-19}$$

式中　R_a^t——测量顶面时的回弹修正值，按表 9-3 的规定采用；

R_a^b——测量底面时的回弹修正值，按表 9-3 的规定采用。

表 9-3　测试混凝土浇筑顶面或底面时的回弹修正值 R_a^t、R_a^b

R 或 R_a	顶面 R_a^t	底面 R_a^b
20	+2.5	−3.0
25	+2.0	−2.5
30	+1.5	−2.0
35	+1.0	−1.5
40	+0.5	−1.0
45	0	−0.5
50	0	0

注：1. 在侧面测试时，修正值为 0；R 小于 20 或大于 50 时，分别按 20 或 50 查表；

2. 当先进行角度修正时，采用修正后的回弹代表值 R_a；

3. 表中未列数值，可采用内插法求得，精确至 0.1。

（7）测试时回弹仪处于非水平状态，同时测试面又非混凝土浇筑方向的侧面，则应对测得的回弹值先进行角度修正，然后对角度修正后的值再进行顶面或底面修正。

9.2.2.3　超声测试及声速值计算

（1）超声测点应布置在回弹测试的同一测区内，每一测区布置 3 个测点。超声测试宜优先采用对测或角测，当被测构件不具备对测或角测条件时，可采用单面平测。

（2）超声测试时，换能器辐射面应通过耦合剂与混凝土测试面良好耦合。

（3）声时测量应精确至 0.1 μs，超声测距测量应精确至 1.0 mm，且测量误差不应超过 ±1%，声速计算应精确至 0.01 km/s。

（4）当在混凝土浇筑方向的侧面对测时，测区混凝土中声速代表值应根据该测区中 3 个测点的混凝土中声速值，按下列公式计算：

$$v = \frac{1}{3}\sum_{i=1}^{3}\frac{l_i}{t_i - t_0} \tag{9-20}$$

式中　v——测区混凝土中声速代表值，km/s；

l_i——第 i 个测点的超声测距，mm。

t_i——第 i 个测点的声时读数，μs；

t_0——声时初读数，μs。

（5）当在混凝土浇筑的顶面或底面测试时，测区声速代表值应按下列公式修正：

$$v_a = \beta v \tag{9-21}$$

式中　v_a——修正后的测区混凝土中声速代表值，km/s；

β——超声测试面的声速修正系数，在混凝土浇筑的顶面和底面间对测或斜测时，$\beta = 1.034$，在混凝土浇筑的顶面或底面平测时，测区混凝土中声速代表值应按《超声回弹综合法检测混凝土强度技术规程》（CECS 02:2005）附录 B

第 B. 2 节计算和修正。

9.2.3　混凝土抗压强度的推定

（1）《超声回弹综合法检测混凝土强度技术规程》（CECS 02:2005）规定的强度换算方法适用于符合下列条件的普通混凝土：

①混凝土用水泥应符合现行国家标准《硅酸盐水泥、普通硅酸盐水泥》（GB 175）、《矿渣硅酸盐水泥、火山灰质硅酸盐水泥及粉煤灰硅酸盐水泥》（GB 1344）和《复合硅酸盐水泥》（GB 12958）的要求。

②混凝上用砂、石骨料应符合现行行业标准《普通混凝土用砂石质量标准及检验方法》（JGJ 52）的要求。

③可掺或不掺矿物掺合料、外加剂、粉煤灰、泵送剂。

④人工或一般机械搅拌的混凝土或泵送混凝土。

⑤自然养护。

⑥龄期 7 ~ 2 000 d。

⑦混凝土强度 10 ~ 70 MPa。

（2）结构或构件中第 i 个测区的混凝土抗压强度换算值，可根据求得修正后的测区回弹代表值 R_{ai} 和声速代表值 v_{ai}，优先采用专用测强曲线或地区测强曲线换算而得。

（3）当无专用和地区测强曲线时，按《超声回弹综合法检测混凝土强度技术规程》（CECS 02:2005）附录 D 通过验证后，可按附录 C 规定的全国统一测区混凝土抗压强度换算表换算，也可按下列全国统一测区混凝土抗压强度换算公式计算：

①当粗骨料为卵石时：

$$f^{c}_{cu,i} = 0.005\,6 v_{ai}^{1.439} R_{ai}^{1.769} \tag{9-22}$$

②当粗骨料为碎石时：

$$f^{c}_{cu,i} = 0.016\,2 v_{ai}^{1.656} R_{ai}^{1.410} \tag{9-23}$$

式中　$f^{c}_{cu,i}$——第 i 个测区混凝土抗压强度换算值，MPa，精确至 0.1 MPa。

（4）专用测强曲线或地区测强曲线应按《超声回弹综合法检测混凝土强度技术规程》（CECS 02:2005）附录 A 的规定制定，并经工程质量监督主管部门组织审定和批准实施。专用或地区测强曲线的抗压强度相对误差 e_r 应符合下列规定：专用测强曲线，相对误差 $e_r \leqslant 12\%$；地区测强曲线，相对误差 $e_r \leqslant 14\%$。

（5）当结构或构件中的测区数不少于 10 个时，各测区混凝土抗压强度换算值的平均值和标准差应按下列公式计算：

$$m_{f^{c}_{cu}} = \frac{1}{n}\sum_{i=1}^{n} f^{c}_{cu,i} \tag{9-24}$$

$$S_{f^{c}_{cu}} = \sqrt{\frac{\sum_{i=1}^{n} (f^{c}_{cu,i})^2 - n\,(m_{f^{c}_{cu}})^2}{n-1}} \tag{9-25}$$

式中　$f^{c}_{cu,i}$——结构或构件第 i 个测区的混凝土抗压强度换算值，MPa；

$m_{f^{c}_{cu}}$——结构或构件测区混凝土抗压强度换算值的平均值，MPa，精确至 0.1 MPa；

$S_{f^c_{cu}}$——结构或构件测区混凝土抗压强度换算值的标准差，MPa，精确至0.01 MPa；

n——测区数，对单个检测的构件，取一个构件的测区数，对批量检测的构件，取被抽检构件测区数的总和。

(6)当结构或构件所采用的材料及其龄期与制定测强曲线所采用的材料及其龄期有较大差异时，应采用同条件立方体试件或从结构或构件测区中钻取的混凝土芯样试件的抗压强度进行修正。试件数量不应少于4个。此时，将计算得到的测区混凝土抗压强度换算值乘以下列修正系数η。

①采用同条件立方体试件修正时：

$$\eta = \frac{1}{n}\sum_{i=1}^{n} f^o_{cu,i}/f^c_{cu,i} \tag{9-26}$$

②采用混凝土芯样试件修正时：

$$\eta = \frac{1}{n}\sum_{i=1}^{n} f^o_{cor,i}/f^c_{cu,i} \tag{9-27}$$

式中 η——修正系数，精确至小数点后两位；

$f^c_{cu,i}$——对应于第i个立方体试件或芯样试件的混凝土抗压强度换算值，MPa，精确至0.1 MPa；

$f^o_{cu,i}$——第i个混凝土立方体(边长150 mm)试件的抗压强度实测值，MPa，精确至0.1 MPa；

$f^o_{cor,i}$——第i个混凝土芯样(ϕ100 mm×100 mm)试件的抗压强度实测值，MPa，精确至0.1 MPa；

n——试件数。

(7)结构或构件混凝土抗压强度推定值$f_{cu,e}$，应按下列规定确定：

①当结构或构件的测区抗压强度换算值中出现小于10.0 MPa的值时，该构件的混凝土抗压强度推定值$f_{cu,e}$取小于10 MPa。

②当结构或构件中测区数少于10个时：

$$f_{cu,e} = f^c_{cu,min} \tag{9-28}$$

式中 $f^c_{cu,min}$——结构或构件最小的测区混凝土抗压强度换算值，MPa，精确至0.1 MPa。

③当结构或构件中测区数不少于10个或按批量检测时：

$$f_{cu,e} = m_{f^c_{cu}} - 1.645S_{f^c_{cu}} \tag{9-29}$$

(8)对按批量检测的构件，当一批构件的测区混凝土抗压强度标准差出现下列情况之一时，该批构件应全部重新按单个构件进行检测：

①一批构件的混凝土抗压强度平均值$m_{f^c_{cu}}$<25.0 MPa，标准差$S_{f^c_{cu}}$>4.50 MPa；

②一批构件的混凝土抗压强度平均值$m_{f^c_{cu}}$ = 25.0～50.0 MPa，标准差$S_{f^c_{cu}}$>5.50 MPa；

③一批构件的混凝土抗压强度平均值$m_{f^c_{cu}}$>50.0 MPa，标准差$S_{f^c_{cu}}$>6.50 MPa。

9.3 钻芯法

钻芯法是在混凝土结构构件上直接钻取芯样，将加工处理的芯样进行抗压强度试验，确定混凝土实际抗压强度(见图 9-5)。由于该法是直接从混凝土构件上取得试样,其测试结果能真实反映混凝土的强度,因而其测试结果将更可靠、更准确。但它对结构构件造成一定的局部损伤,是一种半破损的现场检测手段,因此取芯前应考虑到取芯对结构带来的不利影响,取出有代表性的试样,确保结构在取芯后仍有足够的安全度。

图 9-5　钻芯法

9.3.1　适用范围

钻芯法检测混凝土强度主要用于下列情况:①对试块抗压强度的测试结果有怀疑时;②因材料、施工或养护不良而发生混凝土质量问题时;③混凝土遭受冻害、火灾、化学侵蚀或其他损害时;④需检测经多年使用的建筑结构或构筑物中混凝土强度时。对混凝土强度低于 C10 的结构,不宜采用钻芯法检测。

用钻取的混凝土芯样除可以进行抗压强度试验外,也可以进行劈裂抗拉强度、抗折强度等测定。此外,还可以检查混凝土的内部缺陷,如裂缝深度、孔洞及混凝土中粗骨料的级配情况等。

9.3.2　技术要求

根据《钻芯法检测混凝土强度技术规程》(JGJ/T 384—2016)的有关规定,对检测设备、芯样钻取及加工提出了具体要求。

9.3.2.1　检测设备

(1)用于钻取芯样、芯样加工和测量的检测设备与仪器均应有产品合格证,计量器具经检定或校准,并应在有效期内使用。

(2)钻芯机应具有足够的刚度,操作灵活,固定和移动方便,并应有水冷却系统。

(3)钻取芯样时宜采用人造金刚石薄壁钻头。钻头胎体不得有裂缝、缺边、少角、倾斜及喇叭口变形。

(4)锯切芯样时使用的锯切机和磨平芯样的磨平机应具有冷却系统和牢固夹紧芯样的装置,配套使用的人造金刚石圆锯片应有足够的刚度,锯切芯样宜使用双刀锯切机。

(5)用于芯样端面加工的补平装置,应保证芯样的端面平整,并应保证芯样端面与芯样轴线垂直。

(6)探测钢筋位置的钢筋探测仪,应适用于现场操作,最大探测深度不应小于 60

mm,探测位置偏差不宜大于 3 mm。

(7)在钻芯工作完毕后,应对钻芯机和芯样加工设备进行维修保养。

9.3.2.2 **芯样钻取**

(1)采用钻芯法检测结构或构件混凝土强度前,宜具备下列资料信息:

①工程名称及设计、施工、监理和建设单位名称;

②结构或构件种类、外形尺寸及数量;

③设计混凝土强度等级;

④浇筑日期、配合比通知单和强度试验报告;

⑤结构或构件质量状况和施工记录;

⑥有关的结构设计施工图等。

(2)芯样宜在结构或构件的下列部位钻取:

①结构或构件受力较小的部位;

②混凝土强度具有代表性的部位;

③便于钻芯机安放与操作的部位;

④宜采用钢筋探测仪测试或局部剔凿的方法避开主筋、预埋件和管线。

(3)在构件上钻取多个芯样时,芯样宜取自不同部位。

(4)钻芯机就位并安放平稳后,应将钻芯机固定。固定的方法应根据钻芯机的构造和施工现场的具体情况确定。

(5)钻芯机在未安装钻头之前,应先通电确认主轴的旋转方向为顺时针方向。

(6)钻芯时用于冷却钻头和排除混凝土碎屑的冷却水的流量宜为 3 ~5 L/min。

(7)钻取芯样时宜保持匀速钻进。

(8)芯样应进行标记,钻取部位应予以记录。芯样高度及质量不能满足要求时,则应重新钻取芯样。

(9)芯样应采取保护措施,避免在运输和储存中损坏。

(10)钻芯后留下的空洞应及时进行修补。

(11)钻芯操作应遵守国家有关安全生产和劳动保护的规定,并应遵守钻芯现场安全生产的有关规定。

9.3.2.3 **芯样加工和试件**

(1)从结构或构件中钻取的混凝土芯样应加工成符合标准要求的芯样试件。

(2)抗压芯样试件的高径比(H/d)宜为 1。

(3)抗压芯样试件内不宜含有钢筋,也可有一根直径不大于 10 mm 的钢筋,且钢筋应与芯样试件的轴线垂直并离开端面 10 mm 以上。

(4)锯切后的芯样应按下列规定进行端面处理。抗压芯样试件的端面处理,可采取在磨平机上磨平端面的处理方法,也可采用硫黄胶泥或环氧胶泥补平,补平层厚度不宜大于 2 mm。抗压强度低于 30 MPa 的芯样试件,不宜采用磨平端面的处理方法;抗压强度高于 60 MPa 的芯样试件,不宜采用硫黄胶泥或环氧胶泥补平的处理方法。

(5)在试验前应按下列规定测量芯样试件的尺寸:

①平均直径应用游标卡尺在芯样试件上部、中部和下部相互垂直的两个位置上共测

量6次,取测量的算术平均值作为芯样试件的直径,精确至0.5 mm。

②芯样试件高度可用钢卷尺或钢板尺进行测量,精确至1.0 mm。

③垂直度应用游标量角器测量芯样试件两个端面与母线的夹角,取最大值作为芯样试件的垂直度,精确至0.1°。

④平整度可用钢板尺或角尺紧靠在芯样试件承压面(线)上,一面转动钢板尺,一面用塞尺测量钢板尺与芯样试件承压面(线)之间的缝隙,取最大缝隙为芯样试件的平整度,也可采用其他专用设备测量。

(6)芯样试件尺寸偏差及外观质量出现下列情况时,相应的芯样试件不宜进行试验:

①抗压芯样试件的实际高径比(H/d)小于要求高径比的0.95或大于1.05。

②抗压芯样试件端面与轴线的不垂直度大于1°。

③抗压芯样试件端面的不平整度在每100 mm长度内超过0.1 mm。

④沿芯样试件高度的任一直径与平均直径相差超过1.5 mm。

⑤芯样有较大缺陷。

9.3.3 混凝土抗压强度的推定

9.3.3.1 一般规定

(1)钻芯法可用于确定检测批或单个构件的混凝土抗压强度推定值,也可用于钻芯修正方法修正间接强度检测方法得到的混凝土抗压强度换算值。

(2)抗压芯样试件宜使用直径为100 mm的芯样,且其直径不宜小于骨料最大粒径的3倍;也可采用小直径芯样,但其直径不应小于70 mm且不得小于骨料最大粒径的2倍。

9.3.3.2 芯样试件试验和抗压强度值计算

(1)芯样试件应在自然干燥状态下进行抗压试验。当结构工作条件比较潮湿,需要确定潮湿状态下混凝土的抗压强度时,芯样试件宜在(20±5)℃的清水中浸泡40~48 h,从水中取出后应去除表面水渍,并立即进行试验。

(2)芯样试件抗压试验的操作应符合《普通混凝土力学性能试验方法标准》(GB/T 50081—2002)中对立方体试件抗压试验的规定。

(3)芯样试件抗压强度值可按下式计算:

$$f_{cu,cor} = \beta_c F_c / A_c \tag{9-30}$$

式中 $f_{cu,cor}$——芯样试件抗压强度值,MPa,精确至0.1 MPa;

β_c——芯样试件强度换算系数,取1.0;

F_c——芯样试件抗压试验的破坏荷载,N;

A_c——芯样试件抗压截面面积,mm^2。

(4)当有可靠试验依据时,芯样试件强度换算系数β_c也可根据混凝土原材料和施工工艺情况通过试验确定。

9.3.3.3 混凝土抗压强度推定值

(1)钻芯法确定检测批的混凝土抗压强度推定值时,取样应遵守下列规定:

①芯样试件的数量应根据检测批的容量确定。直径100 mm的芯样试件的最小样本量不宜小于15个,小直径芯样试件的最小样本量不宜小于20个。

②芯样应从检测批的结构构件中随机抽取，每个芯样宜取自一个构件或结构的局部部位，取芯位置尚应符合《钻芯法检测混凝土强度技术规程》(JGJ/T 384—2016)的相关规定。

(2)检测批混凝土抗压强度的推定值应按下列方法确定：

①检测批的混凝土抗压强度推定值应计算推定区间，推定区间的上限值和下限值应按下列公式计算：

$$f_{cu,e1} = f_{cu,cor,m} - k_1 s_{cu} \tag{9-31}$$

$$f_{cu,e2} = f_{cu,cor,m} - k_2 s_{cu} \tag{9-32}$$

$$f_{cu,cor,m} = \frac{\sum_{i=1}^{n} f_{cu,cor,i}}{n} \tag{9-33}$$

$$s_{cu} = \sqrt{\frac{\sum_{i=1}^{n}(f_{cu,cor,i} - f_{cu,cor,m})^2}{n-1}} \tag{9-34}$$

式中 $f_{cu,cor,m}$——芯样试件抗压强度平均值，MPa，精确至 0.1 MPa；

$f_{cu,cor,i}$——单个芯样试件抗压强度值，MPa，精确至 0.1 MPa；

$f_{cu,e1}$——混凝土抗压强度推定上限值，MPa，精确至 0.1 MPa；

$f_{cu,e2}$——混凝土抗压强度推定下限值，MPa，精确至 0.1 MPa；

k_1,k_2——推定区间上限值系数和下限值系数，按《钻芯法检测混凝土强度技术规程》(JGJ/T 384—2016)附录 A 查得；

s_{cu}——芯样试件抗压强度样本的标准差，MPa，精确至 0.01 MPa。

②$f_{cu,e1}$和$f_{cu,e2}$所构成推定区间的置信度宜为 0.90；当采用小直径芯样试件时，推定区间的置信度可为 0.85。$f_{cu,e1}$与$f_{cu,e2}$之间的差值不宜大于 5.0 MPa 和 0.10$f_{cu,cor,m}$两者的较大值。

③$f_{cu,e1}$与$f_{cu,e2}$之间的差值大于 5.0 MPa 和 0.10$f_{cu,cor,m}$两者的较大值时，可适当增加样本容量，或重新划分检测批，直至满足上述②的规定。

④当不具备上述③的条件时，不宜进行批量推定。

⑤宜以$f_{cu,e1}$作为检测批混凝土强度的推定值。

(3)钻芯法确定检测批混凝土抗压强度推定值时，可剔除芯样试件抗压强度样本中的异常值。剔除规则应按《数据的统计处理和解释 正态样本离群值的判断和处理》(GB/T 4883—2008)的规定执行。当确有试验依据时，可对芯样试件抗压强度样本的标准差 s_{cu}进行符合实际情况的修正或调整。

(4)钻芯法确定单个构件混凝土抗压强度推定值时，芯样试件的数量不应少于 3 个；钻芯对构件工作性能影响较大的小尺寸构件，芯样试件的数量不得少于 2 个。单个构件的混凝土抗压强度推定值不再进行数据的舍弃，而应按芯样试件混凝土抗压强度值中的最小值确定。

(5)钻芯法确定构件混凝土抗压强度代表值时，芯样试件的数量宜为 3 个，应取芯样试件抗压强度值的算术平均值作为构件混凝土抗压强度代表值。

9.3.3.4　钻芯修正法

（1）对间接测强方法进行钻芯修正时，宜采用修正量的方法，也可采用其他形式的修正方法。

（2）当采用修正量的方法时，芯样试件的数量和取芯位置应符合下列规定：

①直径 100 mm 芯样试件的数量不应少于 6 个，小直径芯样试件的数量不应少于 9 个。

②当采用的间接检测方法为无损检测方法时，钻芯位置应与间接检测方法相应的测区重合。

③当采用的间接检测方法对结构构件有损伤时，钻芯位置应布置在相应测区的附近。

（3）钻芯修正后的换算强度、修正量 Δf 可按下式计算：

$$f^c_{cu,i0} = f^c_{cu,i} + \Delta f \tag{9-35}$$

$$\Delta f = f_{cu,cor,m} - f^c_{cu,mj} \tag{9-36}$$

式中　Δf——修正量，MPa，精确至 0.1 MPa；

$f^c_{cu,i0}$——修正后的换算强度，MPa，精确至 0.1 MPa；

$f^c_{cu,i}$——修正前的换算强度，MPa，精确至 0.1 MPa；

$f_{cu,cor,m}$——芯样试件抗压强度平均值，MPa，精确至 0.1 MPa；

$f^c_{cu,mj}$——所用间接检测方法对应芯样测区的换算强度的算术平均值，MPa，精确至 0.1 MPa。

第 10 章　基桩桩身完整性检测

桩基由基桩和连接于桩顶的承台共同组成，作为普遍应用的深基础形式，它具有较好的抗震能力、较高的承载能力，在特殊土质中沉降较小等优势。因此，桩基工程在居民建筑、桥梁建筑、港口、地震区、软土地区和冻土地区等地基处理中应用越来越普遍，桩基质量成为保证建筑质量的基础。为确保桩基工程质量，提高桩基工程的可靠性，需对桩身质量及单桩承载力等方面，做好全面而精准的检测与控制。

基桩检测包括单桩承载力检测和桩身完整性检测，其中桩身完整性检测方法主要有低应变法、高应变法、声波透射法和钻芯法等，本章结合工程实际，主要介绍低应变法、声波透射法、钻芯法等基桩质量检测技术。

10.1　基本规定

10.1.1　一般规定

在实际工程中，基桩桩身完整性检测采用的方法应根据检测目的、检测方法的适应性、桩基的设计条件、成桩工艺等按表 10-1 合理选择。

表 10-1　检测目的及检测方法

检测目的	检测方法
检测灌注桩桩长、桩身混凝土强度、桩底沉渣厚度，判定或鉴别桩端持力层岩土性状，判定桩身完整性类别	钻芯法
检测桩身缺陷及其位置，判定桩身完整性类别	低应变法
①判定单桩竖向抗压承载力是否满足设计要求； ②检测桩身缺陷及其位置，判定桩身完整性类别； ③分析桩侧和桩端土阻力； ④进行打桩过程监控	高应变法
检测灌注桩桩身缺陷及其位置，判定桩身完整性类别	声波透射法

10.1.2　检测方法分类

在基桩成桩完整性质量检测中可采取低应变法、高应变法、声波透射法、钻芯法等方法进行。当基础埋深较大时，基坑开挖产生土体侧移将桩推断或机械开挖将桩碰断的现象时有发生，此时完整性检测应等到开挖至基底标高后进行。方法主要介绍如下。

10.1.2.1 低应变法

低应变法适用于检测混凝土桩的桩身完整性,判定桩身缺陷的程度及位置。对桩身截面多变或者变化幅度较大的灌注桩,应采取其他方法辅助验证低应变检测的有效性。对薄壁钢管桩、大直径现浇薄壁混凝土管桩和类似于 H 型钢桩的异形桩,若激励响应在桩顶面接收,本方法不适用。采用本方法时,瞬态激励脉冲有效高频分量的波长与桩的横向尺寸之比均不宜小于 10,桩身横截面宜基本规则。

10.1.2.2 高应变法

高应变法适用于检测混凝土桩的桩身完整性,检测桩身缺陷及其位置,判定桩身完整性类别。与低应变法检测的快捷、廉价相比,高应变法检测桩身完整性虽然是附带性的,但由于其激励能量和检测有效深度大的优点,特别在判定桩身水平整合型缝隙、预制桩接头等缺陷时,能够在查明这些“缺陷”是否影响竖向抗压承载力的基础上,合理判定缺陷程度。当然,带有普查性的完整性检测,采用低应变法更为恰当。

10.1.2.3 声波透射法

声波透射法适用于混凝土灌注桩的桩身完整性检测,判定桩身缺陷的位置、范围和程度。对于桩径小于 0.6 m 的桩,不宜采用本方法进行桩身完整性检测。声波透射法是利用声波的透射原理对桩身混凝土介质状况进行检测,适用于桩在灌注成型时已经预埋了两根或者两根以上声测管的情况。当桩径小于 0.6 m 时,声测管的声耦合误差使声时测试的相对误差增大,因此桩径小于 0.6 m 时应慎用本方法;基桩经钻芯法检测后(有两个以及两个以上的钻孔)需进一步了解钻芯孔之间的混凝土质量时,也可采用本检测方法。

10.1.2.4 钻芯法

钻芯法适用于检测混凝土灌注桩的桩长、桩身混凝土强度、桩底沉渣厚度和桩身完整性。当采用本方法判定或鉴别桩端持力层岩土性状时,钻探深度应满足设计要求。受检桩长径比较大时,桩成孔的垂直度和钻芯孔的垂直度很难控制,钻芯孔容易偏离桩心,故要求受检桩桩径不宜小于 800 mm、长径比不宜大于 30。

10.1.3 检测抽样数量

(1)建筑桩基设计等级为甲级,或地基条件复杂、成桩质量可靠性较低的灌注桩工程,检测数量不应少于总桩数的 30%,且不应少于 20 根;其他桩基工程,检测数量不应少于总桩数的 20%,且不应少于 10 根。

(2)在满足上述基本检测数量的要求下,每个柱下承台检测桩数不应少于 1 根。

(3)对大直径嵌岩灌注桩或设计等级为甲级的大直径灌注桩,应在满足(1)、(2)两款规定的检测桩数范围内,按不少于总桩数 10% 的比例采用声波透射法或钻芯法检测。

(4)当施工质量有疑问的桩和局部地基条件出现异常的桩的数量较多,或为了全面了解整个工程基桩的桩身完整性情况时,宜增加检测数量。

(5)当对复合地基中类似于素混凝土桩的增强体进行检测时,检测数量应按《建筑地基处理技术规范》(JGJ 79—2012)规定执行。

10.2 低应变法

低应变法是指采用低能量瞬态在桩顶激振，实测桩顶部的速度时程曲线，通过波动理论的时域分析或频域分析，对桩身完整性进行判定的检测方法。本方法对桩身缺陷程度只做定性判断。对于桩身不同类型的缺陷，反射波测试信号中主要反映出桩身阻抗减小的信息，缺陷性质往往较难区分。例如，混凝土灌注桩出现的缩径与局部松散、夹泥、空洞等，只凭测试信号很难区分。因此，对缺陷类型进行判定，应结合地质、施工情况综合分析，或采取开挖、钻芯、声波透射等其他方法验证。

10.2.1 基本原理与检测依据

10.2.1.1 应力波

1. 应力波的基本概念

当外载荷作用于可变形固体的局部表面时，一开始只有那些直接受到外载荷作用的表面部分介质质点因变形离开了初始平衡位置。由于这部分介质质点与相邻介质质点发生了相对运动，必然受到相邻介质质点所给予的作用力（应力），同时也给相邻介质质点以反作用力，因而使它们离开平衡位置而运动起来。由于介质质点的惯性，相邻介质质点的运动将滞后于表面介质质点的运动。以此类推，外载荷在表面上引起的扰动将在介质中逐渐由近及远传播出去。这种扰动在介质中由近及远的传播即是应力波。

2. 应力波的分类

根据质点振动方向与传播方向不同，可将应力波分为纵波 P（膨胀波）、横波 S（畸形波）和表面波 R，P 波的振动方向与传播方向平行，S 波的振动方向则与传播方向垂直。

1）纵波

质点振动方向与波的传播方向一致的波称为纵波，又称为 P 波。纵波的传播是依靠介质时疏时密（时而拉升，时而压缩）使介质的容积发生变形引起压强的变化而传播的，它和介质的体积弹性有关。任何弹性介质都具有体积弹性，所以纵波可以在任何固体、气体、液体中传播。其传播形式如图 10-1 所示。

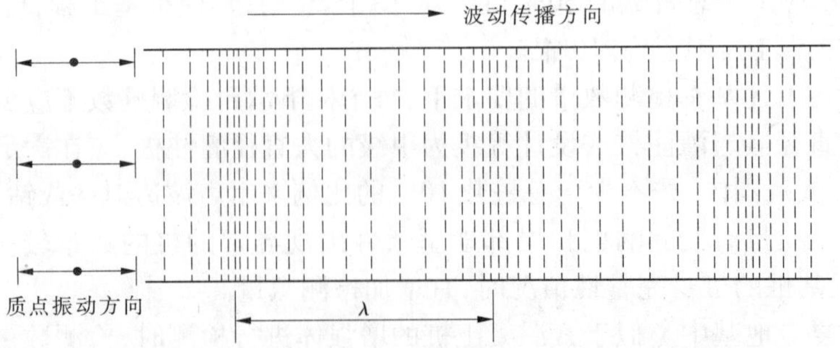

图 10-1 纵波

2)横波

介质质点的振动方向与波的传播方向垂直的波称为横波,又称为 S 波。横波的传播是依靠介质产生剪切变形(局部形状变化)引起的剪切变化而传播的,它与介质的剪切弹性相关。固体介质除具有拉伸压缩变形而产生法向应力外,还具有切变弹性,在剪切变形时会产生剪切应力,而液体、气体无一定形状,这种介质不具备切变弹性,不能承受剪切应力,所以横波只能在固体介质中传播。横波的传播形式如图 10-2 所示。

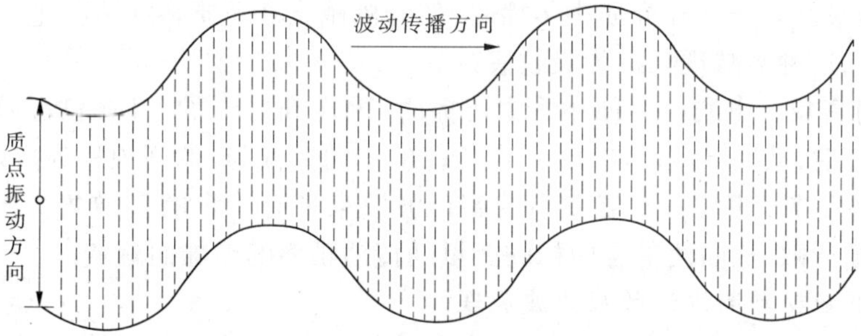

图 10-2　横波

3)表面波

固体介质表面受到交替变化的表面张力作用,介质表面质点发生相应的纵向振动和横向振动,结果使质点做这两种振动的合成运动,即绕其平衡位置做椭圆运动,该质点的运动又波及相邻质点,而在介质表面传播,这种波称为表面波,又称 R 波。如图 10-3 所示。

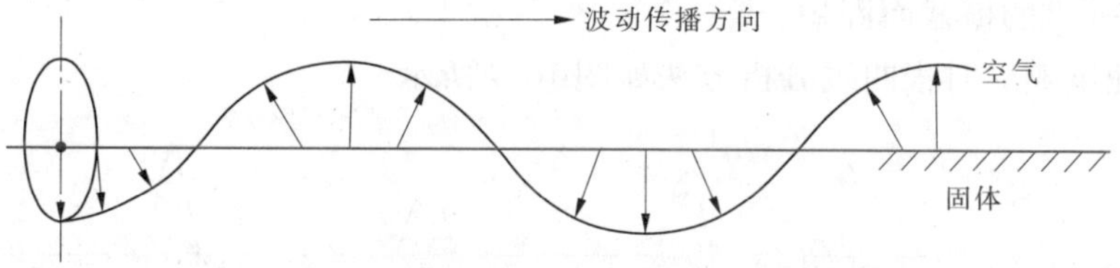

图 10-3　表面波

此外,根据波动方程的自变量个数,应力波可分为一维应力波、二维应力波和三维应力波;按与介质不均匀性及复杂截面相联系的关系,应力波可分为衍射波和散射波;还可分为入射波、反射波和透射波等。

3. 应力波传播的相关规律

应力波传播具有折射、反射、透射、叠加、衰减等特性。

1)折射、反射、透射

当应力波由一种介质进入另一种介质时,传播方向发生改变的现象称为折射;当应力波传播到两种介质的阻抗变化界面时,一部分从界面返回,形成反射波,另一部分穿越界面进入到另一种介质,形成透射(折射)波。

2)叠加

两列波在传播中相遇,仍然保持各自的特性(频率、波长、振幅、振动方向等)不变,并保持原来的方向不变。在相遇区域内，将形成波的叠加。任一点的质点振动为两列波单独在该点引起振动的位移值的矢量叠加。

3）衰减

声波在介质中传播的过程中，其振幅随传播距离的增大而逐渐减小的现象称为衰减。声波衰减的大小及变化不仅取决于使用的超声波频率及传播距离，还取决于被检测材料的内部结构及性能。固体材料中声波衰减主要有以下几个方面的原因：

（1）吸收衰减。声波在介质中传播时，部分机械能被介质转换成其他形式的能量（如热能）而散失，这种衰减现象称为吸收衰减。

（2）散射衰减。声波在一种介质中传播时，因碰到另一种介质组成的障碍物而向不同方向产生散射，从而导致声波减弱（声传播的定向性减弱）的现象称为散射衰减。

（3）扩散衰减。声波发射器发出的超声波波束都有一定的扩散角。波束的扩散，导致能量的逐渐分散，从而使单位面积的能量随传播距离的增加而减弱。

4. 基桩低应变动测方法的应力波原理

当采用手锤或力棒（小扰动）敲击桩顶时，由于桩体变形很小，其应变量亦很小，俗称小应变方法，主要是通过分析桩顶的速度响应来获得应力波的传播规律。由于速度响应时程曲线的变化特征可确定桩身波阻抗的差异分布，从而做出完整性评价。

$$Z = \rho c A \tag{10-1}$$

式中 Z——波阻抗；

ρ——密度；

c——应力波速；

A——桩的横截面面积。

桩顶速度响应时程曲线分析方法如图 10-4 所示。

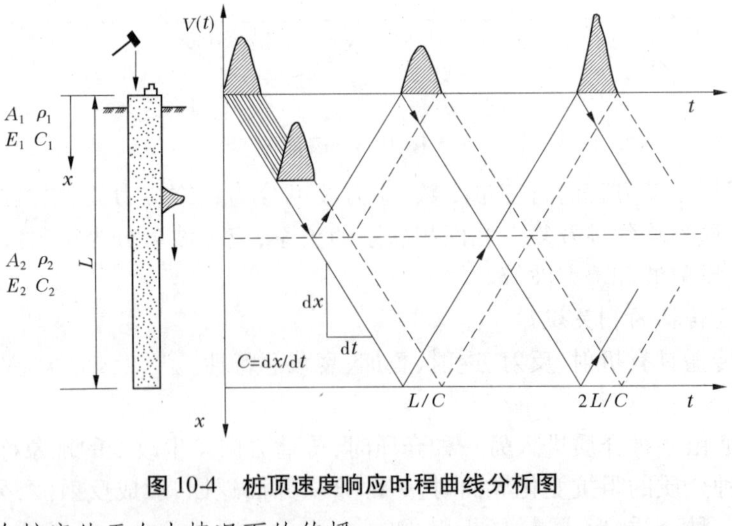

图 10-4　桩顶速度响应时程曲线分析图

1）应力波在桩底处于自由情况下的传播

（1）应力波在桩底处于自由情况下的传播如图 10-5 所示。

当桩底处于自由端时，$Z_2 = 0$，可得 $V_1 = 2V_0$（同向）：

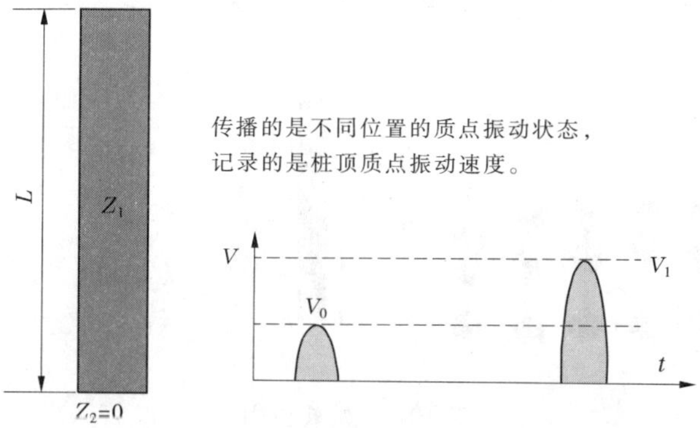

图 10-5　应力波在桩底处于自由情况下的传播

$$V_1 = \frac{2(Z_1 - Z_2)}{Z_1 + Z_2} V_0 \tag{10-2}$$

桩底为自由端的多次反射，幅值不发生变化，$V_n = 2V_0$（同向）：

$$V_n = \frac{2(Z_1 - Z_2)^n}{(Z_1 + Z_2)^n} V_0 \tag{10-3}$$

（2）桩底自由模拟试验如图 10-6 所示。

图 10-6　桩底自由模拟试验

（3）结论。当桩底处于自由端时，桩底一次、二次乃至多次反射波速度信号幅值为入射波速度信号幅值的 2 倍，方向相同，如图 10-7 所示。

2）应力波在桩底处于固定情况下的传播

（1）应力波在桩底处于固定情况下的传播如图 10-8 所示。

当桩底处于固定端时，$Z_2 = \infty$，可得 $V_1 = -2V_0$：

$$V_1 = \frac{2(Z_1 - Z_2)}{Z_1 + Z_2} V_0 \tag{10-4}$$

当桩底处于固定端时，桩底的多次反射幅值不变，$V_n = 2V_0$，但速度方向与反射的次数相关：

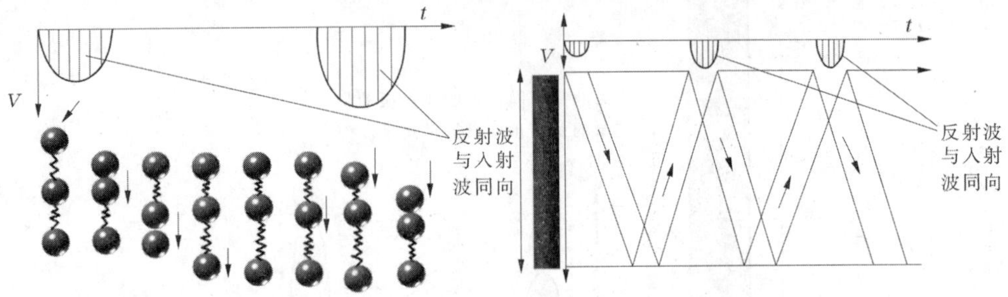

图 10-7　桩底自由

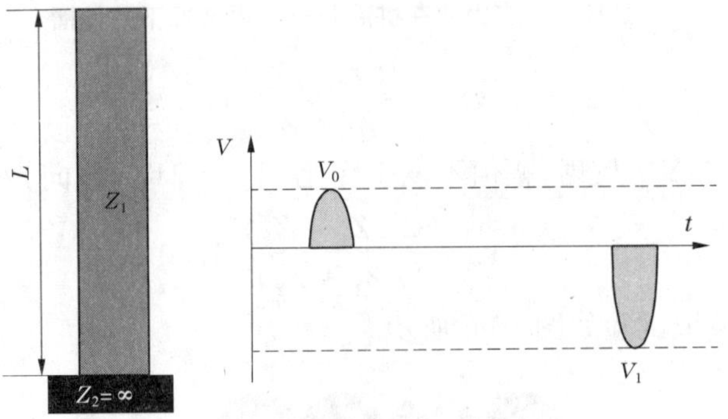

图 10-8　应力波在桩底处于固定情况下的传播

$$V_n = \frac{2\ (Z_1 - Z_2)^n}{(Z_1 + Z_2)^n}V_0 \tag{10-5}$$

(2)桩底固定模拟试验如图 10-9 所示。

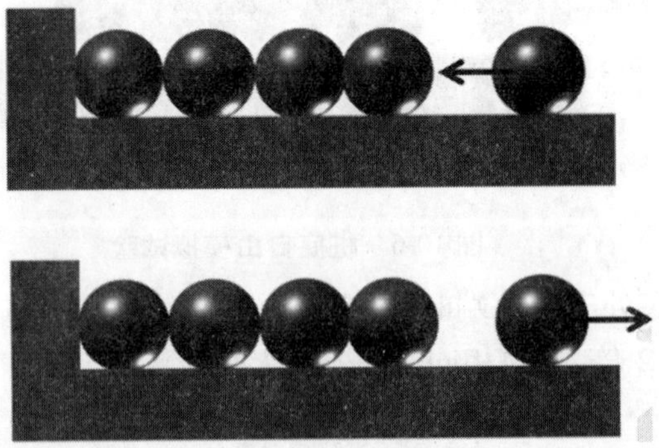

图 10-9　桩底固定模拟试验

(3)结论。当桩底处于固定端时,桩底一次、二次乃至多次反射速度信号幅值为入射波速度信号幅值的 2 倍,速度方向与反射波次数有关。奇数次反射波速度信号方向与入射波速度信号反向,偶数次反射波速度信号方向与入射波速度信号同向,如图 10-10 所示。

3)应力波在波阻抗减小桩身中的传播

应力波在波阻抗减小桩身中的传播如图 10-11 所示。

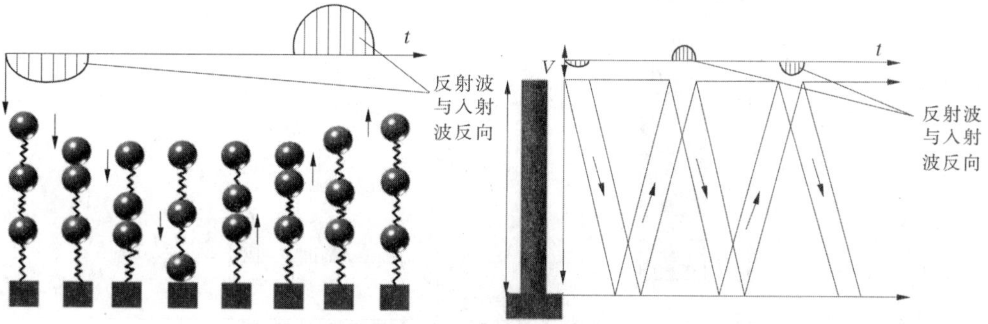

图 10-10　桩底固定

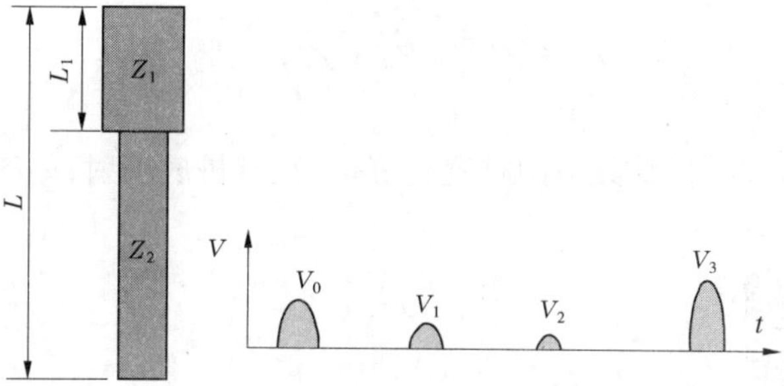

图 10-11　应力波在波阻抗减小桩身中的传播

当桩身波阻抗减小时，得到反射波幅值比入射波幅值要小的同向反射波：

$$V_1 = \frac{2(Z_1 - Z_2)}{Z_1 + Z_2}V_0 \tag{10-6}$$

当桩身波阻抗减小时，多次反射波幅值会逐次减小，但方向不发生变化：

$$V_n = \frac{2(Z_1 - Z_2)^n}{(Z_1 + Z_2)^n}V_0 \tag{10-7}$$

当桩身波阻抗减小时，桩底为自由端的反射波幅值会有减小，而减小的幅度与波阻抗变化相对大小有关：

$$V_3 = \frac{4Z_1Z_2}{(Z_1 + Z_2)^2}2V_0 \tag{10-8}$$

4）应力波在波阻抗增大桩身中的传播

应力波在波阻抗增大桩身中的传播如图 10-12 所示。

当桩身波阻抗增大时，得到反射波幅值比入射波幅值要小的反向反射波：

$$V_1 = \frac{2(Z_1 - Z_2)}{Z_1 + Z_2}V_0 \tag{10-9}$$

当桩身波阻抗增大时，多次反射波幅值会逐次减小，方向会随反射的次数变化：

$$V_n = \frac{2(Z_1 - Z_2)^n}{(Z_1 + Z_2)^n}V_0 \tag{10-10}$$

当桩身波阻抗增大时，桩底为自由端的反射波幅值会减小，而减小的幅度与波阻抗变

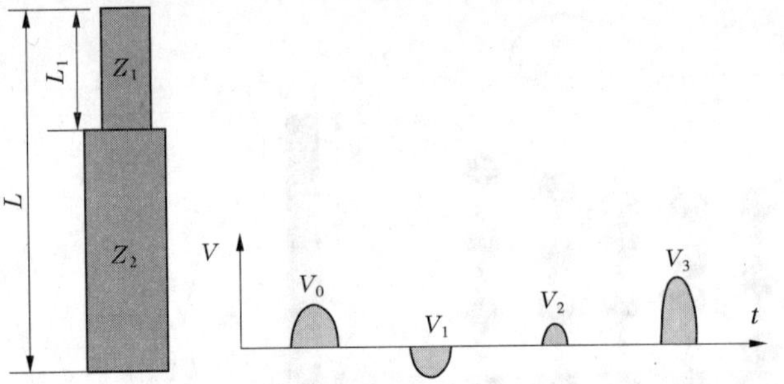

图 10-12　应力波在波阻抗增大桩身中的传播

化相对大小有关：

$$V_3 = \frac{4Z_1Z_2}{(Z_1 + Z_2)^2}2V_0 \tag{10-11}$$

5）桩身波阻抗变化

（1）当 $Z_1 = Z_2$ 时，桩身无波阻抗变化界面，只有桩底反射，如图 10-13 所示。

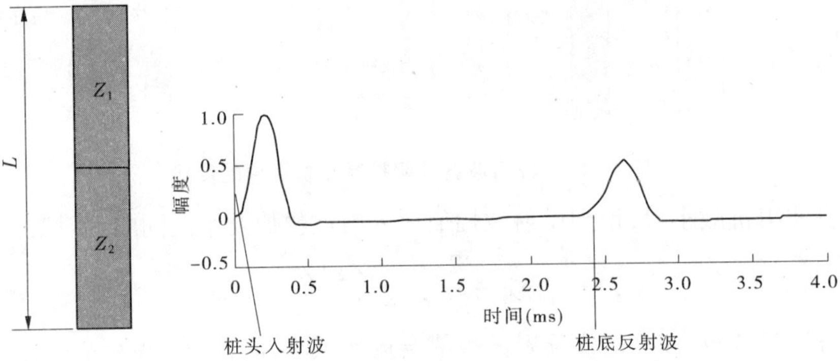

图 10-13　$Z_1 = Z_2$ 时

（2）当 $Z_1 > Z_2$ 时，桩身存在波阻抗减小界面（如截面缩小或材质较差等缺陷），产生与入射波同向的反射波，如图 10-14 所示。

（3）当 $Z_1 < Z_2$ 时，桩身存在波阻抗增大界面（如扩径等），产生与入射波反向的反射波，如图 10-15 所示。

（4）桩身波阻抗变化大小对速度响应的影响：

①当桩身缺陷严重时，在波阻抗减小位置将产生多次反射；反射波与入射波同向。

②当桩身扩径严重时，在波阻抗增大位置将产生多次反射；奇次反射波与入射波反向，偶次反射波与入射波同向。

③波阻抗变化越大，则反射波越明显。

④由此可判断缺陷或扩径的严重程度。

6）桩底波阻抗变化

（1）当 $Z_1 \approx Z_2$ 时，桩底无波阻抗变化界面，无桩底反射波，如图 10-16 所示。

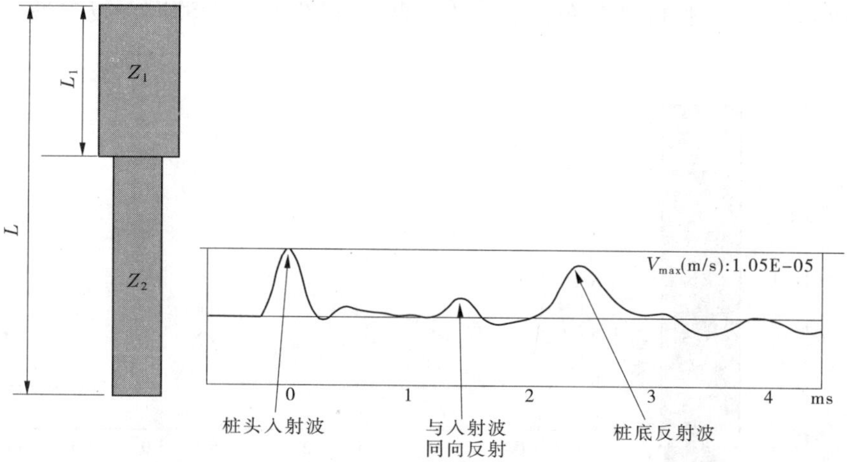

图 10-14　$Z_1 > Z_2$ 时

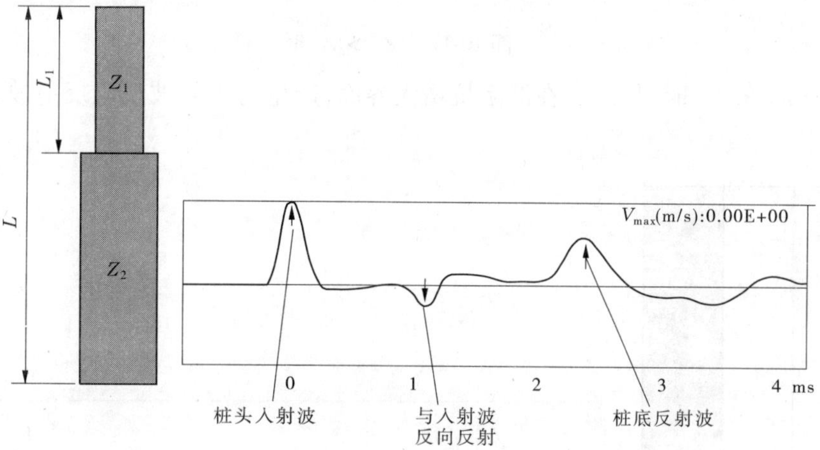

图 10-15　$Z_1 < Z_2$ 时

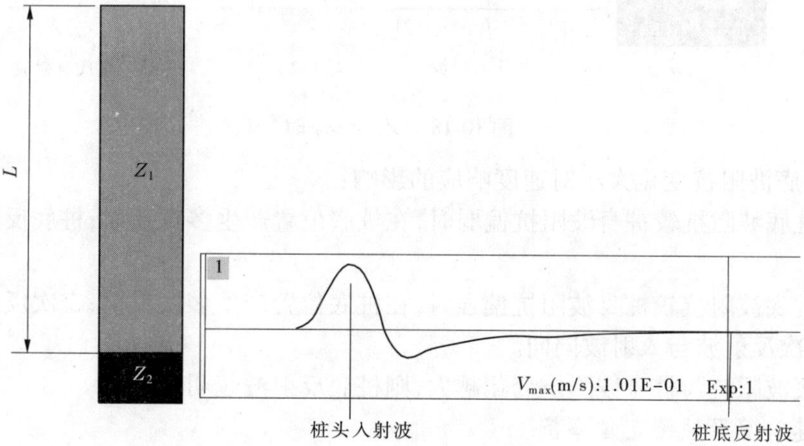

图 10-16　$Z_1 \approx Z_2$ 时

(2)当 $Z_1 > Z_2$ 时,桩底存在波阻抗减小界面,产生与入射波同向反射波,如图 10-17 所示。

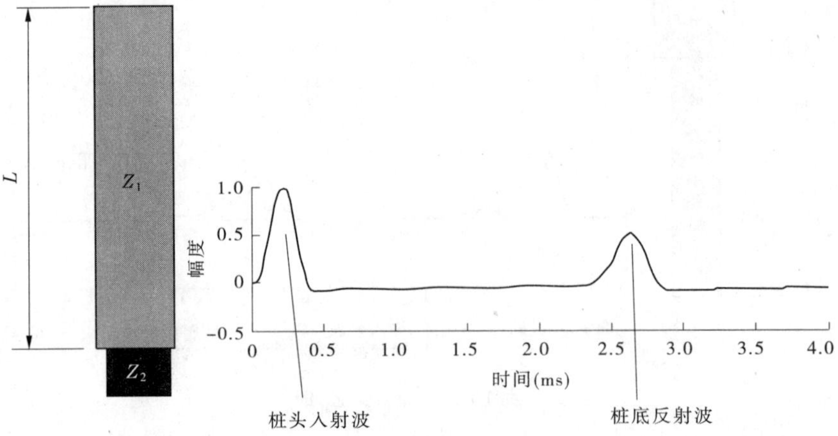

图 10-17　$Z_1 > Z_2$ 时

(3)当 $Z_1 < Z_2$ 时,桩底存在波阻抗增大界面,产生与入射波反向反射波,如图 10-18 所示。

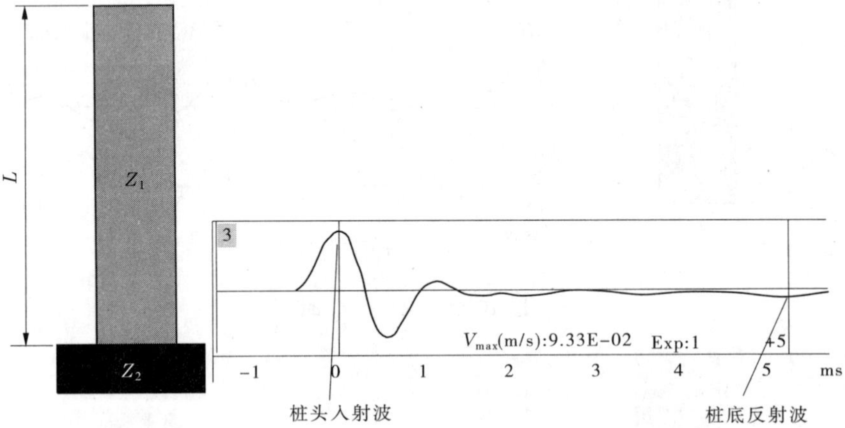

图 10-18　$Z_1 < Z_2$ 时

(4)桩底波阻抗变化大小对速度响应的影响:

①当桩底波阻抗较桩身波阻抗偏弱时,在桩底位置产生多次反射;桩底反射波与入射波同向。

②当桩底波阻抗较桩身波阻抗偏强时,在桩底位置产生多次反射;奇次反射波与入射波反向,偶次反射波与入射波同向。

③桩底波阻抗与桩身波阻抗变化越大,则桩底反射波越明显。

7)波速计算及缺陷定位举例

(1)波速计算,如图 10-19 所示。

桩身平均波速:

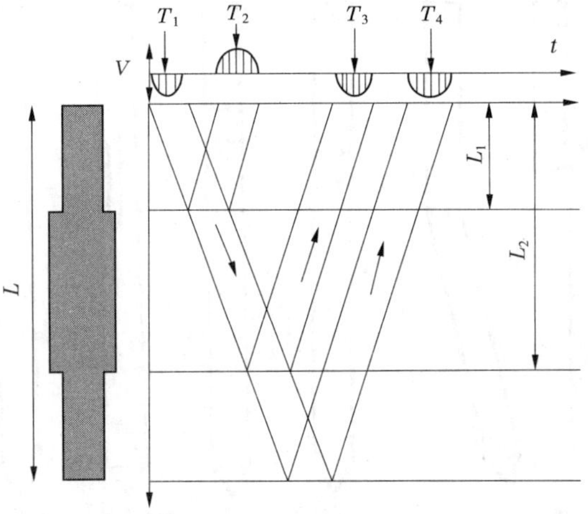

图 10-19　波速计算

$$C = 2L/(T_4 - T_1) \tag{10-12}$$

扩径位置：

$$L_1 = C\frac{T_2 - T_1}{2} \tag{10-13}$$

扩径范围 $L_2 - L_1$：

$$L_2 - L_1 = C\frac{T_3 - T_2}{2} \tag{10-14}$$

(2)缺点定位举例。

灌注桩常见缺陷类型如图 10-20 所示。

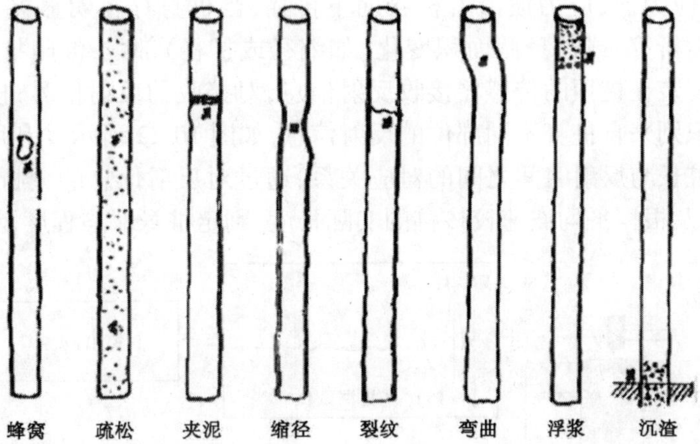

图 10-20　灌注桩常见缺陷类型

预制桩常见缺陷类型如图 10-21 所示。

注意事项：

①离析、夹泥、缩径、孔洞、断裂虽然类型不同，但都会造成桩身波阻抗减小而在缺陷

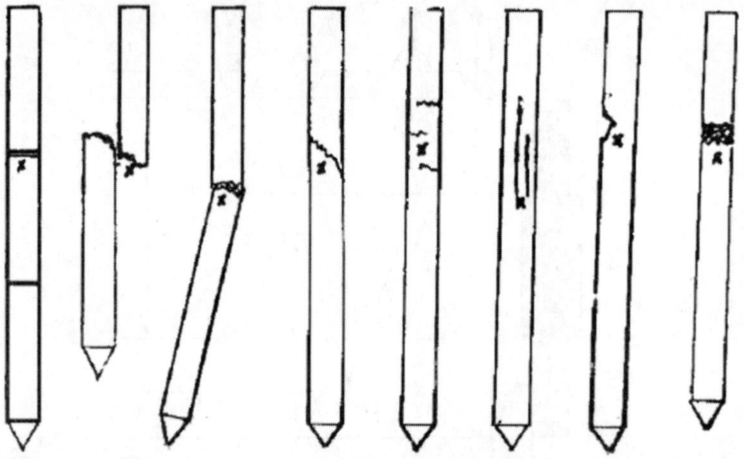

图 10-21　预制桩常见缺陷类型

位置产生同向反射波。所以,具体区分缺陷类型很困难,有时几种缺陷可能同时存在。

②断桩,会产生多次反射,很难找到桩底反射波。

③扩径,造成桩身波阻抗增大而在相应位置产生反向反射波。

10.2.1.2　低应变法的基本原理

低应变法主要用于桩的完整性检测,目前研究和应用比较多的低应变动测方法主要是反射波法。反射波法设备简便、方法快速、费用低、结果比较可靠,是普查桩身质量的一种有力手段。

反射波法是建立在一维波动理论基础上,将桩假设为一维弹性连续杆,在桩身顶部进行竖向激振产生应力波,应力波沿着桩身向下传播,当桩身存在明显差异的界面(如桩底、断桩和严重离析等)或桩身截面积变化(如缩径或扩径)部位,波阻抗将发生变化,产生反射波,通过安装在桩顶的传感器接收反射信息,对接收的反射信号进行放大、滤波和数据处理,可以识别来自桩身不同部位的反射信息,如图 10-22 所示。利用波在桩体内传播时纵波波速、桩长与反射时间之间的对应关系,通过对反射信息的分析计算,判断桩身混凝土的完整性及根据平均波速校核桩的实际长度,判定桩身缺陷程度及位置。

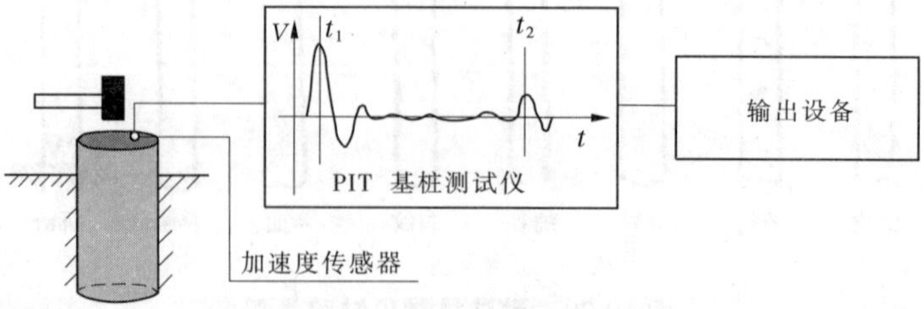

图 10-22　现场检测流通图

10.2.1.3　检测依据

低应变检测法的检测依据主要有:《建筑地基基础设计规范》(GB 50007—2011)、《建筑基桩检测技术规范》(JGJ 106—2014)、《公路工程基桩动测技术规程》(JTG/T F 81－01—2004)。

10.2.2　仪器设备

仪器设备一般由检测仪器、传感器和激振设备三大部分构成,并配置有反射波法信号分析处理软件。

10.2.2.1　检测仪器

1.《建筑基桩检测技术规范》(JGJ 106—2014)对仪器设备的要求

(1)检测仪器的主要技术性能指标应符合现行行业标准《基桩动测仪》(JG/T 3055)的有关规定。

(2)瞬态激振设备包括能激发宽脉冲和窄脉冲的力锤和锤垫;力锤可装有力传感器;稳态激振设备应为电磁式稳定激振器,其激振力可调,扫频范围为 10～2 000 Hz。

2.《公路工程基桩动测技术规程》(JTG/T F81－01—2004)对仪器设备的要求

(1)检测系统应包括激振设备、传感器、信号采集及处理器和专用附件。

(2)检测仪器的主要技术性能指标不应低于现行行业标准《基桩动测仪》(JG/T 3055)中规定的 2 级标准要求,具有连续采集、快速自动存储、显示实测信号和处理分析信号的功能。

(3)检测仪器信号采集系统应符合下列规定:

①数据采集和处理器模/数(A/D)转换器的位数不低于 16 bit。

②采样间隔宜为 10～50 μs。

③单通道采样点不少于 1 024 点。

④放大器增益宜大于 60 dB,可调、线性度良好,其频响范围应满足 10 Hz～5 kHz。

(4)激振设备应包括能激发窄脉冲和宽脉冲不同材质的力棒、力锤和锤垫。

(5)传感器宜选用电压式加速度传感器和电磁式速度传感器,其频响曲线的有效范围应覆盖整个测试信号的频率范围。

3. 注意事项

(1)仪器有关技术指标必须符合有关标准、规范和规程的要求,性能可靠,具有现场显示、记录、保存实测信号的功能。

(2)检测仪器及传感器必须按有关规定定期进行系统检定。

(3)仪器设备应具有防尘、防潮、防振性能,并应在 0～40 ℃环境下正常工作,当环境温度超出上述范围时,应采取相应的有效措施。

10.2.2.2　传感器

低应变反射波法中常用的传感器有加速度传感器、速度传感器。速度传感器的动态范围一般小于 60 dB,而加速度传感器的动态范围可达到 140～160 dB。加速度传感器可满足反射波法测桩对频率范围的要求,速度传感器则应选择宽频带的高阻尼速度传感器。由于反射波法测试的依据是速度时程曲线,使用加速度传感器还需对测得的加速度信号积分一次从而得到速度信号。

(1)加速度传感器的性能指标应符合下列规定:

①灵敏度应大于 20 mV/g 或 100 pC/g。

②量程应大于 20 g。

③安装谐振频率应大于 10 kHz。

④横向灵敏度应小于 5%。

(2)电磁式速度传感器的性能指标应符合下列规定:

①电压灵敏度宜大于 200 mV/(cm/s)。

②固有频率宜小于 30 Hz。

③安装谐振频率应大于 1 500 Hz。

10.2.2.3　激振设备

激振设备可根据要求改变激振频率和能量,满足不同检测目的,来判断异常波的位置、特征,从而推定出桩缺陷位置和程度。考虑到对基桩检测信号的影响,激振设备应从锤头材料、冲击能量、接触面积、脉冲宽度等方面进行考虑。

1. 锤头材料

材料过硬,将激发出高频脉冲波,高频脉冲波可提高缺陷处的分辨率,对探测桩身浅部缺陷有利,但高频波易衰减,不易获取长桩的桩底反射;材料过软,激发出的初始脉冲太宽,低频波有利于检测桩底反射,但会降低桩身上部缺陷的分辨率。

2. 冲击能力

锤重及落锤速度的大小决定了能量的大小。敲击时能量应适中,能量小,则应力波会很快衰减,从而看不见桩下部缺陷和桩底反射。因此,检测大直径长桩时应选择较重的力锤并加大锤击速度,大幅度提高敲击力度,但锤过重又将造成微小缺陷被掩盖。锤重的选择应以有明显的桩底反射为原则。

3. 接触面积

对于大直径灌注桩,除应选择重锤加大能量冲击外,相应地要加大锤的直径,使得锤与桩头的接触面积增大。若使用小锤检测大直径灌注桩,需要多点激振、多点接收,以便了解桩身横向的不均匀性,而使用大锤,选择合适的接收点,可获得桩的整体响应,有利于判断桩身局部缺陷。

4. 脉冲宽度

脉冲宽度大,有利于长桩及深部缺陷检测,但相应的波长增大,由于波具有绕射能力,若入射波波长比桩身中缺陷的特征尺寸大得多,波大部分可以绕射过去,反射波强度降低,识别桩内小缺陷的能力就差,也就是分辨率低。若脉冲宽度减小、波长减小,不能满足将桩视作一维弹性杆的要求,会出现速度及波形的畸变。因此,应依据桩的特点,激发合适脉冲宽度的入射波。有时在同一根桩上,按照不同的检测目的,需要产生不同的脉冲宽度。

10.2.3　现场检测

10.2.3.1　基桩采用低应变法进行现场检测需满足的要求

1. 灌注桩

根据《建筑基桩检测技术规范》(JGJ 106—2014)和《公路工程基桩动测技术规程》(JTG/T F81－01—2004)的要求,当采用低应变法或声波透射法检测时,受检桩混凝土强度不应低于设计强度的 70%，且不应低于 15 MPa；《公路工程基桩动测技术规程》（JTG/T F81－01—2004）还有一个要求，即龄期不应少于 7 d。

2. 预制桩

打入或静压式预制桩应在相邻桩均施工完成后再进行桩身完整性检测。

10.2.3.2　现场检测流程

1. 资料收集

检测人员在进行测试之前，首先要了解该工程的概貌，内容包括建筑物的类型、桩基础的种类、设计指标、地质情况、岩土工程勘察资料、基桩的施工记录、监理日志等，了解施工工艺和施工中出现的异常情况。

2. 桩位的选择及桩头的处理

1）桩位的选择

按照各种规范的抽样规则进行挑选；随机或者需要重点注意的桩；测试工作的负责人应同设计人员、甲方人员及监理人员，参考现场施工记录和工作日志选择被检测桩的桩位。

2）桩头的处理

桩顶条件和桩头处理好坏直接影响测试信号的质量，因此务必进行桩头处理，处理后应保证桩头的材质、强度与桩身相同，桩头的截面尺寸不宜与桩身有明显差异；桩顶面应平整、密实，并与桩轴线基本垂直。灌注桩应凿去桩顶浮浆或松散、破损部分，露出坚硬的混凝土表面；桩顶表面应平整干净且无积水；妨碍正常测试的桩顶外露主筋应割掉。对于预应力管桩，当法兰盘与桩身混凝土之间结合紧密时，可不进行处理；否则，应采用电锯将桩头锯平。

3. 传感器的安装

1）传感器安装位置、测点的选择

（1）《建筑基桩检测技术规范》（JGJ 106—2014）的规定：

①根据桩径大小，桩心对称布置 2～4 个安装传感器的检测点。

②实心桩的激振点应选择在桩中心，检测点宜在距桩中心 2/3 半径处，如图 10-23（a）所示。

③空心桩的激振点和检测点宜为桩壁厚的 1/2 处，激振点和检测点与桩中心连线形成的夹角宜为 90°，如图 10-23（b）所示。

（2）《公路工程基桩动测技术规程》（JTG/T F81－01—2004）的规定：

①对于混凝土灌注桩，激振点宜选择在桩中心，传感器宜安装在距桩中心 2/3 半径处，且距离桩的主筋不小于 50 mm；当桩径小于 1 000 mm 时，不宜少于 2 个测点；当桩径大于或等于 1 000 mm 时应设置 3～4 个测点；测点宜以桩心为中心对称布置。

②对于混凝土预制桩，当边长或桩径小于 600 mm 时，不宜少于 2 个测点；当边长或桩径大于或等于 600 mm 时，不宜少于 3 个测点。

③对于预应力混凝土管桩，激振点、检测点和桩中心连线形成夹角宜为 90°，且不应少于 2 个测点。

2）传感器的选择

《建筑基桩检测技术规范》（JGJ 106—2014）和《公路工程基桩动测技术规程》（JTG/T

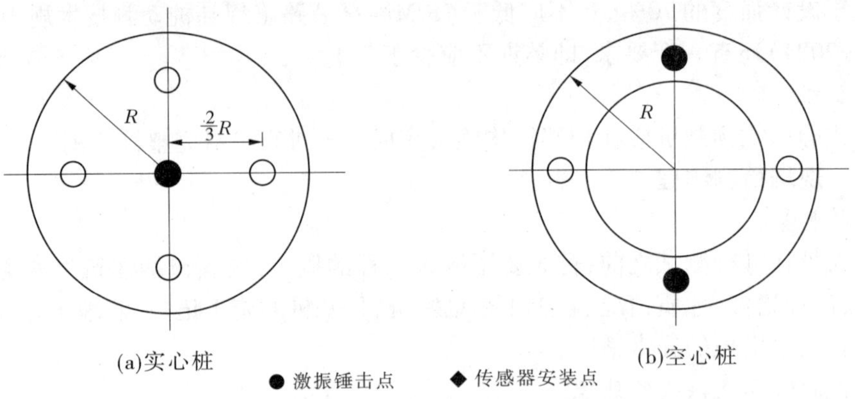

图 10-23 传感器安装点、激振锤击点布置示意图

F81－01—2004)都建议使用电压式加速度传感器。由于电压式加速度传感器具有灵敏度高、频率范围宽、线性范围大,能够较为准确地判定出桩身的缺陷位置,从频响、输出特性方面均具有较大的优点,所以尽量选用安装谐振频率较高的加速度传感器。

3)传感器的安装要求

(1)安装传感器部位的混凝土应平整,传感器安装底面与桩顶面之间不得留有缝隙,安装部位混凝土凹凸不平时应磨平;传感器安装应与桩顶面垂直;用耦合剂连接时,应具有足够的黏结强度,黏结层应尽可能薄。常用的耦合剂有口香糖、黄油、橡皮泥、石膏等,必要时可以采用冲击钻打孔安装方式。注意:耦合剂一般不宜采用稠度低的黄油、油性橡皮泥、黏性低的口香糖等。建议在桩头滴少许 502 胶,再将指头大小、黏性较好的橡皮泥压入桩面,然后将加速度计旋入橡皮泥中。这种方式可以使加速度计与桩面耦合较好。

(2)激振点与传感器安装位置应远离钢筋笼的主筋,其目的是减少外露主筋对测试产生干扰信号。若外露主筋过长而影响正常测试,应将其割短。

4. 激振

1)《建筑基桩检测技术规范》(JGJ 106—2014)的规定

(1)激振方向应沿桩轴线方向,这是为了有效地减少敲击时的水平分量。

(2)瞬态激振应通过现场敲击试验,选择合适重量的激振力锤和软硬适宜的锤垫;宜用宽脉冲获取桩底或桩身下部缺陷反射信号,宜用窄脉冲获取桩身上部缺陷反射信号;通过改变锤的重量及锤头材料,可改变冲击入射波的脉冲宽度及频率成分。当按前面操作尚不能识别桩身浅部阻抗变化趋势时,应在测量桩顶速度响应的同时测量锤击力,根据实测力和速度信号起始峰的比例失调情况判定桩身浅部阻抗变化程度。

(3)稳态激振应在每一个设定频率下,为避免频率变换过程产生失真信号,应具有足够的稳定激振时间,以获得稳定的激振力和响应信号,并应根据桩径、桩长及桩周土约束情况调整激振力大小。稳态激振器的安装方式及好坏对测试结果起着很大的作用。为保证激振系统本身在测试频率范围内不至于出现谐振,激振器的安装宜采用柔性悬挂装置,同时在测试过程中应避免激振器出现横向振动。

2)《公路工程基桩动测技术规程》(JTG/T F81－01—2004)的规定

(1)激振设备应进行现场对比试验选定,短桩或分辨浅部缺陷桩时,宜采用窄脉冲低能量激振，长桩或深部缺陷宜采用宽脉冲大能量激振，选用不同重量和材质的力锤，也可采用软硬适宜的锤垫。

(2)采用力锤激振时，其作用力方向应与桩顶面保持垂直。

3)注意事项

现场检测时，最好多准备几种锤头、锤垫，根据实际情况进行选用。锤垫一般用1～2 mm厚薄层加筋或不加筋橡胶带。对于比较长的桩，应选择较软、较重、直径较大的锤；对于比较短的桩，应选择较硬、较轻、直径较小的锤。不同手锤组合效果如表10-2所示。

表10-2　不同手锤组合效果

项目	锤击震源参数	
重量	大	小
材质	软	硬
产生信号频率	低频信号	高频信号
适宜检测范围	适宜于长桩桩底信号和深部缺陷的识别	适宜于浅部缺陷的识别及定位

5. 仪器参数设置

1)《建筑基桩检测技术规范》(JGJ 106—2014)的规定

(1)时域信号记录的时间段长度应在$2L/C$时刻后延续不少于5 ms，幅频信号分析的频率范围上限不应小于2 000 Hz。

(2)设定桩长应为桩顶测点至桩底的施工桩长，设定桩身截面面积应为施工截面面积。

(3)桩身波速可根据本地区同类型桩的测试值初步设定。

(4)采样时间间隔或采样频率应根据桩长、桩身波速和频域分辨率合理选择，时域信号采样点数不宜小于1 024点。

2)《公路工程基桩动测技术规程》(JTG/T F81-01—2004)的规定

(1)时域信号记录的时间段长度不小于$2L/C$时刻后延5 ms，频域信号分析的频率范围上限不应小于2 000 Hz。

(2)设定桩长应为被检桩顶至桩底的实际施工长度。

(3)采样间隔应根据桩长合理选择，采样点数不宜少于1 024点。

3)注意事项

合理设置采样间隔、采样点数、增益、模拟滤波、触发方式等，其中增益应结合冲击入射波能量以及锤击点与传感器安装点间的距离大小通过现场对比试验确定；采样间隔和采样点数应根据受检桩桩长和桩身波速来确定。

6. 信号采集与判断

1)《建筑基桩检测技术规范》(JGJ 106—2014)的要求

(1)当桩径较大或桩上部横截面尺寸不规则时，除应按规范的激振点和检测点位置采集信号外，尚应根据实测信号特征，改变激振点和检测点的位置采集信号。

(2)不同检测点及多次实测时域信号一致性较差时,应分析原因,增加检测点数量。

(3)信号不应失真和产生零漂,信号幅值不应大于测量系统的量程。

(4)每个检测点记录的有效信号数不宜少于3个。

(5)应根据实测信号反映的桩身完整性情况,确定采取变换激振点位置和增加检测点数量的方式再次测试,或结束测试。

2)《公路工程基桩动测技术规程》(JTG/T F81－01—2004)的要求

(1)各测点记录的有效信号数不应少于3次,且检测波形应具有良好的一致性。

(2)当检测环境存在干扰时,宜采用信号叠加增强技术进行重复激振,提高信噪比,当时域信号一致性较差时,应分析原因,排除人为和检测仪器等干扰因素,重新检测或增加检测点数量。

3)注意事项

对现场检测人员的要求绝不能仅满足于熟练操作仪器,因为只有通过检测人员对所采集信号曲线在现场的合理、快速判断,才有可能决定下一步激振点、检测点以及敲击方式(锤重、锤垫等)的选择。因影响测试信号的因素很多,它们往往使信号曲线畸变,导致桩身质量的误判。因此,检测时应随时检查采集信号的质量,判断实测信号是否反映桩身完整性特征,不同检测点及多次实测时域信号一致性较差时,应分析原因,增加检测点数量。

7. 影响信号质量的因素

测试的整个系统的每个环节都会影响信号的质量,主要有以下几个方面:

(1)桩周土的工程性质,由于应力波在传播过程中的能量扩散和衰减,直接影响到低应变法的检测深度。

(2)桩端土(或岩)的工程性质差异,会影响到波的透射能量和反射能量的分配。

(3)振源激发应力波的频率,一般频率高,则分辨率高、衰减快、检测深度浅;频率低,则分辨率低、衰减慢、检测深度大。

(4)激发能量,一般应力波能量大,则传播远、检测深度大,反之则相反。

(5)各种波动干扰,当反射波能量和噪声处于同一级别时,就无法进行区分,所以要提高仪器的抗干扰能力,或进行数据叠加处理,消除随机干扰。

(6)检测仪器的主机和传感器的灵敏度、主频也是重要影响因素。

(7)检测人员的业务水平和检测经验是影响最终检测质量的关键因素。

8. 现场注意事项

(1)检测时如发生仪器、传感器损坏,应立即更换仪器、传感器,并重新进行检测。

(2)如现场检测环境受到温湿度、电压波动、电磁干扰和振动冲击等外界因素影响而不能满足仪器使用要求,应及时终止检测;针对干扰源采取有效防护措施,直至满足检测工作的要求。

(3)现场检测时,如发现测试数据异常,应分析原因,检测操作是否恰当、仪器设备有无故障、现场是否具备检测条件、参数设置是否正确等,排除引起测试数据异常的原因之后再重新检测。

(4)检测时应注意现场安全,确保检测工作顺利进行。

10.2.4　检测数据分析与结果判定

10.2.4.1　信号处理

1. 数字滤波

数字滤波是波形分析处理的重要手段之一，是对采集的原始信号进行加工处理，将测试信号中无用的或次要成分的波滤除掉，使波形更容易分析判断。在实际工作中，多采用低通滤波。而低通滤波频率上限的选择尤为重要，选择过低，容易掩盖浅层缺陷；选择过高，起不到滤波的作用。

在实测速度曲线中，经常出现表面波、剪切波在桩顶面来回反射、耦合形成的高频干扰，高频干扰信号的能量大且持续时间长，对缺陷反射及桩底反射都有强烈的掩盖作用，直接影响桩身完整性的判别。常常采用数字滤波去除与桩身质量无关的干扰频率，增大有效频率成分，以便波形能真实反映桩身完整性情况。如滤波参数选择合适，滤波后的信号将非常有利于对缺陷信号的识别。

2. 指数放大

在现场信号采集过程中，桩底反射信号不明显的情况经常发生，这时指数放大是一种非常有用的功能。它可以确保在桩头信号不削波的情况下，使桩底部信号得以清晰地显现出来，是提高桩中下部和桩底信号识别能力的有效手段。指数放大一般以 2 ~ 30 倍能识别桩底反射信号为宜。但有时指数放得太大，会使波形失真，过分突出了桩深部的缺陷，也会使测试信号明显不归零，影响桩身质量的分析判断。

3. 旋转

利用加速度计积分获得的速度信号，由于传感器特性和土阻力方面的原因，可能自某一点开始出现线性漂移，以至于波形负向成分较多，不够美观，尾部不归零。此时，旋转波形曲线的意义就十分重要了，利用它可以将曲线自某一点开始增加或减少一偏移加速度，对其进行修正。

4. 叠加平均

在基桩动测中，随机干扰信号主要来源于仪器自身的噪声、自然环境中的随机扰动、锤击桩头时锤击瞬间因桩介质密度的非均匀性而产生的杂波。由于随机信号的频率、相位、幅值没有规律性，在相同条件下，多次进行信号采样，其随机干扰波是服从一定的统计规律的。即在相同条件下进行无限次采样时，其随机信号的算术平均值趋于零。因此，叠加平均是消除随机噪声、提高信噪比的有效手段。

10.2.4.2　通过统计确定桩身波速平均值

桩身波速平均值的确定应符合下列规定：

(1) 当桩长已知、桩底反射信号明确时，应在地基条件、桩型、成桩工艺相同的基桩中，选取不少于 5 根 Ⅰ 类桩的桩身波速值，按下列公式计算其平均值：

$$c_m = \frac{1}{n}\sum_{i=1}^{n} c_i \tag{10-15}$$

$$c_i = \frac{2\ 000L}{\Delta T} \tag{10-16}$$

$$c_i = 2L \cdot \Delta f \tag{10-17}$$

式中　c_m ——桩身波速的平均值,m/s;

c_i ——第 i 根受检桩的桩身波速值,m/s,且 $|c_i - c_m|/c_m$ 不宜大于5%;

L ——测点下桩长,m;

ΔT ——速度波第一峰与桩底反射波峰间的时间差,ms;

Δf ——幅频曲线上桩底相邻谐振峰间的频差,Hz;

n ——参加波速平均值计算的基桩数量,$n \geqslant 5$。

(2)当无法满足上款要求时,波速平均值可根据本地区相同桩型及成桩工艺的其他桩基工程的实测值,结合桩身混凝土的骨料品种和强度等级综合确定。

10.2.4.3　桩身缺陷位置的确定

桩身缺陷位置应按下列公式计算:

$$x = \frac{1}{2\,000}\Delta t_x c \tag{10-18}$$

$$x = \frac{1}{2}\frac{c}{\Delta f'} \tag{10-19}$$

式中　x ——桩身缺陷至传感器安装点的距离,m;

Δt_x ——速度波第一峰与缺陷反射波间的时间差,ms;

c ——受检桩的桩身波速,m/s,无法确定时可用桩身波速的平均值 c_m 替代;

$\Delta f'$ ——幅频信号曲线上缺陷相邻谐振峰间的频差,Hz。

注:通过低应变反射波确定桩身缺陷的位置是有误差的,其原因如下:

(1)缺陷位置处 Δt_x 和 $\Delta f'$ 存在读数误差。

(2)采样点数不变时,提高时域采用频率则降低了频域分辨率。

(3)波速确定的方式及用抽样所得平均值 c_m 替代某具体桩身段波速带来的误差。

10.2.4.4　桩身完整性判定

桩身完整性类别应结合缺陷出现的深度、测试信号衰减特性以及设计桩型、成桩工艺、地基条件、施工情况,可分别根据《建筑基桩检测技术规范》(JGJ 106—2014)桩身完整性分类表的规定和桩身完整性判定所列实测时域信号特性或幅频信号特性进行综合分析判定。详见表10-3、表10-4。

表10-3　桩身完整性分类[《建筑基桩检测技术规范》(JGJ 106—2014)]

桩身完整性类别	分类原则
Ⅰ类桩	桩身完整
Ⅱ类桩	桩身有轻微缺陷,不会影响桩身结构承载力的正常发挥
Ⅲ类桩	桩身有明显缺陷,对桩身结构承载力有影响
Ⅳ类桩	桩身存在严重缺陷

表 10-4　桩身完整性判定[《建筑基桩检测技术规范》(JGJ 106—2014)]

类别	时域信号特征	幅频信号特征
Ⅰ	2 L/c 时刻前无缺陷反射波,有桩底反射波	桩底谐振峰排列基本等间距,其相邻频差 $\Delta f \approx c/2L$
Ⅱ	$2L/c$ 时刻前出现轻微缺陷反射波,有桩底反射波	桩底谐振峰排列基本等间距,其相邻频差 $\Delta f \approx c/2L$,轻微缺陷产生的谐振峰与桩底谐振峰之间的频差 $\Delta f' > c/2L$
Ⅲ	有明显缺陷反射波,其他特征介于Ⅱ类和Ⅳ类之间	
Ⅳ	$2L/c$ 时刻前出现严重缺陷反射波或周期性反射波,无桩底反射波;或因桩身浅部严重缺陷使波形呈现低频大幅度衰减振动,无桩底反射波	缺陷谐振峰排列基本等距离,相邻频差 $\Delta f' > c/2L$,无桩底谐振峰;或因桩身浅部严重缺陷只出现单一谐振峰,无桩底谐振峰

注:对同一场地、地基条件相近、桩型和成桩工艺相同的基桩,因桩端部分桩身阻抗与持力层阻抗相匹配导致实测信号无桩底反射波时,可按本场地同条件下有桩底反射的其他桩实测信号判定桩身完整性类别。

10.2.4.5　检测报告的要求

因存在人员在测试过程和测量系统各环节出现异常、人为对信号再处理影响信号真实性等情况,均直接影响结论判断的正确性。因此,检测报告宜包括以下内容:

(1)工程概况。

(2)岩土工程条件。

(3)检测方法、原理、仪器设备和过程叙述。

(4)受检桩的桩型、尺寸、桩号、桩位平面图、桩顶标高和相关的施工记录。

(5)受检桩的检测数据,桩身波速取值,实测分析曲线(时域信号时段所对应的桩身长度标尺、指数或线性放大的范围及倍数)、表格和汇总结果。

(6)与检测内容相应的检测结论,桩身完整性描述、缺陷的位置及桩身完整性类别。

(7)必要的说明和建议,比如对扩大或验证检测的建议。

10.3　声波透射法

声波及超声波检测技术是近年来发展非常迅速的一项新技术。它的基本原理是用人工方法在混凝土介质中激发一定频率的弹性波,该弹性波在介质中传播时,遇到混凝土介质缺陷会发出反射、透射、绕射,由接收换能器接收的波形,对声时、波幅、频率及波形特征进行分析,就能判断混凝土桩的完整性及缺陷的性质、位置、范围及缺陷程度。

声波透射法以其鲜明的技术特点成为目前混凝土灌注桩(尤其是大直径灌注桩)完整性检测的重要手段,在工业与民用建筑、水利水电、铁路、公路和港口等工程建设的多个领域得到了广泛应用。

10.3.1　超声波基本知识

超声波波形图如图 10-24 所示。

(1)超声波的基本物理量如下。

周期 T:质点完成一次完整的振动所需的时间;

频率 f:单位时间内完成质点振动的次数;

波幅 A:波动的幅度,表征波的强弱,以屏幕上波高度的毫米数、输出电压值或分贝(dB)表示;

波长 λ:一个周期内声波在介质中的传播距离;

声时 t:首波对应的时间,μs;

声速 C:声波在介质中的传播速度。

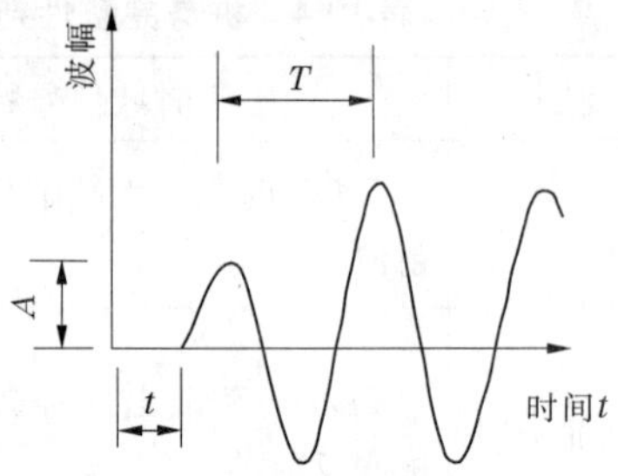

图 10-24　超声波波形图

(2)各基本物理量之间的关系:

$$T = 1/f \tag{10-20}$$

$$\lambda = CT = C/f \tag{10-21}$$

当混凝土的声速一定(被测介质不变)时,声波的波长与频率(换能器的谐振频率)成反比。

【例 10-1】 已知混凝土中声波频率 f 为 40 kHz,声波传播速度 C 为 4 800 m/s,试计算声波波长 λ(单位为 cm)。

解:

$$\lambda = \frac{C}{f} = \frac{4\ 800 \times 10^{-2}}{40 \times 10^{3}} = 12(\text{cm})$$

10.3.2　基本原理及检测依据

10.3.2.1　基本原理

基桩成孔后,灌注混凝土之前,在桩内预埋若干根声测管作为声波发射和接收换能器的通道,在桩身混凝土灌注若干天后开始检测。用声波检测仪沿桩的纵轴方向以一定的间距逐点检测声波穿过桩身各截面的声学参数,然后对这些检测数据进行处理、分析和判断,确定桩身混凝土缺陷的位置、范围、程度,从而推断桩身混凝土的连续性、完整性和均匀性状况,判定桩身完整性等级。

10.3.2.2　检测依据

(1)《超声法检测混凝土缺陷技术规程》(CECS 21—2000)。

(2)《建筑地基基础设计规范》(GB 50007—2011)。

(3)《建筑基桩检测技术规范》(JGJ 106—2014)。

(4)《公路工程基桩动测技术规程》(JTG/T F81－01—2004)。

10.3.3　仪器设备

混凝土声波检测设备主要包含了声波仪和声波换能器两大部分。用于混凝土检测的声波频率一般在 20 ~ 250 kHz 范围内，属超声频段。因此，通常也称为混凝土的超声波检测，相应的仪器也叫超声仪。

10.3.3.1　声波仪

混凝土声波仪的功能（基本任务）是向待测的结构混凝土发射声波脉冲，使其穿过混凝土，然后接收穿过混凝土的脉冲信号。仪器显示声脉冲穿过混凝土所需时间、接收信号的波形、波幅等。根据声脉冲穿越混凝土的时间（声时）和距离（声程），可计算声波在混凝土中的传播速度；波幅可反映声脉冲在混凝土中的能量衰减状况，根据所显示的波形，经过适当处理后可对被测信号进行频谱分析。常见声波仪如图 10-25 所示。

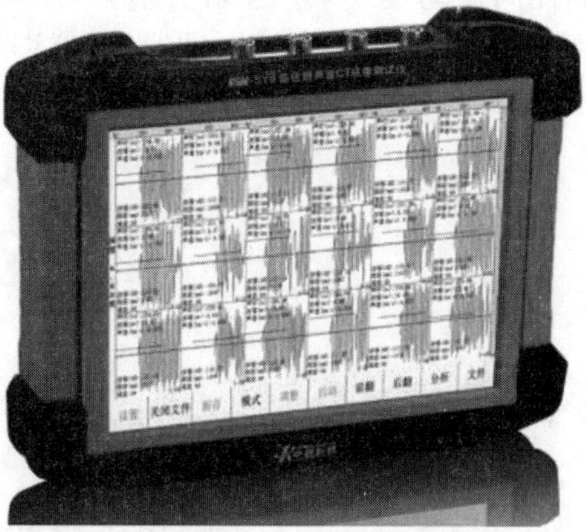

图 10-25　常见声波仪

1.《建筑基桩检测技术规范》（JGJ 106—2014）对超声波仪的技术要求

（1）具有实时显示和记录接收信号的时程曲线以及频率测量或频谱分析的功能。

（2）最小采样时间间隔小于或等于 0.5 μs，声波幅值测量相对误差小于 5%，系统频带宽度为 5 ~ 200 kHz，系统最大动态范围不小于 100 dB。

（3）声波发射脉冲为阶跃或矩形脉冲，电压幅值为 200 ~ 1 000 V。

（4）具有首波实时显示功能。

（5）具有自动记录声波发射与接收换能器位置功能。

2.《公路工程基桩动测技术规程》（JTG/T F81 - 01—2004）对超声波仪的技术要求

（1）检测仪应具有一发双收功能。

（2）声波发射应该采用高压阶跃或矩形脉冲。

（3）接收放大器的频带为 5 ~ 200 kHz。

（4）增益不应小于 100 dB，波幅测量范围为 80 dB。

（5）计时显示范围大于 2 000 μs，精度优于 0.5 μs。

（6）采集器模 - 数转换精度不应低于 8 bit。

（7）采集频率不应小于 10 MHz。

（8）最大采集长度不应低于 32 k。

10.3.3.2　声波换能器

运用声波检测混凝土，首先要解决的问题是如何产生波以及接收经混凝土传播后的声波，然后进行测量。解决这类问题通常采用能量转换方法：首先将电能转化为声波能量，向被测介质（混凝土）反射声波，当声波经混凝土传播后，为了度量声波的各声学参数，又将声能量转化为最容易量测的电能，这种实现电能与声能相互转换的装置称为换能器。

换能器依据其能量转换方向的不同，又分为发射换能器和接收换能器：发射换能器——实现电能向声能的转换；接收换能器——实现声能向电能的转换。发射换能器和接收换能器的基本构成是相同的，一般情况下，可以互换使用。但有的接收换能器为了增加测试系统的接收灵敏度而增设了前置放大器，这时，收、发换能器就不能互换使用了。

在混凝土灌注桩跨孔超声波检测中，采用的是径向换能器。径向换能器是利用压电陶瓷（圆片、圆环或球体）的径向振动模式来产生和接收声波，其辐射面是曲面。这类换能器通常被置于结构物的钻孔或导管中进行检测，混凝土灌注桩的跨孔声波透射法检测也是采用径向换能器。目前常用的径向换能器有增压式、圆环式以及一发双收式等，如图 10-26所示。

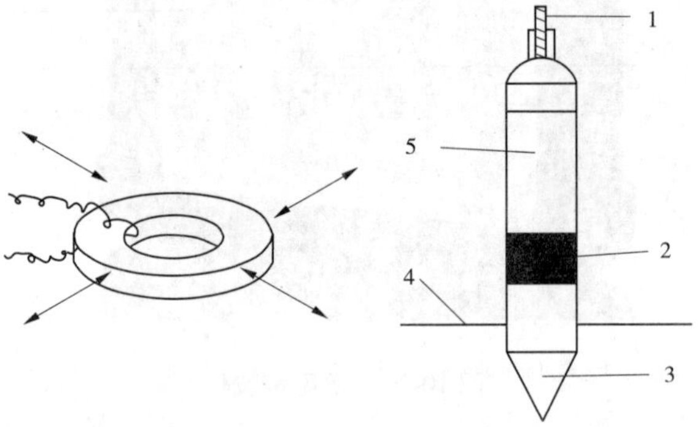

(a)薄圆环径向振动　(b)圆环式径向换能器构造

1—引出电缆；2—压电圆环；3—下锥体；4—扶正器，5—前置放大器

图 10-26　圆环式径向换能器原理及构造

1. 声波换能器的技术要求

1)《建筑基桩检测技术规范》(JGJ 106—2014)对声波换能器的要求

(1)圆柱状径向振动，沿径向振动无指向性。

(2)外径小于声测管内径，有效工作段长度大于 150 mm。

(3)谐振频率为 30 ~ 60 kHz。

(4)水密性满足 1 MPa 水压不渗水。

2)《公路工程基桩动测技术规程》(JTG/T F81 - 01—2004)对声波换能器的要求

(1)径向水平面无指向性。

(2)谐振频率宜大于 25 kHz。

(3)水密性满足 1 MPa 水压能正常工作。

(4)导线有长度标志，标注允许偏差 <10 mm。

(5)宜带有 5 ~ 60 kHz 的前置放大器。

2. 声波换能器的使用与维护

1）换能器的耦合

耦合的目的是一方面使尽可能多的声波能量进入被测介质中，另一方面又能使经介质传播的声波信号尽可能多地被测试系统接收，从而提高测试系统的工作效率和精度。

混凝土灌注桩的声波检测一般采用水作为换能器与混凝土的耦合剂，应保证声测管中不含悬浮物（如泥浆、砂等），悬浮液中的固体颗粒对声波有较强的散射衰减，影响声幅的测试结果。

2）换能器的维护与保养

目前使用的换能器大多用压电陶瓷作为压电体，因此换能器在使用时必须保证温度低于相应压电陶瓷的上居里点；换能器内压电陶瓷易碎，黏结处易脱落，切忌敲击，现场使用时应避免摔打或践踏，不用时采用套筒防护保存；普通换能器不防水，不能在水中使用，水下径向换能器虽有防水层，但联结处常因扰动而损坏，使用中应注意联结处的水密性。

10.3.3.3　声测管

声测管是声波透射法测桩时径向换能器的通道，其埋设数量决定了检测剖面的个数，同时也决定了检测精度。声测管埋设数量多，则两两组合形成的检测剖面越多，声波对桩身混凝土的有效检测范围更大、更细致，但需消耗更多的人力、物力，增加成本；减小声测管数量虽然可以缩减成本，但同时也减小了声波对桩身混凝土的有效检测范围，降低了检测精度和可靠性。

1. 声测管的埋设要求

（1）《建筑基桩检测技术规范》（JGJ 106—2014）对声测管的埋设要求如下（见图 10-27）：

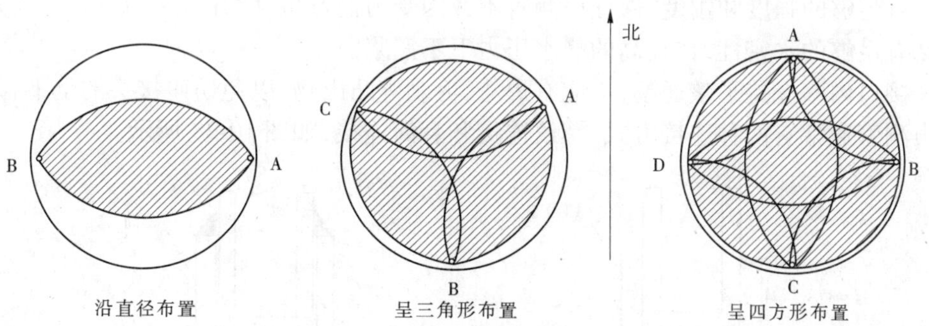

图 10-27　声测管的埋设方式

桩径 $D \leqslant 800$ mm 时，埋设 2 根声测管；800 mm < 桩径 $D \leqslant 1\ 600$ mm 时，埋设 3 根声测管；桩径 $D > 1\ 600$ mm 时，埋设 4 根声测管；桩径 $D > 2\ 500$ mm 时，宜增加预埋声测管数量。

（2）《公路工程基桩动测技术规程》（JTG/T F81 - 01—2004）对声测管的埋设要求如下：

800 mm < 桩径 $D \leqslant 1\ 500$ mm 时，埋设 3 根声测管；桩径 $D > 1\ 500$ mm 时，埋设 4 根声测管。

2. 声测管的材质要求

(1)有足够的强度和刚度,保证在混凝土灌注过程中不会变形、破损,声测管材料的温度系数应与混凝土接近,声测管外壁与混凝土黏结良好,不产生剥离缝,影响测试结果。

(2)有较大的透声率,一方面保证发射换能器的声波能量尽可能多地进入被测混凝土中;另一方面,又可使经混凝土传播后的声波能量尽可能多地被接收换能器接收,提高测试精度。

(3)目前常用的声测管有金属管、钢质波纹管、塑料管 3 种,运用最多和效果最好的是金属管。

(4)声测管管壁太薄或材质较软时,混凝土灌注后的径向压力可能会使声测管产生过大的径向变形,影响换能器正常升降,甚至导致试验无法进行,因此要求声测管有一定的径向刚度,如采用钢管、镀锌管等管材,不宜采用 PVC 管。由于钢材的温度系数与混凝土相近,可避免混凝土凝固后与声测管脱开产生空隙。声测管的平行度是影响测试数据可靠性的关键,因此应保证成桩后各声测管之间是基本平行的。

3. 声测管的尺寸要求

声测管内径大,换能器移动顺畅,但管材消耗大,且换能器居中情况差;内径小,则换能器移动时可能会遇到障碍,但管材消耗小,换能器居中情况好。因此,声测管内径通常比径向换能器的直径大 10 ~ 20 mm 即可。例如,现在的增压式换能器直径为 20 mm 左右,因此可选用 40 号钢管(外径 48 mm、内径 42 mm)。

4. 声测管的连接与埋设

(1)用作声测管的管材一般都不长(钢管为 6 m 长一根),当受检桩较长时,需把管材一段一段地连接,接口必须满足下列要求:

①有足够的强度和刚度,保证声测管不致因受力而弯折、脱开。

②有足够的水密性,在较高的静水压力下不漏浆。

③接口内壁保持平整通畅,不应有焊渣、毛刺等凸出物,以免妨碍接头的上下移动。

声测管通常有两种连接方式:螺纹连接和套筒连接,如图 10-28 所示。

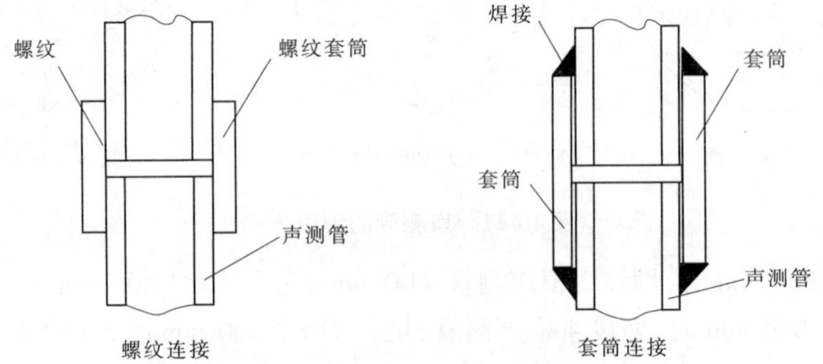

图 10-28　声测管连接方式

(2)声测管一般用焊接或绑扎的方式固定在钢筋笼内侧,在成孔后,灌注混凝土之前随钢筋笼一起放置于桩孔中,声测管应一直埋到桩底,声测管底部应密封,如果受检桩不是通长配筋,则在无钢筋笼处的声测管间应设加强箍,以保证声测管的平行度。

(3)安装完毕后,声测管的上端应用螺纹盖或木塞封口,以免落入异物,阻塞管道。

(4)声测管的连接和埋设质量是保证现场检测工作顺利进行的关键,也是决定检测数据的可靠性以及试验成败的关键环节,应引起高度重视。

10.3.4　现场检测

10.3.4.1　检测方法

根据两换能器相对高程的变化,声波透射法可分为平测、斜测、交叉斜测、扇形扫描测等方式,在检测时视实际需要灵活运用。现场的检测过程一般首先是采用平测法对全桩各个检测剖面进行普查,找出声学参数异常的测点。然后,对声学参数异常的测点采用加密平测测试、斜测或扇形扫测等细测方法进一步检测,这样一方面可以验证普查结果,另一方面可以进一步确定异常部位的范围,为桩身完整性类别的判定提供可靠依据。

1. 平测

声波发射与接收声波换能器应始终保持相同深度,如图 10-29(a)所示。

2. 斜测

声波发射与接收声波换能器应始终保持固定高差,且两个换能器中点连线的水平夹角不应大于 30°,如图 10-29(b)所示。

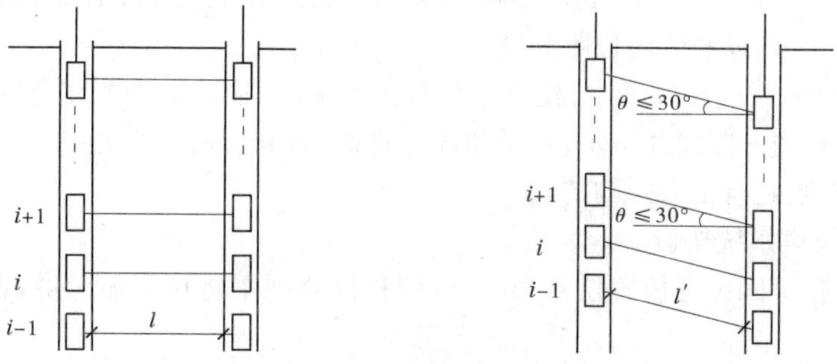

(a)平测　(b)斜测

图 10-29　平测、斜测示意图

3. 扇形扫测

一只换能器固定在某高程不动,另一只换能器逐点移动,测线呈扇形分布。要注意的是,扇形测量中各测点测距是各不相同的,虽然波速可以换算,相互比较,但振幅测值却没有相互可比性(波幅除与测距有关,还与方位角有关,且不是线性变化),只能根据相邻测点测值的突变来发现测线是否遇到缺陷,如图 10-30 所示。

10.3.4.2　检测准备工作

(1)了解有关技术资料及施工资料。

①主要了解桩的编号、桩位布置、设计强度、桩长、灌注日期等。现场实测时,往往存在堵管或管深不一致的问题,了解桩长是很有必要的,而了解强度及灌注日期,能对波速

的情况有一个大概的了解。

②根据检测的目的，制订相应的检测方案，包括工程概况、目的与任务、方法与技术、仪器设备、检测场地要求、检测人员和时间安排、检测报告等。

③检测的时间应满足混凝土强度龄期的要求。为保证检测结果的可靠性，同时考虑到混凝土在龄期 14 d 后的超声波波速等特性参数变化已经趋于平缓，一般要求超声波检测混凝土灌注桩的龄期应大于 14 d。

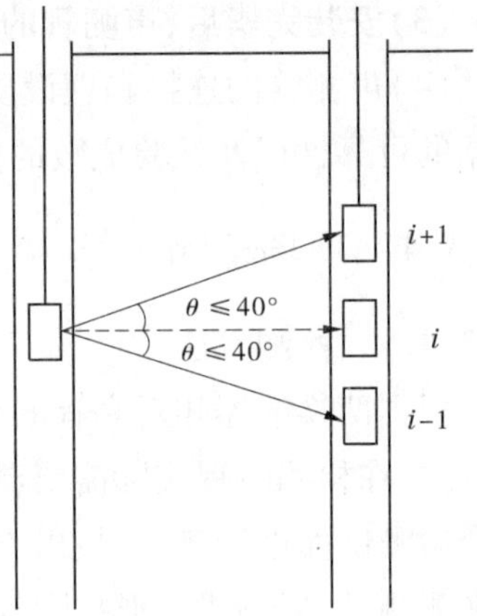

图 10-30　扇形扫测示意图

(2) 系统零时校正。

①电延迟时间：发出触发电脉冲并开始计时的瞬间到电脉冲开始作用到压电体的时刻，包含电路的触发、转换。

②电声转换时间：电脉冲加到压电体瞬间到产生振动发出声波瞬间有电声转换的延迟。

③声延迟：声波要通过换能器壳体或辐射体。

(3) 桩顶测量相应声测管外壁间净距离，由于已经在上一步工作中进行了修正，所以在测量跨距时，应该以两管内边距为准。

(4) 将各声测管内注满清水，检查声测管畅通情况；换能器应能在全程范围内正常升降。注意这里管内一定要注清水，水是超声波良好的耦合剂，但是如果水中含有大量的杂质，对声速和声幅是有很大影响的。

(5) 现场采集系统架设。

①选择干燥稳固位置放置仪器，并通过调整仪器把手将仪器显示屏调整到合适的角度方便观察。

②三脚架架设时尽量选择稳固位置架设，且通过调整尽量保持安装深度计数器卡口水平。

③将深度计数器下部对准卡口，并从三角架底部向上将固定螺丝拧紧，注意将有两根竖直理线轴对准桩的方向。

④声测管管口宜安装管口滑轮，以防换能器电缆在快速提升过程中被管口毛刺损伤。

(6) 换能器放到管底后检查管口深度是否一致。

(7) 逐一收紧各管换能器电缆，观察管口深度，保证换能器在同一深度。

(8) 打开深度计数器盖将换能器电缆顺序放置进深度计数器线槽中，并向下压紧锁住深度计数器盖。

(9) 将深度编码器接头连接仪器，延长接头放置在干燥处。

10.3.4.3　检测流程

以“基桩多跨孔超声波自动循测仪”为例来介绍检测流程。

(1) 确定管的编号并正确的与仪器相应通道接口连接。管的编号十分重要，如随意编号而不遵循一定的规则,那么可能会造成复检与初检的结论不符合。建议统一以北方向或标段延伸方向为统一编号规则。

(2)确定了管的编号后,将探头放入相应的管中,再按管的编号将探头接在仪器对应的通道上,并一一对应,如管 1 或管 A 的探头接到仪器一通道上,以此类推。

(3)打开采集软件,在设置中填入被测桩资料。如工程名称、桩号、测试长度、跨距等。

(4)设置延迟,增益等设置。

(5)将发射和接收换能器分别置于声测管的底部,点击采样,观察仪器设置是否合理。

①如感觉波形显示不佳,可重新调整延迟、增益等来达到最佳效果。如图 10-31 所示。

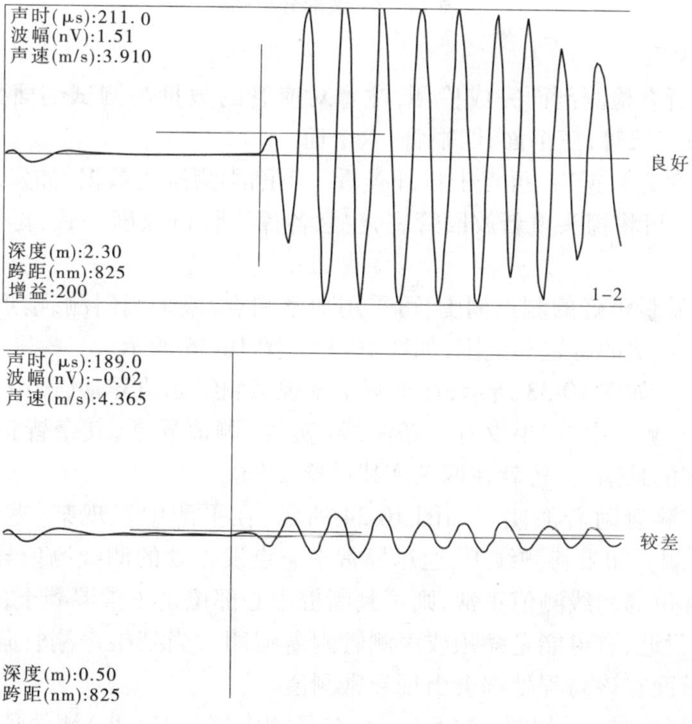

图 10-31　波形分析图

②延迟的调整准则也为跨距越大,延迟越大,以首波位置方便识别为优。也可通过简单的计算来确定,例如跨距 1 m,按 4 000 的波速来估算,首波到达时间为 250 μs,那么延迟设置应为 150 μs。以将首波放置在波形显示区约 1/3 或 1/2 处为优,如图 10-32 所示。

③有时也会发生,无论怎么调整增益和延迟,总是不能得到很好的显示效果。此时有可能是由于桩底有沉渣或别的缺陷,可将探头同步向上提升一定的深度,观察采集效果,如效果变好,就可以以此设置为准进行检测。注意验证完设置后,将探头重新放回桩底。

(6)确定调整到最佳效果并再次确认探头放在管底后,点击"新存",选择保存文件名;注意提升过程中匀速拉动探头,不要过快,在仪器上有提升速度提示,当提示为红色

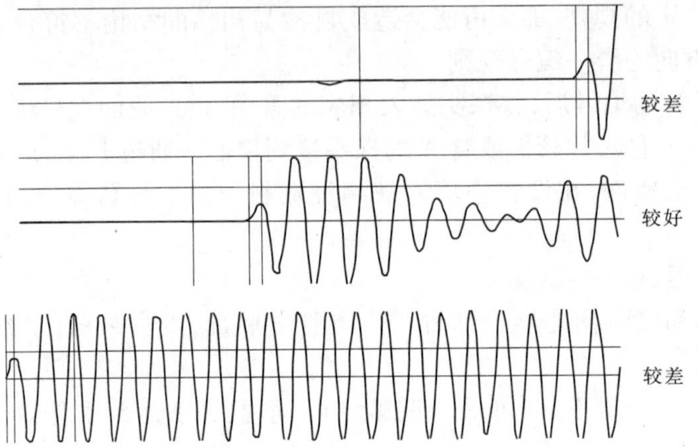

图 10-32 波形分析图

时，应降低提升速度。

(7)分别对所有检测剖面完成检测，注意对应管的数量与测试剖面数量，不要漏测。两根管，一个面；三根管，三个面；四根管，六个面。

(8)现场保存完数据后，可点击打开查看一下刚刚测试的数据，如发现该数据中存在信号大面积异常，可将探头重新放回管底，注意各探头管口深度一致，再重新提升测试一次。

(9)在桩身质量可疑的测点周围，可采用加密测点，或采用斜测、扇形扫测进行复测，进一步确定桩身缺陷的位置和范围，如图 10-33 ~ 图 10-36 所示。

①局部缺陷。如图 10-33 所示，在平测中发现某测线测值异常(图中用实线表示)，进行斜测，在多条斜测线中，如果仅有一条测线(实线)测值异常，其余皆正常，则可以判断这只是一个局部的缺陷，位置就在两条实线的交点处。

②缩颈或声测管附着泥团。如图 10-34 所示，在平测中发现某(些)测线测值异常(实线)，进行斜测。如果斜测线中、通过异常平测点发收处的测线测值异常，而穿过两声测管连线中间部位的测线测值正常，则可判断桩中心部位是正常混凝土，缺陷应出现在桩的边缘，声测管附近，有可能是缩颈或声测管附着泥团。当某根声测管陷入包围时，由它构成的两个测试面在该高程处都会出现异常测值。

③层状缺陷(断桩)。如图 10-35 所示，在平测中发现某(些)测线值异常(实线)，进行斜测。如果斜测线中除通过异常平测点发收处的测线测值异常外，所有穿过两声测管连线中间部位的测线测值均异常，则可判定该声测管间缺陷连成一片。如果三个测试面均在此高程处出现这种情况，如果不是在桩的底部，则可判定是整个断面的缺陷，如夹泥层或疏松层，即断桩。

④扇形扫测。如图 10-36 所示，在桩顶或桩底斜测范围受限制时，或者为减少换能器升降次数，作为一种辅助手段，也可扇形扫查测量。

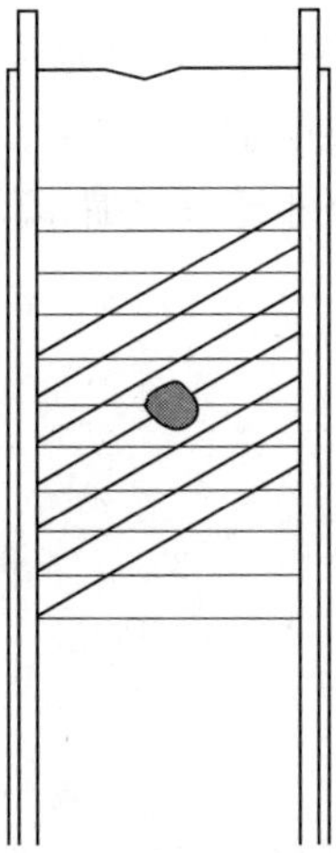

图 10-33　桩身局部缺陷的测定示意图

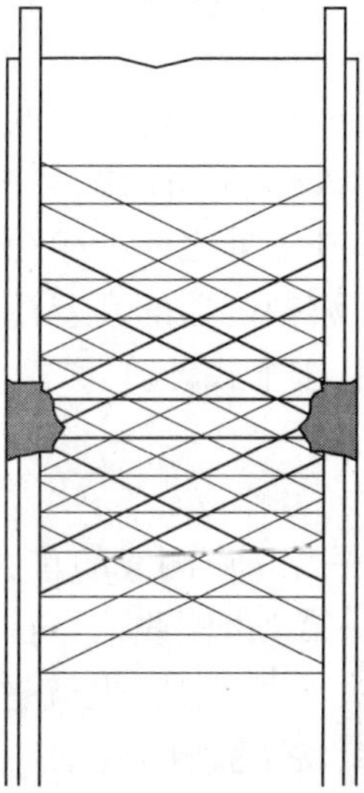

图 10-34　桩身缩颈或声测管附着泥团的测定示意图

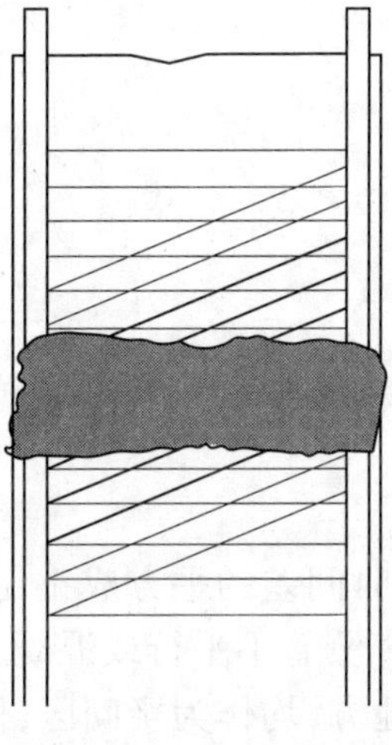

图 10-35　桩身层状缺陷的测定示意图

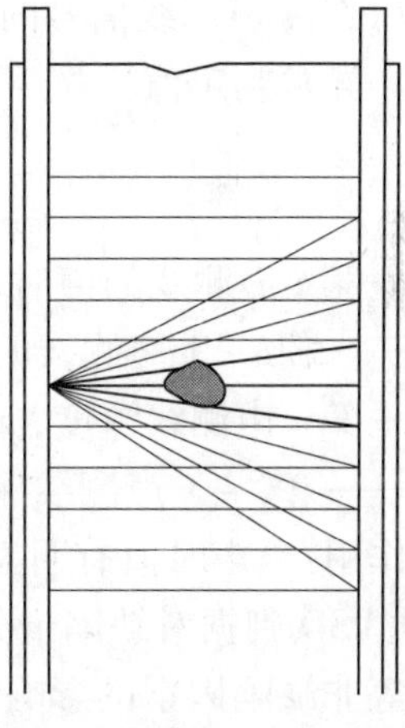

图 10-36　桩身扇形扫测示意图

10.3.5　检测数据计算及误差来源

10.3.5.1　检测数据计算

(1)声时、声速,按下式计算:

$$t = t_i - t_0 - t' \tag{10-22}$$

$$v_i = \frac{l}{t} \tag{10-23}$$

式中　t——声时,μs;

t_i——第 i 声测线声时测量值,μs;

t_0——仪器系统延迟时间,μs;

t' ——声测管及耦合水层声时修正值,μs;

v_i ——第 i 声测线声速,km/s;

l ——两声测管的外壁间净距离,mm,当两声测管平行时,可取为两声测管管口的外壁间净距离,斜测时,l 为声波发射和接收换能器各自中点对应的声测管外壁处之间的净距离,可由桩顶面两声测管的外壁间净距离和发射接收声波换能器的高差计算得到。

(2)声幅,按下式计算:

$$A_p = 20\lg \frac{a_i}{a_0} \tag{10-24}$$

式中　A_p ——第 i 声测线的首波幅值,dB;

a ——第 i 声测线信号首波峰值,V;

a_0 ——基准幅值,也就是 0 dB 对应的幅值,V。

(3)频率,按下式计算:

$$f_i(j) = \frac{1\ 000}{T_i} \tag{10-25}$$

式中　f_i ——第 i 声测线信号的主频值,kHz;

T_i ——第 i 声测线信号的周期,μs。

(4)PSD(异常判定值),按下式计算:

$$PSD = \frac{(t_i - t_{i-1})^2}{z_i - z_{i-1}} \tag{10-26}$$

式中　t_i ——第 i 声测线的声时,μs;

t_{i-1} ——第 $i-1$ 声测线的声时,μs;

z_i ——第 i 声测线深度,m;

z_{i-1} ——第 $i-1$ 声测线深度,m。

PSD 的作用:当声时值有明显变化或突变时,PSD 与时间差的平方成正比,PSD 将大幅变化,因此 PSD 判据对缺陷十分敏感。同时又可排除声测管不平行或混凝土不均匀引起声时变化等非缺陷因素的影响,凡是在判据值较大的地方,均作为疑问区,做进一步的细测。

10.3.5.2　误差来源

1."声速"计算误差来源

(1)声时测量分辨力:超声波仪器声时测量分辨力(采样间隔),精密测量时仪器的声时测量采样间隔应优于或等于 0.1 μs。若仪器的采样间隔设定大于 1.0 μs,声时测读精度下降;大于 2.0 μs 时,将严重影响对小缺陷的判定能力。

(2)系统测量误差:包括仪器测量系统的延迟时间 t_0 、声测管及耦合水层声时修正值 t' 、两声测管的外壁净距测量引起的相对误差等。

(3)换能器水平位置差:检测过程中换能器在声测管中水平方面位置的误差。由于水的声速只有混凝土的 1/3,当声测管直径较换能器直径明显大时,换能器在声测管中位置变化,会明显增加声时的测量误差。声波在声测管中因透射、折射、反射叠加过程引起的衰减效应，造成缺失首波现象，将引起更大的测量误差。

(4)换能器竖直位置差：检测过程中换能器在声测管中竖直方向位置的误差。由于发射、接收换能器不同步，造成透射距离变化引起的一种声时测量误差。

(5)噪声干扰导致识别初至时间误差：噪声较强时，使接收信号波形畸变引起的判定误差。这些误差不但影响到实测波速，也干扰到利用 PSD 判据判别桩身缺陷的准确性。

(6)声测管不平行：声测管在安装或者浇注混凝土过程中的不平行也会导致声速计算误差。

(7)跨距测量误差或者不对应：在实际检测过程中，有些人没有携带尺子，估计的跨距与实际结果可能有较大误差。还有一种情况是，测量了跨距，但是测量的剖面跨距与计算的剖面跨距出现错位。

2.“声幅”计算误差来源

(1)传感器碰撞造成基线偏移。

(2)由于裂缝等造成了波形的反向，从而造成了首波识别错误。

(3)没有固定增益，不同增益档可能存在误差。

10.3.6　常见缺陷性质的判定

声波透射法是通过各项声学参数来判断混凝土桩存在的缺陷，下面介绍各声学参数与混凝土质量的关系及常见缺陷性质与声学参数的关系。

10.3.6.1　声学参数与混凝土质量关系

1.声波波速与混凝土强度的关系

声波波速反映了混凝土的弹性性质，混凝土的弹性性质与混凝土的强度具有相关性，因此混凝土声速与强度之间存在相关性。另外，对组成材料相同的构件(混凝土)，其内部越致密，孔隙率越低，则声波波速越高，强度也越高。

2.声幅与混凝土质量的关系

声幅是表征声波穿过混凝土后能量的衰减程度，声幅强弱与混凝土的黏塑性有关。当混凝土中存在低强度区、离析区以及存在夹泥、蜂窝等缺陷时，吸收衰减和散射衰减增大，声幅明显下降。

3.声频与混凝土质量的关系

声波脉冲是复频波，具有多种频率成分。各频率成分穿过混凝土后的衰减程度不同，高频部分比低频部分衰减严重，因而导致接收信号的主频率向低频端漂移。漂移的多少取决于衰减的严重程度。接收波主频率实质上是介质衰减作用的一个表征量，当遇到缺陷时，由于衰减严重，使接收波主频率明显降低。

4.波形与混凝土质量的关系

经过缺陷反射或绕过缺陷传播的脉冲波信号与直达波信号之间存在声程和相位差，叠加后互相干扰，致使接收信号的波形发生畸变。

(1)正常波形特征：首波陡峭，振幅大；第一周波的后半周即达到较高振幅，接收波的包络线呈半圆形；第一个周期的波形无畸变。如图 10-37 所示。

(2)缺陷波形特征：首波平缓，振幅小；后续周期幅度增加仍不够；波形有畸变；缺陷

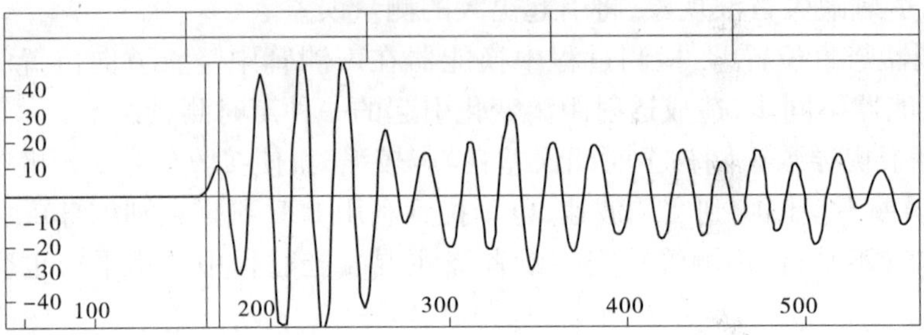

图 10-37　正常波形特征图

严重时，无法接收声波。如图 10-38 所示。

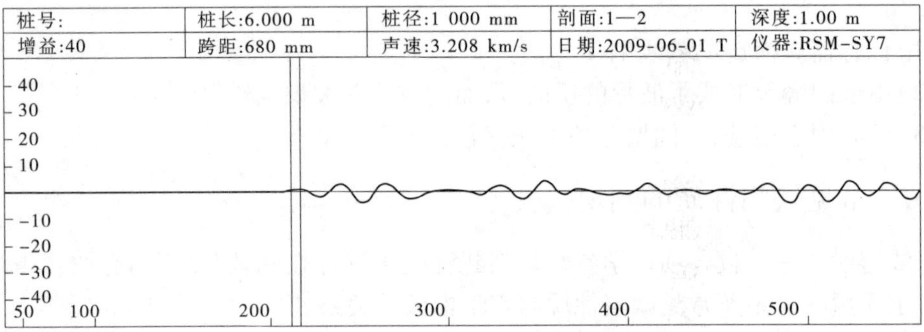

图 10-38　缺陷波形特征图

5. 几种声学参数的比较

(1)“声速”的测试值较为稳定，结果的重复性较好，受非缺陷因素的影响小。

(2)“声幅”(首波幅值)对混凝土缺陷很敏感，它是判定混凝土质量的另一个重要参数。

(3)“声频”的变化能反映声波在混凝土中的衰减状况，从而间接反映混凝土质量的好坏。

(4)“波形”也是反映混凝土质量的一个重要方面，它对混凝土内部的缺陷也较敏感，在现场检测时，还应注意观察整个接收波形形态的变化，作为声波透射法对混凝土质量进行综合判定时的一个重要的参考。

10.3.6.2　常见缺陷性质与声学参数的关系

1. 沉渣

沉渣是松散介质，其本身声速很低，对声波的衰减也相当剧烈，所以凡遇到沉渣，必然是声速和声幅均剧烈下降。

2. 泥沙与水泥浆的混合物

这类缺陷多由混凝土浇注导管提升不当造成，若出现在桩身就是断桩，若出现在桩顶就是桩标高不够。其特点是声速和声幅均明显下降，只不过出现在桩身时往往是突变，出现在桩顶时是缓变。

3. 孔壁坍塌或泥团

声速和波幅均下降,下降多少视缺陷而定。局部泥团且未包裹声测管,则下降程度不会很大;包裹声测管时,则下降程度较大,特别是波幅。

4. 气泡密集的混凝土

在灌注桩上部桩身,有时因为混凝土浇注导管提升过快而使混凝土内部存在大量空气。虽不一定造成空洞,但可能形成大量气泡分布在混凝土内,使混凝土质量有所降低。这种缺陷不会使声速下降,但却使声波能量明显衰减。

5. 混凝土离析

灌注桩容易发生混凝土离析,造成桩身某处粗骨料大量堆积而相邻部位浆多骨料少的情况。粗骨料多的地方,由于粗骨料多,而粗骨料本身波速高,往往造成这些部位声速值不低,有时反而会有所提高;但粗骨料少而砂浆多的地方则正好相反,由于该处砂浆多、粗骨料少,测得的波速下降,但振幅测值不但不下降,有时还会高于附近测值。应采用波速和声幅两个参数进行综合的分析判断。

10.3.7　桩身完整性综合判定

10.3.7.1　综合判定的必要性

在灌注桩的声波透射法检测中,如何利用所检测的混凝土声学参数去发现桩身混凝土缺陷、评价桩身混凝土质量,从而判定桩的完整性类别是检测的最终目的,同时又是声学检测中的一个难题。其原因一方面是混凝土作为一种多材料的集结体,声波在其中的传播过程是一个相当复杂的物理过程;另一方面,混凝土灌注桩的施工工艺复杂、难度大,混凝土的硬化环境和条件以及影响混凝土质量的其他各种因素比上部结构复杂而且难以预见,因此桩身混凝土质量的离散性和不确定性明显高于上部结构混凝土。另外,从测试角度看,在桩内进行声测时,各声测线的测距及声耦合状况的不确定性也高于上部结构混凝土的声学测试,因此一般情况下桩的声测测量误差高于上部结构混凝土。

在《建筑基桩检测技术规范》(JGJ 106—2014)中明确指出,桩身完整性类别应结合桩身混凝土各声学参数临界值、PSD判据、混凝土声速低限值以及桩身质量可疑点加密测试后确定的缺陷范围,按规范表中规定的特征进行综合判定。

10.3.7.2　综合判定的方法

综合分析往往贯穿于检测过程的始终,因为检测过程中本身就包含了综合分析的内容(例如对平测普查结果进行综合分析,找出异常声测线并进行细测),而不是说在现场检测完成后才进行综合分析。

现场检测与综合分析可按以下步骤进行:

(1)采用平测法对桩的各检测剖面进行全面普查。

(2)对各检测剖面的测试结果进行综合分析,确定异常点:

①采用概率法确定各检测剖面的声速临界值;

②声速离散性不大,但临界值明显偏低时,参考低限值;

③低于临界值或PSD判据中的可疑点,如波幅也偏低,可确定为异常点。

(3)对各剖面的异常测点进行细测,采用加密平测和交叉斜测等方法验证平测普查对异常点的判断,并确定缺陷的范围和投影边界。

(4)综合各个检测剖面细测的结果推断桩身缺陷的范围和程度:

①是否存在同一高程的缺陷;

②确定分布范围、投影尺寸;

③缺陷程度的推断。

(5)在对缺陷的几何范围和程度做出推断后,对桩身完整性类别的判定可按表10-5描述的各种类别桩的特征进行,但还需综合考察下列因素:桩的承载机制(摩擦型或端承型),桩的设计荷载要求,受荷状况(抗压、抗拔、抗水平力等),基础类型(单桩承台或群桩承台),缺陷出现的部位(桩上部、中部还是桩底)等。

表10-5　桩身完整性判定

类别	特征
Ⅰ	所有声测线声学参数无异常,接收波形正常; 存在声学参数轻微异常、波形轻微畸变的异常声测线,异常声测线在任一检测剖面的任一区段内纵向不连续分布,且在任一深度横向分布的数量小于检测剖面数量的50%
Ⅱ	存在声学参数轻微异常、波形轻微畸变的异常声测线,异常声测线在一个或多个检测剖面的一个或多个区段内纵向连续分布,或在一个或多个深度横向分布的数量大于或等于检测剖面数量的50%; 存在声学参数明显异常、波形明显畸变的异常声测线,异常声测线在任一检测剖面的任一区段纵向不连续分布,且在任一深度横向分布的数量小于检测剖面的50%
Ⅲ	存在声学参数明显异常、波形明显畸变的异常声测线,异常声测线在一个或多个检测剖面的一个或多个区段内纵向连续分布,但在任一深度横向分布的数量小于检测剖面数量的50%; 存在声学参数明显异常、波形明显畸变的异常声测线,异常声测线在任一检测剖面的任一区段内纵向不连续分布,但在一个或多个深度横向分布的数量大于或等于检测剖面数量的50%; 存在声学参数严重异常、波形严重畸变或声速低于低限值的异常声测线,异常声测线在任一检测剖面的任一区段内纵向不连续分布,且在任一深度横向分布的数量小于检测剖面数量的50%
Ⅳ	存在声学参数明显异常、波形明显畸变的异常声测线,异常声测线在一个或多个检测剖面的一个或多个区段内纵向连续分布,且在一个或多个深度横向分布的数量大于或等于检测剖面的50%; 存在声学参数严重异常、波形严重畸变或声速低于低限值的异常声测线,异常声测线在一个或多个检测剖面的一个或多个区段内纵向连续分布,或在一个或多个深度横向分布的数量大于或等于检测剖面数量的50%

注:1. 完整性类别由Ⅳ类往Ⅰ类依次判定。

2. 对于只有一个检测剖面的受检桩,桩身完整性判定应按该检测剖面代表桩全部横截面的情况对待。

(6)声波透射法桩身完整性类别分类特征是根据以下几个因素来划分的:

①缺陷空间几何尺寸的相对大小;

②声学参数异常的相对程度；

③接收波形畸变的相对程度；

④声速与低限值比较。

这几个因素中，除声速可与低限值做定量对比外，如Ⅰ、Ⅱ类桩混凝土声速不低于低限值，Ⅲ、Ⅳ类桩局部混凝土声速低于低限值，其他参数均是以相对大小或异常程度来做定性的比较。

(7)声波接收波形畸变程度例图如图 10-39 所示。

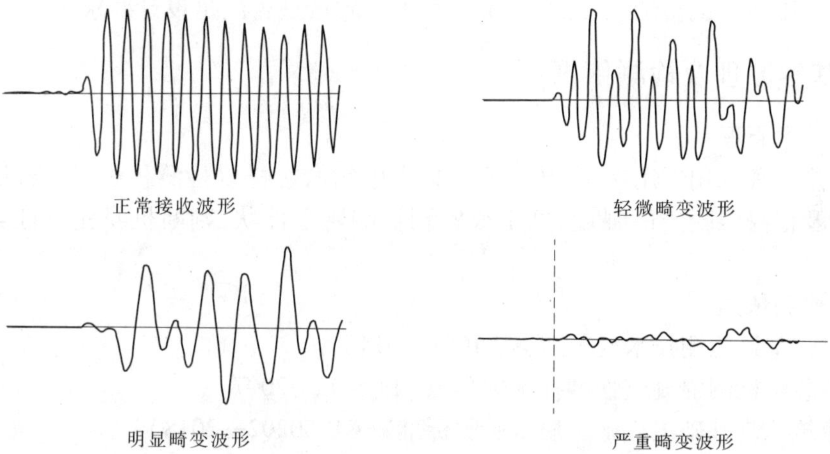

图 10-39　声波接收波形畸变程度例图

10.3.7.3　检测报告的要求

(1)检测报告应包括以下共性内容：

①委托方名称，工程名称、地点，建设、勘察、设计、监理和施工单位，基础、结构形式，设计要求，检测目的，检测依据，检测数量，检测日期；

②地址条件描述；

③受检桩的桩号、桩位和相关施工记录；

④检测方法、检测仪器设备、检测过程叙述；

⑤受检桩的检测数据、实测与计算分析曲线、表格和汇总结果；

⑥与检测内容相应的检测结论。

(2)针对声波透射法，检测报告还应包括以下内容：

①声测管布置图及声测剖面编号；

②受检桩每个检测剖面声速—深度曲线、波幅—深度曲线，并将相应判据临界值所对应的标志线绘制于同一个坐标系；

③当采用主频值、PSD 值或接收信号能量进行辅助分析判定时，应绘制相应的主频—深度曲线、PSD 曲线或能量—深度曲线；

④各检测剖面实测波列图；

⑤对加密测试、扇形扫测有关情况的说明；

⑥当对管距进行修正时，应注明进行管距修正的范围及方法。

10.4　钻芯法

钻芯法是一种微破损或局部破损检测方法，具有科学、直观、实用等特点，它不仅可检测混凝土灌注桩的桩长、混凝土质量及强度，而且可检测沉渣厚度、桩身完整性、混凝土与持力层的接触情况，以及持力层的岩土性状、是否存在夹层等，这一点也是目前其他检测方法无法比拟的。钻芯法借鉴了地质勘探技术，在混凝土中钻取芯样，通过芯样表观质量和芯样试件抗压强度试验结果，综合评价混凝土的质量是否满足设计要求。

10.4.1　基本原理及检测依据

10.4.1.1　基本原理

钻芯法是一种利用专用钻机，从结构混凝土中钻取芯样以检测桩长、桩身缺陷、桩底沉渣厚度以及桩身混凝土的强度，判定或鉴别桩端岩土性状，判断桩身完整性类别的方法。

10.4.1.2　检测依据

(1)《建筑基桩检测技术规范》(JGJ 106—2014)。

(2)《钻芯法检测混凝土强度技术规程》(CECS 03—2007)。

(3)《建筑地基基础工程施工质量验收标准》(GB 50202—2018)。

(4)《钻芯法检测混凝土强度技术规程》(JGJ/T 384—2016)。

10.4.2　仪器设备

(1)钻机宜采用岩钻芯探头的液压高速钻机，如图 10-40 所示，并配有相应的钻塔和牢固的底座，机械技术性能良好，不得使用立轴晃动过大的钻机。钻杆应顺直，直径宜为 50 mm。

图 10-40　液压高速钻机

(2)钻取芯样的真实程度与所用钻具有很大关系,进而直接影响桩身完整性的类别判定。为提高钻取桩身混凝土芯样的完整性,钻芯检测用钻具应为单动双管钻具,明确禁止使用单动单管钻具。

(3)为了获得比较真实的芯样,要求钻芯法检测应采用金刚石钻头,钻头胎体不得有肉眼可见的裂纹、缺边、少角、倾斜及喇叭口变形。

(4)芯样制作分两部分,一部分是锯切芯样,另一部分是对芯样端部进行处理。锯切芯样时应尽可能保证芯样不缺角、两端面平行,可采取单面锯或双面锯。当芯样端部不满足要求时,可采取补平或磨平方式进行处理。

(5)冲洗液的主要作用有四点:一是清洗孔底,挟带和悬浮岩粉;二是冷却钻头;三是润滑钻头和钻具;四是保护孔壁。基桩钻芯法宜采用清水钻进,清水钻进的优点是黏度小,冲洗能力强,冷却效果好,可获得较高的机械钻速。水泵的排水量应为 50 ~ 160 L/min,泵压应为 0.5 ~ 1.5 MPa。

10.4.3 现场检测

10.4.3.1 准备工作

(1)钻芯前应明确检测目的、方法、数量、深度、检测日期、地点及特殊要求等。

(2)了解现场情况,包括受检桩的位置、道路、场地平整、水源、电源及障碍物等。

(3)应按规范规定收集必要的资料,主要包括:

①工程概况表;

②受检桩平面位置图;

③受检桩的相关设计、施工资料(包括桩型、桩号、桩径、桩长、桩顶标高、桩身混凝土设计强度等级、单桩设计承载力、成桩日期、持力层的岩土性质等);

④场地的工程地质资料。

(4)对于仲裁检测或重大检测项目,或委托方有要求时,应制订检测方案。

(5)桩头处理。为准确确定桩的中心位置,受检桩头应出露;由于特殊原因不能使桩头出露,应在实地将桩位置准确放出。

10.4.3.2 钻芯设备安装

(1)钻机的安装必须稳固、精心调平,各部位固定螺栓要拧紧,传动系统要相应对线,确保施工过程不发生倾斜、移位。

(2)钻机应安装稳固、底座应调平,并保证立轴垂直。钻机安装定位后,钻机的立轴中心、天轮中心(天车前沿切点)与钻芯孔中心点必须在同一铅垂线上。

(3)设备安装后必须进行试运转,在确定正常后方能开钻。

(4)应具备冲洗液循环系统,循环系统必须离钻机塔脚 0.5 m 以上,避免冲洗液冲湿地面造成钻机倾斜、移位。

10.4.3.3 钻芯孔数及孔位置的确定

(1)在按《建筑基桩检测技术规范》(JGJ 106—2014)进行检测时,钻芯孔数按表 10-6 确定。

表 10-6　钻芯孔数

桩径范围	孔数
桩径 <1.2 m	1
1.2 m≤桩径≤1.6 m	2
桩径 >1.6 m	3

(2)钻芯孔位置的确定。

当基桩钻芯孔为一个时,宜在距桩中心 100 ~ 150 mm 位置开孔;当钻芯孔为两个或两个以上时,宜在距桩中心 $D/6$ 处均匀对称布置。

10.4.3.4　现场钻孔作业要求

(1)下钻前金刚石钻头不得下至孔底,应下至距孔底 200 mm 处,采用轻压慢转扫到孔底,待钻进正常后再逐步增加压力和转速至正常范围。

(2)正常钻进时不得随意提动钻具,以防止混凝土芯堵塞,发现混凝土芯样堵塞时,必须立即提钻,不得继续钻进。

(3)在钻进过程中,钻孔内循环水流不得中断,水压应保证充分排除孔内岩粉。当钻孔钻至接近桩端或墙底的地基持力层时,应采取提钻或其他措施,保证在一个回次中能反映桩端持力层性状。

(4)在钻芯过程中,应观察并记录回水含砂量及颜色、钻进的速度变化,当出现异常情况时,应记录缺陷位置及程度、沉渣厚度等情况。

(5)钻芯孔倾斜率不得大于 0.5%,当出现钻孔偏离桩时,应立即停机,并查找原因。当有争议时,应安排专业队伍进行钻孔测斜,以判定是工程桩倾斜超过规范要求还是钻芯孔倾斜过大。

(6)拧卸金刚石钻头与扩孔器时,要用专门的自由钳,并不得使钳子咬住钻头或扩孔器胎体部位。

(7)提放粗径钻具时,不许让钻头在地下拖拉,下钻时要扶正粗径钻具,不能使金刚石钻头碰在孔口或孔口管上,发生墩钻或跑钻事故,必须提钻检查钻头,不准盲目钻进。

(8)钻进时适当控制回次进尺,一般每个回次不宜超过 2 m,在预测或钻到胶结较差、断桩、表层、桩身缩径及桩顶以下 1 m 内、桩底接近持力层部位等时,应采用轻压慢转钻进,回次进尺必须控制在 1 m 以内。

(9)当孔内有掉块、混凝土芯脱落或残留混凝土芯长度超过 200 mm 时,不得使用新金刚石钻头扫孔,要用旧金刚石钻头下至距孔底 200 mm 处,采用轻压慢转扫到孔底,待钻进正常后再逐步增加压力至正常范围。

(10)芯样取出后,应按回次顺序放进芯样箱中,及时标上清晰标记,如钻芯回次、节数、节长等,并及时进行记录,表明取芯深度。

(11)当进尺接近桩底时,必须注意穿桩时的钻进速度,若出现钻尺快进现象,必须立即关水泵起钻，然后用无泵或反循环进行捞渣钻进，以确定沉渣厚度及沉渣组成。

(12)对混凝土的胶结情况、骨料的分布情况、混凝土芯样表面的光滑程度、气孔大小、蜂窝、夹泥、松散、桩底混凝土与持力层的接触情况、沉渣厚度以及桩端持力层的岩土特征等，应做出清晰、准确的详细记录。

(13)当终孔时，若发现基桩有关技术指标不符合设计要求，或钻芯桩长与委托方提供的施工桩长不一致，应如实记录。

(14)当持力层要求为强风化岩层或土层而又未有超前钻探资料时，应进行标准贯入试验。

(15)采取芯样试件前应对有注明工程名称、钻芯桩号、钻孔号的标牌的全貌进行拍照。有明显缺陷的芯样表面应朝上，务求能反映芯样的真实情况。

(16)钻芯工作完毕，应按规定办理签证认可手续，如果桩质量和持力层满足设计要求，对钻芯后留下的孔洞应用 0.3～0.5 MPa 压力，从孔底往上用水灰比为 0.5～0.7 的水泥浆回灌封闭；如果桩有严重缺陷、桩底沉渣厚度大于设计规定、持力层未能满足设计要求，则钻孔应封存，留待处理。

(17)取样完毕，剩余的芯样应移交委托单位妥善保存，保存时间由建设单位和监理单位根据工程实际商定或至少保留到基础工程验收。

10.4.3.5　现场记录

(1)钻芯法检测现场操作记录表如表 10-7 所示。

表 10-7　钻芯法检测现场操作记录表

<table>
<tr><td colspan="2">桩号</td><td colspan="2"></td><td>孔号</td><td></td><td>工程名称</td><td colspan="3"></td></tr>
<tr><td colspan="2">时间</td><td colspan="3">钻进(m)</td><td rowspan="2">芯样编号</td><td rowspan="2">芯样长度
(mm)</td><td rowspan="2">残留芯样</td><td rowspan="2" colspan="2">芯样初步描述及
异常情况记录</td></tr>
<tr><td>自</td><td>至</td><td>自</td><td>至</td><td>计</td></tr>
<tr><td></td><td></td><td></td><td></td><td></td><td></td><td></td><td></td><td colspan="2"></td></tr>
<tr><td></td><td></td><td></td><td></td><td></td><td></td><td></td><td></td><td colspan="2"></td></tr>
<tr><td></td><td></td><td></td><td></td><td></td><td></td><td></td><td></td><td colspan="2"></td></tr>
<tr><td colspan="2">检测日期</td><td colspan="3"></td><td colspan="3">机长：</td><td>记录：</td><td>页次</td></tr>
</table>

(2)钻芯法检测芯样编录表如表 10-8 所示。

10.4.3.6　芯样截取与加工处理

1.芯样截取

(1)当桩长为 10～30 m 时，每孔截取 3 组芯样；当桩长小于 10 m 时，可取 2 组；当桩长大于 30 m 时，不少于 4 组。

(2)上部芯样位置距桩顶设计标高不宜大于 1 倍桩径或 1 m，下部芯样位置距桩底不宜大于 1 倍桩径或 1 m，中间芯样宜等间距截取。

表 10-8　钻芯法检测芯样编录表

<table>
<tr><td>工程名称</td><td colspan="3"></td><td>日期</td><td colspan="2"></td></tr>
<tr><td colspan="2">桩号/钻芯孔号</td><td></td><td>桩径</td><td></td><td>混凝土设计强度等级</td><td></td></tr>
<tr><td>项目</td><td>分段(层)
深度(m)</td><td colspan="3">芯样描述</td><td>取样编号
取样深度</td><td>备注</td></tr>
<tr><td>桩身混凝土</td><td></td><td colspan="3">混凝土钻进深度,芯样连续性、完整性、胶结情况、表面光滑情况、断口吻合程度、混凝土芯是否为柱状、骨料大小分布情况,以及气孔、空洞、蜂窝麻面、沟槽、破碎、夹泥、松散的情况</td><td></td><td></td></tr>
<tr><td>桩底沉渣</td><td></td><td colspan="3">桩端混凝土与持力层接触情况、沉渣厚度</td><td></td><td></td></tr>
<tr><td>持力层</td><td></td><td colspan="3">持力层钻进深度,岩土名称、芯样颜色、结构构造、裂缝发育程度、坚硬及风化程度;
分层岩层应分层描述</td><td></td><td>(强风化或涂层时的动力触探或标贯结果)</td></tr>
<tr><td colspan="3">检测单位:</td><td colspan="2">记录员:</td><td colspan="2">检测人员:</td></tr>
</table>

(3)缺陷位置能取样时,应截取一组芯样进行混凝土抗压试验。

(4)当同一基桩的钻芯孔数大于一个,其中一孔在某深度存在缺陷时,应在其他孔的该深度处截取芯样进行混凝土抗压试验。

(5)当桩端持力层为中、微风化岩层且岩芯可制作成试件时,应在接近桩底部位截取一组岩石芯样;遇分层岩性时,宜在各层取样。

(6)每组芯样应制作三个芯样抗压试件,芯样试件应按规范进行加工和测量。

2. 芯样加工处理

芯样处理步骤如图 10-41 所示。

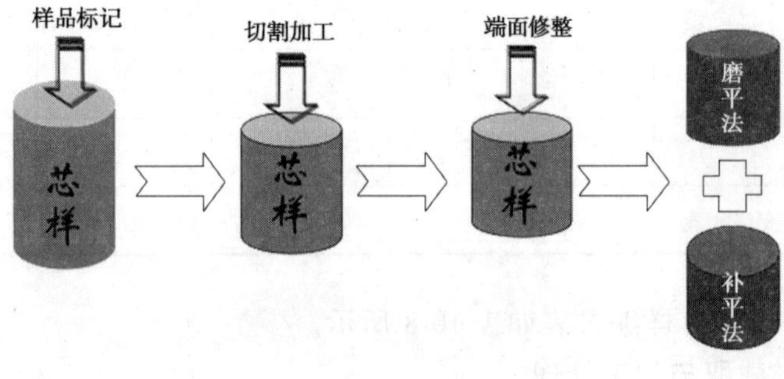

图 10-41　芯样处理步骤

(1)应采用双面锯切机加工芯样试件,锯切过程中应淋水冷却金刚石圆锯片。

(2)芯样补平,水泥砂浆(或水泥净浆)厚度不宜大于 5 mm,硫黄胶泥(或硫黄)不宜大于 1.5 mm。

(3)芯样试件的几何尺寸测量:芯样高度、平均直径、垂直度、平整度。

(4)如出现以下情况试件不得试验。裂缝或有其他较大缺陷、含有钢筋、试件尺寸偏差超过以下限值:高度小于0.95 d 或大于1.05 d,直径相差达2 mm 以上,不平整度在100 mm 长度内超过0.1 mm,不垂直度超过2°,直径小于2倍表观混凝土粗骨料最大粒径。

10.4.4 检测数据分析与结果判定

10.4.4.1 抗压强度试验

(1)混凝土芯样试件的含水率对抗压强度有一定影响,含水越多则强度越低。这种影响也与混凝土的强度有关,强度等级高的混凝土的影响要小一些,强度等级低的混凝土的影响要大一些。据国内一些单位试验,泡水后的芯样强度比干燥状态芯样强度下降7%~22%,平均下降14%。

(2)根据桩的工作状态,试件宜在(20±5)℃的清水中浸泡一段时间后进行抗压强度试验。基桩混凝土一般位于地下水位以下,考虑到地下水的作用,应以饱和状态进行试验。按饱和状态进行试验时,芯样试件在受压前宜在(20±5)℃的清水中浸泡40~48 h,从水中取出后应立即进行抗压强度试验。

(3)考虑到钻芯过程中诸因素影响均使芯样试件强度降低,同时也为方便起见,《建筑基桩检测技术规范》(JGJ 106—2014)允许芯样试件加工完毕后,立即进行抗压强度试验。

(4)混凝土芯样试件的抗压强度试验应按《普通混凝土力学性能试验方法标准》(GB/T 50081—2002)的有关规范执行。芯样试件抗压破坏时的最大压力值与混凝土标准试件明显不同,芯样试件抗压强度试验时应合理选择压力机的量程和加荷速率,保证试验精度。

10.4.4.2 数据分析

1. 芯样试件抗压强度计算

混凝土芯样试件抗压强度应按下列公式计算:

$$f_{cor} = \frac{4P}{\pi d^2} \tag{10-27}$$

式中 f_{cor}——混凝土芯样试件抗压强度,MPa,精确至0.1 MPa;

P——芯样试件抗压试验测得的破坏荷载,N;

d——芯样试件的平均直径,mm。

混凝土芯样试件抗压强度,可按本地区的强度折算系数对式(10-27)的计算结果进行修正。

2. 每根受检桩混凝土芯样试件抗压强度的确定

根据《建筑基桩检测技术规范》(JGJ 106—2014)的规定:取一组三块试件强度值的平均值作为该组混凝土芯样试件抗压强度检测值;同一受检桩同一深度部位有两组或两组以上混凝土芯样试件抗压强度检测值时,取其平均值作为该桩该深度处混凝土芯样试件抗压强度检测值;取同一受检桩不同深度位置的混凝土芯样试件抗压强度检测值中的最小值,作为该桩混凝土芯样试件抗压强度的检测值。

10.4.4.3 结果判定

由于建筑场地地质条件是复杂多变和非均匀的,工程桩逐根施工,各桩浇筑的不一定是用同一批混凝土，其成桩质量变化较大。为保证工程质量，应按单桩进行桩身完整性和混凝土强度评价，不应根据几根桩的钻芯结果对整个工程桩基础进行评价。成桩质量评价应结合钻芯孔数、现场混凝土芯样特征、芯样单轴抗压强度试验结果，根据《建筑基桩检测技术规范》(JGJ 106—2014)的相关规定进行综合判定，见表 10-9。

表 10-9　桩身完整性判定

<table>
<tr><th rowspan="2">类别</th><th colspan="3">特征</th></tr>
<tr><th>单孔</th><th>两孔</th><th>三孔</th></tr>
<tr><td rowspan="2">Ⅰ</td><td colspan="3">混凝土芯样连续、完整、胶结好，芯样侧表面光滑、骨料分布均匀，芯样呈长柱状、断口吻合</td></tr>
<tr><td>芯样侧表面仅见少量气孔</td><td>局部芯样侧表面有少量气孔、蜂窝麻面、沟槽，但在另一孔同一深度部位的芯样中未出现，否则应判为Ⅱ类</td><td>局部芯样侧表面有少量气孔、蜂窝麻面、沟槽，但在三孔同一深度部位的芯样中未同时出现，否则应判为Ⅱ类</td></tr>
<tr><td rowspan="2">Ⅱ</td><td colspan="3">混凝土芯样连续、完整、胶结较好，芯样侧表面较光滑、骨料分布基本均匀，芯样呈柱状、断口基本吻合。有下列情况之一：</td></tr>
<tr><td>1. 局部芯样侧表面有蜂窝麻面、沟槽或较多气孔；
2. 芯样侧表面蜂窝麻面严重、沟槽连续或局部芯样骨料分布极不均匀，但对应部位的混凝土芯样试件抗压强度检测值满足设计要求，否则应判为Ⅲ类</td><td>1. 芯样侧表面有较多气孔、严重蜂窝麻面、连续沟槽或局部混凝土芯样骨料分布不均匀，但在两孔同一深度部位的芯样中未同时出现；
2. 芯样侧表面有较多气孔、严重蜂窝麻面、连续沟槽或局部混凝土芯样骨料分布不均匀，且在另一孔同一深度部位的芯样中同时出现，但该深度部位的混凝土芯样试件抗压强度检测值满足设计要求，否则应判为Ⅲ类；
3. 任一孔局部混凝土芯样破碎段长度不大于 10 cm，且在另一孔同一深度部位的局部混凝土芯样的外观判定完整性类别为Ⅰ类或Ⅱ类，否则应判为Ⅲ类或Ⅳ类</td><td>1. 芯样侧表面有较多气孔、严重蜂窝麻面、连续沟槽或局部混凝土芯样骨料分布不均匀，但在三孔同一深度部位的芯样中未同时出现；
2. 芯样侧表面有较多气孔、严重蜂窝麻面、连续沟槽或局部混凝土芯样骨料分布不均匀，且在任两孔或三孔同一深度部位的芯样中同时出现，但该深度部位的混凝土芯样试件抗压强度检测值满足设计要求，否则应判为Ⅲ类；
3. 任一孔局部混凝土芯样破碎段长度不大于 10 cm，且在另两孔同一深度部位的局部混凝土芯样的外观判定完整性类别为Ⅰ类或Ⅱ类，否则应判为Ⅲ类或Ⅳ类</td></tr>
</table>

续表 10-9

类别	特征		
	单孔	两孔	三孔
Ⅲ	大部分混凝土芯样胶结较好，无松散、夹泥现象。有下列情况之一：		大部分混凝土芯样胶结较好。有下列情况之一：
	1. 芯样不连续、多呈短柱状或块状； 2. 局部混凝土芯样破碎段长度不大于 10 cm	1. 芯样不连续、多呈短柱状或块状； 2. 任一孔局部混凝土芯样破碎段长度大于 10 cm 但不大于 20 cm，且在另一孔同一深度部位的局部混凝土芯样的外观判定完整性类别为Ⅰ类或Ⅱ类，否则应判为Ⅳ类	1. 芯样不连续、多呈短柱状或块状； 2. 任一孔局部混凝土芯样破碎段长度大于 10 cm 但不大于 30 cm，且在另两孔同一深度部位的局部混凝土芯样的外观判定完整性类别为Ⅰ类或Ⅱ类，否则应判为Ⅳ类； 3. 任一孔局部混凝土芯样松散段长度不大于 10 cm，且在另两孔同一深度部位的局部混凝土芯样的外观判定完整性类别为Ⅰ类或Ⅱ类，否则应判为Ⅳ类
Ⅳ	有下列情况之一：		
	1. 因混凝土胶结质量差而难以钻进； 2. 混凝土芯样任一段松散或夹泥； 3. 局部混凝土芯样破碎长度大于 10 cm	1. 任一孔因混凝土胶结质量差而难以钻进； 2. 混凝土芯样任一段松散或夹泥； 3. 任一孔局部混凝土芯样破碎长度大于 20 cm； 4. 两孔同一深度部位的混凝土芯样破碎	1. 任一孔因混凝土胶结质量差而难以钻进； 2. 混凝土芯样任一段松散或夹泥段长度大于 10 cm； 3. 任一孔局部混凝土芯样破碎长度大于 30 cm； 4. 其中两孔在同一深度部位的混凝土芯样破碎、松散或夹泥

注：当上一缺陷的底部位置标高与下一缺陷的顶部位置标高的高差小于 30 cm 时，可认定两缺陷处于同一深度部位。

（1）当混凝土出现分层现象时，宜截取分层部位的芯样进行抗压强度试验。抗压强度满足设计要求的，可判为Ⅱ类；抗压强度不满足设计要求或不能制作成芯样试件的，应判为Ⅳ类。

（2）多于三个钻芯孔的基桩桩身完整性可类比表 10-9 的三孔特征进行判定。

（3）成桩质量评价应按单桩进行。当出现下列情况之一时，应判定该受检桩不满足设计要求：

①桩身完整性类别为Ⅳ类的桩；

②受检桩混凝土芯样试件抗压强度检测值小于混凝土设计强度等级的桩；

③桩长、桩底沉渣厚度不满足设计要求的桩；

(4)桩端持力层岩土性状(强度)或厚度未达到设计或规范要求的桩。

10.4.4.4　**检测报告的要求**

(1)检测报告应包含以下内容：

①委托方名称，工程名称、地点，建设、勘察、设计、监理和施工单位，基础、结构形式，层数，设计要求，检测目的，检测依据，检测数量，检测日期；

②地质条件描述；

③受检桩的桩号、桩位和相关施工记录；

④检测方法，检测仪器设备，检测过程叙述；

⑤受检桩的检测数据，实测与计算分析曲线、表格和汇总结果；

⑥与检测内容相应的检测结论。

(2)检测报告除应包括以上内容外，还应包括：

①钻芯设备情况；

②检测桩数、钻孔数量、开孔位置、架空高度、混凝土芯进尺、持力层进尺、总进尺，混凝土试件组数、岩石试件个数、圆锥动力触探或标准贯入试验结果；

③按规范格式编制每孔的柱状图；

④芯样单轴抗压强度试验结果；

⑤芯样彩色照片；

⑥异常情况说明。

参考文献

[1] 彭红,周强. 建筑材料[M]. 重庆:重庆大学出版社,2018.
[2] 李书进. 土木工程材料[M]. 重庆:重庆大学出版社,2014.
[3] 周明月,刘春梅. 建筑材料及检测[M]. 武汉:武汉理工大学出版社,2011.
[4] 柴子栋,张建立,苏雪红. 建筑工程质量检测与质量评定技术[M]. 北京:化学工业出版社,2016.
[5] 余明东. 土木工程检测实训指导书[M]. 武汉:武汉大学出版社,2016.
[6] 盛海洋. 工程检测技术[M]. 北京:科学出版社,2017.
[7] 周乐. 土木工程检测与加固技术[M]. 北京:化学工业出版社,2014.
[8] 赵北龙. 建筑工程检测技术[M]. 北京:中国建材工业出版社,2014.
[9] 陆建民. 建设工程质量检测见证取样一本通[M]. 北京:中国建筑工业出版社,2014.
[10] 李继业. 建筑材料质量要求简明手册[M]. 北京:化学工业出版社,2013.
[11] 砂浆和混凝土用硅灰:GB/T 27690—2011[S].
[12] 高强高性能混凝土用矿物外加剂:GB/T 18736—2017[S].
[13] 水泥化学分析方法:GB/T 176—2017[S].
[14] 用于水泥、砂浆和混凝土中的粒化高炉矿渣粉:GB/T 18046—2017[S].
[15] 用于水泥和混凝土中的粉煤灰:GB/T 1596—2017[S].
[16] 气体吸附 BET 法测定固态物质比表面积:GB/T 19587—2017[S].
[17] 水泥标准稠度用水量、凝结时间、安定性检验方法:GB/T 1346—2011[S].
[18] 水泥细度检验方法——筛析法:GB/T 1345—2005[S].
[19] 水泥胶砂强度检验方法(ISO 法):GB/T 17671—1999[S].
[20] 水泥胶砂流动度测定方法:GB/T 2419—2005[S].
[21] 粉末冶金用粉末 取样方法:GB/T 5314—2011[S].
[22] 普通混凝土用砂、石质量及检验方法标准:JGJ 52—2006[S].
[23] 普通混凝土长期性能和耐久性能试验方法标准:GB/T 50082—2009[S].
[24] 混凝土用水标准:JGJ 63—2006[S].
[25] 混凝土外加剂匀质性试验方法:GB/T 8077—2012[S].
[26] 混凝土质量控制标准:GB 50164—2011[S].
[27] 普通混凝土拌合物性能试验方法标准:GB/T 50080—2016[S].
[28] 混凝土强度检验评定标准:GB/T 50107—2010[S].
[29] 建设用砂:GB/T 14684—2011[S].
[30] 砌筑砂浆配合比设计规程:JGJ/T 98—2010[S].
[31] 混凝土结构试验方法标准:GB 50152—2012[S].
[32] 混凝土结构设计标准:GB 50010—2010[S].
[33] 砌体工程现场检测技术标准:GB/T 50315—2011[S].
[34] 烧结多孔砖和多孔砌块:GB 13544—2011[S].
[35] 烧结普通砖:GB 5101—2017[S].
[36] 混凝土实心砖:GB/T 21144—2007[S].

[37] 非烧结垃圾尾矿砖:JC/T 422—2007[S].
[38] 承重混凝土多孔砖:GB 25779—2010[S].
[39] 轻集料混凝土小型空心砌块:GB/T 15229—2011[S].
[40] 粉煤灰混凝土小型空心砌块:JC/T 862—2008[S].
[41] 蒸压加气混凝土砌块:GB 11968—2006[S].
[42] 普通混凝土小型砌块:GB/T 8239—2014[S].
[43] 矿物棉装饰吸声板:GB/T 25998—2010[S].
[44] 纤维水泥夹芯复合墙板:JC/T 1055—2007[S].
[45] 混凝土轻质条板:JG/T 350—2011[S].
[46] 建筑用轻质隔墙条板:GB/T 23451—2009[S].
[47] 灰渣混凝土空心隔墙板:GB/T 23449—2009[S].
[48] 低碳钢热轧圆盘条:GB/T 701—2008[S].
[49] 混凝土结构用成型钢筋制品:GB/T 29733—2013[S].
[50] 预应力混凝土用螺纹钢筋:GB/T 20065—2016[S].
[51] 钢筋混凝土用钢 第1部分:热轧光圆钢筋:GB 1499.1—2017[S].
[52] 钢筋混凝土用钢 第2部分:热轧带肋钢筋:GB 1499.2—2018[S].
[53] 钢筋混凝土用钢 第3部分:钢筋焊接网:GB 1499.3—2010[S].
[54] 低合金高强度结构钢:GB/T 1591—2018[S].
[55] 预应力混凝土用钢绞线:GB/T 5224—2014[S].
[56] 建筑石油沥青:GB/T 494—2010[S].
[57] 防水用塑性体改性沥青:GB/T 26510—2011[S].
[58] 防水用弹性体(SBS)改性沥青:GB/T 26528—2011[S].
[59] 弹性体改性沥青防水卷材:GB 18242—2008[S].
[60] 聚氯乙烯(PVC)防水卷材:GB 12952—2011[S].
[61] 改性沥青聚乙烯胎防水卷材:GB 18967—2009[S].
[62] 公路工程沥青及沥青混合料试验规程:JTG E20—2011[S].
[63] 沥青针入度测定法:GB/T 4509—2010[S].
[64] 沥青延度测定法:GB/T 4508—2010[S].
[65] 石油沥青溶解度测定法:GB/T 11148—2008[S].
[66] 聚合物乳液建筑防水涂料:JC/T 864—2008[S].
[67] 水乳型沥青防水涂料:JC/T 408—2005[S].
[68] 色漆、清漆和色漆与清漆用原材料取样:GB/T 3186—2006[S].
[69] 聚硫建筑密封胶:JC/T 483—2006[S].
[70] 丙烯酸酯建筑密封胶:JC/T 484—2006[S].
[71] 混凝土建筑接缝用密封胶:JC/T 881—2017[S].
[72] 土工试验方法标准:GB/T 50123—1999[S].
[73] 公路土工试验规程:JTG E40—2007[S].
[74] 回弹法检测混凝土抗压强度技术规程:JGJ/T 23—2011[S].
[75] 后锚固法检测混凝土抗压强度技术规程:JGJ/T 208—2010[S].
[76] 超声回弹综合法检测混凝土强度技术规程:CECS 02:2005[S].
[77] 拔出法检测混凝土强度技术规程:CECS 69:2011[S].
[78] 超声波检测混凝土缺陷技术规程:CECS 21:2000[S].

[79] 砌体工程现场检测技术标准:GB/T 50315—2011[S].
[80] 砌体基本力学性能试验方法标准:GB/T 50129—2011[S].
[81] 建筑地基基础工程施工质量验收标准:GB 50202—2018[S].
[82] 建筑桩基检测技术规范:JGJ 106—2014[S].
[83] 混凝土结构工程施工质量验收规范:GB 50204—2015[S].
[84] 建筑工程施工质量验收统一标准:GB 50300—2013[S].